Müller/Krauß

Handbuch für die Schiffsführung

Fortgeführt von

Martin Berger † · Walter Helmers
Karl Terheyden

Achte, neubearbeitete und erweiterte Auflage
in 3 Bänden

Springer-Verlag Berlin Heidelberg GmbH 1980

Band 3

Seemannschaft und Schiffstechnik

Teil B: Stabilität, Schiffstechnik, Sondergebiete

Herausgegeben von

Walter Helmers

Unter Mitarbeit von

Peter Dausch, Hermann Kaps,
Hans-Georg Korth, Horst Petermann,
Wolf Schade †, Dieter Schoppmeyer

Mit 175 Bildern

Springer-Verlag Berlin Heidelberg GmbH 1980

Walter Helmers
Kapitän, Geschäftsführer des Vereins Bremer Seeversicherer i. R.
2805 Stuhr 1/Heiligenrode

CIP-Kurztitelaufnahme der Deutschen Bibliothek
Müller, Johannes:
Handbuch für die Schiffsführung : in 3 Bd. / Müller-Krauss. Fortgef. von Martin Berger . . . – Berlin,
Heidelberg, New York : Springer.
NE: Krauss, Joseph; Berger, Martin [Bearb.] ; Müller-Krauss, . . .
Bd. 3 → Seemannschaft und Schiffstechnik
Seemannschaft und Schiffstechnik / hrsg. von Walter Helmers. – Berlin, Heidelberg, New York : Springer.
NE: Helmers, Walter [Hrsg.]
Teil B. Stabilität, Schiffstechnik, Sondergebiete / unter Mitarb. von Peter Dausch . . . – 8., neubearb. u.
erw. Aufl. – 1980.
(Handbuch für die Schiffsführung / Müller-Krauss ; Bd. 3)

ISBN 978-3-642-51092-2   ISBN 978-3-642-51091-5 (eBook)
DOI 10.1007/978-3-642-51091-5

NE: Dausch, Peter [Mitverf.]

Gesamtherstellung: Beltz Offsetdruck, Hemsbach
2060/3020/543210

Vorwort zu Band 3B

Das unter dem Namen MÜLLER/KRAUSS bekannte Handbuch für die Schiffsführung wurde im Jahre 1911 von Johannes Müller begründet. Bei der 2. Auflage (1925) wurde Joseph Krauß Mitherausgeber. Beiden zu Ehren soll das Werk weiterhin ihre Namen tragen.

Bei der 3. Auflage (1938) trat Martin Berger als Mitherausgeber hinzu und war jahrelang der Motor des Werkes. Er ist am 19. Januar 1978 verstorben.

Während der Arbeit an der 8. Auflage wurde klar, daß es angesichts der Weiterentwicklung auf allen Gebieten der Seeschiffahrt nicht mehr möglich war, die bis dahin in Band II behandelten Gebiete – Schiffahrtsrecht, Seemannschaft, Schiffstechnik u. a. – in dem für die Praxis erforderlichen Umfang in *einem* Band unterzubringen. Deshalb enthält der im November 1978 erschienene Band 2 der 8. Auflage außer dem Schiffahrtsrecht nur das Manövrieren, weil dieses mit der Anwendung des Seeverkehrsrechts weitgehend zusammenhängt.

Wie sich weiter zeigte, erforderten auch die übrigen, früher in Band II behandelten Gebiete der Seemannschaft (einschließlich Ladungswesen, Trimm, Stabilität etc.) und der Schiffstechnik eine völlige Neubearbeitung; auch mußten zusätzliche Teilgebiete aufgenommen werden. Um das Werk wegen des dadurch erhöhten Umfangs nicht unhandlich werden zu lassen, mußte Band 3 nochmals geteilt werden.

Nachdem im Band 3A die Schiffssicherheit, das Ladungswesen (einschließlich des Transports gefährlicher Güter) und die Tankschiffahrt völlig neu bearbeitet worden sind, enthält der vorliegende Band 3B die Gebiete Stabilität, Trimm und Festigkeit, Schiffbaukunde, Schiffsmaschinenkunde, Funk- und Signalwesen, IMCO-Englisch, Proviant und Verpflegung sowie Gesundheitspflege.

Mit besonderer Befriedigung ist zu vermerken, daß sich wiederum mehrere Autoren zur Mitarbeit bereitgefunden haben. Es haben in Band 3B geschrieben (s. a. das Inhaltsverzeichnis):

Peter Dausch	Kap. 6
Hermann Kaps	Kap. 1 und 7
Hans-Georg Korth	Kap. 4 und 5
Horst Petermann	Kap. 2
Dr. med. Wolf Schade†	Kap. 8 (unverändert)
Dieter Schoppmeyer	Kap. 3

Allen Autoren gebührt Dank für die aufopferungsvolle Freizeitarbeit. Dank gebührt auch den Reedereien, anderen Firmen und Institutionen, die die Autoren mit Rat und Material unterstützt haben.

Das Werk befindet sich auf dem neuesten Stand des Wissens, der Technik und der Vorschriften. Besonderer Wert wurde auch auf eine auf den Nautiker zugeschnittene ausführliche Darstellung der Maschinenkunde gelegt und damit eine aus der Bordpraxis oft vorgebrachte Forderung erfüllt. Auf das umfangreiche Sachverzeichnis am Ende des Bandes wird besonders hingewiesen. Darin sind zur Erleichterung des Gebrauchs viele von den Autoren im Text verwendeten Begriffe auch durch andere, in der Praxis ebenfalls übliche Ausdrücke bezeichnet, z. B. wird auf „Abfahrtstabilität" auch unter „Stabilität bei der Abfahrt", auf „Notmeldung" auch unter „Seenotmeldung" hingewiesen usw.

Das Buch soll in erster Linie der Bordpraxis in allen Fahrtbereichen dienen, insbesondere dem Neuling an Bord. Es wird aber auch an Land Nutzen bringen, insbesondere den Reederei-Inspektoren, nicht zuletzt aber auch den Dozenten und Studenten an den Nautischen Ausbildungsstätten.

Bremen, im Oktober 1980   Walter Helmers

Inhaltsverzeichnis

Inhalt der Bände 1, 2 und 3 A

Band 1 Navigation

Band 2 Schiffahrtsrecht und Manövrieren

Band 3 Seemannschaft und Schiffstechnik
     Teil A: Schiffssicherheit, Ladungswesen, Tankschiffahrt

1 Stabilität, Trimm und Festigkeit

1.1 Einführung und gesetzliche Vorschriften

Dieses Kapitel behandelt die Berechnungen und Überlegungen, die der Nautiker zur Sicherung von Stabilität, Trimm, Freibord und Festigkeit seines Schiffes im Betrieb, vorwiegend im Zusammenhang mit der Beladung, anstellen muß. Während diese Aufgaben in den vergangenen Jahrzehnten vielfach nach Gefühl und Erfahrung vom Praktiker gelöst wurden, muß heute bereits vor Beginn der Reise, oft sogar vor Beginn der Beladung, die Betriebsstatik des Schiffes rechnerisch für den gesamten Reiseverlauf überprüft werden. Ziel ist die Kontrolle der Einhaltung von bestimmten Mindestwerten der Stabilität, von bestimmten Höchstwerten der Festigkeitsbeanspruchung, von Grenzwerten des Trimms und des gesetzlichen Mindestfreibords. Außerdem sind die Manövrierfähigkeit des Schiffes und seine Handigkeit in schwerem Wetter, aber auch die Forderungen der Wirtschaftlichkeit zu beachten. Wenn auch zunehmend die Beladung von Schiffen aus Rationalisierungsgründen landseitig geplant und vorbereitet wird, so trägt doch der Kapitän lt. HGB §§ 513, 514 allein die Verantwortung für die Stabilität und die richtige Beladung eines in See gehenden Schiffes. Dies wird durch eine Reihe von Vorschriften unterstrichen.

UVV, § 29a (6): „Bei Neubauten (seit 1925) oder Schiffen, die einem wesentlichen, die Stabilität beeinflussenden Umbau unterzogen werden, müssen für die wichtigsten in Betracht kommenden Beladungsfälle und Tiefgänge die Hebelarmkurven der statischen Stabilität aufgestellt und die Stabilitätsunterlagen dem Führer des Schiffes ausgehändigt und erläutert werden". Siehe auch das Merkblatt der SeeBG für die Anwendung der Stabilitätsunterlagen auf Seeschiffen.

UVV, § 29b (1): „Deckslast darf nicht mehr genommen werden, als mit der Stabilität des Schiffes vereinbar ist. Die Höhe der Deckslast ist so zu bemessen, daß das Schiff auch während der Reise keine erhebliche Schlagseite infolge ungenügender Stabilität erhält. Hierbei ist besondere Rücksicht auf die Gewichtszunahme infolge Wasseraufsaugens durch die Deckslast (z.B. Holz, Koks) oder infolge Vereisens der Deckslast zu nehmen".

SOLAS 1960, Kap. II, Teil B, Regel 19a: „Mit jedem Fahrgast- und Frachtschiff ist nach seiner Fertigstellung ein Krängungsversuch vorzunehmen, aufgrund dessen die Grundwerte seiner Stabilität zu bestimmen sind. Dem Kapitän sind zuverlässige Unterlagen in dem erforderlichen Umfang zur Verfügung zu stellen, damit er sich auf schnelle und einfache Weise ein genaues Bild von der Stabilität des Schiffes unter den verschiedenen Betriebsbedingungen machen kann".

SOLAS 1960, Kap. II, Teil B, Regel 7: „Die Stabilität des unbeschädigten Fahrgastschiffes muß unter allen Betriebsverhältnissen ausreichen, damit das Schiff der Überflutung einer bzw. zweier, u.U. auch dreier benachbarter Hauptabteilungen standzuhalten vermag. Dem Kapitän sind Unterlagen über die Stabilitätsbedingungen bei kritischen Beschädigungen und über die Vorrichtungen zum Gegenfluten bei starker Krängung zur Verfügung zu stellen".

SOLAS 1960, Kap. VI: „Mindestwerte für *GM* bei Fortfall von Getreideschotten (siehe Getreideladung)".

SOLAS 1974, Kap. VI: „Nachweis gesicherter Stabilität für den Fall, daß die Getreideladung um bestimmte, angenommene Werte übergegangen ist".

Internationales Übereinkommen über den Freibord, 1966 (LLC 1966), Regel 10 (gekürzt): Dem Kapitän müssen Unterlagen zur Verfügung gestellt werden, damit er Ladung und Ballast seines Schiffes so verteilen kann, daß die Verbände des Schiffes keinen unzulässigen Beanspruchungen ausgesetzt werden.

SeeBG, 16.5.1975, Stabilitätsunterlagen für den Bordgebrauch und Bestimmung der Stabilität. Diese Anleitung zur sorgfältigen Stabilitätsüberwachung auf Schiffen bis ca. 100 m Länge ist vor allem für den Kapitän in der Mittleren und der Kleinen Fahrt gedacht.

1.2 Stabilität des Schiffes

Die Stabilität eines Schiffes kennzeichnet seine Eigenschaft, in aufrechter Lage zu schwimmen und einer Krängung aufrichtende Momente entgegenzusetzen. Die Stabilität hängt ab von der baulich festgelegten Form und den Hauptabmessungen des Schiffes, aber auch von der betrieblich bedingten Massenverteilung im Schiff (Ladung, Vorräte, Ballast). Zur Beurteilung der Stabilität werden sogenannte Stabilitätskennwerte herangezogen. Diese sind

– die metazentrische Anfangshöhe,
– die Hebelarme der statischen Stabilität.

Bild 1.1 zeigt den Querschnitt eines Schiffes mit dem Formschwerpunkt (auch Verdrängungsschwerpunkt) F und dem in der Regel darüberliegenden Massenmittelpunkt G. In F wirkt die Resultierende aller Auftriebskräfte F_A nach oben, in G wirkt das Gesamtgewicht F_G nach unten. Nach dem seit 1977 gesetzlich verbindlichen Maßsystem (SI) gilt:

$$F_A = V \cdot \varrho \cdot g \quad \text{in} \quad \text{kN},$$
$$F_G = D \cdot g \quad \text{in} \quad \text{kN}^1;$$

D Massendeplacement in metrischen Tonnen,
g Erdbeschleunigung $= 9{,}81$ m/s^2,
ϱ Dichte des Wassers in t/m^3,
V Unterwasservolumen des Schiffes in m^3.

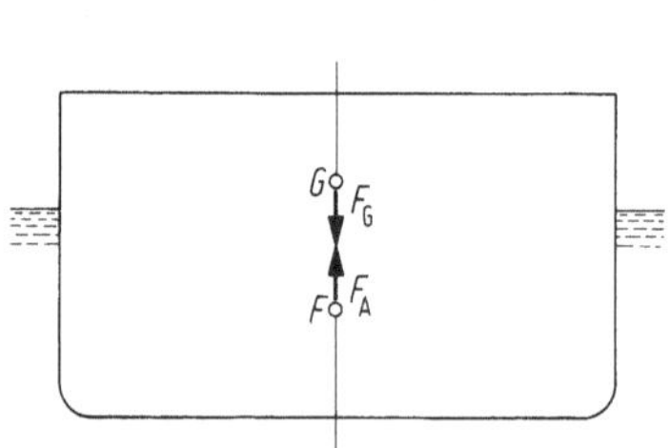

Bild 1.1. Schiffsquerschnitt in aufrechter Lage. G Massenmittelpunkt; F Formschwerpunkt; F_G Gewicht; F_A Auftrieb

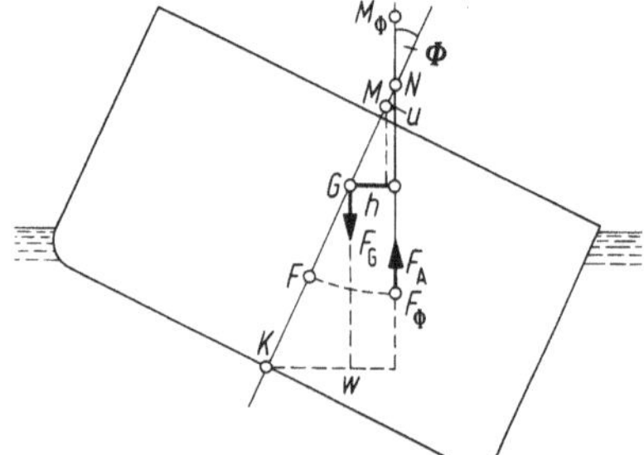

Bild 1.2. Schiffsquerschnitt in geneigter Lage. F_Φ Formschwerpunkt in geneigter Lage; N scheinbares Metazentrum; M_Φ wahres Metazentrum; M Anfangsmetazentrum; K Kielpunkt; h aufrichtender Hebel

---

1 Ein Kilonewton ist die Kraft, die der Masse von einer Tonne die Beschleunigung von 1 m/s^2 erteilt. Die Schiffahrtspraxis wird weiterhin die metrische Tonne benutzen. Diese bezeichnet im neuen Maßsystem allerdings die Masse und nicht wie bisher das Gewicht.

Bild 1.2 zeigt den Querschnitt des um den Winkel Φ geneigten Schiffes. Infolge der Neigung ist der Formschwerpunkt F nach F_Φ ausgewandert, während die Lage von G, festverstaute Ladung vorausgesetzt, geblieben ist. Auftrieb und Gewicht bilden nun ein Kräftepaar, das die aufrechte Schwimmlage wieder herbeizuführen sucht. Es wirkt das aufrichtende Moment:

$$M_A = F_A \cdot h \quad \text{in} \quad kN \cdot m.$$

Auf diesem Prinzip beruht die Stabilität aller Überwasserschiffe. Auf Unterseebooten wandert F bei Neigung nicht aus. Um Stabilität zu gewährleisten, muß G dort stets unterhalb von F liegen.

Die aufrichtenden Momente eines Schiffes müssen im Betrieb und vor allem während der Seereise allen krängenden Momenten aus Stabilitätsbelastungen (Seegang, Winddruck, Rollbewegungen etc.) gewachsen sein. Da die Größe dieser Stabilitätsbelastungen etwa mit dem Massendeplacement D des Schiffes wächst, ist es üblich, die Stabilität nach den aufrichtenden Hebeln und nicht nach den aufrichtenden Momenten zu beurteilen. Dies hat den Vorteil, daß die Stabilität verschieden großer Schiffe durch Hebelarme von gleicher Größenordnung unmittelbar miteinander verglichen werden kann.

Die Größe der aufrichtenden Hebelarme h hängt ab von der Unterwasserform des Schiffes (Auswandern von F) und vom Neigungswinkel Φ. Es gilt:

$$h = GN \cdot \sin \Phi.$$

N ist der Schnittpunkt der Wirkungslinie des Auftriebes mit der Mittschiffsebene und heißt „scheinbares Metazentrum". Das „wahre Metazentrum" M_Φ ist der Schnittpunkt unendlich dicht benachbarter Auftriebsrichtungen und liegt bei größeren Neigungen außerhalb der Mittschiffsebene. Die Lage des wahren Metazentrums ist für den Nautiker ohne Interesse. Bei kleinen Neigungswinkeln, für betriebsstatische Rechnungen bis ca. 5°, fallen N und M_Φ zusammen. Für dieses sogenannte „Anfangsmetazentrum" benutzt man die Bezeichnung M.

Bild 1.2 zeigt, daß aufrichtende Hebelarme nur dann zu erwarten sind, wenn G unter N liegt. Dies ist allgemein nur dann der Fall, wenn die „metazentrische Anfangshöhe" GM positiv ist, d. h., G unter M liegt.

Hebelarmkurve. In Bild 1.3 sind die Stabilitätskennwerte zeichnerisch dargestellt. Aufgrund eines einfachen mathematischen Zusammenhanges folgt die Hebelarmkurve im Bereich kleiner Neigungswinkel der Hypothenuse eines Steigungsdreiecks mit den Katheten GM und $\Phi = 57{,}3°$. Dies kann man sich beim Zeichnen von Hebelarmkurven zunutze machen. Etwa bis die Seite Deck zu Wasser kommt, verläuft die Hebelarmkurve mit einer schwachen Linkskrümmung und daher kräftiger Zunahme der Hebel. Dann vergrößern sich die Hebelarme langsamer bis zu ihrem Maximalwert beim sogenannten statischen Kenterwinkel. Die Hebelarme nehmen darauf wieder ab und erreichen den

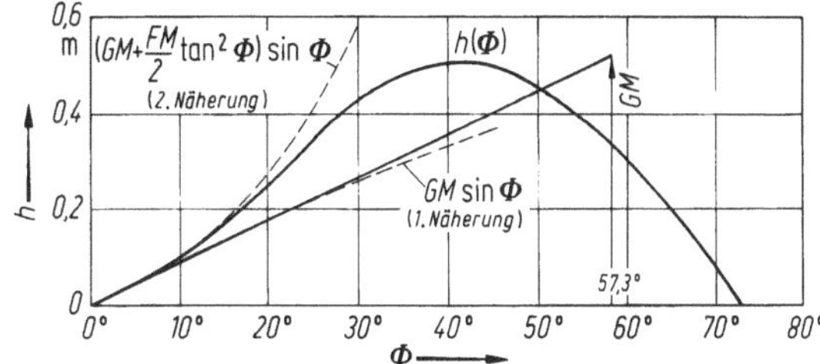

Bild 1.3. Hebelarmkurve eines Stückgutfrachters mit zwei gebräuchlichen Näherungskurven

Nullwert beim sogenannten Kenterpunkt, der für die Praxis jedoch von untergeordneter Bedeutung ist, da bei so großen Neigungen mit Sicherheit Ladung und Tankfüllungen so stark seitlich verrutschen, daß ein Kentern des Schiffes erheblich früher eintreten wird. Man nennt den positiven Bereich einer Hebelarmkurve den Umfang der Stabilität in Winkelgraden. In Bild 1.3 beträgt dieser Umfang z. B. 72°.

Werftunterlagen. Da der Massenmittelpunkt G im Betrieb eines Schiffes je nach Ladungsverteilung in unterschiedlicher Höhe liegen kann, läßt sich die metazentrische Anfangshöhe GM nicht werftseitig für alle Situationen festlegen. Die Werftunterlagen weisen jedoch stets eine Tabelle oder ein Diagramm auf, in dem der Abstand des Metazentrums von einer Basislinie, im allgemeinen Oberkante Kiel (OKK) als sogenannter KM-Wert als Funktion des Tiefganges angegeben ist. Dabei ist zu beachten, daß diese Angaben im allgemeinen nur für das nicht vertrimmte Schiff im glatten Wasser berechnet sind. Bild 1.4 zeigt die KM-Kurve eines Stückgutfrachters, die als typisch zu bezeichnen ist. Mit dem KM-Wert, der dem augenblicklichen Tiefgang entspricht, läßt sich die metazentrische Anfangshöhe berechnen, wenn die Lage des Massenmittelpunktes bekannt ist (siehe 1.3).

$$GM = KM - KG.$$

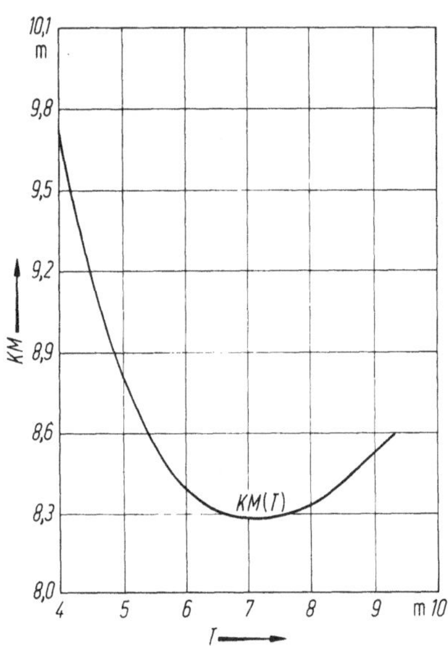

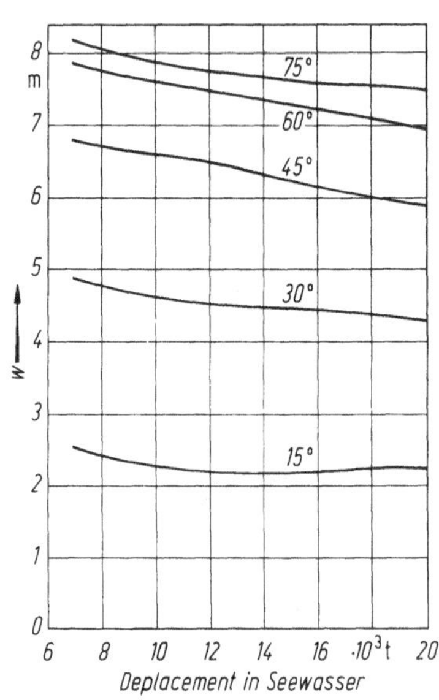

Bild 1.4. Typischer Verlauf der KM-Kurve eines Stückgutfrachters. ($L = 144$ m; $B = 20,4$ m; $D = 19056$ t auf Sommertiefgang)

Bild 1.5. Diagramm der w-Werte (Pantokarenen) eines Stückgutfrachters

Entsprechendes gilt für die Ermittlung der Hebelarme. Hier liefern die Werften heute Hilfswerte nach zwei Verfahren (Bild 1.2):

1. Verfahren: $h = KN \cdot \sin \Phi - KG \cdot \sin \Phi,$
      bzw.: $h = w - KG \cdot \sin \Phi;$
2. Verfahren: $h = MN \cdot \sin \Phi + GM \cdot \sin \Phi,$
      bzw.: $h = u + GM \cdot \sin \Phi.$

Für beide Verfahren werden die w-Werte bzw. u-Werte als Funktion von Tiefgang und Neigungswinkel tabellarisch oder als Diagramm gegeben (Pantokarenen). Statt des Tiefganges kann auch das Deplacement D oder die Volumenverdrängung V als Variable eintreten. Bild 1.5 zeigt ein Diagramm der w-Werte des o. g. Stückgutfrachters. Nachfolgende Tabelle gibt einen Ausschnitt aus einer Tafel der u-Werte dieses Schiffes.

Deplacement in Seewasser	Neigungswinkel				
	15°	30°	45°	60°	75°
16 800 t	0,04	0,20	0,15	−0,13	−0,57
16 900 t	0,04	0,19	0,13	−0,15	−0,58
17 000 t	0,04	0,18	0,12	−0,16	−0,59

Zum Zeichnen einer Hebelarmkurve entnimmt man den Werftunterlagen zunächst die w-Werte bzw. die u-Werte für den augenblicklichen Tiefgang an den vorgegebenen Neigungswinkeln. Die Lage des Massenmittelpunktes G wird hier als bekannt vorausgesetzt (siehe 1.3). Somit ist KG bekannt, und GM kann mit der Gleichung $GM = KM - KG$ berechnet werden. Nach einem der oben genannten Verfahren lassen sich für die vorgegebenen Neigungswinkel die Hebelarme berechnen. Die Werte werden in ein Diagramm (Bild 1.3) eingetragen und durch eine Kurve verbunden. Den zu Bild 1.3 gehörigen Rechengang zeigt das nachfolgende Beispiel für das o. g. Schiff:

Deplacement = 16 994 t; Schiff liegt in Seewasser mit einem Tiefgang von 8,60 m; KG beträgt 7,90 m aus Momentenrechnung.

1. Verfahren:

Neigungswinkel	15°	30°	45°	60°	75°
w-Werte	2,22	4,39	6,07	7,13	7,54
$KG \cdot \sin \varPhi$	2,04	3,95	5,59	6,84	7,63
h	0,18	0,44	0,48	0,29	−0,09

2. Verfahren: $KM = 8,42$ m; $GM = 8,42 - 7,90 = 0,52$ m

Neigungswinkel	15°	30°	45°	60°	75°
u-Werte	0,04	0,18	0,12	−0,16	−0,59
$GM \cdot \sin \varPhi$	0,13	0,26	0,37	0,45	0,50
h	0,17	0,44	0,49	0,29	−0,09

Für einige Berechnungen kann es nützlich sein, eine Näherungsfunktion für die Hebelarmkurve einzusetzen (Bild 1.3). Für nautische Zwecke gilt im Bereich von 0° bis 5° Neigung mit ausreichender Genauigkeit:

$$h = GM \cdot \sin \varPhi \quad \text{(siehe 1.3, Betriebskrängungsversuch).}$$

Für den Bereich von 0° bis 15° Neigung gilt entsprechend:

$$h = \left(GM + \frac{FM}{2} \tan^2 \varPhi\right) \sin \varPhi \quad \text{(siehe 1.4, Negative Anfangsstabilität).}$$

Der Ausdruck $FM/2\ \tan^2\Phi$ vertritt die „Formzusatzstabilität" $MN\ (\Phi)$ mit ausreichender Genauigkeit, bis die Seite Deck zu Wasser kommt bzw. die Kimm des Schiffes austaucht. Die Strecke FM ist in Bild 1.2 dargestellt. FM kann näherungsweise berechnet werden mit der Formel

$$FM = KM - 0{,}53 \cdot T_\mathrm{m} \quad (T_\mathrm{m}\ \text{mittlerer Tiefgang}).$$

Stabilität und Rollperiode. Der Stabilitätszustand des Schiffes äußert sich „spürbar", wenn das Schiff nach einem äußeren Anstoß Rolleigenschwingungen, d.h. Eigenschwingungen um seine Längsachse macht. Ein rollendes Schiff entspricht einem physikalischen Pendel, für dessen Schwingungsdauer bei kleinen Amplituden die Gleichung gilt

$$T_\Phi = 2\,\pi\,\sqrt{\frac{\text{Trägheitsmoment}}{\text{Richtmoment}}}\,.$$

Für den Bordgebrauch setzt man für das Trägheitsmoment J den Wert:

$$J = D \cdot \left(\frac{f \cdot B}{2}\right)^2.$$

Hierbei ist $(f \cdot B)/2$ der sogenannte Trägheitsradius, den man sich als Radius eines Hohlzylinders vorstellen kann, der das gleiche Trägheitsmoment besitzt wie das Schiff um seine Längsachse durch den Schwerpunkt G. Der Faktor f ist dabei ein Erfahrungswert, der den Bezug zwischen der Schiffsbreite B und dem unbekannten Trägheitsradius herstellt und wegen seines empirischen Charakters auch die mitschwingenden Wassermassen und sonstigen Einflüsse berücksichtigt.

Das Richtmoment (max. rückführendes Moment) des rollenden Schiffes hat die Größe $D \cdot g \cdot GM$. Damit berechnet man die Schwingungsdauer:

$$T_\Phi = 2\,\pi\,\sqrt{\frac{D \cdot f^2 \cdot B^2}{D \cdot g \cdot GM \cdot 4}}\,.$$

Kürzt man näherungsweise π gegen $\sqrt{g}$, so erhält man die sogenannte „Weiß-Formel"[2]:

$$T_\Phi = \frac{f \cdot B}{\sqrt{GM}}\,,$$

bzw.

$$GM = \left(\frac{f \cdot B}{T_\Phi}\right)^2.$$

Aus der Weiß-Formel geht hervor, daß bei großer metazentrischer Anfangshöhe das Schiff eine kurze Rollperiode mit entsprechend harten Rollbewegungen ausführt. Bei abnehmenden metazentrischen Anfangshöhen wächst die Rollperiode. Früher hat daher ausschließlich das Rollschwingungsverhalten der Schiffe zur Beurteilung der Stabilität gedient.

Der f-Wert liegt bei Regelfrachtern im Bereich von 0,75. Er wächst auf 0,80 bis 0,85 bei schwerer Decksladung und Ballast im Doppelboden, d.h. wenn die Massen des Systems Schiff weiter von der Längsachse entfernt angeordnet sind. Er wird kleiner bis 0,65, wenn die Massen im Schiffsinneren konzentriert sind. Auf Spezialfrachtern mit kleinen, hochgelegten Erzladeräumen hat man sogar f-Werte bis 0,46 beobachtet. Andererseits

---

2 Dipl.-Ing. Georg Weiß war von 1938–1945 Abteilungsleiter im Marinearsenal Kiel.

kann der f-Wert auf Containerschiffen mit hoher Deckslast und Schlingerdämpfungs-
anlage Beträge über 1 annehmen. Es ist daher ratsam, den f-Wert bei sich bietender
Gelegenheit experimentell zu bestimmen, indem man bei bekanntem GM die beobachtete
Rollperiode T_Φ auswertet nach der Gleichung

$$f = \frac{T_\Phi \cdot \sqrt{GM}}{B}.$$

1.3   Stabilitätsermittlung im Betrieb

Die Stabilitätsermittlung im Betrieb besteht in erster Linie darin, die Höhenlage des
Massenmittelpunktes G zu bestimmen. Man kann dies rein rechnerisch tun durch eine
Momentenrechnung oder durch die Anwendung von Schwerpunktverschiebungssätzen
oder auf dem Umweg über eine experimentelle Bestimmung der metazentrischen
Anfangshöhe durch einen Betriebskrängungsversuch oder durch die Auswertung von
Rollschwingungen nach der Weiß-Formel.

Momentenrechnung. Die Momentenrechnung dient der unmittelbaren Berechnung des
vertikalen Abstandes des Massenmittelpunktes G von der Bezugsebene K nach dem
bekannten Satz der Statik:

$$\text{Schwerpunktabstand} = \frac{\text{algebr. Summe der Momente}}{\text{algebr. Summe der Massen}}.$$

Die Summe der Momente ist hier die Summe aller Teilmassen des Systems Schiff
einschließlich des leeren Schiffes, multipliziert mit dem jeweiligen Schwerpunktabstand
über K. Das Aufmachen einer Momentenrechnung erfordert daher die Erfassung aller
Ladungseinheiten und ihrer Höhenlagen über K sowie aller Tankfüllungen im Schiff. Die
Schwerpunktlagen der Tankfüllungen sowie die Angaben über das leere Schiff finden sich
in allen neuzeitlichen Werftunterlagen. Bei teilgefüllten Tanks muß die abweichende
Schwerpunktlage wegen unregelmäßiger Tankform meist geschätzt werden. Beim
Abschätzen der Schwerpunktlagen von Ladungseinheiten sind Generalplan und Zentime-
termaß unersetzliche Hilfsmittel. Zur Abschätzung der Schwerpunkthöhe von Schüttke-
geln sei darauf hingewiesen, daß der geometrische Schwerpunkt eines Kegels auf $^1/_4$ seiner
Höhe und der einer Halbkugel auf $^3/_8$ ihres Radius liegt.

Nachstehendes Beispiel zeigt eine Momentenrechnung ohne Berücksichtigung freier Oberflächen im
Schiff:

	Masse in t	$\odot H$ in m	Moment in t·m
Leeres Schiff aus WU	3 280	6,05	19 844
Treiböl, Stores, Ballast	750	5,40	4 050
Personal mit Effekten	30	7,30	219
Proviant und Frischwasser	20	6,80	136
Ladung im Unterraum	4 000	4,15	16 600
Ladung im Zwischendeck	3 400	7,25	24 650
Zustand A	11 480		65 499

$$KG = \frac{65\,499}{11\,480} = 5{,}71 \text{ m,}$$

$$GM = KM - KG; \quad GM = 6{,}35 - 5{,}71 = 0{,}64 \text{ m.}$$

KM wird mit dem mittleren Tiefgang den Werftunterlagen entnommen. Im Verlauf der Reise kann die Momentenrechnung fortgesetzt werden:

	Masse in t	$\odot H$ in m	Moment in t·m
Zustand A	11 480	5,71	65 499
Treibölverbrauch	−150	3,50	− 525
Verbrauch an Frischwasser	− 15	5,80	− 87
Aus Zwischendeck gelöscht	−450	7,25	−3 262
Aus Unterraum gelöscht	−500	4,15	−2 075
Ballasttanks III und IV gefüllt	+300	0,95	+ 285
Zustand B	10 665		59 835

$$KG = \frac{59\,835}{10\,665} = 5{,}61 \text{ m,}$$

$$GM = 6{,}33 - 5{,}61 = 0{,}72 \text{ m.}$$

Die zweite Rechnung zeigt, daß Entladungen mit negativem Vorzeichen in die Momentenrechnung eingesetzt werden. Bei der Berechnung der metazentrischen Anfangshöhe ist die Änderung im KM-Wert infolge der Tiefgangsänderung berücksichtigt worden.

Schwerpunktverschiebungssätze. Während die Momentenrechnung alle Massen im Schiff erfaßt, bieten die Schwerpunktverschiebungssätze die Möglichkeit, die Verschiebung des Schwerpunktes G infolge der Verschiebung, Zuladung oder Entladung einer Teilmasse einfach zu berechnen. Dabei ist nur der vertikale Anteil der Verschiebung von G von Interesse. Horizontale Ladungsverschiebungen bzw. einseitige Zu- oder Entladungen bewirken selbstverständlich auch eine horizontale Verschiebung von G (vgl. Stabilitätsbelastung durch Übergehen von Ladung).

1. Fall: Schwerpunktverschiebung durch Verschiebung einer Teilmasse m:

$$GG_1 = \frac{m \cdot e}{D};$$

G_1 neue Lage des Massenmittelpunktes,
m verschobene Teilmasse,
e vertikale Komponente der Verschiebestrecke,
D Deplacement.

Beispiel: Auf einem Frachter mit $D = 17\,300$ t werden 420 t Brennstoff vom Doppelbodentank 3 (0,65 m über K) in die Setztanks nach achtern (6,78 m über K) umgepumpt. Dadurch hebt sich der Massenmittelpunkt des Schiffes um den Betrag:

$$GG_1 = \frac{420 \cdot (6{,}78 - 0{,}65)}{17\,300} = 0{,}15 \text{ m.}$$

Die Hebung des Massenmittelpunktes folgt anschaulich der Hebung der Teilmasse. Entsprechend hätte das Umstauen von Ladung von Deck in den Unterraum eine Senkung des Massenmittelpunktes zur Folge.

2. Fall: Schwerpunktverschiebung durch Zuladung einer Teilmasse m.

$$GG_1 = \frac{m \cdot e}{D + m}.$$

Abweichend von der reinen Verschiebeformel ist hierbei e der vertikale Abstand zwischen dem Massenmittelpunkt G und dem Schwerpunkt der zugeladenen Teilmasse m.

Beispiel: Auf einem Frachter mit $D = 15\,620$ t und $KG = 7,43$ m wird auf Deck ein Leichter von 120 t mit Schwerpunktlage 14,80 m über K abgesetzt. Dadurch hebt sich der Schwerpunkt um den Betrag:

$$GG_1 = \frac{120 \cdot (14,80 - 7,43)}{15\,620 + 120} = 0,06 \text{ m}.$$

Auch hier ergibt sich die Richtung der Schwerpunktverschiebung anschaulich. Zuladungen über dem Massenmittelpunkt heben diesen an; Zuladungen unterhalb des Massenmittelpunktes senken ihn ab.

3. Fall: Schwerpunktverschiebung durch Entladung einer Teilmasse m.

$$GG_1 = \frac{m \cdot e}{D - m}.$$

Wie im Fall 2 ist hier die Strecke e der vertikale Abstand zwischen dem Massenmittelpunkt G und dem Schwerpunkt der zu entladenen Teilmasse m.

Beispiel: Auf einem Massengutschiff mit $D = 23\,400$ t und $KG = 10,47$ m wird aus einem Hochtank 620 t Ballastwasser gelenzt. Der Schwerpunkt des Tanks liegt 12,86 m über K. Dadurch senkt sich der Massenmittelpunkt um den Betrag:

$$GG_1 = \frac{620 \cdot (12,86 - 10,47)}{23\,400 - 620} = 0,07 \text{ m}.$$

Die Richtung der Schwerpunktverschiebung ergibt sich wie im Fall 2 aus der Anschauung. Entladungen über dem Massenmittelpunkt senken ihn ab. Entladungen unterhalb des Massenmittelpunktes heben ihn an.

Die Zuverlässigkeit des Ergebnisses einer Momentenrechnung oder von Schwerpunktverschieberechnungen ist zunächst abhängig von der Vollständigkeit und Genauigkeit der verarbeiteten Massen und Schwerpunktlagen. In diesem Zusammenhang ist an sogenannte „unbekannte Mehrgewichte" zu denken, z.B. Zusatzausrüstung, Schlamm und Restwasser in Ballasttanks, Stauholz usw. Darüber hinaus kommt es vor allem bei Momentenrechnungen mit vielen Einzelposten leicht zu Versehen oder Rechenfehlern, die man am besten ausschaltet, wenn zwei Personen unabhängig rechnen und dann vergleichen. Sicherheit und Zeitersparnis bietet aber vor allem ein programmierbarer Kleinrechner, der die eingegebenen Werte zur Kontrolle und Dokumentation ausdruckt.

Betriebskrängungsversuch. Der Betriebskrängungsversuch verläuft grundsätzlich so, daß man auf ein aufrecht liegendes Schiff ein bekanntes krängendes Moment wirken läßt und die Reaktion des Schiffes, die Krängung, mißt. Das krängende Moment kann erzielt werden durch eine einseitige Zu- oder Entladung oder durch eine Ladungsverschiebung mit horizontaler Komponente. Auch durch Ausschwingen eines Schwergutladebaumes oder durch Umpumpen von Tanks kann das Schiff gekrängt werden. In jedem Fall wirkt sich eine gleichzeitige vertikale Verschiebung von G nach G_1 dahingehend aus, daß die Auswertung des Versuches nicht die Lage von G, sondern die Lage von G_1 liefert. Daraus folgt einerseits, daß das Höhenniveau der krängenden Masse bei der Bestimmung des krängenden Hebels nicht berücksichtigt zu werden braucht, da diese mit der Gesamtmasse des Schiffes im Niveau von G_1 *rechnerisch vereinigt ist. (Allein der schiffshorizontale Hebel ist maßgebend. Es ist z.B. einerlei, ob die krängende Masse an Deck oder im Unterraum seitlich abgesetzt wird.) Andererseits muß nach dem Krängungsversuch die ermittelte Lage des Massenmittelpunktes G_1 z.B. mit Hilfe eines der Schwerpunktver-schiebungssätze korrigiert werden, wenn die krängende Masse wieder fortgenommen bzw. an anderer Stelle verstaut wird.*

Eine exakte Ausführung des Betriebskrängungsversuches ist der Werftkrängungsver-such, bei dem die Schwerpunktlage des leeren Schiffes bestimmt wird.

Die Grundgleichung für den Betriebskrängungsversuch ergibt sich aus der Gleichge-wichtsforderung für die geneigte Lage:

Aufrichtendes Moment = Krängendes Moment

oder

Massenstabilitätsmoment = Massenkrängungsmoment

$$D \cdot G_1M \cdot \sin \Phi = m \cdot e \cdot \cos \Phi,$$

daraus folgt:

$$G_1M = \frac{m \cdot e}{D \cdot \tan \Delta\Phi} \; ;$$

G_1M ermittelte metazentrische Anfangshöhe,
m krängende Masse,
e schiffshorizontaler krängender Hebel,
D Deplacement,
$\Delta\Phi$ Unterschied zwischen Krängung vor und während des Versuches (die Krängung vor dem Versuch sollte möglichst gleich Null sein).

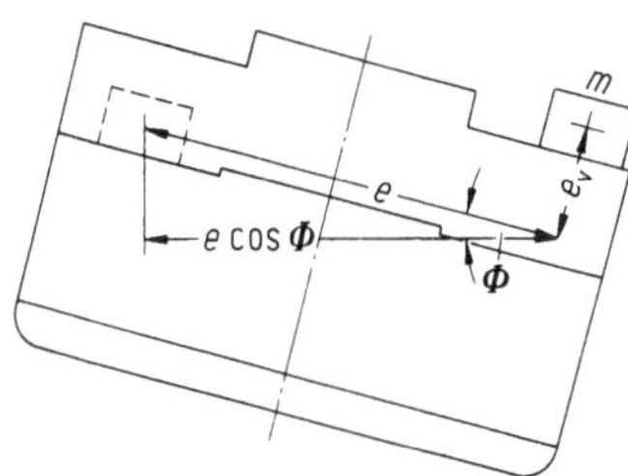

Bild 1.6. Betriebskrängungsversuch durch Um-setzen einer Teilmasse m.
e horizontale Verschiebestrecke; e_v vertikale Verschiebestrecke; $e \cdot \cos \Phi$ krängender Hebel

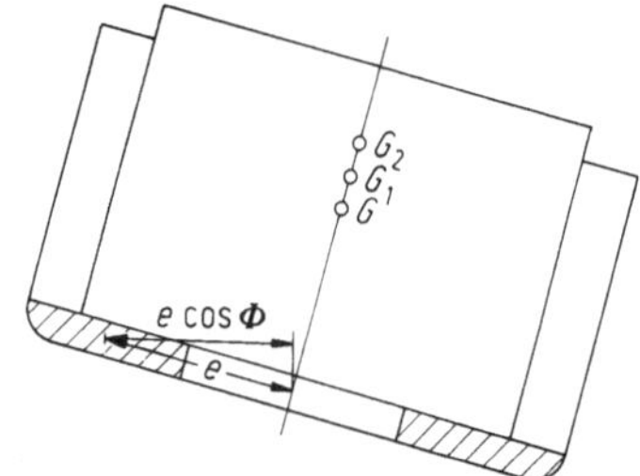

Bild 1.7. Betriebskrängungsversuch durch Len-zen eines Tanks.
e horizontale Verschiebestrecke; G Schwer-punktlage vor dem Versuch; G_1 Schwerpunktni-veau des gekrängten Schiffes; G_2 Schwerpunkt-lage des aufgerichteten Schiffes

Beispiel: Ein kleiner Frachter liegt mit einem aus Tiefgangsablesungen bestimmten Deplacement D = 2350 t und einer Stb-Krängung von 0,7° mit losen Leinen an der Pier. Eine Kiste von 4,6 t Masse wird aus stautechnischen Gründen vom Bb-Zwischendeck nach Stb auf Deck gesetzt. Man beobachtet eine Zunahme der Krängung auf 2,4°. Der vertikale Verschiebeweg beträgt 2,3 m, der horizontale 8,8 m. Dieser Vorgang wird als Betriebskrängungsversuch ausgewertet (Bild 1.6).

$$G_1M = \frac{4,6 \cdot 8,8}{2350 \cdot \tan (2,4 - 0,7)°} = 0,58 \text{ m}.$$

Nach Werftunterlagen beträgt KM 8,45 m. Daraus folgt:

$$KG_1 = 8,45 - 0,58 = 7,87 \text{ m}.$$

Das Zurückstauen der Kiste ins Zwischendeck verlegt den Massenmittelpunkt in die ursprüngliche Lage.

$$G_1G = \frac{4,6 \cdot 2,3}{2350} = 0,004 \text{ m}.$$

Dieser Betrag ist hier vernachlässigbar klein.

Beispiel: Auf einem Containerschiff soll vor Anker liegend ein Betriebskrängungsversuch durchgeführt werden. Da spezielle Krängungstanks nicht an Bord sind, lenzt man den Bb-Doppelbodentank 3, der 223 t Ballastwasser faßt und 7,43 m ausmittig liegt (Bild 1.7). Vor dem Versuch wird das Deplacement zu 19240 t bestimmt und eine Krängung von 0,4° nach Bb abgelesen. Nach dem Lenzen der Tanks wird eine Krängung von 4,3° nach Stb abgelesen. Die Auswertung ergibt:

$$G_1M = \frac{223 \cdot 7,43}{(19240 - 223) \cdot \tan(0,4 + 4,3)°} = 1,06 \text{ m}.$$

Nach Werftunterlagen beträgt KM 9,42 m. Daraus folgt:

$$KG_1 = 9,42 - 1,06 = 8,36 \text{ m}.$$

Um das Schiff wieder aufrecht zu legen, lenzt man auch den Stb-Doppelbodentank 3, dessen Schwerpunkt 0,85 m über Kiel liegt. Dadurch hebt sich der Massenmittelpunkt:

$$G_1G_2 = \frac{223 \cdot (8,36 - 0,85)}{19240 - 223 - 223} = 0,09 \text{ m}.$$

Von großer Bedeutung ist der Betriebskrängungsversuch auf kleinen Schiffen, vornehmlich zur Bestimmung der zulässigen Deckslast in der Holz-, Zellulose-, und Korkfahrt. Neben den bereits beschriebenen Möglichkeiten, ein krängendes Moment bekannter Größe zu erzeugen, kann hier günstig so verfahren werden, daß man am ausgeschwenkten Ladebaum eine Versuchsmasse von Land aufnimmt und dadurch das Schiff krängt. Den krängenden Einfluß des Ladebaumes schaltet man vom Versuch aus, indem die Krängungsablesung vor dem Versuch bei bereits ausgeschwenktem Baum vorgenommen wird. Der Baum darf dann während des Versuches nicht bewegt werden.

Für die Auswertung des Versuches ergeben sich zunächst zwei Hindernisse. Einmal befindet sich der krängende Hebel e hoch oben im Baumnockniveau und ist nur unter Schwierigkeiten genau zu bestimmen, zum anderen greift die krängende Last im Baumnockniveau an, dessen Höhe ebenfalls nicht genau bekannt ist. Die Berichtigung der Lage des Massenmittelpunktes nach dem Absetzen der Last wird dadurch unsicher, wenngleich dies unbedeutend sein dürfte. Beide Schwierigkeiten können mit folgender Überlegung umgangen werden (Bild 1.8): Ladebaum und Ladeseil werden in der gekrängten Lage gedanklich durch einen schiffshorizontalen, starren Ausleger ersetzt, der die etwa in Verschanzungshöhe hängende Last hält. Dieser Ausleger ist nunmehr der krängende Hebel. Man erhält diese Strecke mit ausreichender Genauigkeit, indem man zur halben Schiffsbreite den Abstand d des Ladeseiles von der Verschanzung, gemessen mit einem vorher angebundenen Bandmaß, addiert. Da dieser krängende Hebel um den Betrag $h \cdot \sin \Phi$ größer ist als der Abstand der Baumnock von der Mittschiffsebene, enthält das Versuchsergebnis G_1M bereits die Berichtigung für ein nachträgliches Absetzen der Last ins Verschanzungsniveau. Das heißt, wenn die Versuchsmasse anschließend an Deck verstaut wird, ist eine Korrektur der Lage des Massenmittelpunktes nicht erforderlich. Das Versuchsergebnis G_1M gilt exakt für den Zustand „Last im Verschanzungsniveau".

Beispiel: Ein Volldecker übernimmt als Deckslast Zellulose. Mit einer Hieve von 10 Ballen $\triangleq$ 2 t wird ein Betriebskrängungsversuch durchgeführt. Nach den Tiefgangsablesungen entnimmt man dem

Lastenmaßstab ein Deplacement $D = 1250$ t. Vor dem Versuch beträgt die Krängung 0°. Nach dem Anhieven ergibt sich ein Krängungswinkel von 2,2°. Der Abstand des Ladeseiles von der Verschanzung wird zu 2,32 m gemessen. Die halbe Schiffsbreite beträgt 4,80 m.

$$G_1M = \frac{m \cdot (B/2 + d)}{(D + m) \cdot \tan \Delta \Phi},$$

$$G_1M = \frac{2 \cdot (4,80 + 2,32)}{(1250 + 2) \cdot \tan (2,2 - 0)°} = 0,30 \text{ m}.$$

Da die Hieve anschließend nur unwesentlich über dem Verschanzungsniveau an Deck verstaut wird, ist eine Korrekturrechnung für die Lage des Massenmittelpunktes nicht erforderlich.

Die Messung von Krängungswinkeln beim Betriebskrängungsversuch sollte zumindest auf 0,1° genau sein. Der Krängungsmesser auf der Brücke ist hierzu nicht ausreichend. Ein einfaches Fadenpendel von etwa 2 m Länge, das frei hängend an einem Querschott irgendwo im Schiff befestigt wird, liefert jedoch bereits brauchbare Ergebnisse. Die Skalierung kann mit der Tangensfunktion vorgenommen werden (Bild 1.9). Es gilt mit der Pendellänge l:

$$x = l \cdot \tan \Phi,$$

x ist hierbei der schiffshorizontale Pendelausschlag beim Krängungswinkel Φ.

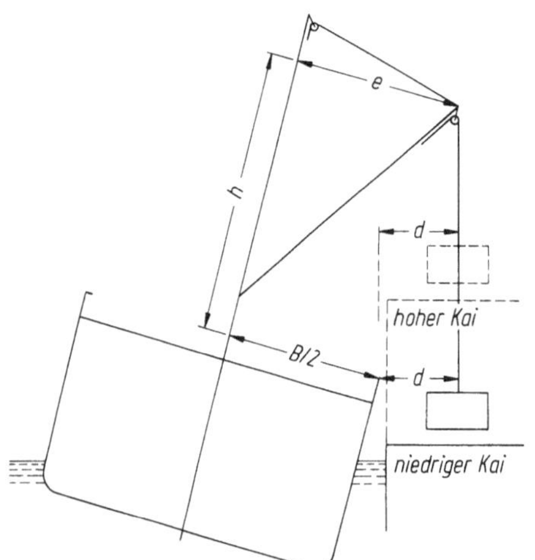

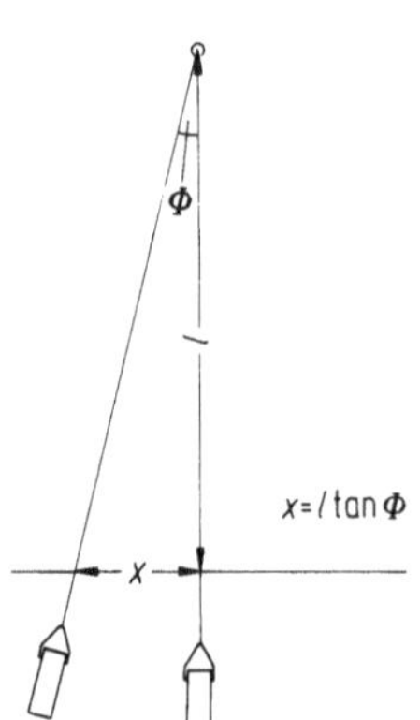

Bild 1.8. Betriebskrängungsversuch durch Aufnehmen einer Last mit festgesetztem Baum oder Bordkran.
d Abstand des Ladeseils von der Verschanzung in gekrängtem Zustand

Bild 1.9. Fadenpendel zur Bestimmung des Krängungswinkels

Beim Werftkrängungsversuch wurden früher wesentlich längere Pendel eingesetzt, deren Gewichte zur Dämpfung in Wassergefäßen schwangen. Andere Geräte zur genauen Krängungsmessung sind z.B. der von Dr. O. Hebecker zusammen mit der Firma Plath entwickelte „Stabilitätssextant", das „Libellenlot" von Dr. Justus Rosenhagen, der Schiffko-Neigungsschreiber, das Naviclin-Gerät und das Krängungsmeßgerät von Kempf & Remmers.

Die Durchführung des Betriebskrängungsversuches sollte nur bei schwachwindigem Wetter und ruhiger Wasseroberfläche erfolgen. Das Schiff soll dabei möglichst auf ebenem

Kiel liegen, möglichst wenig Anfangskrängung haben und nur vorn und achtern lose mit Leinen festgemacht sein. Freie Oberflächen in Tanks sind nicht schädlich. Ihre stabilitätsmindernde Wirkung schlägt sich im Versuchsergebnis nieder und wird somit erfaßt. Freie Oberflächen vergrößern die erzielte Krängung $\Delta\Phi$ und verkleinern somit den berechneten Wert G_1M. Ferner sollte der Ladebetrieb während des Versuches ruhen, ebenso das Umpumpen von Brennstoff.

Es ist zu empfehlen, eine Vorabschätzung der zu erzielenden Krängung vorzunehmen, damit ein ausreichend bemessenes krängendes Moment erzeugt wird. Die im Versuch zu erzielende Krängung sollte zwischen 2° und 5° liegen.

Rollversuch. Die Beobachtung von Rolleigenschwingungen kann zur Berechnung der metazentrischen Anfangshöhe und damit zur Bestimmung der Lage des Massenmittelpunktes herangezogen werden. Größere Schiffe geraten nur auf See ins „Rollen". Die ausgewerteten Rollausschläge sollten dabei nicht größer als 5° sein. Bei größeren Winkeln verfälschen Dämpfung und Formzusatzstabilität das Ergebnis. Auch ist zu beachten, daß zu grober Seegang die Rollbewegungen des Schiffes durch erzwungene Schwingungen verfälschen kann. Daher sollte die Rollperiode stets aus einer großen Anzahl von Schwingungen durch Mittelbildung bestimmt werden. Bei ruhiger See kann der Versuch unternommen werden, das Schiff durch Hartruderlage in meßbare Rollschwingungen zu versetzen. Kleinere Schiffe können auch im Hafen durch Anheben einer Last von Land in Rollschwingungen versetzt werden. Allerdings gelingt das meist nur, wenn die metazentrische Anfangshöhe bereits ziemlich klein ist. Gerade dann aber ist die Auswertung unsicher. H. Thode hat nachgewiesen[3], daß bei GM-Werten $<0,20$ m die Ermittlung dieses Wertes durch einen Rollversuch häufig versagt. Ursächlich sind die Störeinflüsse durch Wasserwiderstand, Wind und Festmacheleinen, die das zu kleine Richtmoment $D \cdot g \cdot GM$ überlagern.

Freie Oberflächen in Tanks können bei kleinen Rollamplituden nahezu ungehindert mitschwingen. Sie vergrößern die gemessene Rollperiode, wodurch die Rechnung ein kleineres GM ergibt. Die stabilitätsmindernde Wirkung freier Oberflächen wird beim Rollversuch also miterfaßt.

Die Rollformel

$$GM = \left(\frac{f \cdot B}{T}\right)^2$$

erfordert das Einsetzen eines gut abgeschätzten f-Wertes. Im „Merkblatt für die Anwendung von Stabilitätsunterlagen auf Seeschiffen" (20.12.1966) empfiehlt die SeeBG als Rollzeitbeiwert f:

Schiff leer oder im Ballast	f etwa 0,88
Schiff homogen oder mit Deckslast etwa auf Freibordtiefgang beladen mit Tankfüllungen, die folgenden Anteilen der Gesamtzuladung (Nutzladung + Ballast + Treiböl + Vorräte) entsprechen:	
Gewicht der Tankfüllungen = 20 % der Gesamtzuladung	f etwa 0,78
Gewicht der Tankfüllungen = 10 % der Gesamtzuladung	f etwa 0,75
Gewicht der Tankfüllungen = 5 % der Gesamtzuladung	f etwa 0,73

Dieses sind Mittelwerte, die durch Vergleichsversuche (gleichzeitiger Betriebskrängungsversuch) für jedes Schiff überprüft werden sollten.

---

3 Thode, H.: HANSA 102 (1965) Heft 18, S. 1691

Beispiel: Ein Volldecker übernimmt als Deckslast Zellulose. Mit einer Hieve Zelluloseballen wird ein Rollversuch durchgeführt, indem man die Ballen von Land scharf aufhievt und dann wieder absetzt. Es werden zwei volle Rollschwingungen zu insgesamt 30 s gemessen. Die Schiffsbreite beträgt 9,6 m. Da die Beladung des Decks nahezu abgeschlossen ist, rechnet man mit einem f-Wert von 0,85.

$$GM = \left(\frac{0,85 \cdot 9,6}{15}\right)^2 = 0,30 \text{ m. (für einen kleinen Volldecker im allgemeinen zuwenig).}$$

1.4 Stabilitätsbelastungen

Stabilitätsbelastungen beeinträchtigen die Stabilität des Schiffes. Einige der Belastungen sind vorhersehbar und in ihrer Größe vorausberechenbar, andere sind nur abzuschätzen. Grundsätzlich ist allen Stabilitätsbelastungen, die, abgesehen von Havarien, im Betrieb des Schiffes und während der Reise auftreten können, durch Einhalten einer ausreichenden Stabilitätsreserve Rechnung zu tragen (siehe 1.5).

Übergehen von Ladung. Obwohl die Ladung vor Antritt der Reise gut gestaut und festgelascht sein sollte, hat die Vergangenheit gezeigt, daß es in schwerem Wetter immer wieder zum Übergehen von Ladung gekommen ist. Starke Krängung, Einbuße an Stabilität und in einigen Fällen sogar Kentern war die Folge. Übergehen von Ladung bewirkt in der Regel eine horizontale Verschiebung des Massenmittelpunktes. Bei Schüttgut kommt mitunter eine vertikale Verschiebung hinzu. Der Betrag jeglicher Schwerpunktverschiebung ergibt sich nach dem Schwerpunktverschiebungssatz

$$GG' = \frac{m \cdot e}{D}.$$

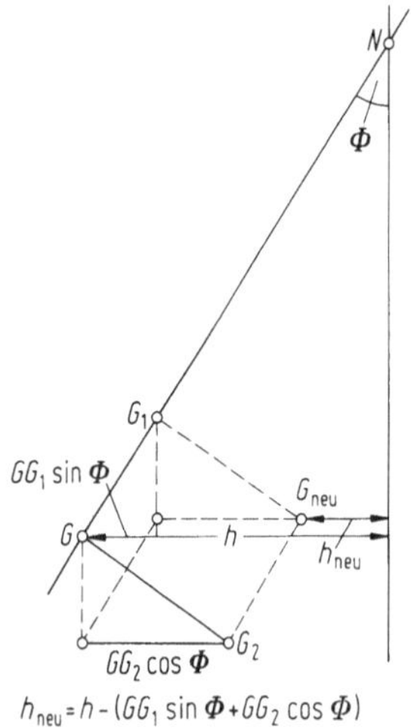

Bild 1.10. Schwerpunktverschiebung durch vertikales und horizontales Übergehen von Ladung.
G_1 Schwerpunkt nach vertikalem Übergehen allein; G_2 Schwerpunkt nach horizontalem Übergehen allein; G_{neu} Schwerpunkt nach vertikalem und horizontalem Übergehen

Eine rein horizontale Verschiebung GG_2 (Bild 1.10) verkleinert die aufrichtenden Hebelarme zur eingetauchten Seite des Schiffes nach der Gleichung

$$\Delta h = GG_2 \cdot \cos \Phi.$$

Eine vertikale Verschiebung GG_1 (Bild 1.10), die einer Änderung der metazentrischen Anfangshöhe gleichkommt, verkleinert bzw. vergrößert die aufrichtenden Hebelarme nach der Gleichung

$$\Delta h = GG_1 \cdot \sin \Phi.$$

Es ist vorteilhaft, die Änderungen der aufrichtenden Hebel als sogenannte krängende Hebel k zu berechnen und in einem Diagramm den aufrichtenden Hebel gegenüberzustellen.

$$k = GG_2 \cdot \cos \Phi \pm GG_1 \cdot \sin \Phi.$$

Beispiel: Ein älterer Volldecker geht mit dem Deplacement von $D = 2600$ t und einer Hebelarmkurve gemäß Bild 1.11 in See. In schwerem Wetter lösen sich ca. 100 t Konserven im Zwischendeck an Stb aus der Verpallung und rutschen auf die freie Lukenfläche. Etwa die Hälfte der übergegangenen Ladung fällt dabei mit den Holzdeckeln in den nur teilgefüllten Unterraum. Das Schiff erhält eine bedrohliche Krängung. Folgende Rechnung und Darstellung gibt einen klaren Überblick über die Situation. Der horizontale Verschiebeweg wird zu 5 m geschätzt, der vertikale zu 3 m. Daraus folgt:

$$GG_1 = \frac{50 \cdot 3}{2600} = 0,06 \text{ m nach unten,}$$

$$GG_2 = \frac{100 \cdot 5}{2600} = 0,19 \text{ m nach Bb.}$$

Dies ergibt einen krängenden Hebel $k = 0,19 \cdot \cos \Phi - 0,06 \cdot \sin \Phi$. Bild 1.11 zeigt, daß das Schiff mit einer Krängung von ca. 16° liegenbleiben müßte. Der Vergleich mit der wirklichen Lage des Schiffes kann zur Kontrolle der geschätzten Werte dienen. Ferner geben die schraffierten Resthebelarme in Bild 1.11 Aufschluß über die Stabilitätsreserven des Schiffes (siehe 1.5). Diese sind im vorliegenden Beispiel äußerst gering.

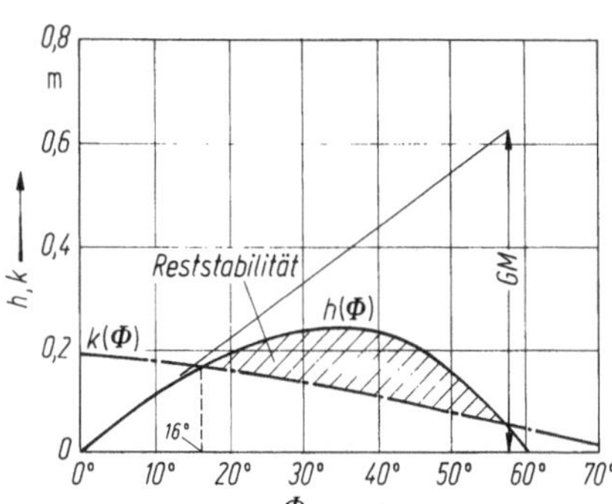

Bild 1.11. Krängende Hebel durch Übergehen von Ladung und Reststabilität

Wenn es gelingt, ein Schiff nach dem Übergehen von Ladung so ruhig zu stellen, daß die Schlagseite einigermaßen genau abgelesen werden kann, so läßt sich der Verlauf der krängenden Hebel auch ohne Abschätzen des krängenden Momentes (Begehen der Laderäume) ermitteln, wenn man eine vertikale Ladungsverschiebung dabei vernachlässigt.

Beispiel: Nach Übergehen von Ladung stellt sich eine konstante Schlagseite von 11° ein, d. h., bei 11° Neigung ist die neue Gleichgewichtslage da; aufrichtender Hebel und krängender Hebel sind gleich groß. Die Hebelarmkurve des Schiffes hatte zum Zeitpunkt des Unfalls für 11° den Wert $h_{11} =$ 0,18 m.

Es gilt:

$$h_{11} = k_{11} = GG_2 \cdot \cos 11°$$

und

$$GG_2 = h_{11} \cdot \sec 11°.$$

Damit ist GG_2 bekannt. Die Kurve der krängenden Hebel kann gezeichnet und der Stabilitätszustand des Schiffes beurteilt werden. Voraussetzung ist allerdings, daß die Stabilitätskennwerte zum Antritt der Reise bestimmt worden sind und somit ohne größeren Zeitaufwand zur Beurteilung einer Gefahrensituation zur Verfügung stehen.

Ein Sonderfall ist gegeben, wenn ein leicht fließendes Massengut, z. B. Getreide, das zuvor glatt gestaut und getrimmt war, um einen bestimmten Winkel λ übergeht. Aufgrund einfacher geometrischer Zusammenhänge ergibt sich folgende Gleichung für den krängenden Hebel:

$$k = \frac{i_b \cdot \varrho \cdot \tan \lambda}{D} \cdot \cos \Phi + \frac{i_b \cdot \varrho \cdot \tan^2 \lambda}{2 \cdot D} \cdot \sin \Phi;$$

i_b Breitenträgheitsmoment (Bild 1.12) der Ladungsoberfläche,
ϱ spezifische Dichte der Ladung,
λ Winkel, um den die Ladung übergegangen ist,
D Deplacement.

Ein Übergehen von Getreide in dieser einfachen Form dürfte jedoch selten sein (siehe Bd. 3A, Kap. 2.10.3).

Ähnlich wie das Übergehen von Ladung bewirkt auch die Übernahme eines Schwerstückes stärkere Krängung des Schiffes (siehe Bd. 3A, Kap. 2.6).

Freie Oberflächen. Durch Reiseverbrauch, Umpumpen von Brennstoff, teilgefüllte Ballastwassertanks etc. entstehen freie Flüssigkeitsoberflächen im Schiff, die unter statischen Voraussetzungen stets waagerecht liegen. Holt ein Schiff aus irgendeinem Grunde über, so geht ein Teil der Flüssigkeit mit, und die Krängung fällt stärker aus als ohne freie Oberflächen. Diese Wirkung läßt sich anschaulich, aber auch mathematisch als Verkleinerung der metazentrischen Anfangshöhe interpretieren bzw. berechnen. Es gilt:

$$\Delta GM = \frac{i_b \cdot \varrho}{D};$$

i_b Breitenträgheitsmoment der Flüssigkeitsoberfläche,
ϱ spezifische Dichte der Flüssigkeit.

Das Breitenträgheitsmoment ist eine abstrakte, geometrische Hilfsgröße, die von Form und Abmessungen der Fläche und der Lage der Bezugsachse abhängt. Für einige Tankformen wird in Bild 1.12 das Breitenträgheitsmoment angegeben.

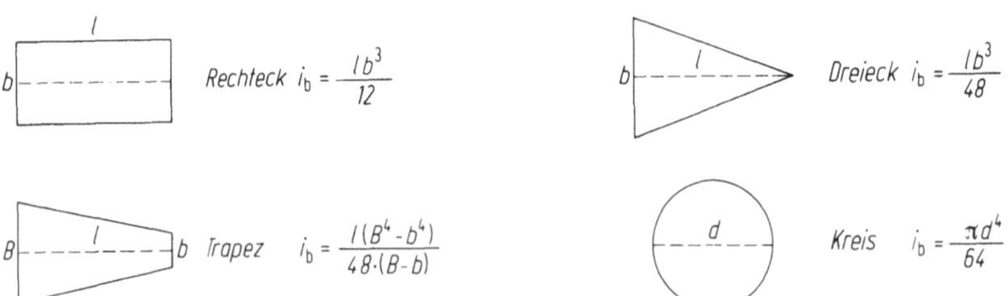

Bild 1.12. Breitenträgheitsmomente verschiedener Flüssigkeitsoberflächen

Neuzeitliche Werftunterlagen geben in den Tanktabellen fast durchweg das größtmögliche Breitenträgheitsmoment für jeden Tank an. Zu beachten ist dabei, daß dieser Wert bei Tanks, die nach unten zu schnell schmaler werden (Vorpiek, Hinterpiek), mit sinkendem Füllstand stark abnimmt.

Im allgemeinen ist die Stabilitätsbeeinträchtigung durch freie Oberflächen in Tanks wenig problematisch, da die Tankbreite durch Längsschotte bewußt klein gehalten wird. Diese Längsschotte verlieren natürlich ihre Wirkung, wenn sie beschädigt sind und Flüssigkeit hindurch lassen. Verheerend jedoch wirkt sich die freie Oberfläche aus, wenn z.B. durch Wassereinbruch nach Kollision ein Laderaum mit der Breite des Schiffes geflutet wird.

Beispiel: Ein Stückgutfrachter ($D = 12\,500$ t; $GM = 0{,}60$ m) erleidet Wassereinbruch im fast leeren Unterraum 4. Der Raum hat die Abmessungen $l = 24$ m, $b = 20$ m. Der Stabilitätsabbau beträgt nahezu von Beginn des Wassereinbruchs an

$$\Delta GM = \frac{24 \cdot 20^3 \cdot 1{,}025}{12 \cdot 12\,500} = 1{,}31 \text{ m.}$$

Damit ist negative Anfangsstabilität gegeben. Das Schiff wird schnell eine starke Schlagseite erhalten. Zwar nimmt die Stabilität durch das eingedrungene Wasser, das sich unten im Schiff sammelt, langsam wieder zu. Aber da es auf der tiefliegenden Seite zusammenläuft, wird das Schiff mit großer Wahrscheinlichkeit kentern, bevor der Unterraum 4 vollgelaufen ist.

Der Einfluß freier Flüssigkeitsoberflächen auf die Hebelarme kann vernachlässigt werden, wenn sie in verhältnismäßig flachen Doppelbodentanks auftreten. Üblicherweise zeichnet man die Hebelarmkurve unter Beachtung des durch Einfluß freier Oberflächen verkleinerten GM (Bild 1.3), die Hebelarme bei größeren Neigungen läßt man jedoch unberichtigt. Somit erfolgt eine Verkleinerung der Hebel nur im Anfangsbereich der Kurve. Will man den Einfluß freier Oberflächen, z.B. in Tieftanks, auf die Hebelarme genauer zum Ansatz bringen, so kann man diese mit ausreichender Genauigkeit verkleinern um die Beträge

$$\Delta h = \frac{i_{\mathrm{b}} \cdot \varrho}{D} \cdot \tan \Phi.$$

Diese Formel liefert bis $\Phi = 45°$ gut zutreffende Werte.

Der dynamische Einfluß freier Oberflächen macht sich bei Rollbewegungen durch Streuen der beobachteten Rollperioden bemerkbar. Durch Phasenverschiebung der hin- und herfließenden Flüssigkeit gegenüber dem rollenden Schiff kann es auch zur Dämpfung der Rollbewegung kommen. Dieser Effekt wird beim Frahmschen Schlingertank bewußt zur Verringerung der Rollbewegungen angewandt.

Negative Anfangsstabilität. Jegliches zu hohe Stauen von Ladung oder unsachgemäßes Lenzen von Ballast, vor allem aber unkontrollierbare Gewichtszunahme des Schiffes an Deck durch Vereisung oder Wasseraufsaugen der Deckslast kann bei ungenügender Stabilitätsreserve zu negativer Anfangsstabilität führen. Zunächst wird das Schiff weich und fällt mit langsam zunehmender Krängung auf die eine oder andere Seite. In dieser Lage wird das Schiff nur noch durch seine Formzusatzstabilität gehalten. Nach einer Näherungsformel für Krängungen bis ca. 15° gilt für die Gleichgewichtslage mit $h = 0$:

$$0 = \left(GM + \frac{FM}{2} \tan^2 \Phi \right) \cdot \sin \Phi,$$

daraus

$$GM = - \frac{FM}{2} \tan^2 \Phi.$$

Mit dieser Gleichung kann gezeigt werden, daß die Formzusatzstabilität nur sehr kleine Beträge negativer Anfangsstabilität kompensieren kann.

Beispiel: Ein Stückgutfrachter liegt mit ca. 5 m Tiefgang im Hafen. Vorübergehend soll eine Partie Ladung an Deck abgesetzt werden, wodurch sich nach Momentenrechnung bzw. Verschiebungssatz ein GM von $-0,05$ m ergibt. KM beträgt bei diesem Tiefgang 7,63 m.

$$FM = KM - 0,53 \cdot T_\mathrm{m} = 7,63 - 0,53 \cdot 5 = 4,98 \text{ m},$$

$$\tan \Phi = \sqrt{- \frac{2 \cdot GM}{FM}} = \sqrt{\frac{0,10}{4,98}} = 0,14,$$

$$\Phi = 8°.$$

Die Krängung würde 8° erreichen. Das Absetzen der Ladung an Deck sollte daher unterbleiben.

Auf See ist negative Anfangsstabilität noch gefährlicher, da ähnlich wie bei Krängung durch übergegangene Ladung die aufrichtenden Hebel stark verkleinert sind. Während man jedoch Krängung infolge übergegangener Ladung im wesentlichen durch Umpumpen von Brennstoff oder Ballast zur hochbordigen Seite beheben sollte, **darf** dies **nie** bei Krängung infolge negativer Anfangsstabilität geschehen. Zunächst würde sich das Schiff zwar aufrichten, aber schon vor Erreichen der aufrechten Lage mit Vehemenz zur anderen Seite durchschwingen und dort, falls überhaupt, mit einer größeren Krängung liegen bleiben. Schlagseite infolge negativer Anfangsstabilität kann nur beseitigt werden durch Verbesserung der Stabilität selbst, also durch Werfen von Deckslast, Losschlagen von Eis oder vorsichtiges Fluten von Doppelbodentanks (freie Oberflächen!). Mit dem Fluten muß an der niedrigbordigen Seite begonnen werden.

Wann immer ein Schiff eine unerwartete Krängung zeigt, sollte, bevor eilfertig die Anweisung zum „Geradepumpen" gegeben wird, geprüft werden, ob die Ursache der Krängung nicht etwa negative Anfangsstabilität ist. Wenn es gelingt, das Schiff z.B. durch Ruderlegen auf die andere Seite fallen zu lassen, und es bleibt so liegen, dann hat es negative Anfangsstabilität.

Hartruderlage. Legt man auf einem Schiff mit geringer Anfangsstabilität das Ruder in voller Fahrt hart über, so krängt das Schiff infolge des Rudermomentes zunächst in Richtung des Ruderausschlages. Fährt das Schiff dann mit zunehmender Winkelgeschwindigkeit in den Drehkreis, so wird die krängende Wirkung des Rudermomentes aufgehoben, und das Schiff krängt infolge der in G angreifenden Fliehkraft nach außen. Der krängende Hebel ist hierbei etwa der Abstand des Massenmittelpunktes G vom Lateralschwerpunkt des Unterwasserschiffes. Dieser liegt etwa auf $^1/_2$ Tiefgang. Der zu erwartende Krängungswinkel läßt sich ungefähr berechnen nach der Gleichung:

$$\tan \Phi = \frac{v^2 \cdot (KG - T_\mathrm{m}/2)}{g \cdot r \cdot GM} \, ;$$

v Schiffsgeschwindigkeit in m/s,
g Erdbeschleunigung $= 9,81$ m/s^2,
r Drehkreisradius in m,
T_m mittlerer Tiefgang in m.

Die Gleichung zeigt, daß insbesondere leicht beladene, schnelle Schiffe empfindliche Krängungen bei Hartruderlage zeigen können.

Beispiel: Ein schneller Stückgutfrachter legt bei 19 kn Fahrt das Ruder hart über. $T_\mathrm{m} = 5,0$ m, $KG = 8,50$ m, $GM = 0,32$ m, Drehkreisradius $= 300$ m. Die Geschwindigkeit fällt im Drehkreis auf ca. 15 kn ab.

Der zu erwartende Krängungswinkel läßt sich hiernach berechnen:

$$\tan \Phi = \frac{7{,}71^2 \cdot (8{,}50 - 2{,}50)}{9{,}81 \cdot 300 \cdot 0{,}32} = 0{,}38,$$

$$\Phi = 21°.$$

In der Praxis wird die Krängung etwas kleiner ausfallen, da die hier benutzte Formel die Formzusatzstabilität nicht berücksichtigt. Dennoch kann, wenn die Krängung unerwartet erfolgt, neben den Gefahren von Personenunfällen eine ernstzunehmende Behinderung der Manövrierfähigkeit die Folge sein. Will man Krängungen größer als z.B. 10° ausschließen, so kann man durch Umstellen der oben benutzten Formel den Mindest-*GM*-Wert errechnen, bei dem dies gewährleistet ist.

Trossenzug. Krängende Momente durch Trossenzug werden insbesondere Schiffen mit hohem Freibord und geringer Stabilität gefährlich. Moderne Bugsierschlepper können Pfahlzüge bis zu 300 kN (ca. 30 t) entwickeln[4]. Besonders der Vorschlepper greift bei starker Gattlage des Schiffes hoch am Vorschiff an. Als krängender Hebel kommt hierbei etwa der vertikale Abstand der Schiffsklüse vom Lateralschwerpunkt des Unterwasserschiffes in Betracht.

Beispiel: Bei einem 4200 t verdrängenden Schiff mit starker Gattlage beträgt dieser Abstand 18 m. Die metazentrische Anfangshöhe des Schiffes ist 0,20 m. Ein Schlepper zieht am Vorschiff in Querrichtung mit 15 t.

$$\tan \Phi = \frac{15 \cdot 18}{4200 \cdot 0{,}20} = 0{,}32,$$

$$\Phi = 18°.$$

Der Achterschlepper wurde nicht berücksichtigt. Ist eine solche Situation vorherzusehen, so müssen die Schlepper unbedingt Anweisung zu vorsichtigem Arbeiten bekommen.

Docken und Strandung. Beim Docken setzt das Schiff zunächst auf den Kielpallen auf. Die Kimmpallen werden erst später eingeschoben. Die Kraft, die bei fallendem Wasserstand von den Kielpallen auf das Schiff wirkt, ist gleich der Differenz zwischen Gewicht und Restauftrieb des Schiffes. Da diese Kraft in der Kielebene nach oben wirkt, kann sie als Folge der Entladung einer Teilmasse aus dem Kielniveau interpretiert werden. Mit Hilfe des Schwerpunktverschiebungssatzes für Entladungen läßt sich so ohne weiteres die scheinbare Höherverlagerung des Massenmittelpunktes *G* berechnen. Bei fortschreitendem Austauchen des Schiffes kommt es auf diese Weise sehr schnell zu negativer Anfangsstabilität. Der daraus entstehenden Kentergefahr muß rechtzeitig durch Setzen der Kimmpallen begegnet werden.

Eine ähnliche Gefahr kann bei Strandung und fallendem Wasser entstehen, wenn das Schiff mehr oder weniger punktförmig aufsitzt und die Bodenverbände in diesem Bereich nicht nachgeben. Bekannt ist diese Art des Kenterns beim Auflaufen von Segelyachten mit Mittelkiel.

Eine ganz andere Stabilitätsgefährdung entsteht beim Ausdocken, wenn während der Dockzeit im Zuge von Reparaturen und Besichtigungen der Inhalt von Doppelbodentanks umgepumpt worden ist und die Schiffsleitung es versäumt hat, vor dem Ausdocken für eine ausreichende und symmetrische Füllung der Tanks zu sorgen. Grundsätzlich sollten vor dem Ausdocken sämtliche Tanks (auch Brennstofftanks), Leerzellen und Bilgen gepeilt werden.

---

4 1500 kW (2000 PS) Schlepper mit Kort-Düse.

Trimmlage. Die üblichen Werftkurven bzw. -tabellen der hydrostatischen Werte werden für das Schiff auf ebenem Kiel aufgestellt. Bei stärkeren Trimmlagen ergeben sich Abweichungen von diesen Werten, da durch Vertrimmung

- der Formschwerpunkt sich auch nach oben verlagert,
- das Breitenträgheitsmoment der Schwimmfläche sich ändert,
- die bei Neigung zu Wasser kommende Form anders ist
- und bei einigen Schiffstypen der wirksame Freibord stark verringert wird.

Im allgemeinen wird die Anfangsstabilität etwas größer, wenn durch Vertrimmung nach hinten völlige Heckformen zu Wasser kommen. Dies gilt vor allem bei den ausladenden Spiegelhecks neuerer Trockenfrachter. Bei Vertrimmung nach vorn ergibt sich meist ein geringer Abbau der Anfangsstabilität.

Dies gilt bezüglich der Anfangsstabilität auch für Schlepper und Bohrinselversorger. Jedoch nimmt bei diesen Schiffen infolge achterlichen Trimms der ohnehin geringe wirksame Freibord weiter ab, so daß der Umfang der Stabilität unzulässig klein werden kann. Diese Schiffe sollten nie stärker nach achtern vertrimmt gefahren werden.

Auf Wunsch liefern die Werften für jedes Schiff Unterlagen, mit denen die Stabilitätskennwerte für alle Trimmlagen an Bord ermittelt werden können. Stehen solche Unterlagen nicht zur Verfügung, so ist bei stärkeren Trimmlagen Vorsicht geboten.

Winddruck. Ein krängendes Moment aus Winddruck läßt sich grob ableiten aus einem horizontalen Kräftepaar mit dem vertikalen Abstand h der Lateralschwerpunkte von Über- und Unterwasserschiff. Die auftretenden Kräfte sind von Windstärke, Einfallsrichtung des Windes und Überwasserlateralfläche abhängig. Bei **Querwind** kann folgende Beziehung zwischen Windstärke und krängender Masse p pro m^2 Überwasserlateralfläche[5] benutzt werden:

Wind- stärke	4	5	6	7	8	9	10	11	12	Bft
p	0,005	0,007	0,011	0,016	0,023	0,030	0,039	0,049	0,062	t/m^2

Trifft der Wind unter dem Winkel α (kleiner als 90°) zur Fahrtrichtung auf das Schiff, so verringert sich die Angriffsfläche mit dem sin α und die Querkomponente der Windkraft nochmals mit dem sin α. Der krängende Hebel h nimmt bei Neigung grob mit dem cos Φ ab. Es gilt daher:

$$\tan \Phi = \frac{p \cdot F \cdot h \cdot \sin^2 \alpha}{D \cdot GM}.$$

Beispiel: Ein Containerschiff mit 10 m Tiefgang, 160 m Länge und Freibord einschließlich Containern von 12 m nähert sich einem Windfeld mit Windstärke 11 von querein. Das Deplacement ist 20 000 t, die metazentrische Anfangshöhe beträgt 0,25 m.

$$\text{Überwasserlateralfläche } F = 12 \cdot 160 = 1920 \text{ m}^2,$$
$$\text{krängender Hebel } h = 1/2 \, (T + f_b) = 1/2 \, (10 + 12) = 11 \text{ m},$$
$$\tan \Phi = \frac{0{,}049 \cdot 1920 \cdot 11 \cdot 1}{20\,000 \cdot 0{,}25} = 0{,}21,$$
$$\Phi = 12°.$$

Eine Kursänderung um 45° würde die Krängung etwa auf die Hälfte reduzieren (sin^2 45° = 0,5).

---

5 Die Windkraft wurde zur einfacheren Krängungsberechnung in „krängende Masse" umgerechnet.

Nicht beachtet sind bei dieser Rechnung eine Reihe von Faktoren, wie z.B. Form und Windschnittigkeit der Aufbauten, Flächen- und Widerstandsänderung bei Neigung, Fahrtwind, Abtrift, Böigkeit des Windes. Somit ist diese Rechnung nur als grober Überschlag zu werten, zeigt aber, daß der vorliegende *GM*-Wert zu klein ist. Vor allem starke Böen bedürfen einer gesonderten Betrachtung (siehe „Dynamische Stabilitätsbelastungen").

Für Schiffe mit hoher Deckslast können sich Forderungen nach einem Mindest-*GM* für die Reise ergeben, wenn bestimmte Windschlagseiten nicht überschritten werden sollen. Solche Forderungen werden z.B. für Containerschiffe von einigen Aufsichtsbehörden (SeeBG, US-Coast Guard) bereits verbindlich gestellt.

Dynamische Stabilitätsbelastungen. Diese Belastungen treten im wesentlichen durch Wind und Seegang auf. Sie lassen sich nicht durch eine statische Gleichgewichtsbetrachtung beurteilen, sondern erfordern Energiebilanzen, die aber wegen des Arbeitsaufwandes und wegen der wissenschaftlich nicht endgültig gesicherten sachlichen Bezüge noch keinen Eingang in die nautische Praxis gefunden haben. Statt dessen schreiben die Aufsichtsbehörden in geeigneter Form Grenzwerte der Stabilitätskennwerte vor, deren Einhaltung Stabilitätsreserven garantiert, die alle dynamischen Stabilitätsbelastungen abdecken. Zusätzlich aber soll der Kapitän sein Schiff in schwerem Wetter so handhaben (siehe Bd. 2, Teil II), daß die dynamischen Stabilitätsbelastungen gemindert werden. Dazu muß der Kapitän mit der physikalischen Natur dieser Belastungen vertraut sein.

Einfall einer Windbö. Der Verlauf des krängenden Momentes einer Windbö ist als Beispiel in Bild 1.13 dargestellt. Dem krängenden Moment stehen in aufrechter Lage des Schiffes noch keine aufrichtenden Momente gegenüber. Infolgedessen wird das Schiff gekrängt, wobei der Wind Bewegungsenergie auf das Schiff überträgt, bis der Krängungswinkel des statischen Gleichgewichtes erreicht ist. An dieser Stelle aber besitzt das Schiff infolge der übertragenen Energie eine gewisse Winkelgeschwindigkeit, und es wird weiter krängen, obwohl nunmehr die aufrichtenden Momente überwiegen. Vernachlässigt man Reibung und Strömungswiderstand des Unterwasserschiffes, so krängt das Schiff so weit über, bis die vom Wind übertragene krängende Energie von der überschüssigen aufrichtenden Energie des Schiffes aufgezehrt ist. Dies ist, abgesehen von den genannten Verlusten, der Fall, wenn die in Bild 1.13 schraffierten Flächen einander gleich sind.

Daraus folgt, daß ein Schiff erheblich größere aufrichtende Hebel benötigt als dies unter rein statischen Gesichtspunkten der Fall sein würde. Zu beachten ist auch, daß nur die Hebelarme bis ca. 40° entscheidend sind, da größere Krängungen mit einiger Wahrscheinlichkeit zum Übergehen von Ladung, Wassereinbruch und weiteren ungünstigen Erscheinungen führen können.

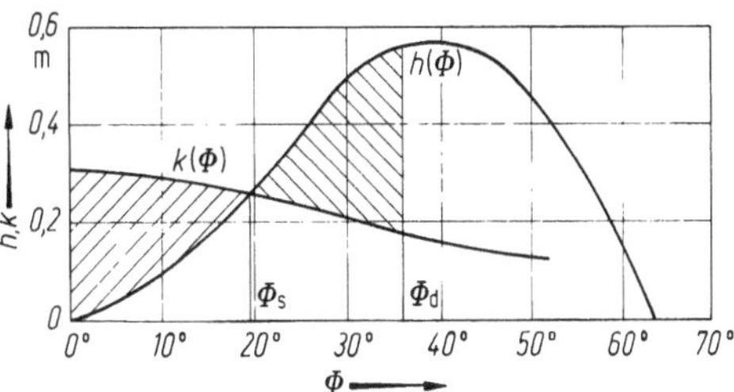

Bild 1.13. Stabilitätsbelastung durch eine Windböe.
Φ_s Winkel des statischen Gleichgewichtes;
Φ_d Winkel des dynamischen Gleichgewichtes

Seegang und Dünung. Diese Erscheinungen beeinträchtigen die Stabilität des Schiffes auf vielfältige Weise.

In großen, **querlaufenden** Wellen liegt das Schiff immer wieder vorübergehend mit seiner gesamten Schwimmfläche auf der Wellenschräge. Dies führt grundsätzlich zu einem krängenden Moment in Richtung Wellental. Allerdings ist diese statische Betrachtungsweise sehr unvollständig, da das Schiff unweigerlich Rollschwingungen durchführen wird, die zusätzliche Kräfte (Zentrifugalkräfte und Trägheitskräfte) und Momente ins Spiel bringen (siehe Bd. 2, Kap. 28).

In großen, **längslaufenden** Wellen ist die Form der Schwimmwasserlinie und damit die Anfangsstabilität ständigen Schwankungen unterworfen. Führt das Schiff gleichzeitig Rollschwingungen durch, so unterliegt auch die Neigungsstabilität starken Schwankungen je nach Lage des Schiffes auf Wellenberg oder im Wellental. Als Faustregel gilt:

- Im Wellental sind Anfangsstabilität und Neigungsstabilität etwas größer als in glattem Wasser.
- Auf dem Wellenberg sind Anfangsstabilität und Neigungsstabilität deutlich kleiner als in glattem Wasser.
- Im Mittel nehmen Anfangs- und Neigungsstabilität in längslaufendem Seegang ab gegenüber den Werten in glattem Wasser.

Das erklärt, weshalb Schiffe mit geringer Stabilität unbedingt vermeiden sollten, in langer, achterlicher See oder Dünung zu fahren. Dies gilt besonders dann, wenn die Schiffsgeschwindigkeit gleich oder annähernd gleich der Wellengeschwindigkeit ist, da das Schiff dann für längere Zeit auf dem Wellenberg verbleibt und der Stabilitätsabbau[6,7] zu einem unerwarteten Kentern führen kann (siehe Bd. 2, Teil II).

Die Orbitalbewegung der Wellen selbst (siehe Bd. 2, Teil II) wird insbesondere kleinen Schiffen in flachem Wasser gefährlich, wenn die kreisförmige Bewegung der Wasserteilchen durch den Meeresboden gestört wird. Diese sogenannten Grundseen üben an der Wasseroberfläche einen bedeutenden horizontalen Schub auf das Schiff aus, während der Boden des Schiffes nahezu festgehalten wird. Ein starkes krängendes Moment ist die Folge. Erschwerend wirkt sich u. U. der Anprall der sich brechenden Woge und die an Deck gestürzten Wassermassen aus. Gebiete mit Grundseen sind daher von kleinen Schiffen unbedingt zu meiden, auch wenn dadurch Zeitverluste und Umwege entstehen.

Rollperiodenresonanz. Eine ebenfalls wesentliche Stabilitätsbelastung dynamischer Natur ist beim Auftreten von Rollperiodenresonanz gegeben. Diese stellt sich immer dann ein, wenn das Schiff phasengleich mit den Rolleigenschwingungen mechanische Impulse bekommt, durch die die Rollschwingungen weiter angeregt werden, was in der Regel zwangsläufig zu einer starken Zunahme der Rollamplituden führt. Solche Impulse werden meist durch den Seegang gegeben. Man hat aber auch beobachtet, daß bei sehr kurzer Rolleigenperiode (Erzschiffe) durch Resonanz mit den Stampfschwingungen des Schiffes die phasengleiche Anregung für starke Rollschwingungen gegeben ist.

Eine Sonderform der Resonanz ist die sogenannte Matthieusche Resonanz, die infolge periodischer Schwankungen der aufrichtenden Momente ein Aufschaukeln der Rollschwingungen bewirkt. Dies ist gegeben, wenn das Schiff sich beim Überneigen auf einem Wellenberg befindet (Stabilitätsminderung) und beim Wiederaufrichten im Wellental liegt (Stabilitätserhöhung). Die Matthieusche Resonanz tritt folglich vorwiegend in längslaufendem Seegang und bei der Bedingung auf:

$$\text{Seegangsbegegnungsperiode } T' = 0{,}5 \cdot \text{Rolleigenperiode } T_\Phi.$$

Die häufigsten Resonanzerscheinungen sind jedoch unmittelbar auf den krängenden Impuls des Seeganges zurückzuführen. Als allgemeine Resonanzbedingung gilt daher:

$$\text{Seegangsbegegnungsperiode } T' = \text{Rolleigenperiode } T_\Phi.$$

---

6 Siehe O. Hebecker in „Seewart" 14 (1953) Heft 1, S. 20.
7 Die Veränderung der Hebelarmkurve beim Passieren eines Wellenberges ist an einem Beispiel dargestellt von Prof. Dr.-Ing. Wendel in HANSA 91 (1954) Nr. 46/48, 2019.

Resonanz erkennt man immer daran, daß das Schiff stark und gefährlich zu rollen beginnt, ohne daß der Seegang selbst sich wesentlich geändert hat. Meistens ist damit auch eine Änderung der Rollperiode verknüpft. Resonanz stellt immer eine Gefahr dar. Sie muß durch Kurs- oder (und) Fahrtänderung vermieden werden.

Steife Schiffe mit guter Steuerfähigkeit werden oft vorteilhaft lenzen, um T'-Werte zu erzielen, die länger als ihre T_Φ-Werte sind, dagegen wird man auf weichen Schiffen in Stürmen mit schwerer See von achtern gut tun, zu drehen und die See mit langsamster Fahrt aus vorderlicher Richtung zu nehmen.

Kommt man aufgrund zunehmender Rollbewegungen zur Annahme, daß die Resonanzbedingungen erfüllt sind, so kann man dies durch eine Rechnung nachprüfen und gleichzeitig die optimalen Gegenmaßnahmen herausfinden. Die Beziehung zwischen Begegnungsperiode und Wellenperiode lautet:

$$T' = \frac{q \cdot T_0^2}{q \cdot T_0 + v \cdot \cos \beta} \, ;$$

T_0 Wellenperiode,
q $= 1{,}56$ für reine Dünung
q $= 1{,}04$ für reine Windsee   (für gemischten Seegang kann gemittelt werden),
v Schiffsgeschwindigkeit in m/s,
β Winkel zwischen Fahrtrichtung des Schiffes und Richtung, aus der der Seegang kommt.

Beispiel: Ein Schiff mit einer Rolleigenperiode von 14 s erfährt in zunehmender Sturmsee aus der Seitenpeilung 110° Resonanzerscheinungen in seinen Rollschwingungen. Die beobachtete Wellenperiode der kennzeichnenden Sturmseen beträgt 10 s. Das Schiff fährt mit 14 kn, entsprechend 7,2 m/s. Die Begegnungsperiode ergibt sich zu:

$$T' = \frac{1{,}04 \cdot 100}{1{,}04 \cdot 10 - 7{,}2 \cdot 0{,}34} = 13 \text{ s}.$$

Das Ergebnis bestätigt die einsetzende Resonanz. Durch Änderung von Fahrt und Kurs läßt sich die Resonanz vermeiden, wenn man dadurch die Begegnungsperiode T' ändert. Dazu stellt man die Gleichung um:

$$v \cdot \cos \beta = \frac{q \cdot (T_0^2 - T_0 T')}{T'} \, .$$

1. Lösung: Man wünscht eine Begegnungsperiode von 20 s. Auch soll die Fahrt auf 12 kn reduziert werden. Wegen der Zunahme der Sturmsee rechnet man mit einer Wellenperiode von 12 s. 12 kn entspricht 6,2 m/s. Gesucht ist der neue Kurs.

$$6{,}2 \cdot \cos \beta = \frac{1{,}04 \cdot (144 - 12 \cdot 20)}{20} \, ,$$

$$\cos \beta = -0{,}81,$$
$$\beta = 144°.$$

Der Kurs ist um 34° zu ändern, so daß die See aus der Seitenpeilung 144° kommt.

2. Lösung: Man möchte das Schiff mit dem Kopf in die See legen, aber wegen der Stampfeigenperiode von 6 s möglichst eine Begegnungsperiode von 10 s einhalten. Gesucht ist die erforderliche Geschwindigkeit bei 12 s Seegangsperiode.

$$v \cdot \cos 0° = \frac{1{,}04 \cdot (144 - 12 \cdot 10)}{10} \, ,$$

$$v = 2{,}50 \text{ m/s}.$$

Die erforderliche Geschwindigkeit liegt bei 5 kn.

Ausführlicher werden die Eigenarten des Seeganges und die Handhabung des Schiffes in schwerem Wetter in Bd. 2, Teil II, beschrieben.

1.5   Beurteilung der Stabilität

Stabilitätskriterien. Zur Beurteilung eines aktuellen Stabilitätszustandes müssen zuvor die Kennwerte für diesen Zustand ermittelt worden sein. Es muß also die Hebelarmkurve vorliegen, die auch die metazentrische Anfangshöhe als Steigungsfaktor im Anfangsbereich ausweist. Diese Stabilitätskennwerte müssen zum Nachweis der Seetüchtigkeit des Schiffes eine Reihe von Bedingungen erfüllen, die von den Aufsichtsbehörden gesetzt werden. In der Bundesrepublik Deutschland fordert die SeeBG die Einhaltung folgender Mindestwerte für Frachtschiffe üblicher Bauart unter der Voraussetzung, daß die Ladung nicht übergehen kann (vgl. Merkblatt D 4 für die Anwendung von Stabilitätsunterlagen vom 20. 12. 1966):

- Die metazentrische Anfangshöhe soll nach Berücksichtigung der freien Flüssigkeits-oberflächen möglichst nicht geringer als 0,15 m sein.
- In voll abgeladenem Zustand soll der aufrichtende Hebelarm bei 30° Neigung mindestens 0,20 m betragen. In teilbeladenem Zustand ist dieser Richtwert mit dem Verhältnis

$$\frac{\text{Deplacement des vollbeladenen Schiffes}}{\text{Deplacement des teilbeladenen Schiffes}}$$

zu multiplizieren.

Da beide Forderungen stets gleichzeitig zu erfüllen sind, wird besonders auf kleinen Volldeckern eine größere metazentrische Anfangshöhe als 0,15 m erforderlich sein.

Die Forderung nach einer Vergrößerung des aufrichtenden Hebels bei 30° Neigung bei teilbeladenem Schiff soll sicherstellen, daß bei allen Tiefgängen etwa gleich große aufrichtende Momente zur Verfügung stehen. Ein geringeres Deplacement wird also durch entsprechend größere Hebelarme ausgeglichen.

Eine neuere Auffassung mißt diesem Umstand weniger Bedeutung bei. Statt dessen werden Stabilitätskriterien berücksichtigt, die von der IMCO empfohlen worden sind. Das Merkblatt D 5 der SeeBG vom 16.5.1975 „Stabilitätsunterlagen für den Bordgebrauch und Bestimmung der Stabilität an Bord" enthält einen Abschnitt „Stabilitätskriterien", der hier auszugsweise zitiert wird:

Vorbemerkung: Die folgenden Kriterien gelten für Schiffe normaler Bauart bis etwa 100 m Länge. SeeBG und GL behalten sich vor, von diesen Kriterien abzuweichen, wenn dies aus besonderen Gründen — wie außergewöhnliche Hauptabmessungen oder Form des Schiffes, Gefährdung des Schiffes durch besondere Ladung usw. — erforderlich erscheint.

1. Allgemein

Aufrichtender Hebel bei 30° Neigung $h_{30°}$	$\geq 0{,}20$ m
MG korrigiert für freie Oberflächen	$\geq 0{,}15$ m
Fläche unter der Hebelarmkurve bis 30°	$\geq 0{,}055$ m · rad
Fläche unter der Hebelarmkurve zwischen 30° und 40°	$\geq 0{,}03$ m · rad
Fläche unter der Hebelarmkurve bis 40°	$\geq 0{,}09$ m · rad
Stabilitätsumfang:	$\geq 60°$

Ist der Stabilitätsumfang wegen der entwurfsbestimmenden Daten wesentlich geringer, muß über Verbesserung der anderen Stabilitätskriterien eine Gleichwertigkeit erreicht werden.

Die Merkblätter D 4 und D 5 sind nebeneinander in Kraft. Infolge der Forderung nach Vergrößerung von $h_{30°}$ bei teilbeladenem Schiff ergeben sich nach Merkblatt D 4 in der Regel etwas größere Stabilitätswerte.

Merkblatt D 5 verlangt statt dessen Mindestflächen unter der Hebelarmkurve. Die Bestimmung der Fläche unter einer Kurve kann mit guter Genauigkeit nach der Simpsonschen Regel und mit ausreichender Genauigkeit durch Trapezberechnung erfolgen.

Beispiel: Die Hebelarmkurve gemäß Bild 1.14 soll nach den SeeBG-Kriterien von 1975 beurteilt werden. Es ist unmittelbar abzulesen:
– der aufrichtende Hebel bei 30° Neigung beträgt 0,49 m,
– GM berichtigt für freie Oberflächen beträgt 0,55 m,
– der Umfang der Stabilität beträgt 72°.

Die entsprechenden Forderungen der SeeBG sind also erfüllt. Zur Berechnung der Flächen unter der Kurve werden die Kurvenzüge zwischen 0° und 30° sowie zwischen 30° und 40° durch Geraden ersetzt, so daß sich etwa flächengleiche Abschnitte ergeben. Gutes Augenmaß genügt hier. Zur Flächenberechnung wird das Gradmaß in Bogenmaß umgerechnet. Es gilt nach der Faustformel

naut. Gradmaß = 57,3 · Bogenmaß:

$$30° \triangleq 0,524 \text{ rad},$$
$$10° \triangleq 0,175 \text{ rad}.$$

Damit erhält man für die Fläche bis 30°:

$$A_{30°} = 0,5 \cdot 0,44 \cdot 0,524 = 0,115 \text{ m} \cdot \text{rad}.$$

Ebenso für die Fläche zwischen 30° und 40°:

$$A_{30°-40°} = 0,53 \cdot 0,175 = 0,093 \text{ m} \cdot \text{rad}.$$

Die Fläche bis 40° ist die Summe dieser Werte: 0,208 m · rad. Die Forderungen sind damit ebenfalls erfüllt.

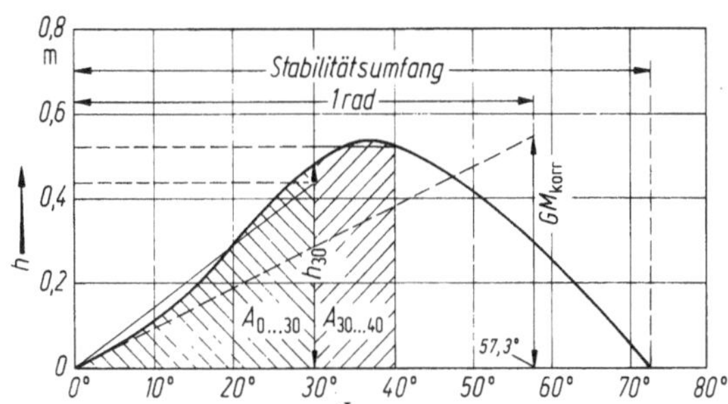

Bild 1.14. Beurteilung der Stabilität nach den allgemeinen Kriterien der SeeBG von 1975

Eine erhebliche Vereinfachung des Prüfverfahrens kann erzielt werden, wenn von vornherein für eine Reihe von Tiefgängen der GM-Wert ermittelt wird, bei dem alle Kriterien erfüllt sind. Wenn für ein bestimmtes Schiff eine solche Kurve oder Tabelle der Mindest-GM-Werte bzw. Höchst-KG-Werte vorliegt, genügt die Kenntnis der metazentrischen Anfangshöhe und des Tiefganges, um die Einhaltung der SeeBG-Kriterien zu prüfen.

Die Beurteilung der Stabilität sollte sich jedoch nicht nur auf die Kontrolle der Einhaltung von Mindestforderungen erstrecken. Oft gehen Schiffe mit zu großer Stabilität in See. Die Folgen sind häufigere Resonanzerscheinungen durch Seegangserregung oder sogar Periodengleichheit mit Stampf- und Tauchschwingungen. Dazu kommt, daß steife Schiffe beim Rollen starke Rollbeschleunigungen in den Umkehrpunkten erfahren. Addieren sich zu diesen die Tauchbeschleunigungen in gleicher Richtung, so treten erhebliche Kräfte auf, die zum Übergehen von Ladung und zu Personenunfällen und Schäden im Schiff führen können. Die Beurteilung zu großer Stabilität geschieht am einfachsten mit Hilfe der zu erwartenden Rolleigenperiode. Es gilt im allgemeinen:
– Schiff ist steif, wenn T_Φ in Sekunden $\leqq \frac{3}{4} \cdot B$ in Metern ($GM > 1$ m),
– Schiff ist normalstabil, wenn T_Φ in Sekunden $= B$ in Metern ($GM \approx 0,56$ m),
– Schiff ist weich, wenn T_Φ in Sekunden $= \frac{3}{2} \cdot B$ in Metern ($GM \approx 0,25$ m),
– Schiff ist rank, wenn T_Φ in Sekunden $\geqq 2 \cdot B$ in Metern ($GM < 0,15$ m).

Schiffe mit wenig Freibord sind grundsätzlich stabilitätsgefährdet, wenn sie weich oder gar rank gefahren werden. In der Regel sind steif: große Tanker, Erz- und Massengutschiffe sowie breite Spezialschiffe (Schwergutfrachter, Versorger).

Berechnung der Abfahrtsstabilität. Vor Antritt der Reise muß man sich Gedanken über die während der Reise zu erwartenden Stabilitätsbelastungen machen. Vorhersehbare und damit einzukalkulierende Belastungen müssen bei der Bemessung der Abfahrtsstabilität stets den Mindeststabilitätswerten zugeschlagen werden, damit das Schiff die SeeBG-Forderungen auch zum ungünstigsten Zeitpunkt der Reise erfüllt. Diese einzukalkulierenden Belastungen sind im allgemeinen Reiseverbrauch an Treibstoff und Vorräten und die dabei entstehenden freien Oberflächen. Bei hoher Deckslast kommen Winddruck und Wasserstau an Deck oder Wasseraufsaugen der Deckslast hinzu. In hohen Breiten oder im Winter bei Kaltlufteinbrüchen muß man mit Vereisung von Deck, Aufbauten und Deckslast rechnen. Besondere Ladungen fordern weitere Zuschläge, z.B. um die Krängung bei Schwergutverladungen klein zu halten oder um Getreide gemäß den Forderungen von SOLAS 74 sicher zu verschiffen.

All diese Belastungen erfordern bei Abfahrt Zuschläge zu der metazentrischen Anfangshöhe, die sich zur Erfüllung aller Kriterien als Mindestwert ergibt. Diese Zuschläge lassen sich berechnen. Ein Beispiel einer solchen Vorausberechnung findet sich in Bd. 3A, Kap. 2.7.1.

Auf Fahrgastschiffen sind die Richtlinien der SeeBG für Stabilität und Bemessung der zulässigen Fahrgastzahl vom 2.6.1965 sowie die Bestimmungen des Internationalen Schiffssicherheitsvertrages (SOLAS 60, Kap. II) und der Schiffssicherheitsverordnung von 1972 anzuwenden. Da die Stabilitätskriterien für Fahrgastschiffe weitgehend auf den Ergebnissen umfangreicher Leckrechnungen für das jeweilige Schiff beruhen, werden dem Kapitän umfangreiche und detaillierte Anweisungen über die Beballastung in Abhängigkeit von Treibstoffvorräten und Anzahl der Fahrgäste mitgegeben.

1.6   Trimm- und Tauchungsrechnungen

Der Trimm eines Schiffes ist die Differenz der Tiefgänge am vorderen und hinteren Lot. Da der Trimm sowohl für das See- und Fahrverhalten als auch für die Optimierung der Tragfähigkeit bei gegebener Wassertiefe von Bedeutung ist, gibt es Rechenverfahren, mit denen man — ausgehend von einer geplanten Ladungsverteilung — die Tiefgänge und den Trimm vorherbestimmen kann.

Trimmrechnungen zur Beladungsplanung. Bei einer Beladungsplanung verteilt man Ladung, Treibstoff, Vorräte, ggf. auch Ballast auf das leere, betriebsklare Schiff und berechnet aufgrund dieser Gesamtverteilung den Trimm und die Tiefgänge an den Loten. Dies entspricht der Aufgabenstellung der Bauwerft bei der Erstellung der sogenannten Werftladefälle.

Man beginnt mit einer Längenmomentenrechnung, bei der das leere Schiff und alle weiteren Einzelmassen erfaßt werden. Momentenbezugspunkt ist meist das hintere Lot. Einige Werften gehen in ihren Unterlagen auch vom Hauptspant aus. Die Ergebnisse der Längenmomentenrechnung sind das Deplacement D und der Abstand des Massenmittelpunktes G vom Bezugspunkt in Längsrichtung des Schiffes (Bild 1.15).

Mit dem Deplacement D entnimmt man den Werftunterlagen (Kurvenblatt, hydrostatische Tabellen, Lastenmaßstab) folgende Werte, die für das Schiff auf ebenem Kiel gelten:

- Lage des Verdrängungsschwerpunktes F in Längsrichtung,
- Einheitstrimmoment ETM,

– Lage des Wasserlinienschwerpunktes W in Längsrichtung,
– Bezugstiefgang T_c.

In der zunächst vorausgesetzten ebenen Lage des Schiffes greift in G das Gewicht F_G und in F der Auftrieb F_A an. Es ergibt sich ein Kräftepaar mit dem Abstand h_t, durch welches das Schiff vertrimmt wird. Dadurch wandert der Verdrängungsschwerpunkt F zur eintauchenden Seite hin, bis er unter G liegt. Dies ist die wirkliche Lage des Schiffes bei der gewählten Massenverteilung.

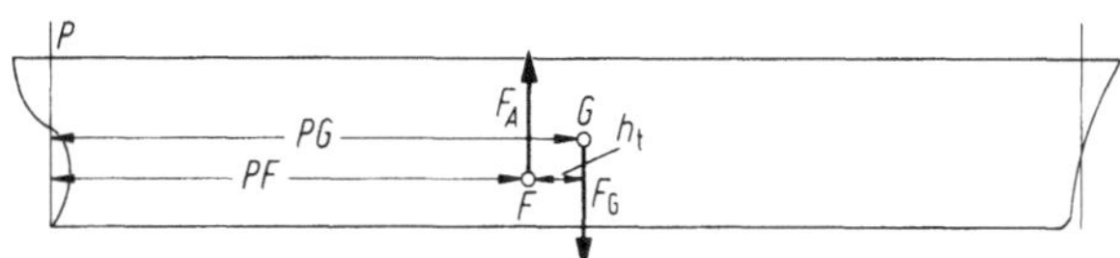

Bild 1.15. Bestimmung des trimmenden Hebels h_t

Man rechnet also:

Massentrimmoment $TM = D \cdot h_t$ in   t $\cdot$ m   (h_t trimmender Hebel).

Das Einheitstrimmoment ETM ist das Massentrimmoment, durch welches das Schiff um eine Längeneinheit vertrimmt wird. Gebräuchlich ist fast nur noch die Einheit Tonnen mal Meter pro Meter. Man berechnet den Trimm t:

$$t = \frac{TM}{ETM} \text{ in m.}$$

Beispiel: Ein Schiff soll mit Erz beladen werden. Zunächst wird die Längenmomentenrechnung aufgemacht.

	Masse in t	$\odot L$ in m	Moment in t·m
Schiff voll bebunkert	7978	57,81	461208
Ladung Raum 2	2000	113,30	226600
Ladung Raum 3	3600	94,13	338868
Ladung Raum 4	3140	69,78	219109
Ladung Raum 5	1900	47,69	90611
Deplacement	18618		1336396

Der Abstand des Massenmittelpunktes vom hinteren Lot beträgt:

$$PG = \frac{1336396}{18618} = 71{,}78 \text{ m.}$$

Mit dem Deplacement D in Seewasser entnimmt man der Formkurventabelle:

$$
\begin{aligned}
PF &= 70{,}30 \text{ m,} \\
ETM &= 20371 \text{ t} \cdot \text{ m/m,} \\
PW &= 67{,}21 \text{ m,} \\
T_c &= 9{,}29 \text{ m.}
\end{aligned}
$$

Die Differenz der Abstände PG und PF ist der trimmende Hebel h_t.

$$h_t = 71{,}78 - 70{,}30 = 1{,}48 \text{ m.}$$

Man erhält den Trimm

$$t = \frac{18618 \cdot 1{,}48}{20371} = 1{,}35 \text{ m vorderlastig.}$$

Aus der Tatsache, daß in diesem Beispiel der Massenmittelpunkt G vor dem Verdrängungsschwerpunkt F liegt, läßt sich eindeutig auf ein vorderlastiges Schiff schließen. Dieser anschauliche Weg, die Richtung des Trimms zu bestimmen, ist für manuelle Rechnungen als der sicherste zu empfehlen. Beim Einsatz eines Rechnerprogramms muß man allerdings festlegen, ob man z. B. dem vorderlichen Trimm das positive oder das negative Vorzeichen geben will. Diesbezüglich gibt es noch keine Einheitlichkeit in den Werftunterlagen.

In der vertrimmten Lage hat das Schiff eine neue Wasserlinie, die die ebene Wasserlinie so schneidet, daß das eintauchende Volumen gleich dem austauchenden Volumen ist. Dieser Schnitt verläuft durch den Wasserlinienschwerpunkt W (Bild 1.16). Beim Vertrimmen bleibt nur der Tiefgang T_c am Wasserlinienschwerpunkt unverändert. Die Tiefgänge an den Loten verändern sich um die Tauchungsanteile t_v und t_h gegenüber dem Bezugstiefgang T_c. Da der Wasserlinienschwerpunkt W meist nicht genau auf halber Länge zwischen den Loten liegt, sind diese Tauchungsanteile im allgemeinen nicht gleich groß. Daher besteht ein, wenn auch meist geringer, Unterschied zwischen dem Bezugstiefgang T_c und dem mittleren Tiefgang T_m. Es gilt unter Außerachtlassung einer Vorzeichenregelung:

$$t_v + t_h = t.$$

Aufgrund einfacher Verhältnisgleichungen läßt sich bilden:

$$t_h = t \cdot \frac{PW}{L_{pp}} \qquad (L_{pp} \text{ Länge zwischen den Loten})$$

und

$$t_v = t - t_h.$$

Die Tauchungsanteile sind zum Bezugstiefgang zu addieren bzw. zu subtrahieren, wie es die zuvor festgestellte Richtung des Trimms verlangt. Man erhält die Tiefgänge an den Loten T_h und T_v. Das arithmetische Mittel dieser Tiefgänge ist der mittlere Tiefgang.

$$T_m = \frac{T_h + T_v}{2}.$$

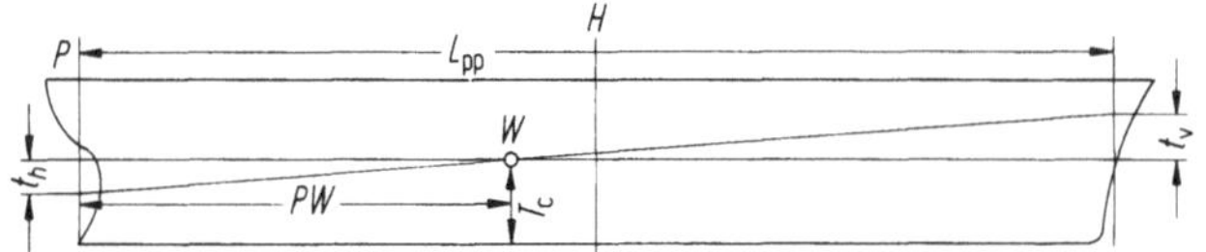

Bild 1.16. Aufteilung des Trimms auf die Tauchungsanteile t_v und t_h

Dieser Rechengang soll an obigem Beispiel gezeigt werden.

$$t_h = t \cdot \frac{PW}{L_{pp}} = 1{,}35 \cdot \frac{67{,}21}{144} = 0{,}63 \text{ m},$$

$$t_v = t - t_h = 1{,}35 - 0{,}63 = 0{,}72 \text{ m}.$$

Da das Schiff hier vorderlastig ist, muß t_h von T_c subtrahiert und t_v zu T_c addiert werden.

$$\begin{aligned}
T_h &= T_c - t_h = 9{,}29 - 0{,}63 = 8{,}66 \text{ m}, \\
T_v &= T_c + t_v = 9{,}29 + 0{,}72 = 10{,}01 \text{ m}, \\
T_m &= (T_h + T_v) : 2 = 9{,}34 \text{ m} \quad (5 \text{ cm über Freibordtiefgang}).
\end{aligned}$$

Bemerkenswert ist an diesem Ergebnis, daß der durch die Erzladung lt. Tiefgangstabelle erreichte Bezugstiefgang von 9,29 m als Freibordtiefgang zwar am Wasserlinienschwerpunkt eingehalten, jedoch an der Lademarke auf Mitte Schiff um 5 cm überschritten wird. Eine überschlägige Rechnung, bei der $t_h = t_v = t/2$ gesetzt wird, hätte diesen Umstand nicht aufgedeckt.

Die hier gezeigte Trimmrechnung ist nicht absolut exakt, da sich besonders bei stärkeren Vertrimmungen Änderungen des *ETM* und der Lage des Wasserlinienschwerpunktes ergeben, und auch der vertikale Abstand von *G* und *F* berücksichtigt werden müßte. Dennoch wird diese Methode z.B. in der Massengutfahrt ohne Einschränkung angewandt, da dort in der Regel nur mit kleinen Trimmwerten gefahren wird. Kommen während der Ballastreise größere Trimmwerte vor, so sind jedoch wegen des insgesamt geringeren Tiefganges die auftretenden Fehler der Trimmrechnung zu vernachlässigen.

Genaue Trimm- und Tiefgangswerte auch für starke Trimmlagen liefert das Petersen-Diagramm. Dieses Diagramm wird ausgehend von vertrimmten Wasserlinien erstellt und liefert mit den Eingangswerten Deplacement *D* und Längenmoment bezogen auf Mitte Schiff die Ausgangswerte Trimm und Tiefgänge an den Loten. Eine ausführliche Benutzeranweisung wird im allgemeinen mitgeliefert. Das Petersen-Diagramm gehört heute noch zum gehobenen Standard der Werftlieferung, da seine Anfertigung einigen Aufwand erfordert.

Trimmänderungsrechnung. Während des Ladebetriebes lassen sich die Tiefgänge und der Trimm durch Ablesung an den Tiefgangsmarken (Ahmingen) des Schiffes leicht feststellen. Ausgehend von einer solchen aktuellen Trimmlage oder auch von vorausberechneten Trimmlagen kann die Trimmänderung Δt berechnet werden, die sich aus der Zu- oder Entladung einer Teilmasse *m* an einer bestimmten Stelle im Schiff oder aus der Verschiebung einer Teilmasse *m* in Längsrichtung ergibt. Eine Umkehrung dieser Fragestellung erlaubt es auch, die richtigen Maßnahmen für eine gewünschte Trimmänderung rechnerisch zu bestimmen. Die Trimmänderungsrechnung kommt daher in der Beladungspraxis häufiger vor.

Das Trimmoment lautet in der Trimmänderungsrechnung:

$$\Delta TM = m \cdot e_L \quad \text{in} \quad t \cdot m;$$

m   Teilmasse,
e_L Verschiebestrecke in Längsrichtung.

Bei einer Massenverschiebung in Längsrichtung ist e_L die Längskomponente der gesamten Verschiebestrecke. Die Richtung der Vertrimmung ergibt sich anschaulich aus der Richtung der Verschiebung (Bild 1.17).

Bei einer Zu- oder Entladung wird e_L von der Achse durch den Wasserlinienpunkt *W* gemessen. Dies erklärt sich daraus, daß eine Zu- oder Entladung am Wasserlinienschwerpunkt nur eine parallele Tauchung, aber keine Vertrimmung des Schiffes bewirkt. Jede Zu- oder Entladung an einer beliebigen Stelle des Schiffes kann als Zu- oder Entladung im Wasserlinienschwerpunkt mit anschließender bzw. vorhergehender Verschiebung in Längsrichtung verstanden werden (Bild 1.18). Die Richtung der Vertrimmung ergibt sich

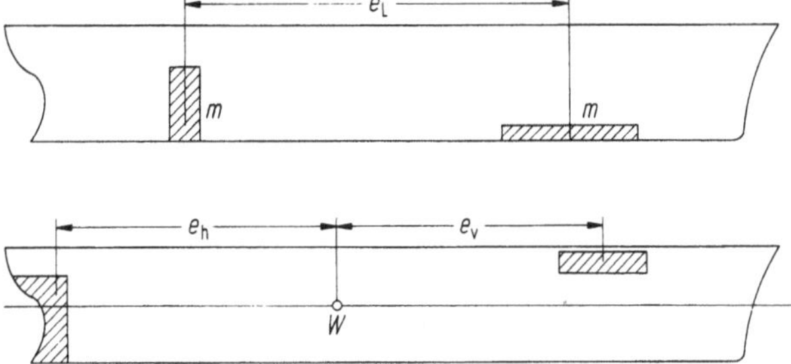

Bild 1.17. Trimmender Hebel bei Ladungsverschiebung in Längsrichtung

Bild 1.18. Trimmender Hebel bei Zu- und Entladung

auch hier anschaulich aus der Richtung der Verschiebung. Nicht vergessen werden darf die bei Zu- oder Entladung gleichzeitig erfolgende parallele Tauchung.

Beispiel: Im Abschnitt „Trimmrechnung zur Beladungsplanung" zeigte sich bei der gerechneten Ladungsverteilung ein vorderlicher Trimm von 1,35 m. Da dieses Ergebnis nicht befriedigt, werden die Partien in Raum 2 und 5 sowie in Raum 3 und 4 jeweils vertauscht. Das bedeutet rechnerisch eine Verschiebung von 100 t von Raum 2 nach Raum 5 und 460 t von Raum 3 nach Raum 4. Es gilt:

$$\Delta t = \frac{m_1 \cdot e_{L1} + m_2 \cdot e_{L2}}{ETM} = \frac{100 \cdot 65,61 + 460 \cdot 24,35}{20371} = 0,87 \text{ m.}$$

Die Trimmänderung erfolgt nach hinten. Wegen des ursprünglichen vorderlichen Trimms von 1,35 m bleibt noch ein vorderlicher Trimm von 0,48 m.

Beispiel: Nach 7 Reisetagen hat das Schiff 301 t Brennstoff aus den Doppelbodentanks 3 verbraucht. Die Trimmänderung und der Trimm sollen berechnet werden.

Bei Abfahrt hatte das Schiff ein Deplacement von 18 618 t. Nach dem Verbrauch von 301 t Brennstoff beträgt das Deplacement 18 317 t. Für die Trimmänderungsrechnung werden die Werte PW und ETM für das mittlere Deplacement entnommen.

$$PW_m = 67,26 \text{ m;} \quad ETM_m = 20250 \text{ t} \cdot \text{m/m.}$$

Der Schwerpunkt der Doppelbodentanks 3 liegt 92,10 m vor dem hinteren Lot. Der trimmende Hebel e_L ist demnach

$$e_L = 92,10 - 67,26 = 24,84 \text{ m.}$$

Damit wird die Trimmänderung berechnet:

$$\Delta t = \frac{m \cdot e_L}{ETM_m} = \frac{301 \cdot 24,84}{20250} = 0,37 \text{ m nach hinten.}$$

Die Trimmänderung erfolgt nach hinten, da die Teilmasse m vor dem Wasserlinienschwerpunkt fortgenommen worden ist. Der vorhandene vorderliche Trimm von 0,48 m wird auf 0,11 m verkleinert.

Für den praktischen Bordgebrauch liefern die Werften auf Wunsch Trimmdiagramme oder Trimmtabellen für die schnellere Ausführung der Trimmänderungsrechnung. Bekannt sind der Bremer Trimmplan und der Hamburger Trimmplan bzw. die Tabellenform dieser Pläne. Die genannten Pläne gestatten es, für einen bestimmten mittleren Tiefgang die Trimmänderung bzw. Tauchungsänderung vorn und hinten für eine Einheitszuladung von 100 oder 1000 t abzulesen, die an einer beliebigen Stelle des Schiffes erfolgt. Die wirkliche Trimmänderung bzw. Tauchungsänderung erhält man durch Multiplikation der Ablesung mit dem Faktor Zuladung/Einheitszuladung. Bei Entladungen wird dieser Faktor negativ.

Eine Gebrauchsanweisung mit Beispiel ist im allgemeinen in den Plänen enthalten.

Trimmänderungsrechnungen bei Zu- und Entladungen liefern in der beschriebenen Form nur dann richtige Ergebnisse, wenn die eingesetzten Zu- oder Entladungen keine nennenswerten Deplacementänderungen bewirken, genauer, wenn die Änderung des ETM-Wertes sehr gering ist. Die Verwendung des mittleren ETM-Wertes ist nur ein Behelf. Bei Zu- oder Entladungen, die größer als 5 % des Deplacements sind, sollte daher eine Trimmrechnung stets nach dem Gesamttrimmrechenverfahren (Trimmrechnung zur Beladungsplanung) erfolgen.

Einhaltung des gesetzlichen Freibords. Gesetzliche Grundlagen sind das Internationale Freibordübereinkommen von 1966 und die dazu erlassene Freibordverordnung von 1970, die im Anhang zu den UVV der SeeBG abgedruckt ist. Erläuternde Hinweise finden sich im Merkblatt über die Bedeutung der Freibordmarken, ebenfalls herausgegeben von der SeeBG.

Jedes Schiff, das dem Übereinkommen unterliegt, erhält demnach Freibordmarken auf Mitte Schiff, die den zulässigen Freibordtiefgang kennzeichnen, der jahreszeitlich und regional in der Freibordzonenkarte festgelegt ist (siehe Kap. 2). Dabei wird eine Seewasserdichte von $\varrho = 1,025$ t/m^3 zugrundegelegt.

Lädt ein Schiff in Frischwasser oder Brackwasser, so darf es um den Betrag ΔT tiefer als die Seewassermarke abladen, der sich berechnen läßt nach der Formel

$$\Delta T = \frac{D \cdot (1{,}025 - \varrho)}{100 \cdot TPC \cdot \varrho} \text{ in m;}$$

ϱ Dichte des Brackwassers in t/m^3,
D Deplacement bei Sommer-, Winter- oder Tropentiefgang in t,
TPC Tonnen pro cm Tauchung in t/cm.

Die TPC-Werte finden sich als Funktion des Tiefganges im Lastenmaßstab oder in der Werftkurventabelle. In der Praxis sind für ΔT die Bezeichnungen „Dockwaterallowance" bzw. „Freshwaterallowance" gebräuchlich. Werden diese Werte in Zentimetern bestimmt, so gelten folgende Formeln:

$$\text{Dockwaterallowance} = \frac{D \cdot (1{,}025 - \varrho)}{TPC \cdot \varrho} \text{ in cm,}$$

$$\text{Freshwaterallowance} = \frac{D}{40 \cdot TPC} \text{ in cm.}$$

Beispiel: Ein Schiff mit dem Sommerdeplacement von 19056 t soll in einem Brackwasserhafen abgeladen werden. ϱ wird mit einem Aräometer zu 1,016 t/m^3 bestimmt. TPC beträgt nach Werftunterlagen 24,09 t/cm.

$$\text{Dockwaterallowance} = \frac{19056\,(1{,}025-1{,}016)}{24{,}09 \cdot 1{,}016} = 7{,}0 \text{ cm.}$$

Die Anwendung dieser Formel führt in tropischen Randmeeren mit extremem Salzgehalt ($\varrho > 1{,}025$) zu einem negativem Ergebnis. Man darf dort also nicht bis zur Freibordmarke abladen.

Die Freibordmarke wird in Kap. 2, Schiffbaukunde, beschrieben. Hervorzuheben ist die grundlegende Maßgabe der Freibordverordnung: „Kein Schiff darf tiefer als bis zur vorgeschriebenen Freibordmarke beladen werden." Erlaubt ist jedoch ein Tieferladen bei Reiseantritt um den Betrag, der dem Verbrauch an Treibstoff und Wasser bis zum Erreichen der Seegrenze entspricht (siehe Merkblatt der SeeBG über die Bedeutung der Freibordmarken von 1969).

Weitere Berechnungen im Zusammenhang mit der Einhaltung des gesetzlichen Freibords finden sich in Bd. 3A, Kap. 2.2, Grundsätze der Beladungsplanung.

Bestimmung der Tragfähigkeit aus Tiefgangsablesungen. Auf kleineren Schiffen genügt ein Grobverfahren, bei dem man mit dem arithmetischen Mittel aus den Tiefgangsablesungen an vorderer und hinterer Ahming den Werftunterlagen das Deplacement bzw. die Tragfähigkeit entnimmt unter überschlägiger Beachtung der Wasserdichte.

Auf großen Schiffen, vor allem in der Massengutfahrt, kommt ein genaueres Verfahren zur Anwendung, das im folgenden an einem Beispiel beschrieben wird[8].

Beispiel: Auf dem Massengutfrachter „B" wird nach Übernahme einer Teilpartie ein „Draught Survey" durchgeführt. Dazu werden die Tiefgänge an den sechs Ahmingen abgelesen.

Tg_v Stb = 7,10 m Tg_v Bb = 7,11 m
Tg_m Stb = 7,82 m Tg_m Bb = 8,27 m
Tg_h Stb = 9,24 m Tg_h Bb = 9,29 m.

---

8 Siehe auch H. Kaps; J. Schäfer: Trimm-Korrekturen. HANSA 144 (1977) 647.

Außerdem wird mit einem Aräometer die Dichte mehrerer Wasserproben rings um das Schiff gemessen und die Ergebnisse gemittelt. Eine Temperaturkorrektur wird **nicht** angebracht, da die aktuelle Wasserdichte benötigt wird. Das Ergebnis lautet hier:

$$\varrho = 1{,}018 \ \text{t/m}^3.$$

Zunächst erfolgt der **Krängungsausgleich** durch Bildung des arithmetischen Mittels aus den Ablesungen a. Bb und Stb

$$Tg_\mathrm{v} = 7{,}105 \ \text{m}, \quad Tg_\mathrm{m} = 8{,}045 \ \text{m}, \quad Tg_\mathrm{h} = 9{,}265 \ \text{m}.$$

Nun erfolgt die Beschickung der abgelesenen Tiefgänge wegen der **Ahming-Lot-Abstände.** Die Länge zwischen den Loten beträgt 172,2 m. Die hintere Ahming liegt 5 m vor dem hinteren Lot. Die vordere Ahming liegt 1 m hinter dem vorderen Lot. Die mittlere Ahming liegt etwa am Hauptspant H auf $L_\mathrm{pp}/2$.

Die Differenz Tg_h minus Tg_v beträgt 2,160 m. Der Abstand der Ahminge voneinander beträgt 166,2 m. Mit Hilfe einfacher Verhältnisgleichungen erhält man die Beschickungen (Bild 1.19):

$$\text{Beschickung vorn } B_\mathrm{v} = 1 \cdot \frac{2{,}160}{166{,}2} = 0{,}013 \ \text{m},$$

$$\text{Beschickung hinten } B_\mathrm{h} = 5 \cdot \frac{2{,}160}{166{,}2} = 0{,}065 \ \text{m}.$$

Die Vorzeichen der Beschickungen ergeben sich aus der Anschauung. Da hier das Schiff im Gatt liegt, gilt:

$$T_\mathrm{v} = Tg_\mathrm{v} - B_\mathrm{v} = 7{,}105 - 0{,}013 = 7{,}092 \ \text{m},$$
$$T_\mathrm{h} = Tg_\mathrm{h} + B_\mathrm{h} = 9{,}265 + 0{,}065 = 9{,}330 \ \text{m},$$
$$T_\mathrm{m} = Tg_\mathrm{m} \qquad\qquad\qquad = 8{,}045 \ \text{m}.$$

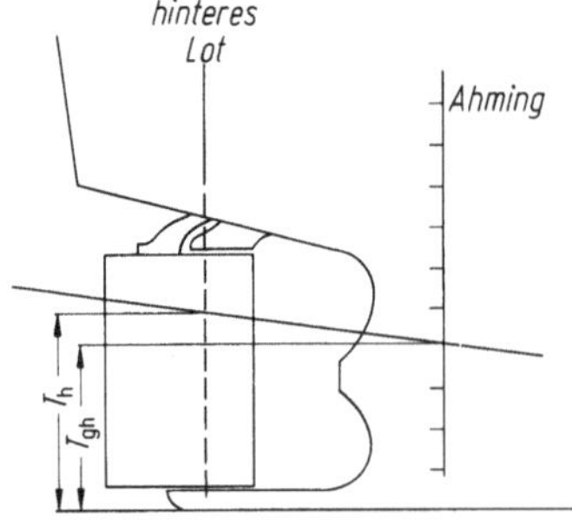

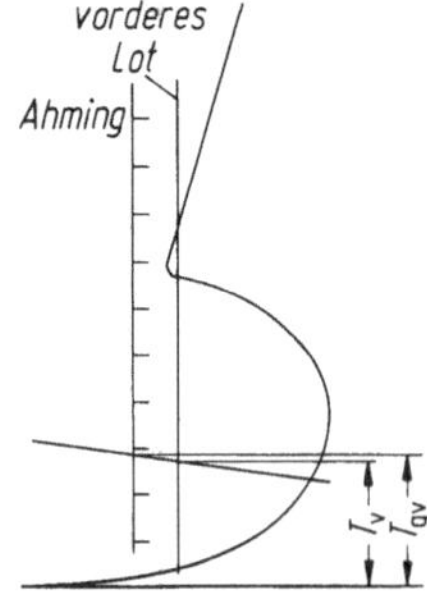

Bild 1.19. Beschickung für Ahming-Lot-Abstand (hier: achterlicher Trimm)

Dann erfolgt die **Korrektur für die Durchbiegung** des Schiffes.

Tiefgangsmittel $\frac{1}{2}(T_\mathrm{v} + T_\mathrm{h}) = \frac{1}{2}(7{,}092 + 9{,}330)$	$= 8{,}211$ m
mittlerer Tiefgang T_m	$= 8{,}045$ m
Durchbiegung f (Hog oder Sag)	$= 0{,}166$ m.

Es handelt sich hier um Hogging-Verformung des Schiffes, da der Tiefgang am Hauptspant H kleiner als das Mittel aus den Lottiefgängen ist (Bild 1.20). Im umgekehrten Fall hätte man eine Sagging-Verformung. Gesucht ist in jedem Fall der Tiefgang T' am Hauptspant, der sich bei gleichem Deplacement beim „Geradebiegen" des Schiffes einstellen würde. Es gilt für:

$$\text{Hogging:} \quad T' = \tfrac{1}{2}(T_\mathrm{v} + T_\mathrm{h}) - f \cdot \varepsilon,$$
$$\text{Sagging:} \quad T' = \tfrac{1}{2}(T_\mathrm{v} + T_\mathrm{h}) + f \cdot \varepsilon;$$

T' Rechentiefgang,

f Durchbiegung,

ε Faktor.

Der Faktor ε ist abhängig vom Völligkeitsgrad α der Wasserlinienfläche des Schiffes nach einer allgemeingültigen Tabelle:

α	0,60	0,65	0,70	0,75	0,80	0,85	0,90	0,95
ε	0,780	0,768	0,755	0,740	0,724	0,705	0,683	0,659

In der Praxis gebräuchliche Rechenschemata verwenden häufig einen konstanten ε-Wert von 0,75. Im hier behandelten Beispiel ergibt sich mit $\alpha = 0,85$:

$$\text{Rechentiefgang } T' = 8,211 - 0,166 \cdot 0,705 = 8,094 \text{ m.}$$

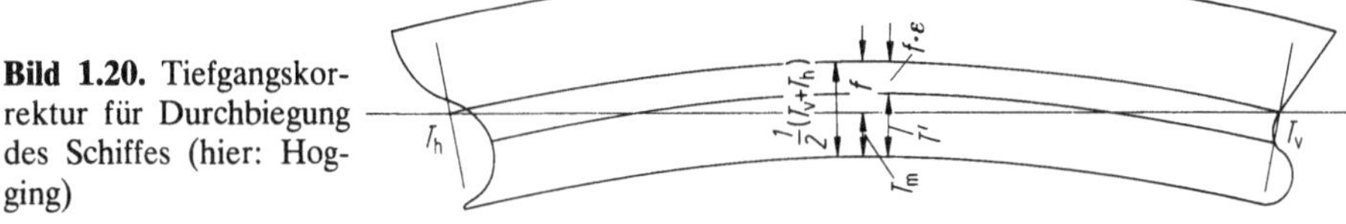

Bild 1.20. Tiefgangskorrektur für Durchbiegung des Schiffes (hier: Hogging)

Schließlich muß noch eine Korrektur für **Trimmlage** erfolgen. Das Schiff hat einen achterlichen Trimm von $(9,330 - 7,092) = 2,238$ m.

Beim Tiefgang von 8,094 m liegt der Wasserlinienschwerpunkt W 1,42 m vor H. Da das Schiff sich bei einer kleinen Vertrimmung um die Querachse durch den Wasserlinienschwerpunkt dreht, ändert sich der Tiefgang T' bei H beim „Geradetrimmen" des Schiffes um den Betrag K. Es gilt:

$$K = HW \cdot \frac{t}{L_{\text{pp}}} = 1,42 \cdot \frac{2,238}{172,2} = 0,018 \text{ m.}$$

Da in diesem Beispiel W vor H liegt, taucht die Tiefgangsmarke am Hauptspant beim „Geradetrimmen" des Schiffes um den Betrag K aus (Bild 1.21). Also gilt:

$$\text{Bezugstiefgang } T_{\text{c}} = T' - K = 8,094 - 0,018 \text{ m} = 8,076 \text{ m.}$$

Das Schiff liegt nun rechnerisch ohne Krängung, Durchbiegung und Trimm mit dem Bezugstiefgang $T_{\text{c}} = 8,076$ m in Wasser der Dichte 1,018 t/m^3. Man entnimmt mit T_{c} aus der Seewassertabelle ein scheinbares Deplacement von 28 908 t. Eine einfache Verhältnisgleichung führt zum tatsächlichen Deplacement in Brackwasser:

$$D = \frac{28\,908 \cdot 1,018}{1,025} = 28\,711 \text{ t.}$$

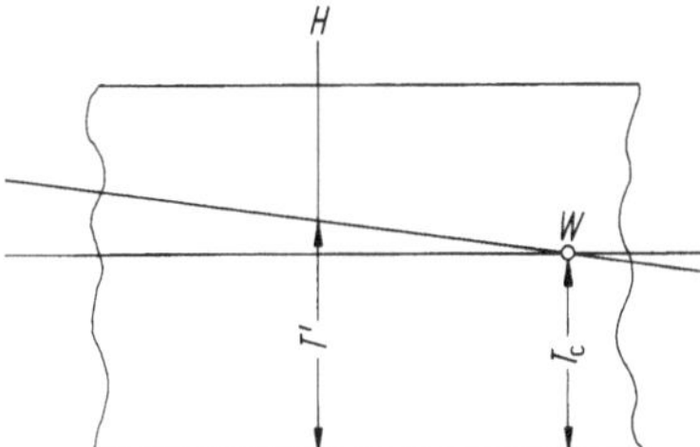

Bild 1.21. Tiefgangskorrektur für Trimmlage des Schiffes

Nach Abzug der Leerschiffsmasse erhält man die Tragfähigkeit, nach weiterem Abzug von Vorräten, Ballast und sonstigen Massen die Masse der an Bord befindlichen Ladung.

Ausnutzung der Tragfähigkeit. Die Freibordvorschriften fordern, daß ein Schiff zu keinem Zeitpunkt der Reise tiefer als bis zur jeweiligen Lademarke (Tropen, Sommer, Winter, WNA) eintaucht. Die Lademarke befindet sich am Hauptspant H auf $L_{pp}/2$ des Schiffes.

Große Schiffe (Bulk-Carrier, Tanker) mit achtern gelegenem Maschinenraum neigen bei voller Beladung häufig zu vorderlichem Trimm wegen des auftriebsstarken Maschinenraumes und zur Sagging-Verformung wegen des Gewichtsüberschusses im Laderaumbereich. Die Sagging-Verformung führt zu einer Tragfähigkeitseinbuße, da die mittschiffs angebrachte Lademarke früher zu Wasser kommt. Das gleiche resultiert aus dem vorderlichen Trimm, wenn sich der Wasserlinienschwerpunkt W hinter dem Hauptspant H befindet.

Beide Tragfähigkeitseinbußen lassen sich berechnen:

$$\text{Wegen Durchbiegung:}\quad \Delta D = f \cdot (\varepsilon - 1) \cdot TPC \cdot 100 \quad \text{in t,}$$

$$\text{wegen Trimm:}\quad \Delta D = t \cdot \frac{HW}{L_{pp}} \cdot TPC \cdot 100 \quad \text{in t;}$$

f Durchbiegung in m (Sag positiv, Hog negativ),

ε Hog/Sag-Faktor (siehe Tabelle über Bild 1.20),

t Trimm in m (vorderlicher Trimm positiv, achterlicher negativ),

HW Abstand des Wasserlinienschwerpunktes W vom Hauptspant H (nach vorn positiv, nach hinten negativ),

TPC Tonnen pro Zentimeter Tauchung.

Beispiel: Ein Tanker liegt voll abgeladen auslaufbereit auf Freibordtiefgang. Die Durchbiegung beträgt 0,22 m (Sag), der Trimm ist 0,61 m vorderlastig. Der Völligkeitsgrad α ist 0,88, der Wasserlinienschwerpunkt W liegt 5,23 m hinter dem Hauptspant H. $TPC = 86,6$ t. Mit $\alpha = 0,88$ ergibt sich $\varepsilon = 0,692$.

$$\text{Durchbiegung:}\quad \Delta D = 0,22 \cdot (0,692 - 1) \cdot 86,6 \cdot 100 \qquad\qquad = -586,8 \text{ t,}$$

$$\text{Trimm:}\quad \Delta D = 0,61 \cdot \frac{-5,23}{240} \cdot 86,6 \cdot 100 \qquad\qquad = -115,1 \text{ t.}$$

Der Tragfähigkeitsverlust beträgt 701,9 t. Das sind ca. 0,7% der Ladung dieses Schiffes.

Es wird deutlich, daß es sich lohnt, Trimm und Durchbiegung so gering wie möglich zu halten, soweit dies durch die Ladungsverteilung zu erreichen ist. Ein Tragfähigkeitsgewinn bei achterlichem Trimm und Hogging-Verformung ist denkbar und widerspricht auch nicht dem Wortlaut der Freibordvorschriften. Zu bedenken ist jedoch, daß der Sinn der Freibordvorschriften darin besteht, dem Schiff eine bestimmte Reserveschwimmfähigkeit zu garantieren. Diese Absicht würde durch Erzielen eines Tragfähigkeitsgewinns durchkreuzt.

Ein anderer Denkansatz zur Optimierung der Tragfähigkeit ergibt sich, wenn das Schiff wegen begrenzter Wassertiefe zu irgendeinem Zeitpunkt der Reise nicht voll abgeladen werden kann. Die größtmögliche Zuladung wird in einem solchen Fall erreicht, wenn das Schiff beim Überfahren der Flachwasserstelle ohne Durchbiegung auf ebenem Kiel liegt. Ob man dem Schiff wegen zu erwartender Squat-Vertrimmung einige Zoll achterlichen Trimm gibt, hängt von der Fahrtstufe und den mit diesem Schiff gemachten Erfahrungen ab. Die größtmögliche Zuladung wird also rechnerisch so verteilt, daß Trimm und Längsbiegemomente beim Erreichen der Flachwasserstelle möglichst gleich Null sind, wobei der Treibölverbrauch bis dorthin in der Rechnung zu berücksichtigen ist. Wenn die Flachwasserstelle in einem Flußrevier liegt, ist bei der Trimmrechnung die Tiefertauchung des Schiffes und auch die dadurch geringfügig andere Lage des Formschwerpunktes F zu beachten (siehe Trimmrechnung zur Beladungsplanung). Die meisten Schiffe vertrimmen bei Eintritt in Frischwasser einige Zentimeter nach vorn.

Messung der Wasserdichte. Als Dichte ϱ eines Stoffes bezeichnet man das Verhältnis von Masse zu Volumeneinheit. In der Bordpraxis erfolgt die Dichtebestimmung von Wasser bzw. von flüssigen Ladungen (siehe Bd. 3A, Kap. 3.1) mit Hilfe von Aräometern (Hydrometer, Densimeter) nach dem Archimedischen Prinzip. Dieses lautet vereinfacht: Die Masse der Flüssigkeit, die von einem schwimmenden Körper verdrängt wird, ist gleich der Masse dieses Körpers.

Zur Messung setzt man das Aräometer in die Flüssigkeit, in die es so tief eintaucht, bis die verdrängte Masse der Flüssigkeit gleich der bekannten, unveränderlichen Masse des Aräometers ist. Die Tauchungsskala des Aräometers zeigt daher primär das Eintauchvolumen an, ist aber generell in Dichteeinheiten beschriftet.

Das Aräometer liefert nur dann genaue Dichtewerte, wenn die Temperatur der Flüssigkeit gleich der Eichtemperatur des Aräometers ist. Diese ist stets auf dem Gerät vermerkt und liegt meist bei 15 °C oder 60 °F. Dient die Dichtemessung jedoch der Bestimmung der Masse des Schiffes aus Tiefgangsablesungen, so ist eine Abweichung von der Eichtemperatur ohne Belang, da auch der Schiffskörper als Eichgefäß sich gleichsinnig mit dem Aräometer ausdehnt. Ein Restfehler wegen nicht übereinstimmender Ausdehnungskoeffizienten und ungleicher Eichtemperaturen von Schiff und Aräometer ist vernachlässigbar klein[9].

Keinesfalls darf die Aräometerablesung vor der Berechnung der Schiffsmasse mit Hilfe einer (nur für Hydrographen bestimmten) Temperaturkorrekturtabelle „berichtigt" werden. Diese Tabellen führen alle Dichteablesungen auf die Dichte bei einer Bezugstemperatur zurück, die auch meist gleich der Eichtemperatur ist. Das Schiff jedoch liegt in dem Hafenwasser mit höherer oder niedrigerer Temperatur und taucht entsprechend tiefer oder weniger tief ein. Deshalb muß jede Temperaturberichtigung entfallen. Ebenso falsch ist es, die Wasserprobe vor der Messung durch Kühlen oder Erwärmen auf die Eichtemperatur des Aräometers zu bringen. Die Dichte würde dadurch verfälscht.

Gelegentlich finden sich an Bord Aräometer mit der englischen Bezeichnung: Specific Gravity 60°/60 °F. Diese Geräte zeigen die relative Dichte bezogen auf destilliertes Wasser bei 60 °F und nicht die absolute Dichte „Masse pro Volumeneinheit" an. Man kann diese Geräte dennoch verwenden, wenn man den abgelesenen Wert mit dem Faktor 0,99905 (Dichte von dest. Wasser bei 60 °F) multipliziert.

Es muß darauf hingewiesen werden, daß bezüglich der Korrekturen von Dichtemessungen in der Vergangenheit gelegentlich falsche Ansichten verbreitet worden sind und auch zwischen den Praktiken der einzelnen Survey-Firmen oft Differenzen bestehen, die z.T. auf wirkliche Fehler zurückzuführen sind.

Den Schiffsleitungen wird empfohlen, im Falle begrifflicher Differenzen darauf zu bestehen, daß die absolute Dichte (mass per unit volume) des Hafenwassers bei der vorhandenen Temperatur (present temperature) ermittelt wird. Diese Dichte ist mit dem eingetauchten Volumen des Schiffes (immersed volume) zu multiplizieren, um das Massendeplacement zu erhalten.

Bei der Dichtemessung selbst sind folgende praktische Winke zu berücksichtigen: Man nehme stets mehrere Wasserproben entlang des Schiffskörpers zu beiden Seiten aus einer Tiefe, die etwa dem halben Tiefgang entspricht. Die Dichtemessung muß möglichst sofort erfolgen, damit sich die Wassertemperatur und damit die Dichte nicht zwischenzeitlich ändert. Der Ort der Ablesung muß windgeschützt sein. Das Aräometer muß im Gefäß kurzzeitig bewegt werden, damit sich evtl. am Gerät hängende Luftbläschen lösen können. Die Ablesung am Aräometer erfolgt in Höhe des wahren Wasserspiegels im Probegefäß. Eine gleichzeitige Temperaturmessung ist nicht erforderlich, wenn die Dichtemessung der

---

9 Siehe H. Kaps; G. Richter: Ermittlung der Wasserdichte bei der Bestimmung des Schiffsdeplacements aus Tiefgangsablesungen. HANSA 115 (1978) 1315.

Bestimmung des Deplacements dienen soll. Aus den einzelnen Dichtemeßwerten bildet man das arithmetische Mittel, wobei man den unteren und den oberen Extremwert weglassen kann.

1.7 Beanspruchung der Schiffsfestigkeit

Der Schiffskörper ist im Betrieb einer Vielzahl von Kräften ausgesetzt. Dies sind Gewichtskräfte aus dem Eigengewicht der Bauteile des Schiffes und aus den im Schiff sehr oft ungleichmäßig verteilten Partien von Ladung, Ballast und Vorräten, weiter Auftriebskräfte, die sich als Wasserdruck auf den Boden und die Bordwände des Schiffes bemerkbar machen und schließlich dynamische Kräfte aus den Bewegungen des Schiffes im Seegang.

Nach dem heutigen Stand der Wissenschaft und im Einklang mit den Bauvorschriften der Klassifikationsgesellschaften erbaute Schiffe besitzen die erforderliche Festigkeit, um allen Beanspruchungen standzuhalten. Dies gilt jedoch nur unter der Voraussetzung, daß bei der Beladung und Beballastung von der Schiffsleitung bestimmte statische Grenzbelastungen nicht überschritten werden, und daß in schwerem Wetter die Schiffsverbände durch geeignete Maßnahmen (Fahrtreduzierung, Kursänderung) geschont werden (siehe Bd. 2, Teil II).

Einiges aus der Festigkeitslehre[10]. Bild 1.22 zeigt einen Stahlstab, der als Containerlaschung eingesetzt ist. Im Seegang wirken beim Rollen horizontale Kräfte Q auf die Decksladung, die von dem Stahlstab aufgenommen und auf den Schiffskörper übertragen werden sollen. Die Atome im Inneren des Stabes sind gegeneinander beweglich, jedoch leisten sie einer Änderung ihres gegenseitigen mittleren Abstandes Widerstand. Es entstehen „innere Kräfte" als Folge der durch „äußere Kräfte" erzwungenen Abstandsänderung. Das bedeutet für die Praxis: Der Stab kann die Ladung nur halten, wenn er sich um einen bestimmten Betrag gedehnt hat. Das hat zur Folge, daß sich der Containerstapel im Seegang trotz Laschung geringfügig hin- und herbewegen muß.

Aus dem gleichen Grunde muß sich ein großes Schiff in längslaufendem Seegang sichtbar biegen, eine beanspruchte Drahttrosse muß sich recken, und ein Deck muß unter

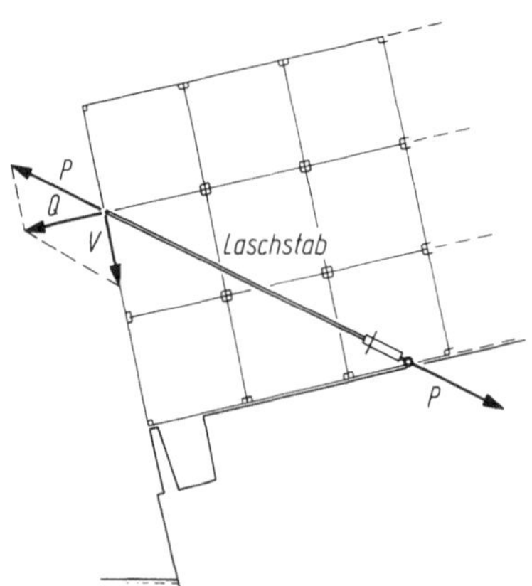

Bild 1.22. Zugbelastung eines Laschstabes auf einem Containerschiff.
Q Horizontalkraft; V Vertikalkraft; P Laschkraft

---

10 Siehe u. a. W. Flügge: Festigkeitslehre. Berlin, Heidelberg, New York: Springer 1967.

einem beladenen Gabelstapler etwas nachgeben. Beanspruchungen und Formänderungen gehen Hand in Hand. Entscheidend ist, die Beanspruchungen in den zulässigen Grenzen zu halten, damit es nicht zu bleibenden Formänderungen (Beulen) oder gar zum Bruch des Materials kommt.

Der Stab in Bild 1.22 hat den Querschnitt F. Wirken an seinen Enden die Zugkräfte P, so herrscht im Stab die Zugspannung σ. Es gilt:

$$\sigma = \frac{P}{F} \quad \text{in} \quad \frac{\text{kN}}{\text{cm}^2} \, .$$

Ebenso, nur mit entgegengesetzten Kräften, wird die Druckspannung definiert. Zug- und Druckspannungen werden auch Normalspannungen genannt.

Bild 1.23 zeigt das Spannungs-Dehnungs-Diagramm für normalfesten Schiffbaustahl. Im geradlinigen Bereich der Kurve gilt das Hookesche Gesetz. Dort sind Spannung und Formänderung einander proportional. Es gilt:

$$\sigma = E \cdot \varepsilon \quad \text{in} \quad \frac{\text{kN}}{\text{cm}^2} \, ;$$

$\varepsilon = \Delta l / l$ Dehnung bzw. Stauchung als Längenänderung pro Längeneinheit,
E Elastizitätsmodul (Materialkonstante).

Das Elastizitätsmodul hat für normalfesten und höherfeste Schiffbaustähle den Wert $E = 20{,}6 \cdot 10^3 \ \text{kN/cm}^2$.

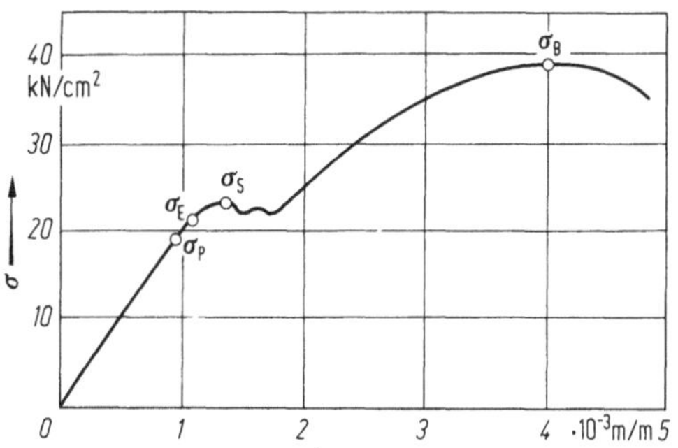

Bild 1.23. Spannungs-Dehnungs-Diagramm für normalfesten Schiffbaustahl. σ_P Proportionalitätsgrenze; σ_E Elastizitätsgrenze; σ_S Streckgrenze; σ_B Bruchspannung

Das Hookesche Gesetz gilt streng nur bis zur Proportionalitätsgrenze σ_P (Bild 1.23). Etwas darüber liegt die Elastizitätsgrenze σ_E. Wird Material über die Elastizitätsgrenze hinaus beansprucht, so nimmt es bei Entlastung nicht wieder seine alte Form an. Bei Erreichen der Streckgrenze σ_S ändert der Stahl seine Form zunehmend und etwas unregelmäßig, während die Spannung nicht wesentlich steigt. Erst danach steigt die Spannung weiter bis zum Bruch.

Beispiel: Der Laschstab in Bild 1.22 habe die Länge 7 m und einen Durchmesser von 2 cm. Wird er mit einer Zugkraft von 50 kN belastet, so tritt in ihm die Zugspannung σ auf.

$$\sigma = \frac{P}{F} = \frac{50}{1^2 \cdot \pi} = 15{,}92 \, \frac{\text{kN}}{\text{cm}^2} \, .$$

Dabei dehnt er sich um den Betrag ε pro Meter:

$$\varepsilon = \frac{\Delta l}{l} = \frac{\sigma}{E} = \frac{15{,}92}{20{,}6 \cdot 10^3} = 0{,}00077 \, \frac{\text{m}}{\text{m}} \, .$$

Bei einer Stablänge von 7 m beträgt die Längenänderung 0,0054 m. Mit $\sigma = 15,92$ kN/cm² liegt man dabei noch gut im elastischen Bereich der Kurve in Bild 1.23.

Anders als bei der Zugbeanspruchung ist die Druckbelastbarkeit von Bauteilen nicht nur von ihrem Materialquerschnitt, sondern von ihrer Versteifung und ihrer Länge abhängig. Längliche Bauteile, z.B. Ladebäume, aber auch Platten und versteifte Plattenfelder knicken bei Druckbelastungen seitlich aus, lange bevor die Quetschgrenze (entspricht der Streckgrenze bei Zug) erreicht worden ist. Dies ist der Grund, weshalb das Verhältnis von Druckbelastbarkeit zu Zugbelastbarkeit herkömmlich konstruierter Wetterdecks mit etwa 2 zu 3 angegeben wird.

Eine ganz andere Art von Beanspruchung lösen Schubkräfte aus. Schubkräfte sind einander entgegengesetzte Zug- oder Druckkräfte, die nicht in derselben Wirkungslinie liegen. Bild 1.24 zeigt ein aus einem größeren Plattenfeld herausgeschnittenes Plattenstück mit den Seiten a und b und der Stärke d. An den Kantenflächen $F = a \cdot d$ greifen die Schubkräfte P an. Die resultierende Schubspannung τ ist:

$$\tau = \frac{P}{F} = \frac{P}{a \cdot d} \quad \text{in} \quad \frac{\text{kN}}{\text{cm}^2}.$$

Die Schubverformung γ ist gleich der Verzerrung der rechten Winkel der Platte. Es gilt ähnlich wie bei Normalspannungen:

$$\tau = G \cdot \gamma \quad \text{in} \quad \frac{\text{kN}}{\text{cm}^2}.$$

G ist das Schubmodul und hat bei Schiffbaustahl etwa 40% der Größe des Elastizitätsmoduls E.

Da das Plattenstück im Plattenfeld fest eingespannt ist, existieren zur Erhaltung des Momentengleichgewichtes zwangsläufig Schubkräfte Q, die senkrecht auf den Schubkräften P stehen. Die resultierenden Schubspannungen $\tau = Q/(b \cdot d)$ sind stets ebenso groß wie die Schubspannungen $\tau = P/(a \cdot d)$.

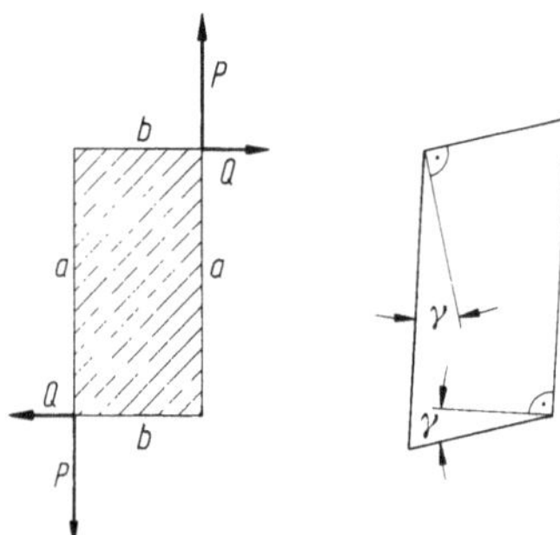

Bild 1.24. Schubspannungen in einem Plattenelement. γ Schubverformung

Dies ist die Erklärung dafür, daß vertikale Schubkräfte im Schiffskörper, z.B. infolge von ungleichmäßiger Unterstützung des Rumpfes im Seegang, bei hölzernen Schiffen immer zum gefürchteten horizontalen Verschießen der Außenhautplanken führten. Die bauliche Gegenmaßnahme gegen solche Schubverformungen waren starke Diagonalverbände, die innen an der Beplankung aufgezogen waren. Diese Probleme entfallen bei den heutigen, geschweißten Stahlschiffen.

Die Klassifikationsgesellschaften setzen maximal zulässige Spannungen fest, denen Schiffbaustähle im Betrieb ausgesetzt werden dürfen. Die maximal zulässigen Spannungen liegen grundsätzlich etwas unterhalb von σ_E. Bei bestimmten Bauteilen (Lukenecken,

Bodenplatten) läßt man jedoch Spannungen bis zur Fließgrenze zu, wenn diese nur in einem begrenzten Bereich auftreten können, der von weniger beanspruchtem Material umgeben ist. Kommt die stark beanspruchte Zone in den Fließbereich, so trägt das umgebende Material mit und verhindert den Bruch. Man nennt diesen Vorgang „plastische Stützung". Bei Entlastung bleibt an solchen Stellen häufig eine Beule zurück.

Die plastische Stützung ist im Stahlschiffbau von großer Bedeutung. Ein exaktes Vorausberechnen der im Betrieb zu erwartenden Spannungen ist nur für die Gesamtkonstruktion, aber nicht für alle Details möglich. Lokale Überschreitungen zulässiger Spannungen sind daher besonders im Seegang nicht auszuschließen. Auch hier verhindert die plastische Stützung meist den Bruch. Wesentlich ist dafür ein möglichst kleines Streckgrenzenverhältnis σ_S zu σ_B, durch das die „plastische Reserve" des Materials zum Ausdruck kommt[11].

Belastung von Decks, Luken und Doppelböden. Die zulässige Belastung von Decks, Luken und Doppelböden ist meist in neuzeitlichen Werftunterlagen im Ladeplan (Capacity-Plan) angegeben in der Einheit Masse pro Flächeneinheit t/m^2.

Fehlen diese Angaben, so kann man sich an folgende Werte halten:

Wetterdecks: 0,8 bis 1,35 t/m^2,
Wetterdecksluken: 0,9 bis 1,50 t/m^2,
Zwischendecks: $0,72 \cdot h$ t/m^2 (h mittlere Deckshöhe bzw. Höhe im Lukenschacht).

In den Richtlinien für die sichere Behandlung von Schüttladungen der SeeBG finden sich Angaben über die maximale Beladung eines Unterraumes mit schwerer Massengutladung. Danach soll diese nicht größer sein als

$$p = \frac{d \cdot b \cdot (3 \cdot l + B)}{4,6} \text{ in t;}$$

p Masse der Ladung in t,
d Tiefgang auf Sommerfreibord in m,
b mittlere Breite des Unterraums in m,
l Länge des Unterraums in m,
B Breite des Schiffes auf Spanten in m.

Wenn die Ladung glatt getrimmt ist und die Längsverteilung der übrigen Ladung etwa einer homogenen (raumfüllenden) Verteilung entspricht, dann darf die maximale Beladung $1,2\ p$, in Räumen mit Wellentunnel $1,3\ p$ Tonnen betragen.

Die auftretende Decksbelastung läßt sich einfach berechnen:

$$\text{Einzelkollo:} \quad \text{Belastung} = \frac{\text{Masse}}{\text{Grundfläche}},$$

$$\text{homogene Ladung und Bulkladung:} \quad \text{Belastung} = \frac{\text{Stauhöhe}}{\text{Staufaktor}}.$$

Beispiel: In einem Zwischendeck mit einer Deckshöhe von 2,7 m sollen Konserven in Kartons mit einem Staufaktor von 1,1 m^3/t geladen werden. Die zulässige Decksbelastung wird mangels anderer Angaben mit $0,72 \cdot 2,7 = 1,94\ t/m^2$ berechnet. Bei Ausnutzung der vollen Stauhöhe ergäbe sich eine Belastung von $2,7 : 1,1 = 2,45\ t/m^2$. Um die zulässige Decksbelastung einzuhalten, dürfen die Kartons nicht höher als $1,94 \cdot 1,1 = 2,14$ m gestaut werden.

Beispiel: In einem Unterraum sollen Walzstahlrollen von 0,9 m Länge und 1,2 m Durchmesser im Verband gestaut werden. Jede Rolle hat eine Masse von 4,8 t. Die Belastbarkeit der Tankdecke wird im Ladeplan mit 10 t/m^2 angegeben. Die Grundfläche jeder Rolle ist $0,9 \cdot 1,2 = 1,08\ m^2$. Die erste Lage erzeugt eine Belastung von $4,8 : 1,08 = 4,44\ t/m^2$. Mehr als zwei Lagen dürfen nicht übereinander gestaut werden.

---

11 Vgl. M. Böckenhauer: Werkstoffauswahl für Überwasserschiffe. Schiff und Hafen 24 (1972) 421.

Die Beispiele zeigen, daß die Belastungsangaben sich immer auf eine größere Fläche beziehen und dann auch konsequent eingehalten werden müssen. So ist die in einem Zwischendeck von $l = 24$ m, $b = 20$ m, und $h = 2,6$ m homogen zu verstauende Ladung auf $24 \cdot 20 \cdot 0,72 \cdot 2,6 = 899$ t zu begrenzen. Dabei wird bei der Verschiffung von Stückgut und üblichen Industrieerzeugnissen nicht immer zu vermeiden sein, daß der Wert $0,72 \cdot 2,6 = 1,87$ t/m^2 an einigen Stellen leicht überschritten, daneben aber unterschritten wird. Dies hat in der Praxis nie zu sonderlichen Schäden geführt. Die Überschreitung des Gesamtwertes jedoch hat gelegentlich ein ganzes Zwischendeck zusammenbrechen lassen, wenn das Schiff in schwerem Wetter starke, dynamische Zusatzbelastungen aufnehmen mußte.

Dynamische Zusatzbelastungen, insbesondere Stampf- und Tauchbewegungen werden von den Klassifikationsgesellschaften bei der Festsetzung der zulässigen Decksbelastungen bereits berücksichtigt. So kann sich im Seegang das Gewicht eines Kollos in der Nähe des Hauptspants allein durch Tauchschwingungen um 35 % und an den Schiffsenden durch Stampfschwingungen bis zu 100 % vergrößern. Dazu kommen besonders im Vorschiff Slammingstöße, die kurzzeitig noch größere Werte herbeiführen können.

Ist die Überschreitung der zulässigen Decksbelastung durch ein einzelnes Ladungsstück offensichtlich, so muß durch entsprechende Bettung auf starke Holzbalken oder Stahlträger der Einzugsbereich der Belastung entsprechend vergrößert werden. In diesen Einzugsbereich darf dann keine zusätzliche Ladung gestaut werden. Eine weitere Möglichkeit besteht im Abstützen der Unterseite des Decks, damit die Last teilweise auf das darunterliegende Deck übertragen wird (siehe Bd. 3 A, Kap. 2.6).

Die zulässige Belastung eines Scherstockes oder Schiebebalkens kann für praktische Belange aus der zulässigen Decksbelastung berechnet werden. Beträgt z. B. die Lukenbreite 6 m und der Abstand der Scherstöcke 1,5 m, so unterfängt ein Scherstock eine Fläche von 9 m^2. Bei einer zulässigen Decksbelastung von 1,87 t/m^2, muß dieser Scherstock für eine Streckenlast von 16,83 t ausgelegt sein. Das bedeutet aber nicht, daß er eine Punktlast von 16,83 t tragen kann. Bild 1.25 zeigt Querkräfte und Biegemomente einmal für Streckenlast und einmal für Punktlast. Bei Punktlast entsteht ein doppelt so großes Biegemoment. Folglich darf ein Scherstock bei punktförmiger oder annähernd punktförmiger Belastung nur etwa mit der Hälfte seiner Flächenbelastbarkeit beladen werden.

Der Einsatz von Gabelstaplern zur Flurförderung und Stauung in Zwischendecks ist heute sehr verbreitet. Bei Neubauten werden Decks und Lukenabdeckungen häufig

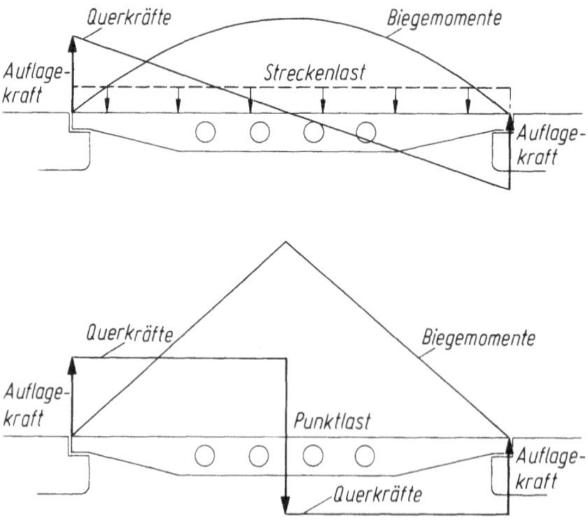

Bild 1.25. Querkräfte und Biegemomente in einem Scherstock mit Streckenlast und mit gleicher Punktlast

entsprechend stärker ausgelegt. Nach den Bauregeln der Arbeitsschutzbehörden ist der zulässige Belastungswert für Gabelstaplerbetrieb in jedem Deck fest anzumarken. Soll ein Gabelstapler auf einer konventionellen Zwischendecksluke (Scherstöcke mit hölzernen Deckeln) arbeiten, so muß die Arbeitsfläche mit Stahlblechtafeln von mindestens 10 mm Stärke ausgelegt werden. Bild 1.26[12] zeigt das zulässige Gesamtgewicht eines Gabelstaplers auf einer mit 10 mm starken Blechen belegten Luke bei verschiedenen Werten von Lukendeckelstärke und Scherstockabstand.

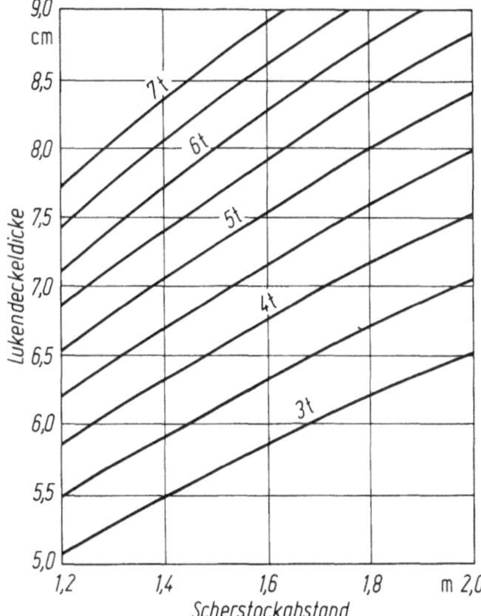

Bild 1.26. Zulässiges Gesamtgewicht eines Gabelstaplers abhängig von Lukendeckelstärke und Scherstockabstand bei 10 mm Blechauflage

Längsbeanspruchungen des Schiffes. Schon in glattem Wasser sind alle Schiffe Längsbeanspruchungen unterworfen, da Auftrieb und Gewicht ungleichmäßig über die Länge des Schiffes verteilt sind. Bild 1.27 zeigt eine typische Verteilung für einen in Ballast fahrenden Stückgutfrachter.

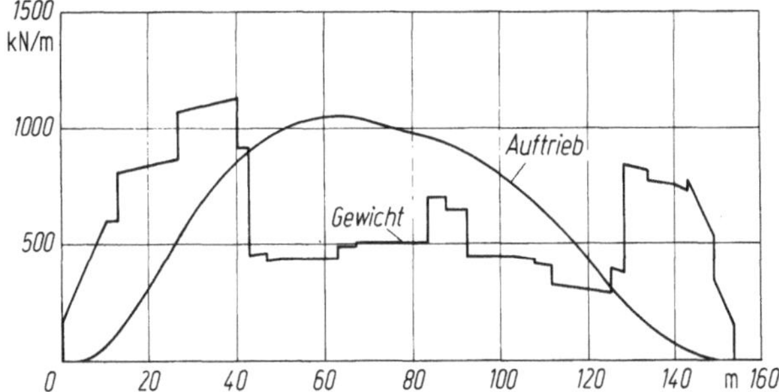

Bild 1.27. Verteilung von Auftrieb und Gewicht am Beispiel eines in Ballast fahrenden Stückgutfrachters

Die lokalen Differenzen von Auftrieb und Gewicht führen zu Querkräften und Biegemomenten, die von den Längsverbänden des Schiffes aufgenommen werden müssen.

---

12 Entnommen dem Merkblatt M 7 „Gabelstapler auf hölzernen Lukenabdeckungen in Seeschiffen" von der Großhandels- und Lagerei-Berufsgenossenschaft Mannheim.

Die Entstehung der Querkräfte und Biegemomente läßt sich sehr einfach an einem ungleichmäßig beladenen Kastenponton zeigen (Bild 1.28a).

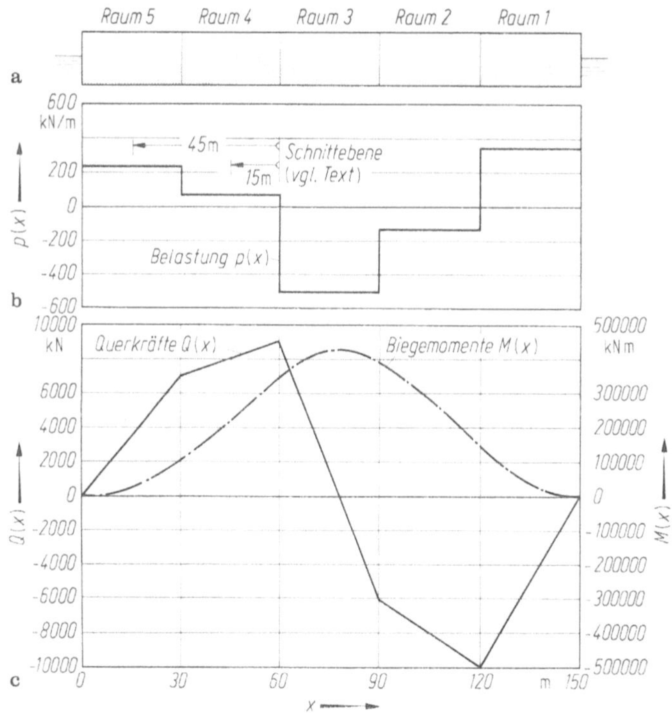

Bild 1.28a–c. Schematische Darstellung der Entstehung von Querkräften und Biegemomenten an einem unregelmäßig beladenen Kastenponton

Der Ponton ist 150 m lang, hat ein Eigengewicht von 35 000 kN und verdrängt bei ca. 6 m Tiefgang 19 890 m^3 Wasser. Dies ergibt in Seewasser eine Gesamtauftriebskraft von 200 000 kN. Bei der vorgenommenen Ladungsverteilung liegt der Ponton auf ebenem Kiel. Jedem Laderaum stehen daher 40 000 kN Auftrieb zur Verfügung. Diesem Auftrieb steht jeweils das Eigengewicht von 7000 kN und das Gewicht der Ladung im Raum gegenüber.

Es ergibt sich folgende Aufstellung:

Raum	5	4	3	2	1	
Ladung	40 000	35 000	18 000	29 000	43 000	kN
Eigengewicht	7 000	7 000	7 000	7 000	7 000	kN
Auftrieb	−40 000	−40 000	−40 000	−40 000	−40 000	kN
Differenz	+ 7 000	+ 2 000	−15 000	− 4 000	+10 000	kn

Die Differenzen sind in Bild 1.28b graphisch als Belastungskurve $p(x)$ aufgetragen. Die Belastung hat dabei die Dimension Kraft pro Längeneinheit.

Zur Darstellung der Querkräfte und Biegemomente wird das Schnittverfahren angewandt. Schneidet man den Ponton z.B. zwischen Laderaum 4 und Laderaum 3 vertikal durch, so wird das hintere Stück infolge des Gewichtsüberschusses von 9000 kN tiefer sinken. Im unzerschnittenen

Zustand verhindert dies eine vertikale Schubkraft im Material, die an dieser Stelle genau 9000 kN beträgt. Diese Kraft ist die Querkraft Q an dieser Stelle.

Ebenso läßt sich ein Moment berechnen, das ausgehend vom gleichen Bezugspunkt den Momenten der Gewichtsüberschüsse in Raum 4 und 5 die Waage hält. Dieses Moment hat die Größe

$$M = 45 \cdot 7000 + 15 \cdot 2000 = 345\,000 \text{ kN} \cdot \text{m}.$$

Dieses Moment ist das Biegemoment M an dieser Stelle.

Nach diesem Verfahren lassen sich Querkräfte und Biegemomente Punkt für Punkt über die Länge des Pontons ermitteln. Die entsprechenden Kurven sind in Bild 1.28c dargestellt.

Das beschriebene Verfahren führt zu folgenden Definitionen von Querkräften und Biegemomenten:
- Die Querkraft Q an einer beliebigen Stelle ist gleich der algebraischen Summe aller vertikalen Kräfte links von dieser Stelle.
- Das Biegemoment M an einer beliebigen Stelle ist gleich der algebraischen Summe aller vertikalen Momente links von dieser Stelle.

Querkräfte und Biegemomente lassen sich ausgehend von der Belastungskurve auch mathematisch beschreiben. Es gilt:

$$Q(x) = \int_0^x p(x) \cdot \mathrm{d}x$$

und

$$M(x) = \int_0^x Q(x) \cdot \mathrm{d}x.$$

Querkräfte und Biegemomente sind die Kennwerte des Längsbeanspruchungszustandes eines Schiffes. An Stellen größter Querkräfte treten größte Schubspannungen auf. An Stellen größter Biegemomente kommt es zu größten Biegespannungen, das sind Zug- oder Druckspannungen in Deck oder Boden des Schiffes. Ferner läßt sich ablesen:
- positive Steigung der Querkraftkurve : Gewichtsüberschuß,
- negative Steigung der Querkraftkurve : Auftriebsüberschuß,
- positive Werte der Biegemomentkurve : Hogging (Durchbiegung nach oben),
- negative Werte der Biegemomentkurve : Sagging (Durchbiegung nach unten).

Die volle Aussagekraft besitzen Querkraft- und Biegemomentkurven für den Nautiker nur im Zusammenhang mit den von der Bauwerft ermittelten und von einer Klassifikationsgesellschaft genehmigten Grenzkurven. Querkraft und Biegemomentkurven werden heute durchweg für Ladefälle in glattem Wasser ermittelt. Folglich sind die Grenzkurven Glattwassergrenzkurven, bei deren Festlegung die im Seegang zu erwartenden Zusatzbelastungen bereits abgezogen worden sind. Für den Hafenbetrieb kann von diesen Festigkeitsreserven für Seegang ein Teil für vorübergehende Mehrbelastungen während des Ladungsumschlages freigegeben werden. Demnach finden sich in Werftunterlagen häufig erweiterte Grenzkurven für den Hafenbetrieb. Auch für besondere Ladungen kommen gelegentlich eigene Grenzkurven vor, so z. B. für Flüssiggas oder alternierende Beladung mit Erz.

Bei alternierender Beladung in verhältnismäßig kurzen Laderäumen, deren Doppelböden mit Längsträgern ausgesteift sind, werden die Belastungen der vollen Räume zu einem gewissen Teil über die Bodenlängsträger als Auflagerkräfte in die Laderaumschotten übertragen, wo sie sich mit den entgegengesetzten Auflagerkräften aus den leeren Räumen aufheben. Dies führt zu einem merklichen Abbau der mit der üblichen Längsfestigkeitsrechnung ermittelten Querkraftspitzenwerte. Man nennt diesen Vorgang „Bulkhead Effect". Die daraus folgende Querkraftkorrektur wird durch die Bauwerft mit einigem Aufwand berechnet und den Werftunterlagen beigefügt und ist für die Zulässigkeit alternierenden Beladens oft ausschlaggebend.

Bei Überschreitung von Grenzwerten muß die Verteilung von Ladung oder Ballast geändert werden. Querkraftspitzen lassen sich abbauen durch gleichmäßigere Verteilung der Gewichte (Bild 1.33). Im Bereich zu großer positiver Biegemomente (Hogging) muß mehr Gewicht untergebracht werden (Bild 1.31), zu große negative Biegemomente (Sagging) fordern entsprechend Entlastung.

Nachstehend werden für einige Schiffstypen die charakteristischen Längsbeanspruchungszustände in glattem Wasser dargestellt und erläutert.

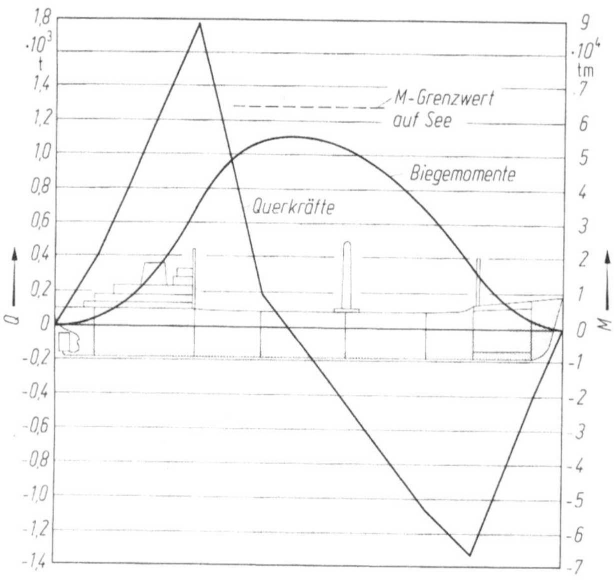

Bild 1.29. Typische Querkraft- und Biegemomentkurven eines schnellen Stückgutfrachters in Ballast ($\delta = 0,61$; $L = 144$ m)

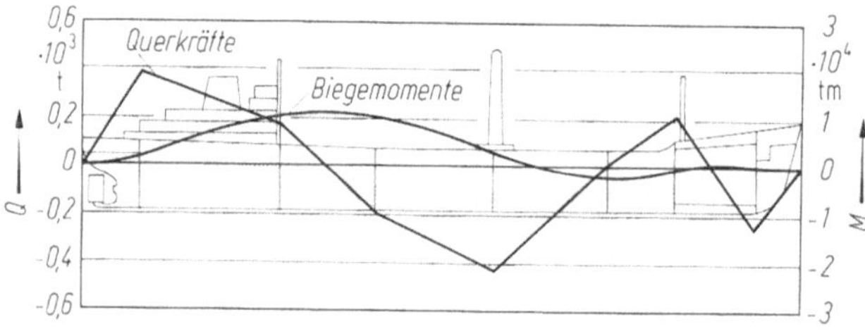

Bild 1.30. Typische Querkraft- und Biegemomentkurven eines schnellen Stückgutfrachters mit voller Erzladung $\delta = 0,66$)

Die Bilder 1.29 und 1.30 zeigen zwei Beanspruchungszustände eines typischen „Hogging"-Schiffes. Infolge der scharfen Unterwasserformen ergeben sich in allen Ladezuständen Auftriebsdefizite an den Schiffsenden, so daß der Zustand größter Beanspruchungen sehr häufig der Ballastzustand ist. Sogar bei Beladung mit Erz, bei der hier der Laderaum 1 (Süßöltanks) nicht benutzt wird, ergeben sich noch positive Biegemomente. Das gleiche Verhalten zeigen alle scharf geschnittenen Schiffstypen, wie Containerschiffe, RoRo-Schiffe und Fruchtschiffe,. Bei diesen Schiffen muß im Zweifelsfall das Biegemoment auf Mitte Schiff durch Rechnung kontrolliert werden.

Die Bilder 1.31, 1.32 und 1.33 zeigen Beanspruchungszustände eines Massengutfrachters. Im Ballastzustand erfährt dieses Schiff starke positive Biegemomente, die man durch Teilfüllung eines Laderaumes mit Seewasser lindern sollte. Erschwerend wirkt sich bei Beginn der Reise die

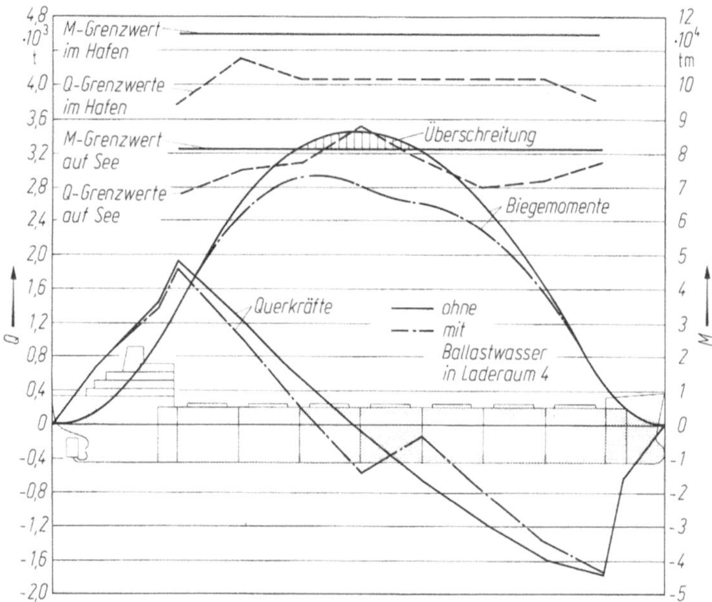

Bild 1.31. Typische Querkraft- und Biegemomentkurven eines Massengutfrachters in Ballast Anfang der Reise mit und ohne Teilflutung von Laderaum 4 ($\delta = 0,80$; $L = 172$ m)

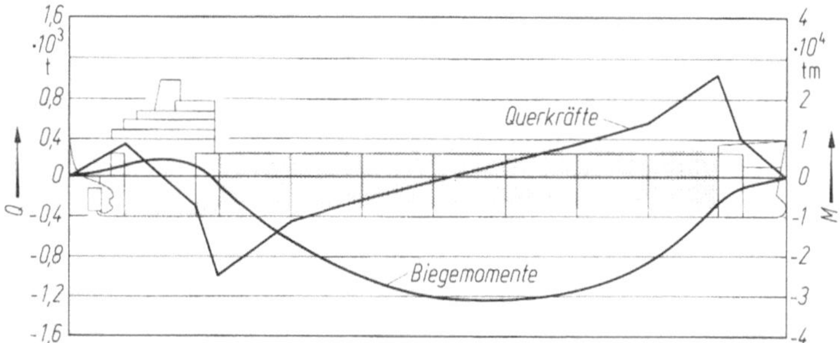

Bild 1.32. Typische Querkraft- und Biegemomentkurven eines Massengutfrachters mit homogener Bulkladung Ende der Reise

Unterbringung der Bunkervorräte an den Schiffsenden aus. Im homogen beladenen Zustand zeigt das gleiche Schiff zu Beginn der Reise so gut wie keine Längsbeanspruchungen, Ende der Reise aber negative Biegemomente, da die völligen Schiffsenden Auftriebsüberschuß ergeben, wenn die Brennstoffvorräte vorn und hinten verbraucht sind. Im alternierend beladenen Fall treten bedeutende Querkräfte auf, die nur durch eine Belegung von Raum 4 mit einem Teil der Ladung aus den Räumen 1 und 7 in den zulässigen Grenzen gehalten werden können. Schiffe wie diese erfordern bei der Beladungsplanung oft eine sorgfältige, rechnerische Kontrolle der Querkräfte und Biegemomente.

Die Bilder 1.34 und 1.35 zeigen zwei Beanspruchungszustände eines großen Rohöltankers. Während in der Ballastfahrt (Bild 1.34) überwiegend positive Biegemomente zu erwarten sind, ist die Ladereise (Bild 1.35) von einem ausgeprägten „Durchhängen" des Schiffes gekennzeichnet. Auch die Querkräfte können in beiden Zuständen nahe an die zulässigen Grenzen herankommen. Der Verlauf der Kurven wird auf diesem und anderen Tankern ohne Doppelbodenzellen wesentlich von der Lage der Segregated-Ballast-Tanks geprägt. Diese Tanks enthalten während der Ballastreise den

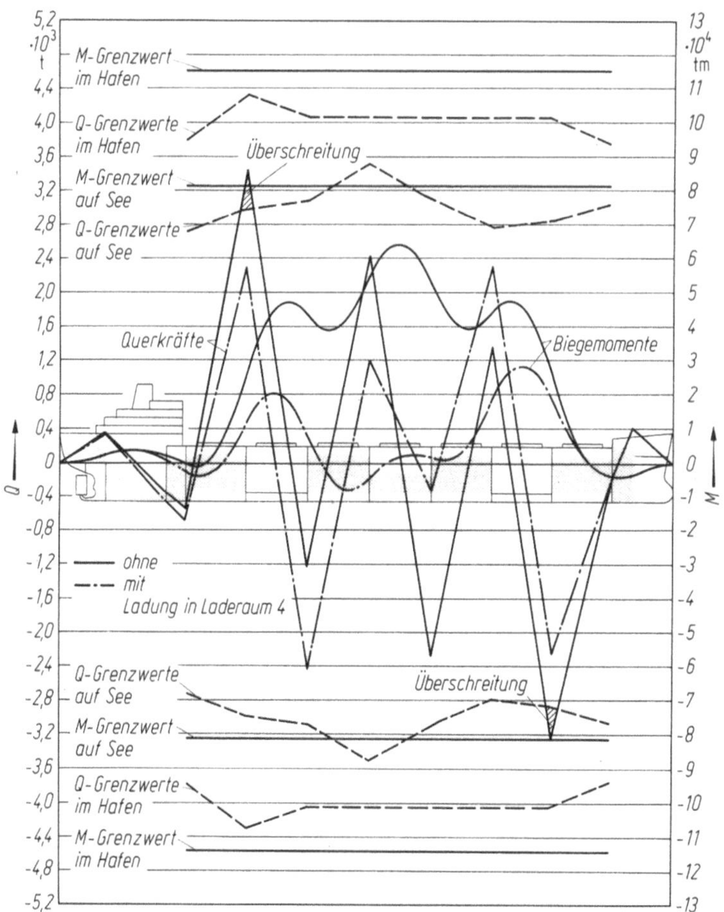

Bild 1.33. Typische Querkraft- und Biegemomentkurven eines Massengutfrachters mit alternierender Erzladung Anfang der Reise mit und ohne Belegung von Laderaum 4

getrennten Ballast, während sie bei beladenem Schiff leer sind und das Schiff gewissermaßen tragen. Aufgrund dieser baulich vorgegebenen Gewichts- bzw. Auftriebsüberschüsse und der Schiffsgröße werden die Glattwassergrenzen der Querkräfte und Biegemomente schon bei normalen Betriebszuständen nahezu erreicht. Daher sind abweichende Ladungsverteilungen und alle Ballastzustände längsfestigkeitsmäßig zu überprüfen (siehe 1.8). Das gilt auch für Zwischenzustände beim Be- und Entladen.

Zu den statischen Längsbeanspruchungen im glatten Wasser addieren sich im Seegang bedeutende Zusatzbeanspruchungen, die nochmals 60 bis 80 % der Glattwassergrenzwerte betragen können. Diese Zusatzbeanspruchungen sind besonders hoch, wenn das Schiff in längslaufendem Seegang fährt und die kennzeichnende Wellenlänge etwa gleich der Schiffslänge ist. Bei Fahrt gegen die See kommen noch merkliche dynamische Beanspruchungen hinzu durch Slammingstöße und die damit verknüpften Biegeschwingungen. Ein deutlicher Abbau der Seegangsbeanspruchungen stellt sich erst ein, wenn man den Kurs um 60° aus der Laufrichtung des Seeganges heraus ändert. Bei sehr schwerem Wetter ist eine solche Maßnahme dringend zu empfehlen, wenn man nicht bereits durch Fahrtreduzierung ein ruhigeres Verhalten des Schiffes herbeiführen kann[13] (siehe Bd. 2, Teil II).

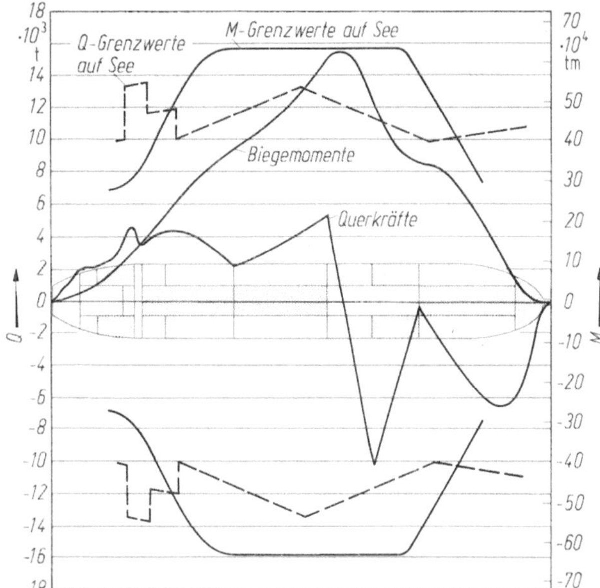

Bild 1.34. Typische Querkraft- und Biegemomentkurven eines großen Rohöltankers in Ballast ($\delta = 0{,}84$; $L = 330$ m; 250 000 tdw)

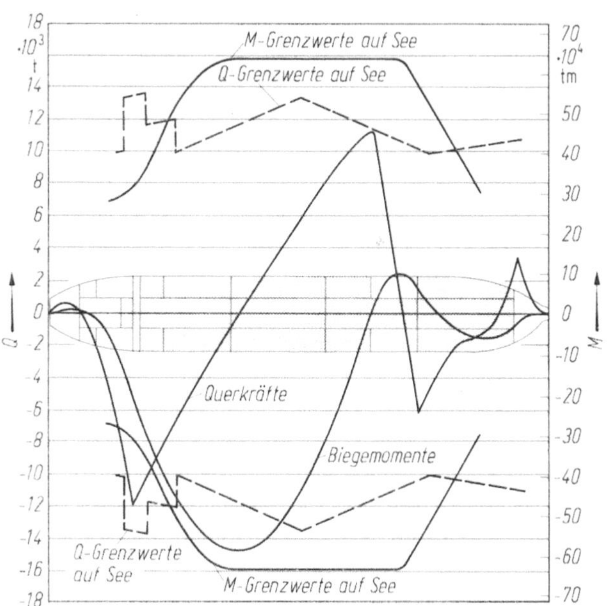

Bild 1.35. Typische Querkraft- und Biegemomentkurven eines großen Rohöltankers mit voller Ladung

13 Siehe auch H. Söding: Berechnung der Beanspruchung von Schiffen im Seegang. Schiff und Hafen 23 (1971) 752.

Torsionsbeanspruchung des Schiffes. Unter Torsion des Schiffskörpers versteht man seine Verdrehung oder Verwindung um die Längsachse. Sie wird von Torsionsmomenten hervorgerufen. Den größten Torsionsmomenten ist ein Schiff ausgesetzt, wenn es in schwerem Seegang schräg zur Laufrichtung der Wellen fährt. Nach einer Näherungsformel von Röhl[14] erreicht hierbei das maximale Torsionsmoment auf Mitte Schiff etwa den Betrag

$$M_\mathrm{T} = 8{,}44 \cdot (0{,}133 \cdot \alpha - 0{,}062) \cdot B^3 \cdot \sqrt{L} \quad \text{in} \quad \mathrm{kN} \cdot \mathrm{m}.$$

Mit dieser Formel ergibt sich für ein Containerschiff der 3. Generation ($L = 273$ m) ein Wellentorsionsmoment von ca. 256 000 kN · m.

Weitere, allerdings wesentlich geringere Torsionsmomente ergeben sich aus den Massenkräften beim Rollen des Schiffes, da die aufrichtenden Momente im Seegang nicht gleichmäßig am Schiffskörper angreifen. Die lokalen Momentendifferenzen sind Torsionsmomente.

Schließlich kann ein Schiff bereits in glattem Wasser durch ungleichmäßige Ladungsverteilung Torsionsmomente erfahren. Am Beispiel dieser statischen Torsionsmomente soll die Erscheinung Torsion allgemein erläutert werden.

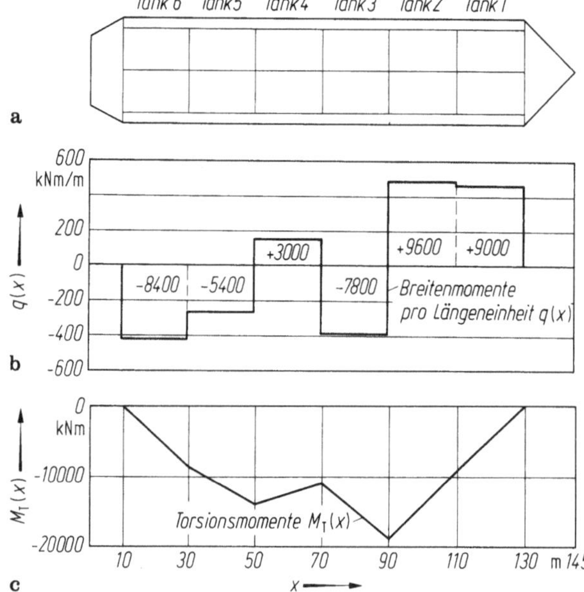

Bild 1.36a–c. Schematische Darstellung der Entstehung von Torsionmomenten an einem ungleichmäßig beladenen Tankponton

Bild 1.36a zeigt einen Ponton mit sechs durch ein Mittellängsschott geteilten Tanksektionen. Die Tanks enthalten unterschiedliche Ladungsmengen, die in nachstehender Tabelle aufgeführt sind. Die Tabelle enthält ferner die Differenzen der Gewichte in den zusammengehörigen Bb- und Stb-Tanks. Die Tankschwerpunkte liegen in diesem Beispiel jeweils 6 m außerhalb der Mittschiffsebene. Dieser Hebel wird mit der Gewichtsdifferenz multipliziert, um die Breitenmomente jeder Tanksektion zu erhalten.

---

14 Röhl, O.: Beitrag zur Berechnung und Konstruktion von Schiffen mit großen Decksöffnungen. Schiff und Hafen 21 (1969) 233, 457, 553.

Tank	6	5	4	3	2	1	
Ladung Bb $(+)$	13000	13200	14000	13600	14800	14500	kN
Ladung Stb $(-)$	14400	14100	13500	14900	13200	13000	kN
Differenz	-1400	$-\,900$	$+\,500$	-1300	$+1600$	$+1500$	kN
Breitenmomente	-8400	-5400	$+3000$	-7800	$+9600$	$+9000$	kN·m

Torsionsmomente	0	-8400	-13800	-10800	-18600	-9000	0	kN·m

In Bild 1.36b sind diese Breitenmomente graphisch aufgetragen. Dabei haben die Ordinatenwerte $q(x)$ die Dimension kN·m/m, d.h. Breitenmoment pro Längeneinheit. Die q-Kurve zeigt anschaulich das abwechselnde Überwiegen von Ladung an Bb und Stb.

Bild 1.36c zeigt die daraus resultierende Torsionsmomentenkurve. Man erhält die einzelnen Punkte dieser Kurve nach dem Schnittprinzip. Wird der Ponton z. B. am Schott zwischen Tank 4 und 5 „durchgeschnitten", so wird sich der hintere Teil nach Stb neigen, da ein Gesamtbreitenmoment von 13800 kN·m als krängendes Moment auf ihn wirkt. Im unzerschnittenen Zustand wirkt in diesem Querschnitt das gleiche Moment als Torsionsmoment. Es gilt daher folgende Definition:

Das Torsionsmoment M_T an einer beliebigen Stelle ist gleich der algebraischen Summe aller Breitenmomente links von dieser Stelle;

oder die Formel:

$$M_\mathrm{T}(x) = \int\limits_0^x q(x)\cdot\mathrm{d}x.$$

Die Torsionsmomente lassen sich also durch eine fortlaufende algebraische Addition der Breitenmomente berechnen (siehe Tabelle).

Im vorliegenden Beispiel sind die Breitenmomente insgesamt ausgeglichen, der Ponton hat also keine Schlagseite. Ergibt die Rechnung jedoch am vorderen Ende ein Resttorsionsmoment M_TR, so ist dieses ein krängendes Moment. Die resultierende Krängung Φ läßt sich berechnen nach der Formel:

$$\tan\Phi = \frac{M_\mathrm{TR}}{D\cdot g\cdot GM};$$

M_TR Resttorsionsmoment in kN · m,
D Deplacement in t,
g Erdbeschleunigung $= 9{,}81\ \mathrm{m\cdot s^{-2}}$,
GM metazentrische Anfangshöhe in m.

Da sich durch Krängung eines Pontons oder Schiffes die Verteilung des Auftriebes ändert, ändern sich auch die für aufrechte Lage berechneten Torsionsmomente. Bild 1.37a zeigt, wie man

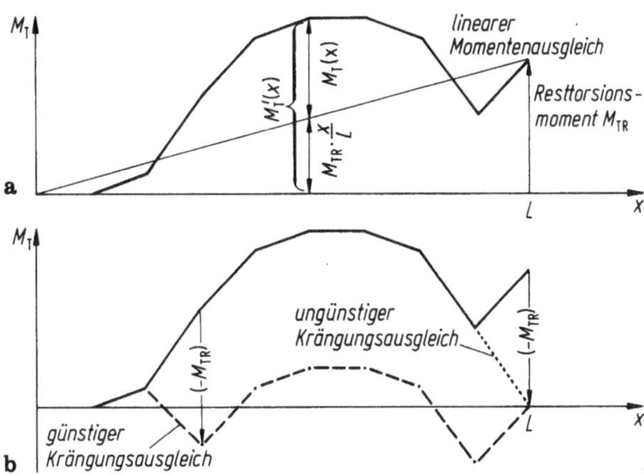

Bild 1.37a,b. Resttorsionsmoment als krängendes Moment und günstiger sowie ungünstiger Krängungsausgleich

zeichnerisch durch sogenannten „linearen Ausgleich" die berichtigten Torsionsmomente mit guter Näherung erhalten kann. Rein rechnerisch gilt entsprechend:

$$M_\mathrm{T}(x) = M'_\mathrm{T}(x) - M_\mathrm{TR} \cdot \frac{x}{L}.$$

Will man die Krängung beseitigen, so muß durch entsprechende Umplanung der Ladungsverteilung ein Breitenmoment der Größe $-M_\mathrm{TR}$ eingeführt werden. Sollen dabei gleichzeitig die vorhandenen Torsionsmomente abgebaut werden, so ist es nicht gleichgültig, an welcher Stelle die Umverteilung vorgenommen wird. Bild 1.37 b zeigt die notwendige Umverteilung an einer ungünstigen Stelle (gepunktet) und an einer günstigen Stelle (gestrichelt). Die günstige Umverteilung erfolgt im ursprünglichen Kurvenverlauf vor dem Erreichen der größten Torsionsmomente, die ungünstige erst nachher.

Glattwasser-Torsionsmomentenkurven geben generell Aufschluß über die Querverteilung von Ladung, Ballast und Vorräten. Mit der gewählten Vorzeichenregelung (Stb-Momente negativ) ergeben sich folgende Bedeutungen:

– negative Steigung der M_T-Kurve : Gewichtsüberschuß an Stb,
– positive Steigung der M_T-Kurve : Gewichtsüberschuß an Bb.

Zusammen mit einer von der Bauwerft festgelegten M_T-Grenzkurve dient die ermittelte Torsionsmomentenkurve zur Beurteilung der Zulässigkeit einer geplanten Ladungsverteilung. Grenzkurven bzw. Grenzwerte der statischen Torsionsmomente werden heute zunehmend für große Containerschiffe an Bord gegeben. Diese statischen Grenzwerte sind im Vergleich zu den durch Seegang möglichen Torsionsmomenten verhältnismäßig klein (ca. 24 500 kN · m für die Containerschiffe der 3. Generation). Ladung, Vorräte und Ballast sollten also möglichst so gestaut werden, daß unvermeidbare Breitenmomente in einer Sektion schon in der nächsten Sektion durch gegenläufige Stauung wieder ausgeglichen werden. Die Einteilung eines Containerschiffes in Sektionen erfolgt vorteilhaft nach „Bays" von 40 Fuß Länge. Das Breitenmoment jeder Bay ergibt sich als Summe der Produkte aus den Gewichten in jeder „Row" und den zugehörigen Breitenhebeln (Abstand der Row-Mitte von der Mittschiffsebene). Die Stb-Breitenhebel erhalten dabei das negative Vorzeichen. Vielfach werden von den Werften entsprechende Formblätter an Bord gegeben.

Die Beanspruchungen des Schiffes durch Torsion bestehen zunächst aus Schubspannungen, die aber verhältnismäßig klein sind und vom Material leicht aufgenommen werden. Bedeutsamer ist die mit der Torsion eines Schiffes (Rechteckquerschnitt) verbundene Querschnittsverwölbung, die besonders an den Lukenecken zu starken Normalspannungen führt, die sich mit den Normalspannungen aus der Längsbiegung überlagern. Dies führt dazu, daß auf großen Containerschiffen die zulässigen Grenzwerte der statischen Torsionsmomente u. a. vom vorhandenen Glattwasserbiegemoment abhängig gemacht werden.

Im Gegensatz zu den besonders torsionsempfindlichen „offenen" Schiffen sind Tanker wegen ihrer geschlossenen Querschnitte weitgehend unempfindlich gegen Torsionsbeanspruchungen. Dennoch dürfen auf keinen Fall Tanks „diagonal" beladen werden, da die entstehenden Torsionsmomente doch zu groß würden.

1.8 Kontrolle der Festigkeitsbeanspruchungen

Durchbiegung des Schiffes. Die einfachste Kontrolle der Längsfestigkeitsbeanspruchungen erfolgt im Betrieb durch die Kontrolle der Durchbiegung des Schiffes. Man erhält die Durchbiegung aus den Tiefgangsablesungen nach der Gleichung

$$\text{Durchbiegung } f = T_\mathrm{m} - {}^1\!/_2 \cdot (T_\mathrm{v} + T_\mathrm{h}).$$

Nach einer internen Richtlinie des GL soll f nicht größer als $^1/_{500}$ der Schiffslänge werden. Geht man davon aus, daß diese maximale Durchbiegung auf See etwa zur Hälfte durch extremen Seegang verursacht werden kann, so begrenzt sich die maximale Durchbiegung bei Abfahrt in glattem Wasser auf $^1/_{1000}$ der Schiffslänge.

Beispiel: Ein Massengutschiff von $L = 183$ m liegt kurz vor Ladeende mit folgenden Tiefgängen im Hafen:

$$T_v = 11,48 \text{ m}; \ T_m = 11,72 \text{ m}; \ T_h = 11,56 \text{ m},$$
$$\text{Durchbiegung } f = 11,72 - {}^1/_2 \cdot (11,48 + 11,56) = 0,20 \text{ m (Sagging)}.$$

Da die Durchbiegung bei Abfahrt nicht größer als $L/1000 = 0,183$ m sein sollte, muß die restliche Ladung auf die Endluken verteilt werden, damit sich die Durchbiegung wieder verringert.

Anders als durch Tiefgangsablesungen läßt sich die Durchbiegung auch mit optischen Geräten messen, z. B. mit dem „Optical Trim Loader" der schwedischen Firma Kockums Automation in Malmö. Der Vorteil dieses Gerätes liegt in der einfacheren und schnelleren Feststellung der Durchbiegung gegenüber dem zeitaufwendigeren Ablesen der Tiefgänge mit den bekannten Unsicherheiten bei bewegtem Hafenwasser.

Insgesamt gesehen ist die Kontrolle der Durchbiegung allein kein absolut sicherer Weg zur Einhaltung der zulässigen Beanspruchungen, denn sie sagt nichts aus über extreme Querkräfte (Bild 1.33) und über Biegemomente, die beträchtlich vor oder hinter Mitte Schiff liegen (Bild 1.35).

Vorteilhafter ist die zumindest überschlägige Berechnung von Querkräften und Biegemomenten, wobei die Ergebnisse bereits bei der Beladungsplanung und nicht erst im Verlauf der Beladung vorliegen. Die richtige Verteilung der Ladung kann somit von vornherein in der Planungsphase vorgenommen werden.

Glattwasserbiegemoment auf Mitte Schiff. Auf Schiffen, deren Biegemomentkurven stets annähernd den Verlauf einer Glockenkurve haben (Bilder 1.29 bis 1.32), und die nie alternierend beladen werden, d. h. keine extremen Querkräfte erfahren, genügt es, das Biegemoment auf Mitte Schiff oder in der Nähe von Mitte Schiff zu berechnen, um eine Aussage über die Längsbeanspruchung zu erhalten.

Ein solches Verfahren findet sich in den Bauvorschriften des GL und in den Werftunterlagen vieler Schiffe, auf die die zuvor genannten Voraussetzungen zutreffen. Bei der Demonstration dieses Verfahrens in nachstehendem Beispiel wird auf die gesetzlich vorgeschriebene Einheit kN · m des Biegemomentes zugunsten der überwiegend noch gebräuchlichen Einheit t · m verzichtet. Das Verfahren liefert das Glattwasserbiegemoment auf $L/2$ nach der Formel

$$M_{GW} = \frac{1}{2} \cdot (\Sigma M_v + \Sigma M_h) - \frac{1}{2} \cdot D \cdot a \cdot L,$$

M_{GW}	Glattwasserbiegemoment,
M_v bzw. M_h	Massenlängenmoment vor bzw. hinter $L/2$,
D	Massendeplacement,
a	Glattwasserfaktor als Funktion des tiefgangsabhängigen Völligkeitsgrades δ^*,
L	Länge zwischen den Loten.

$L/2$-Verfahren für ein Schiff in Ballast (Fall wie in Bild 1.29):

	Hinter $L/2$				Vor $L/2$		
Bezeichnung	t	m	t·m	Bezeichnung	t	m	t·m
Schiff + Masch.	3662	—	144186	Schiff	2403	—	68495
DB-Tanks 4 h	320	7,2	2304	Vorpiek	179	68,3	12226
DB-Tanks 5	321	24,3	7800	DB-Tanks 1	106	54,6	5788
S. Setztanks	221	40,0	8840	DB-Tanks 2	95	40,2	3819
S. Tagestanks	40	52,7	2108	DB-Tanks 3	366	21,8	7979
Dieselöltanks	61	39,0	2379	DB-Tanks 4 v	188	4,9	921
Schmieröltanks	91	42,9	3904	Räume 1 (BW)	688	56,3	38734
Frischwasser	100	49,7	4970	Räume 2	—	41,5	—
Hinterpiek	138	66,5	9177	Räume 3	—	22,7	—
Sterntank	70	71,7	5019	Räume 4 v	—	4,9	—
Räume 4 h	—	7,2	—				
Räume 5	—	24,5	—				
$D_h = 5024$		$M_h = 190687$		$D_v = 4025$		$M_v = 137962$	

t	t·m		t		t·m
Depl. in Seewasser	$^1/_2 \cdot D \cdot a \cdot L$		$D_v = 4025$	$M_v =$	137962
			$D_h = 5024$	$M_h =$	190687
7000	− 84722		Depl. = 9049	$(M_v + M_h) =$	328649
8000	− 97632			$^1/_2 (M_v + M_h) =$	164325
9000	−110549			$^1/_2 \cdot D \cdot a \cdot L =$	−111186
10000	−123552				
11000	−136541			$M_{GW} =$	53139
12000	−149818				
13000	−163238				
14000	−176803				
15000	−190512				
16000	−204480				
17000	−218484				
18000	−232891				
19000	−247471				

Hinweis: Inhalte der DB-Tanks sowie der Räume 4 sind zu 37 % vor und 63 % hinter $L/2$ einzutragen.

Für eine gleichzeitige Trimmrechnung gilt: Abstand des Massenmittelpunktes vom hinteren Lot =

$$0,5 \cdot L_{pp} - \frac{M_h - M_v}{D}.$$

Es handelt sich hier um einen Hogging-Fall, wie das positive Glattwasserbiegemoment zeigt. Das Schiff kann so auslaufen, denn das maximal zulässige Glattwasserbiegemoment beträgt für dieses Schiff ca. 64000 t·m.

Zur Benutzung dieses Verfahrens müssen Massen und Massenmomente der beiden Leerschiffshälften in den Werftunterlagen angegeben sein. Das gleiche gilt für den Glattwasserfaktor a, der je nach tiefgangsbezogener Völligkeit des Unterwasserschiffes δ^* zwischen 0,16 und 0,23 liegen kann.

Die Auswertung wird von den Werften häufig vereinfacht, indem das „Auftriebsmoment" des halben Schiffes $^1/_2 \cdot D \cdot a \cdot L$ graphisch als Funktion des Deplacements D angegeben wird. Bild 1.38 zeigt die zu obigem Beispiel gehörende graphische Auswertung, wobei vorteilhafterweise bereits die Grenzkurven der Biegemomente eingetragen sind. Ein Ladefall ist also längsfestigkeitsmäßig zulässig, wenn der Schnittpunkt aus Deplacement und $^1/_2 (M_v + M_h)$ innerhalb der Grenzkurven liegt. Erweiterte Grenzkurven sind entsprechend für den Hafenbetrieb heranzuziehen.

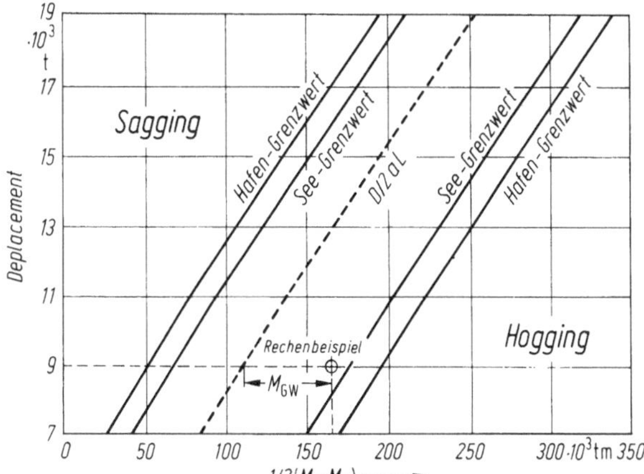

Bild 1.38. Diagramm zur Bestimmung des Glattwassermomentes auf Mitte Schiff zur Kontrolle der Zulässigkeit eines Beladungszustandes

Das Verfahren liefert nur genäherte Ergebnisse, die aber für die Bordpraxis unter den oben genannten Voraussetzungen ausreichend sind. Allerdings ist ein Vorteil darin zu sehen, daß die Längenmomente M_v und M_h auch für eine gleichzeitige Trimmrechnung benutzt werden können (siehe 1.6).

Änderung des Biegemomentes auf Mitte Schiff. Ausgehend von einem bekannten Glattwasserbiegemoment auf Mitte Schiff ist es im Betrieb oft erforderlich, die Änderung dieses Biegemomentes infolge einer größeren Zu- oder Entladung oder einer Ladungsumverteilung in Längsrichtung zu bestimmen. Dies kann schnell und einfach nach folgenden Formeln geschehen. Bei Zu- oder Entladung gilt für die Änderung des Biegemomentes:

$$\Delta M_{GW} = m \cdot \left(\frac{e}{2} - z \cdot L \right) \quad \text{in} \quad t \cdot m;$$

m Zuladung (positiv) oder Entladung (negativ),
e Abstand dieser Zu- oder Entladungen von $L/2$ (stets positiv),
L Länge zwischen den Loten,
z Faktor abhängig vom Völligkeitsgrad der Wasserlinienfläche α.

α	0,75	0,80	0,85	0,90	0,95
z	0,100	0,104	0,109	0,114	0,119

Beispiel: Auf einem Schiff mit $L = 174$ m und $\alpha = 0,85$ wird die Vorpiek mit 230 t Seewasser geflutet. Der Raumschwerpunkt der Vorpiek liegt 80 m vor Mitte Schiff. Daraus ergibt sich eine Biegemomentänderung auf Mitte Schiff:

$$\Delta M_{GW} = 230 \cdot \left(\frac{80}{2} - 0,109 \cdot 174 \right) = 4838 \, t \cdot m.$$

Die Änderung ist positiv; ein beispielsweise bestehender Hogging-Zustand wird durch diese Maßnahme also verstärkt.

Bei einer Massenverschiebung in Längsrichtung gilt:

$$\Delta M_{GW} = m \cdot \left(\frac{e_2 - e_1}{2} \right) \quad \text{in} \quad t \cdot m;$$

e_1 Abstand der Masse m von $L/2$ vorher (stets positiv),

e_2 Abstand der Masse m von $L/2$ nachher (stets positiv).

Beispiel: Auf dem gleichen Schiff werden 320 t Schweröl aus den vorderen Tieftanks (75 m vor $L/2$) in die Setztanks (32 m hinter $L/2$) umgepumpt. Die Biegemomentänderung auf Mitte Schiff beträgt

$$\Delta M_{GW} = 320 \cdot \left(\frac{32 - 75}{2} \right) = -6880\, t \cdot m.$$

Die Änderung ist negativ; ein bestehender Hogging-Zustand würde verringert, ein bestehender Sagging-Zustand verstärkt.

Erstreckt sich eine Zu- oder Entladung über Mitte Schiff hinweg, so ist sie am Hauptspant aufzuteilen, und die Biegemomentänderungen der Anteile sind getrennt zu berechnen. Dies gilt sinngemäß auch bei Massenverschiebungen in Längsrichtung.

Beispiel: Ein Schiff liegt mit einer Ladung aus verschiedenen Rohstoffen und Erzen im Hafen mit einem Glattwasserbiegemoment von rund 36 000 t · m. Aus UR 4 soll an einem besonderen Liegeplatz eine einzelne Erzpartie von 1600 t entladen werden. Ca. 1000 t von dieser Partie liegen 7 m hinter dem Hauptspant, der Rest von 600 t im Abstand 5 m vor dem Hauptspant. Die Länge des Schiffes ist 144 m. Der Völligkeitsgrad α hat den Wert 0,78; z beträgt somit 0,102. Die Biegemomentänderung durch Entladung dieser Partie ist

$$\Delta M_{GW} = -600 \left(\frac{5}{2} - 0{,}102 \cdot 144 \right) - 1000 \left(\frac{7}{2} - 0{,}102 \cdot 144 \right),$$

$$\Delta M_{GW} = 7313 + 11\,188 = 18\,501\, t \cdot m.$$

Das vorhandene Biegemoment erhöht sich auf rund 54 500 t · m.

Bestimmung von Biegemomenten nach dem Koeffizientenverfahren. In der Formel $\Delta M_{GW} = m \cdot (^e/_2 - z \cdot L)$ läßt sich der Klammerausdruck für jeden Laderaum und jeden Tank eines bestimmten Schiffes für einen bestimmten Endtiefgang zu einem Koeffizienten c zusammenfassen. Mit einer geeigneten Tabelle, die auch den rückwärts errechneten Ausgangswert A für das leere Schiff enthält, kann für eine beliebige Ladungsverteilung das Biegemoment auf Mitte Schiff errechnet werden nach der Formel

$$M_{GW} = A + \Sigma\,(m \cdot c).$$

Mit entsprechend anderen Koeffizienten kann auf gleiche Weise das Biegemoment an einer anderen Stelle des Schiffes berechnet werden. Allerdings sind die Ergebnisse nur zutreffend, wenn das Schiff durch die Zuladungen annähernd den Tiefgang erreicht, für den die Koeffizienten aufgestellt worden sind. Der Tiefgangseinfluß erklärt sich oben durch die Änderung des z-Wertes mit dem Völligkeitsgrad der Wasserlinienfläche.

Wird das Koeffizientenverfahren einem Schiff als Berechnungsunterlage von der Bauwerft mitgegeben, so finden sich Koeffizientensätze sowohl für verschiedene Tiefgänge als auch für verschiedene Kontrollstellen (Spantquerschnitte). Die Aufmachung eines solchen Berechnungsblattes kann wie folgt aussehen:

MS. „X"			Tiefgangsbereich 8 bis 9 m		
Position	Masse	Koeff.	$M_{\mathrm{Sp}\,90}$	Koeff.	$M_{\mathrm{Sp}\,120}$
Schiff + Standardausr.	8 630	—	54 300	—	48 600
Vorpiek	290	+ 18,517	5 370	+ 27,414	7 950
⋮	⋮	⋮	⋮	⋮	⋮
Laderaum 4	3 180	− 7,723	− 24 559	− 10,031	− 31 899
⋮	⋮	⋮	⋮	⋮	⋮
Deplacement = Summe		$M_{\mathrm{Sp}\,90}$ = Summe		$M_{\mathrm{Sp}\,120}$ = Summe	

Die Ermittlung der Biegemomente an mehreren Stellen im Mittschiffsbereich ist sicher vorteilhaft gegenüber dem Verfahren für Mitte Schiff. Jedoch steigt der Rechenaufwand entsprechend an. Eine gleichzeitige Verwendung von Teilergebnissen für eine Trimmrechnung ist nicht möglich. Trotzdem findet sich dieses Verfahren in etlichen Werftunterlagen.

Vollständige Berechnung von Querkräften und Biegemomenten. Auf Schiffen, deren Biegemomentkurven wellig verlaufen — mit Extremwerten weit vor oder hinter dem Hauptspant — und auf denen durch ungleichmäßige Beladung starke Querkräfte zu

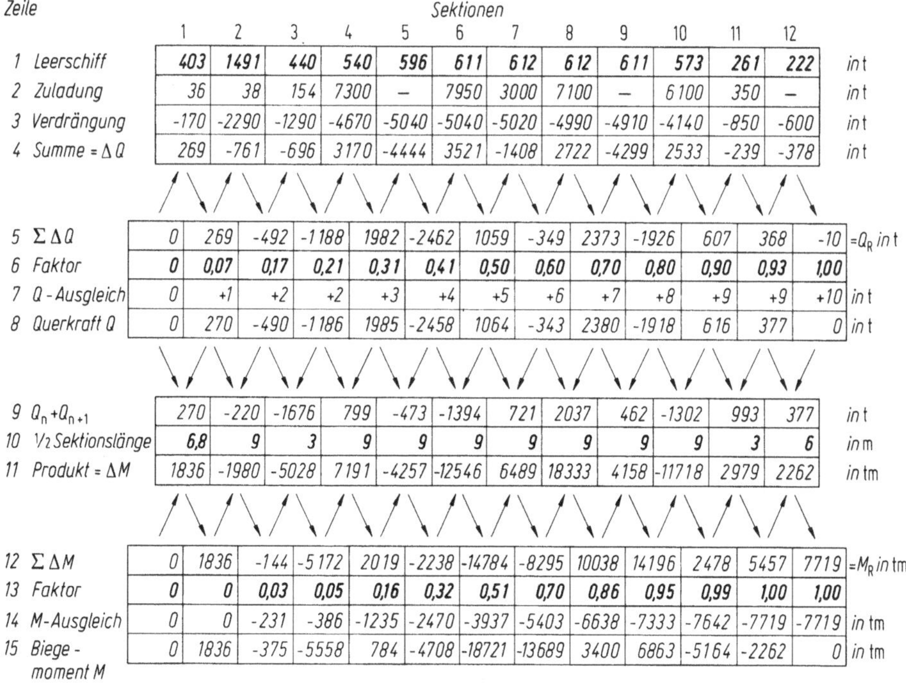

Zeile — Sektionen:

Zeile	1	2	3	4	5	6	7	8	9	10	11	12		Einheit
1 Leerschiff	403	1491	440	540	596	611	612	612	611	573	261	222		in t
2 Zuladung	36	38	154	7300	—	7950	3000	7100	—	6100	350	—		in t
3 Verdrängung	-170	-2290	-1290	-4670	-5040	-5040	-5020	-4990	-4910	-4140	-850	-600		in t
4 Summe = ΔQ	269	-761	-696	3170	-4444	3521	-1408	2722	-4299	2533	-239	-378		in t

Zeile														Einheit
5 Σ ΔQ	0	269	-492	-1188	1982	-2462	1059	-349	2373	-1926	607	368	-10	= Q_R in t
6 Faktor	0	0,07	0,17	0,21	0,31	0,41	0,50	0,60	0,70	0,80	0,90	0,93	1,00	
7 Q - Ausgleich	0	+1	+2	+2	+3	+4	+5	+6	+7	+8	+9	+9	+10	in t
8 Querkraft Q	0	270	-490	-1186	1985	-2458	1064	-343	2380	-1918	616	377	0	in t

Zeile	1	2	3	4	5	6	7	8	9	10	11	12		Einheit
9 $Q_n + Q_{n+1}$	270	-220	-1676	799	-473	-1394	721	2037	462	-1302	993	377		in t
10 ½ Sektionslänge	6,8	9	3	9	9	9	9	9	9	9	3	6		in m
11 Produkt = ΔM	1836	-1980	-5028	7191	-4257	-12546	6489	18333	4158	-11718	2979	2262		in tm

Zeile														Einheit
12 Σ ΔM	0	1836	-144	-5172	2019	-2238	-14784	-8295	10038	14196	2478	5457	7719	= M_R in tm
13 Faktor	0	0	0,03	0,05	0,16	0,32	0,51	0,70	0,86	0,95	0,99	1,00	1,00	
14 M-Ausgleich	0	0	-231	-386	-1235	-2470	-3937	-5403	-6638	-7333	-7642	-7719	-7719	in tm
15 Biegemoment M	0	1836	-375	-5558	784	-4708	-18721	-13689	3400	6863	-5164	-2262	0	in tm

Bild 1.39. Bearbeitungsraster zur Berechnung von Querkräften und Biegemomenten bei der Beladungsplanung

erwarten sind, ist eine vollständige Ermittlung der Querkräfte und Biegemomente bei der Beladungsplanung ratsam. Wegen des damit verbundenen höheren Rechenaufwandes sollten hierfür in der Praxis programmierte Rechner eingesetzt werden.

Es gibt aber verschiedene manuelle Rechenverfahren, die von den Werften oft zusätzlich zum Rechner an Bord gegeben werden. Eines, das sich durch verhältnismäßig kurze Rechenzeit auszeichnet, wird in Bild 1.39 erläutert.

Bild 1.39 zeigt das Bearbeitungsraster dieses Verfahrens. Die Dimensionen von Querkräften und Biegemomenten sind in Anlehnung an die Schiffahrtspraxis noch in t bzw. t · m angegeben. Das Schiff ist in 12 Sektionen von unterschiedlicher Länge eingeteilt worden, wobei die Sektionsgrenzen an die Laderaumschotten gesetzt und kleinere Tanks als Gruppe einzelnen Sektionen zugeordnet wurden. Vor der Bearbeitung des Rasters muß eine Gesamttrimmrechnung durchgeführt werden, die das Deplacement und den Trimm liefert.

Zeile 1 des Rasters enthält die von der Werft fest vorzugebenden Leerschiffsmassen jeder Sektion. In Zeile 2 werden die Zuladungen bzw. die Tankinhalte jeder Sektion und in Zeile 3 die Massenverdrängung (negativ) jeder Sektion eingetragen. Die Massenverdrängungen der einzelnen Sektionen sind abhängig vom Deplacement und Trimm und müssen von der Werft als Kurven oder Tabellen vorgegeben sein. Zeile 4 enthält nach algebraischer Addition der Zeilen 1 bis 3 die Massendifferenzen in den einzelnen Sektionen. Diese sind gleich den Querkraftänderungen ΔQ von einer Sektion zur nächsten.

Zeile 5 enthält die rohen Querkräfte als Ergebnisse der schrittweisen Summierung der ΔQ-Werte. Die Summierung folgt dabei den eingezeichneten Pfeilen. Am Ende von Zeile 5 kann eine Restquerkraft Q_R übrig bleiben als Folge ungenauer Interpolation in den Verdrängungstabellen zu Zeile 3. Man berichtigt die rohen Querkräfte mit dem Querkraftausgleich in Zeile 7. Die Ausgleichswerte erhält man durch Multiplikation der Restquerkraft Q_R mit dem jeweiligen, fest vorgegebenen Ausgleichsfaktor in Zeile 6. Zeile 8 enthält die berichtigten Querkräfte Q an den Sektionsgrenzen.

Zeile 9 enthält die Summe jeweils benachbarter Querkräfte. Diese Summe wird mit der fest vorgegebenen halben Sektionslänge in Zeile 10 multipliziert. Das Ergebnis, die Momentenänderung ΔM, wird in Zeile 11 eingetragen. Der Rechenvorgang in den Zeilen 9 bis 11 stellt die Berechnung einzelner Trapezflächen unter der Querkraftkurve dar.

In Zeile 12 erfolgt die schrittweise Summierung der ΔM-Werte den Pfeilen folgend. Ein Restmoment M_R entsteht hauptsächlich als Folge der Verfahrensvereinfachung (Querkraftkurve als Polygonzug). Die rohen Biegemomente in Zeile 12 werden, wie zuvor die Querkräfte, mit den Zeilen 13 und 14 ausgeglichen. Die Zeile 15 enthält schließlich die Biegemomente M an den Sektionsgrenzen.

Die Genauigkeit des vorstehend beschriebenen Verfahrens ist ausreichend. Die ermittelten Werte können zur besseren Übersicht in ein Diagramm (ähnlich Bild 1.31) eingetragen und mit den zugehörigen Grenzkurven verglichen werden.

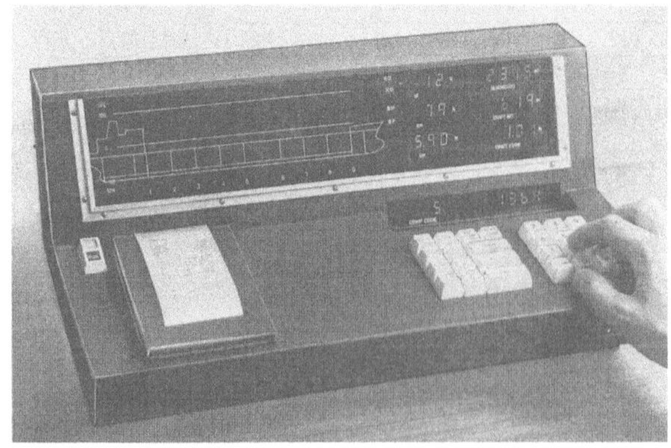

Bild 1.40. Loadmaster Computer D 50 der Firma Kockums Automation

Einsatz von elektronischen Rechnern. Der hohe Rechenaufwand bei der Kontrolle der Festigkeitsbeanspruchungen und die Notwendigkeit, Rechnungen zwecks Optimierung der Beladung oft zu wiederholen, rechtfertigt den Einsatz elektronischer Rechner.

Nach ersten mechanischen Geräten (z. B. „Stressfinder" der Firma Kelvin Hughes) und einfacheren elektronischen Geräten (z. B. „Lodicator" der Firma Götaverken) hat der „Loadmaster Computer" der Firma Kockums Automation in Malmö als festverdrahteter Analogrechner in der Schiffahrt breite Anwendung gefunden. Er zeichnet sich durch Robustheit, einfache Bedienung und eine simultan mit der Eingabe erfolgende Anzeige der Ergebnisse (Tiefgang, Trimm, Querkräfte, Biegemomente) aus. Neuere Versionen dieses Gerätes liefern als Digitalrechner nicht nur die Kennwerte der Längsbeanspruchungen, sondern auch die der Stabilität, wobei auf Wunsch Sonderanforderungen, z. B. Stabilitätsnachweis für Getreideverschiffung, programmiert werden können. Bild 1.40 zeigt die Loadmasterversion D 50 für ein Tankschiff.

Ein ähnliches Gerät ist der „Loadmax" der Firma Raytheon in Kopenhagen. Auch hier reicht das Angebot von Längsfestigkeitsrechnung über Stabilitätsrechnung bis zu Sonderwünschen, wie z. B. Vorausberechnung der Krängung bei besonderen Betriebszuständen. Bild 1.41 zeigt den Loadmax 200 für ein Vollcontainerschiff.

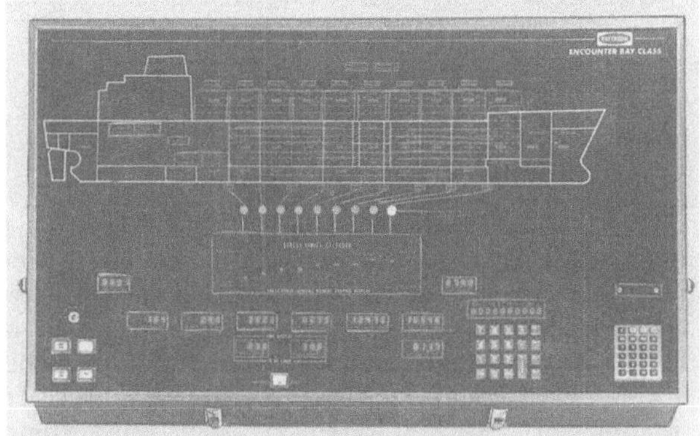

Bild 1.41. Loadmax 200 der Firma Raytheon

Grundsätzlich ist jeder frei programmierbare Tischrechner geeignet, mit einem entsprechenden Programmsystem zur Kontrolle von betriebsstatischen Kennwerten eingesetzt zu werden. Voraussetzung ist allerdings die Ausstattung mit einem Drucker zur Kontrolle der Eingabewerte und zur Ausgabe der Ergebnisse, einem Datenträger, z. B. Magnetbandkassette, zur Speicherung von Teilprogrammen, Festdaten und variablen Daten und einem möglichst alphanumerischen Display zur benutzerfreundlichen Abwicklung der Eingabeoperationen im Dialogverkehr. Solche Rechner werden heute von einer größeren Anzahl von Herstellern angeboten. Einfachere Programme können mit gewissen Grundkenntnissen an Bord selbst erstellt werden. Umfangreichere Programme und Programmsysteme werden zunehmend von Fachleuten und Ingenieurbüros angeboten. Bild 1.42 zeigt den Rechner HP 9825 A der Firma Hewlett-Packard, für den z. B. von der Firma Schiffko in Hamburg das „Bordrechner-System 100" entwickelt worden ist[15]. Das System ist äußerst vielseitig und kann alle Erfordernisse des jeweiligen Schiffstyps abdecken, z. B. auch die statische Torsionsrechnung für Containerschiffe.

---

15 Siehe: Das SCHIFFKO Bordrechner-System 100. HANSA 114 (1977) 2041.

Bild 1.42. Tischrechner HP 9825 A der Firma Hewlett-Packard

Die Entwicklung auf dem Gebiet der Beladungsrechner ist keineswegs abgeschlossen und wird in naher Zukunft durch die Einführung der Mikroprozessoren-Technik neue Impulse erhalten.

1.9 Moderne Werftunterlagen

Früher bestanden die Werftunterlagen zur Beurteilung von Stabilität, Trimm und Ladefähigkeit im wesentlichen aus den „Stabilitätsblättern", einem Ladeplan (vereinfachter Generalplan mit Angabe der Lukenabmessungen und Laderauminhalte) und dem Lastenmaßstab. Selten fand man an Bord das sogenannte Werftkurvenblatt. Unterlagen über die Schiffsfestigkeit gab es so gut wie nicht. Auch Trimmpläne waren selten, so daß Schiffsleitungen sich oft veranlaßt sahen, einen Trimmplan durch Zusammentragen empirischer Beobachtungen aufzustellen. Die Beurteilung der Stabilität geschah demnach ausschließlich durch Vergleich der vertikalen Ladungsverteilung mit den in den Stabilitätsblättern angegebenen Ladefällen und Bezugnahme auf die dort eingetragenen Hebelarmkurven. Eine weitere, aber unzuverlässige Beurteilungsmöglichkeit war durch die Beobachtung der Rollperiode des Schiffes gegeben (siehe 1.5).

Diese Situation hat sich in den vergangenen 20 Jahren sehr verbessert. Heute gibt es einen weltweit üblichen Ausrüstungsstandard an Werftunterlagen. Wegen der Einführung elektronischer Rechner in den Konstruktionsbüros der Werften sind diese Unterlagen überwiegend Tabellen statt Kurvenblätter. Auch sind sie im Vergleich zu früher sehr zuverlässig.

Die Stabilitätsblätter in der alten Aufmachung (siehe Müller/Krauß, Bd. II, 7. Aufl., S. 357) werden heute als Sammlung von bis zu 30 nachrechenbaren Ladefällen in einem „Trimm-, Stabilitäts- und Beladungshandbuch" (Trim, Stability and Loading Manual) zusammengefaßt. Jeder Ladefall wird mit kompletter Höhen- und Längenmomentenrechnung dargestellt und enthält neben den Ergebnissen der Stabilitäts- und Trimmrechnung (Hebelarmkurve, Tiefgänge) bei entsprechender Schiffsgröße auch Angaben über die Längsbeanspruchung in glattem Wasser (Querkraft- und Biegemomentkurven). Je nach Anforderung der Reederei werden zusätzlich Sonderzustände — Schwergutübernahme, Propellerinspektion usw. — als „Ladefall" berechnet und dargestellt. Als Anhang zu

diesen Beispielfällen findet der Nautiker heute stets die wichtigsten Formdaten des Schiffes tabellarisch aufgeführt. Diese sind:
- Tiefgang über UKK (Unterkante Kiel) als Eingangsgröße,
- Volumen einschließlich Außenhaut und Anhängen,
- Deplacement in Seewasser,
- Höhe des Metazentrums über Basis (KM),
- Einheitstrimmoment (ETM),
- Abstand des Formschwerpunktes vom hinteren Lot oder Hauptspant,
- Abstand des Wasserlinienschwerpunktes vom hinteren Lot oder Hauptspant,
- Pantokarenen (u-Werte oder w-Werte) für bestimmte Krängungswinkel.

Darüber hinaus werden oft weitere Daten tabellarisch als Funktion des Tiefganges gegeben, z. B. Völligkeitsgrade, benetzte Außenhautflächen, Spantareale. Für Schiffe, die gelegentlich an die Grenze ihrer Stabilität herangehen müssen (Schwergutschiffe), werden auf Wunsch KM-Werte und Pantokarenen auch für vertrimmte Lagen geliefert.

Die Unterlagen zur manuellen Berechnung der Längsbeanspruchungen (siehe 1.8) sind noch nicht sehr einheitlich und fehlen oft dann, wenn das Schiff mit Zustimmung der Klassifikationsgesellschaft mit einem elektronischen Rechner ausgerüstet ist. Bei Ausfall des Rechners bleibt dem Nautiker dann allerdings nur der Vergleich mit den Angaben in den gerechneten Ladefällen. Auf großen Containerschiffen werden Vordrucke zur Berechnung und Kontrolle der statischen Torsionsmomente an Bord gegeben.

Wegen der oft unregelmäßigen Formen von Ballast- und Treiböltanks, insbesondere auf Containerschiffen, enthalten heutige Tanktabellen oft Inhalt, Schwerpunktlage und Trägheitsmoment der freien Oberfläche nicht nur für den vollen Zustand, sondern auch für eine Reihe von Zwischenzuständen. Daneben gibt es nach wie vor den Ladeplan, vor allem auch mit Angaben über Decksbelastbarkeit und Gabelstaplereinsatz, weiter Trimmpläne bzw. Trimmtabellen zur Entnahme von Trimmänderungen (siehe 1.6) und gelegentlich das Petersen-Trimmblatt.

Mit diesen Unterlagen kann der Ladungsoffizier in Anlehnung an die vorgerechneten Ladefälle planen und darüber hinaus seine aktuelle Verteilung von Ladung, Ballast und Vorräten nach allen Gesichtspunkten (Stabilität, Trimm, Freibord, örtliche und Gesamtfestigkeit) rechnerisch überprüfen. Eine ausführliche Rechenanweisung nebst kurzer Erläuterung von theoretischen Grundlagen ist in den Werftunterlagen generell enthalten.

Für Spezialschiffe und besondere Ladungen werden zusätzliche Unterlagen erstellt, z. B. Getreideunterlagen nach SOLAS 74, die vom GL überprüft und genehmigt sein müssen, Unterlagen für Übernahme und Verstauen von Schwergut und Unterlagen zur Beurteilung der Leckstabilität und Sinksicherheit auf Tankschiffen.

Die Werftunterlagen dienen in erster Linie der Sicherheit und Seetüchtigkeit des Schiffes. Es ist daher Pflicht des Kapitäns, dafür zu sorgen, daß er selbst und die verantwortlichen Schiffsoffiziere mit diesen Unterlagen vertraut sind und sie benutzen.

2 Schiffbaukunde[1]

2.1 Einiges aus dem Schiffbau

Wichtige Angaben für den Entwurf eines Schiffes

Grundlage sind die Reedereiforderungen:

- Verwendungszweck (Transport von Ladung oder Fahrgästen, Fang und Verarbeitung von Fischen usw.) und Hauptantrieb (Motor, Turbine) legen die Schiffsart fest;
- Tragfähigkeit, Art der Ladung (Stauraumbedarf) und Geschwindigkeit bestimmen die Schiffsgröße.

Von Einfluß sind außerdem:

- Klassifikationsvorschriften (GL, LR, ABS, …), internationale (SOLAS) und nationale (SeeBG, Coast Guard, …) Sicherheitsvorschriften, Freibord- und Vermessungsvorschriften, Aufbau und Ausstattung der Schiffe;
- Aktionsradius auf Umfang der Vorräte (Treiböl, Schmieröl, Frischwasser, Proviant);
- Fahrtgebiete (Tropen, Arktis, große Seen, Panama-, Suezkanal), eventuelle Beschränkungen (durch Fahrwassertiefen, Durchfahrtshöhen, Schleusenabmessungen, Hafenpierlängen);
- Art und Anordnung der Maschinenanlage (langsam oder mittelschnellaufende Dieselmotoren, Dampf- oder Gasturbine, diesel-elektrischer Antrieb, Kernenergieantrieb bei normalem oder automatisiertem Betrieb als Hinterschiffsantrieb, ein Laderaum hinter Maschine oder Mittschiffsanordnung).
- Ladungsausrüstung (Ladebäume, Krane, Hebefähigkeit, Winden, Lukenabdeckung);
- Anker- und Verholausrüstung (automatische Mooringwinden);
- Einrichtung für Besatzung (Einzelkammern, Klimaanlage);
- Sicherheitseinrichtungen (Feuerschutz, Schottenschließanlagen).
- Ruderanlage (Kolben-, Drehflügelanlage, Querstahlruder);
- nautische Ausrüstung (Kompaßanlage, Radar, Funkpeiler, Decca-Navigator, Echolot, Fahrtmeßanlage, Satellitennavigation);
- Funkstation-Ausstattung (Rundfunk, Bordsprechanlagen);
- Ausrüstung für Sonderschiffe (Tanker, Bulkfrachter, Fährschiffe, Containerschiffe, Ro/Ro-Schiffe, Barge-Carrier, Fischereifahrzeuge, Bohrinselversorger usw.).

Schiffsgewicht. Zu jedem Entwurf eines Schiffes gehört die Bestimmung seines Gesamtgewichtes als Wasserverdrängung in metrischen Tonnen.

Zum Gesamtgewicht gehören:

1. Das Gewicht des seeklaren, leeren Schiffes

    - Schiffskörper einschließlich Aufbauten und Deckshäuser;
    - Ausrüstung und Einrichtung (Gesamtheit der Anker-, Verhol-, Rettungs-, Lade-, Ruder-,

---

1 Empfehlenswerte Literatur: Johow-Foerster: Hilfsbuch für den Schiffbau, 5. Aufl. 1928. – Wustrau: Schiff und Seemann. – Henschke: Schiffbautechnisches Handbuch, 2. Aufl. 1967. – Schokker: The Design of Merchant Ships. – Handbuch der Werften, Weberling: Entwurf von Frachtschiffen, VII 1962, VIII 1965.

Besatzungs- und Navigationsausrüstung und -einrichtung); Maschinenanlage (Gesamtheit der Haupt- und Hilfsmaschinen mit Wellenleitung und Propeller, Pumpen, Separatoren, Rohrleitungen mit Armaturen, Lüftung und Klimaanlagen, elektrischen Anlagen, Schmieröl im Umlauf, Wasser im Kessel, aber keine Vorräte.

Diesem Gewicht entspricht die sogenannte „Leichte (Leer-)Wasserverdrängung und die Leicht-(Leer-)Wasserlinie. Entsprechend wird beim voll abgeladenen Schiff von der „Tiefladelinie" gesprochen.

2. Die Tragfähigkeit (tons deadweight all told = tdw a.t.)
   - Nutzladung (Fracht, Fahrgäste mit Gepäck, Autos usw.);
   - Vorräte (Treiböl, Schmieröl, Frischwasser, Kesselspeisewasser, Proviant, Verbrauchsstoffe für Betrieb und Instandhaltung des Schiffes);
   - Besatzung mit Gepäck;
   - Ballastwasser.

3. Im Entwurfsstadium wird eine Rechnungsreserve in der Größenordnung von 1% der Verdrängung für spätere eventuelle Gewichtsabweichungen vorsorglich mit eingerechnet.

Schiffstypen. Schiffe werden — je nachdem, was besonders hervorgehoben werden soll — vor allem nach folgenden Gesichtspunkten unterschieden:
- Verwendungszweck (Trockenfrachter, Tanker, Fährschiff usw.);
- Antriebsart (Motor-, Turbinenschiff usw.);
- Vermessung (Voll-, Freidecker, Wechselschiff);
- Aufbauten (mit langer oder kurzer Back, Brücke oder Poop, Quarterdecker).

Schiffbautechnische Begriffe und Bezeichnungen

L_{Lot} = Konstruktionslänge = Länge zwischen den Loten. Sie wird gemessen zwischen dem hinteren Lot: HL (Schnittpunkt Mitte Ruderachse mit Konstruktionswasserlinie KWL) und dem vorderen Lot: VL (Schnittpunkt Vorkante Vorsteven mit der KWL). — Hiervon abweichende Längenangaben: Länge in KWL, Länge über alles, Klassifikationslänge, Freibordlänge, Länge für Meßbrief, für Register.

$B_{a.Spt.}$ = Konstruktionsbreite = Breite auf Spanten, gemessen an der breitesten Stelle des Schiffes (Höhe 1. Deck) auf $^1/_2 L_{Lot}$ auf Außenkante Spanten. Hiervon abweichende Breitenangaben: Breite über alles, Breite in der KWL, Breite auf Außenhaut, Breite für Meßbrief, für Register.

H = Seitenhöhe, gemessen auf $^1/_2 L_{Lot}$ zwischen OKK (Oberkante Kiel) und OK Deckbalken an Seite Hauptdeck. Hiervon abweichende Angaben: Für Meßbriefe, Register, Schottenvorschriften.

KWL = Konstruktionswasserlinie. Das ist die Wasserlinie, die der Konstruktion als Schwimmebene zugrundegelegt ist.

T = Konstruktionstiefgang, gemessen auf $^1/_2 L_{Lot}$ von OKK bis KWL.

D oder P: Wasserverdrängung (Deplacement) in t (Gewicht der vom Schiff verdrängten Wassermasse). Reservedeplacement ist der Inhalt des über der Wasserlinie befindlichen wasserdichten Teils des Schiffskörpers.

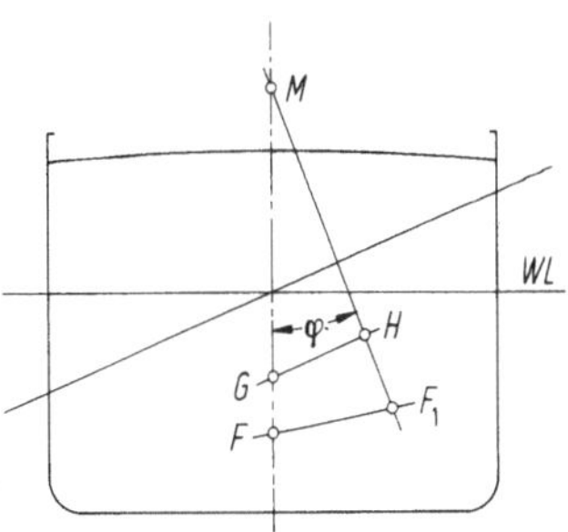

Bild 2.1. Metazentrische Höhe *MG*

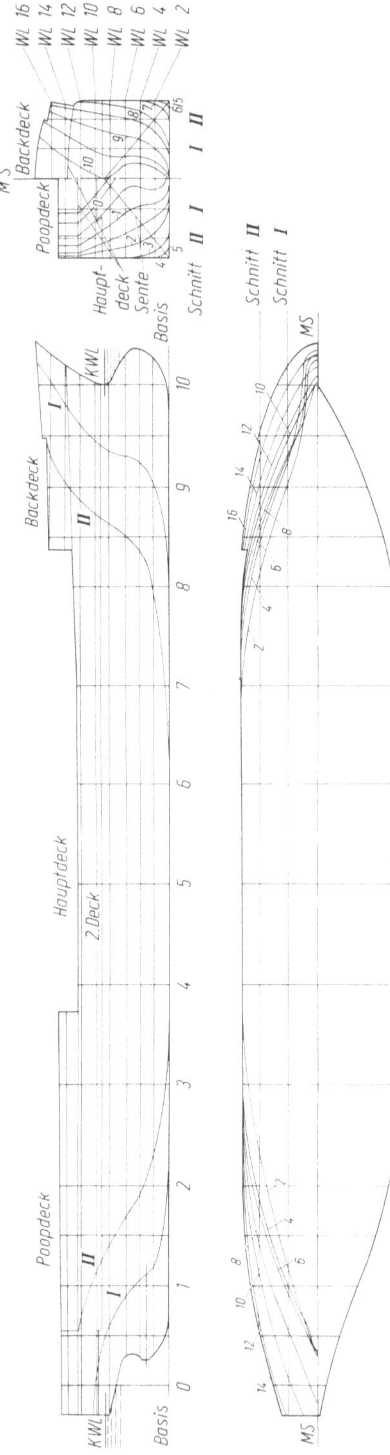

Bild 2.2. Linienriß eines Seeschiffes (Typ 36 der Seebeckwerft)

F = Verdrängungs-(Form-)Schwerpunkt bei aufrechter Lage.

G = Gewichts-(System-)Schwerpunkt = Schwerpunkt des Schiffes im entsprechenden Beladungszustand.

M = Breitenmetazentrum = Schnittpunkt der Auftriebsrichtung bei Neigung durch den Formschwerpunkt F_1 mit der Mittschiffsebene.

MG = metazentrische Höhe (Größe der Anfangsstabilität) (Bild 2.1).

Aufrichtendes Moment. Neigt sich ein Schiff, so wandert der Verdrängungsschwerpunkt F nach F_1, während der Gewichtsschwerpunkt G seine Lage beibehält. Dadurch entsteht das aufrichtende Moment: $M_{st} = P \cdot MG \cdot \sin \varphi$ = Aufrichtevermögen des Schiffes.

Trimm ist der Tauchungsunterschied zwischen dem hinteren und dem vorderen Tiefgang, gemessen an den Loten. Man unterscheidet zwischen Heck-(Steuer-)lastigkeit und Kopflastigkeit.

Tiefgang, gemessen von der Schwimmwasserlinie bis Unterkante Kiel (UKK). Der Tiefgang wird am Schiff mit Hilfe der Tiefgangsmarken abgelesen.

Sprung ist der Anstieg des Decks nach vorn und hinten, besonders bei kleineren Schiffen üblich.

Balkenbucht ist der Anstieg (Krümmung) des Decks von Seite bis Mitte Deck.

$\boxtimes$ = **Hauptspant** ist der Querschnitt unter der KWL auf $^1/_2\,L_{Lot}$ und Kennzeichnung der Stelle $^1/_2$ L_{Lot}. Früher bei Nietbauweise Bezeichnung der Spantwechselstelle (im Vorschiff zeigte der an der Außenhaut liegende Schenkel des Spantprofils nach hinten, im Hinterschiff nach vorn).

Freibord ist der Abstand zwischen Wasserlinie und Oberkante Decksbeplattung auf $^1/_2$ Freibordlänge.

Linienriß. Zeichnung zur eindeutigen Festlegung der Schiffskörperform einschließlich der Aufbauten, bestehend aus Längs-(Schnitt-)Riß, Wasserlinienriß, Spantenriß und Sentenriß (Senten sind von der Mittschiffsebene schräg nach unten laufende Schnittebenen, alle anderen laufen senkrecht zueinander) (Bild 2.2).

Völligkeitsgrade charakterisieren die Unterwasserform eines Schiffes:

α, **Völligkeitsgrad der Schwimmwasserlinienfläche,** gibt das Verhältnis der Wasserlinienfläche (KWL) eines Schiffes zum umschriebenen Rechteck an:

$$\alpha = \frac{A_{KWL}}{L \cdot B} \quad \text{(Bild 2.3)}.$$

β, **Völligkeitsgrad des Hauptspants,** gibt das Verhältnis der eingetauchten Hauptspantfläche zum umschriebenen Rechteck an:

$$\beta = \frac{\boxtimes}{B \cdot T} \quad \text{(Bild 2.4)}.$$

δ = **Blockkoeffizient,** gibt das Verhältnis des Volumens des Unterwasserschiffes (V) zum umschriebenen Quader an:

$$\delta = \frac{V}{L \cdot B \cdot T} \quad \text{(Bild 2.5)}.$$

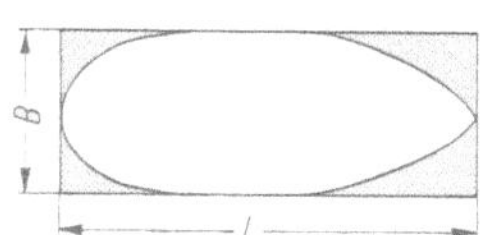

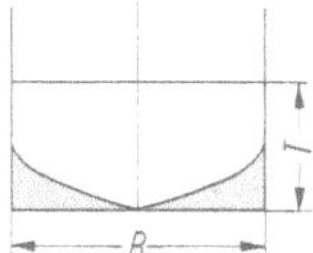

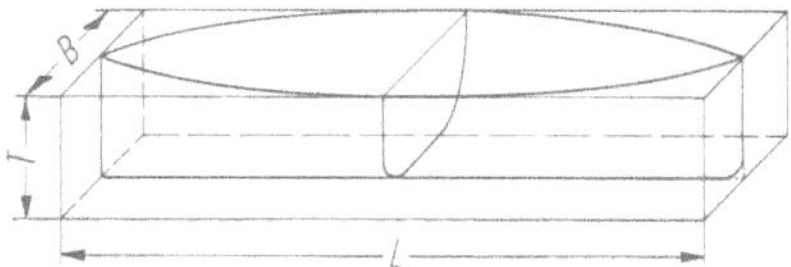

Bild 2.3   **Bild 2.4**   **Bild 2.5**

φ = **Zylinderkoeffizient,** gibt das Verhältnis des Volumens des Unterwasserschiffes (V) zu einem Zylinder von der Länge L_{Lot} mit gleichbleibendem Querschnitt des Hauptspants an:

$$\varphi = \frac{V}{\boxtimes \cdot L} = \frac{\delta}{\beta}.$$

Nr.	Schiffstyp	Deplacement t	Geschwindigkeit kn	α	β	δ	L/B	L/H	B/T
1	Tanker	444273	16	0,906	0,996	0,838	5,57	12,47	2,92
2	Bulkfrachter	163382	16,3	0,915	0,996	0,841	6,35	12,11	2,74
3	Containerschiff	51359	33,3	0,672	0,946	0,539	8,35	13,76	3,52
4	Ro-Ro-Schiff	7445	18,5	0,758	0,961	0,592	5,87	9,75	2,97
5	Fährschiff	13280	18,5	0,841	0,951	0,664	5,59	7,82	4,33
6	Fahrgastschiff	10100	21,3	0,761	0,893	0,524	6,01	9,86	3,80
7	großes Frachtschiff	17900	20,1	0,742	0,98	0,611	6,68	11,98	2,38
8	kleines Frachtschiff	7600	15,5	0,83	0,991	0,712	6,06	11,69	2,40
9	Fischereifahrzeug	4517	15,3	0,814	0,931	0,556	5,25	8,14	2,63
10	Schlepper	430	13	0,786	0,787	0,489	3,22	5,96	2,07

Bild 2.6. Verhältniswerte einiger Schiffstypen

Verhältniswerte geben, von Vergleichsschiffen übernommen, Aufschluß über:

$$\text{Stabilität: } \frac{L}{B},$$

$$\text{Festigkeit: } \frac{L}{H},$$

$$\text{Propulsion (unter bestimmten Umständen): } \frac{B}{T}.$$

Beispiele sind in Bild 2.6 dargestellt.

Die **Außenhaut** bildet die wasserdichte Hülle des Schiffes, die durch Spanten (quer- oder längsschiffs laufend) als „Gerippe" wirkend, ausgesteift wird. Durch die Spanten wird die äußere Form des Schiffes bestimmt. Da der Schiffskörper großen Beanspruchungen ausgesetzt ist (z.B. statisch durch örtlich ungleiche Gewichts- und Auftriebsverteilung, dynamisch durch Schlingern und Stampfen), sind starke Verbände notwendig, um dem Schiffskörper die nötige Festigkeit zu geben. Die wichtigsten „Stützen" des Schiffskörpers sind Quer- und Längsverbände, dazu kommen Träger örtlicher Festigkeit.

Zu den **Querverbänden** gehören als wichtigste die Querschotte und dazwischen die Rahmen, gebildet aus den Deckbalken, Balkenknien, Spanten, Kimmstützplatten und Bodenwrangen.

Zu den **Längsverbänden** gehören (oberstes durchlaufendes) Deck (neben den Luken) als obere Gurtung, Außenhaut (Seiten als Stege, Boden mit Kiel als untere Gurtung), Mittel- und Seitenträger, Tankdecke, durchlaufende Mittel- oder Seitenlängsschotte, Längsbalken und -spanten (wenn vorhanden). Als Kiele werden heute für alle größeren Schiffe ausschließlich Flachkiele verwendet.

Schlingerkiele sind in der Höhe der Kimm auf die Außenhaut gesetzte Profile, die besonders bei Schiffen mit großem Kimmradius die seitlichen Neigungen — das Schlingern — des Schiffes dämpfen. Die Verringerung der Geschwindigkeit wird durch Anordnung der Kiele im Stromlinienverlauf (beim Schleppversuch ermittelt) klein gehalten.

Mittelträger ist eine starke, auf dem Flachkiel senkrecht aufgesetzte, durchgehende Platte; ein wichtiger Längsverband.

Bodenwrange (volle) ist eine Platte, die sich querschiffs vom Mittelträger bis zur Kimm und in der Höhe vom Boden bis zur Tankdecke (bei vorhandenem Doppelboden) erstreckt.

Seitenträger laufen parallel zum Mittelträger und werden mehr oder weniger intercostal (zwischen die Bodenwrangen) eingebaut. Sie steifen den Schiffsboden zusätzlich aus und dienen als Schlagwasser-(-Öl-)Platten, soweit sie nicht sowieso dicht ausgeführt sind.

Doppelboden. Fast alle Handelsschiffe (Ausnahme: Tanker) erhalten einen Doppelboden. Er erhöht die Sicherheit bei Grundberührung oder anders verursachten Leckagen. Seine Bauteile tragen zur Verstärkung des Schiffskörpers bei: Der Raum zwischen dem Außen- und Innenboden (Tankdecke) an der Bordseite, begrenzt durch die Tankrandplatte (heute häufig auch waagerecht durchlaufende Tankdecke), wird zur Unterbringung von Treiböl, Schmieröl, Frischwasser, Kesselspeisewasser und Ballastwasser genutzt. (Frischwasser sollte aus hygienischen Gründen nicht mehr im Doppelboden gefahren werden.) Diese tiefliegenden Gewichte sind zur Sicherung der Stabilität (Aufrichtevermögen) von Bedeutung.

Kimmstützplatten verbinden die Tankrandplatte (Tankdecke) mit dem Raumspant. Fächerplatten an der Oberkante der Kimmstützplatten sorgen für guten Übergang der geschlossenen Tankdecke in die offene Seitenkonstruktion. Die zwischen der Tankrandplatte und der Außenhaut liegende Ecke wird Bilge genannt. In ihr werden die Saugkörbe der Lenzleitungen angeordnet. (Ist bei durchgehender Tankdecke keine Bilge vorhanden, werden eigens Lenzbrunnen — kastenförmige Vertiefungen — vorgesehen.)

Die **Spanten** bilden die Aussteifung der Außenhaut. Es werden hauptsächlich Flachwulst- (bei Tankschiffen auch große Winkel-)Profile verwendet. Bei Mehrdeckschiffen unterscheidet man schwerere Raum- (im Unterraum) und leichtere Zwischendeck- und Aufbauspanten. Die Spanten werden von hinten (am hinteren Lot — oder 300 mm davor — beginnend) nach vorn gezählt.

Bodenspanten und **Gegenspanten** (an der Tankdecke) werden im Doppelboden verwendet, wenn volle Bodenwrangen nicht an jedem Spant angeordnet werden. Rahmenspanten sind aus Steg und Gurt zusammengeschweißte starke T-Profile, die für den Maschinenraum in bestimmten Abständen bei besonderen Bauweisen vorgeschrieben sind, aber auch im Laderaumbereich vorkommen können.

Stringer. Es werden Seitenstringer und Deckstringer unterschieden. Seitenstringer sind längslaufende Träger (Flachwulst- oder Winkelprofile oder aus Steg und Gurt zusammengeschweißte T-Profile), die die Außenhaut zwischen Deck und Tankdecke zusätzlich aussteifen (im Vorschiff und Maschinenraum hinten). Der Deckstringer ist der Plattengang des obersten durchlaufenden Decks, der mit dem obersten Außenhautgang (Scheergang) zusammengeschweißt wird.

Querschotte sind die wichtigsten und stärksten Querverbände, außerdem sorgen sie für die wasserdichte Unterteilung der Schiffe. Anzahl und Anordnung wird durch Klassifikationsvorschrift geregelt. Danach sind alle Schiffe mit Kollisions- (vorn) und Stopfbuchsenschott (hinten) zu versehen. Außerdem müssen Maschinen- und Kesselraum durch Schotte vom übrigen Schiffsraum getrennt werden. Darüber hinaus ist die Anzahl der Schotte von der Schiffslänge abhängig. Für Fahrgastschiffe sind die gültigen SOLAS-Vorschriften einzuhalten, die die Sinksicherheit betreffen, wonach aber auch der Feuerschutz durch Unterteilung des Schiffes mit Feuerschotten sicherzustellen ist. Jede Veränderung an den vorgeschriebenen Schotteneinrichtungen ist sofort zu melden. Mängel sind abzustellen.

Sind wasserdichte Türen in die Schotte eingebaut, so ist deren Instandhaltung größte Sorgfalt zu schenken. Man beachte die Bestimmungen von SOLAS und SeeBG.

Dehnungsfugen sind bei langen Schiffen querschiffs angeordnete Unterbrechungen in den oberen Decks und Schanzkleidern (Relingsprofilen) um diese schwächeren Bauteile aus dem Längsfestigkeitsverband herauszulösen und vor Anrissen zu schützen.

Unterzüge sind starke Längsträger unter den Decks in Verlängerung der Lukenlängssülle, die zusammen mit den Lukenendbalken in Verlängerung der Lukenquersülle die Aufgabe der Decksstützen zur Verbesserung der Laderaumzugänglichkeit übernommen haben und insbesondere zur Unterstützung der Decksbalken dienen.

Alle Teile, die einer besonderen Beanspruchung ausgesetzt sind, wie Vor- und Hintersteven, Ruderanlage, Wellenlager, Kiel, Maschinenfundamente usw., erhalten besondere Verstärkungen in Form von stärkeren Platten und Profilen sowie geringerem Steifenabstand.

Die Außenhaut besteht aus dem Kielgang (an Flachkiel anschließend), den Bodengängen, dem Kimmgang, den Seitengängen und dem oben abschließenden Schergang, der dem eventuell dickeren Deckstringer anzugleichen ist. Die Gänge werden beim Kielgang mit *A* beginnend fortlaufend bezeichnet. In Längsschiffsrichtung werden die Platten von hinten nach vorn durchnumeriert, so daß jede Platte mit der Kurzbezeichnung, z.B. *E5* Bb, eindeutig gekennzeichnet ist, d.h. im *E*-Gang Platte 5 auf Bb-Seite.

Die Längsspantenbauweise (Bild 2.7), die bei größeren Schiffen Gewichtsersparnis bedeutet, wird außer auf Tankschiffen auch auf Trockenfrachtern im Gurtungsdeck und im Doppelboden eingesetzt. Durchgehende Längsspanten (*2*) und unter dem Innenboden ebensolche Gegenspanten (*3*) haben neben Quer- und örtlichen Festigkeits- auch Längsfestigkeitsaufgaben zu erfüllen. Die durch die Spantendurchführung ausgesparten Bodenwrangen sind mit den einzelnen Spanten durch aufgeschweißte Bleche (*6*) verbunden. Ein Ausbeulen der Bodenwrangen wird durch Versteifung (*4*) verhindert, die, auf die Bodenwrangen geschweißt, Spant und Gegenspant verbinden. Das

Gurtungsdeck (oberstes durchlaufendes Deck) wird ebenfalls durch Längsspanten (Decksbalken) ausgesteift, die ihrerseits durch Rahmenbalken (Querbalken) im Abstand der Bodenwrangen unterstützt werden.

Bild 2.7. Bodenwrangenausschnitt bei Längsspantenbauweise. *1* durchgehender Mittel-Längsträger; *2* Bodenlängsspanten; *3* Gegenspanten; *4* schmale Versteifungen der Bodenwrangen; *5* durchgehender Seitenlängsträger; *6* Verbindungsbleche Längsspanten/Bodenwrange; *7* Durchflußlöcher; *8* verstärkter Flachkiel; *9* Bodengänge *A, B* usw.; *10* Innenboden; *11* Schweißnähte

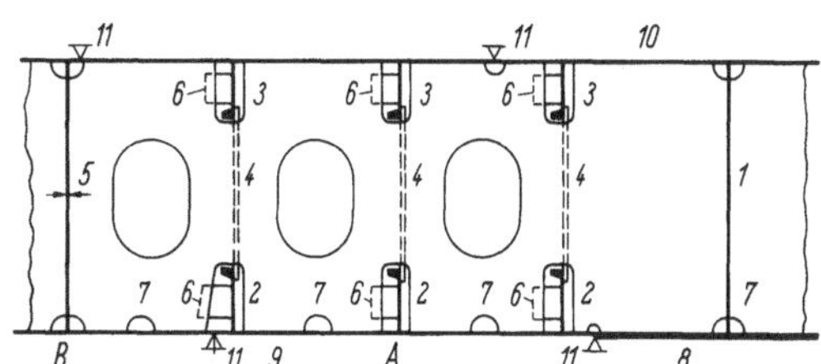

Da Längsspanten an der Bordwand der Laderäume bei Schüttgut hinderlich sind, werden hier bei Trockenfrachtern weiter Querspanten (senkrecht) verwendet. Bei der dargestellten Längsspantenbauweise brauchen Bodenwrangen und unter dem Deck verstärkte Querbalken nur in größeren Abständen vorgesehen zu werden.

Schweißung und Nietung. Durch ständige Verbesserung der Schweißverfahren ist die Nietung praktisch durch die elektrische Lichtbogenschweißung verdrängt worden. Der GL fordert nur noch, daß bei Schiffen mit $L > 60$ m innerhalb 0,6 L mittschiffs auf der Oberkante des Scheerganges grundsätzlich nicht geschweißt werden soll. Die Vorteile der Schweißung: Gewichts-, Zeit- und Lohnersparnisse, moderne Sektionsbauweise (wetterunabhängige Vorfertigung in Hallen von Bauteilen bis zu 750 t Stückgewicht) wurde durch die Schweißung erst möglich.

Bei der Montage des Schiffskörpers aus Einzelteilen kommen zur Anwendung: Stumpfnähte für die Verbindung von fluchtenden Blechen als I-, V- und X-Nähte bei der Handschweißung, als I-, Y- und Doppel-Y-Nähte bei Automatenschweißung. Ecknähte für die Verbindung von Deckstringer mit Schergang als HV- oder K-Naht. Kehlnähte für die Verbindung von unter 90° zusammenstoßenden Blechen oder Profilen mit Blechen als ein- oder beidseitig durchlaufende, unterbrochene Ketten-, Zickzack- oder Ausschnittsschweißung entsprechend Klassifikationsvorschrift.

Soweit möglich, wird im modernen Schiffbau Automatenschweißung als Unterpulver- oder Schutzgasschweißung für Stumpf-, Eck- und Kehlnähte eingesetzt. Hierbei wird mit Endloselektroden geschweißt, Pulver bzw. Schutzgas erfüllen Gütesicherungsaufgaben für die Schweißnaht. Die Handschweißung mit ummantelten Stabelektroden wird dort eingesetzt, wo wegen schlechter Zugänglichkeit (intercostale Doppelbodenaussteifungen oder Zwangslagen (ansteigende Nähte in Kurvenformen) Automatenschweißung unmöglich oder zu teuer wird.

Ein kostentreibender Nachteil bei der Stumpfschweißung von Blechen ist die Notwendigkeit, die Plattenfelder wenden und gegenschweißen zu müssen. Hier soll die Einseitenschweißung Abhilfe schaffen, bei der die Schweißnaht durch entsprechende Unterseitenvorrichtungen von einer Seite endgültig fertiggeschweißt wird.

Leichtmetall im Schiffbau. Aluminiumlegierungen mit 3 bis 5 % Magnesium, teilweise auch mit rund 1 % Silicium, sind seewasserbeständig und somit für den Schiffbau geeignet. Gegenüber Schiffbaustahl kann bei etwa einem Drittel des spezifischen Gewichtes teilweise gleiche oder auch höhere Festigkeit erreicht werden. Die höhere Elastizität des Aluminiums und seiner Legierungen führt bei gleicher Dimension und gleicher Last zur dreifachen Durchbiegung gegenüber Stahl. Daraus ergeben sich in einigen Konstruktionsfällen größere Abmessungen als bei vergleichbaren Stahlbauteilen, was dazu führt, daß die Gewichtsersparnisse im Endeffekt bei Aluminiumanwendung im Schiffbau nur 50% betragen. Man findet im Schiffbau Aluminium zur Verbesserung der Stabilität bei Brückenaufbauten, Ruderhäusern, Radarmasten und Schornsteinverkleidungen, teilweise aber auch nur im Kompaßbereich, da dieses Material praktisch unmagnetisch ist.

Der höhere Preis von Aluminium gegenüber Stahl und Holz zwingt den Konstrukteur, dieses hochfeste Material gezielt zu verwenden. In den letzten 20 Jahren bevorzugte man Aluminium besonders in der Ausrüstung wie bei Getreidewänden, Fischräumen, Lukenabdeckungen und ähnlichem.

Die Verarbeitung von Aluminium ist sehr einfach, nicht zuletzt, weil praktisch alle Werften sich auf das Schutzgasschweißen von Aluminium eingestellt haben. Nietverbindungen kommen eigentlich nur noch in kleinen Blechbauteilen vor.

Für den Übergang von Stahl zu Aluminium gibt es heute verschiedene Verfahren, z. B. Profil- oder Blechstreifen, an die beide Metalle ohne Schwierigkeiten angeschweißt werden können. Die Berührung zwischen Aluminium und Kupfer sowie Blei und anderen Metallen sollte vermieden werden, sobald Wasser hinzutreten kann.

Durch unterschiedliche Spannungspotentiale dieser Metalle kann es bei Zutritt von Feuchtigkeit zur Kontaktkorrision kommen. Hier ist mit Isolierzwischenlagen zu arbeiten. Wegen der Konservierung des Aluminiums siehe Bd. 3 A, Kap. 1.6.

Ruderarten. Alle neuzeitlichen Ruder sind Verdrängungsruder, d. h. Ruderkörper mit stromlinienförmigem Profil, die infolgedessen eine sehr günstige Wirkung haben. Diese Ruder erzeugen bei Mittschiffslage infolge der Schräganströmung durch den Propellerstrahl auch einen geringfügigen Vortrieb. Man verwendet vorwiegend die folgenden Bauformen (vgl. Bd. 2, Teil II):

Das **Halbschweberuder** (Bild 2.8) vereinigt den Vorteil des Fehlens der Stevensohle (die vor allem wegen der Notwendigkeit eines umfangreichen Totholzes schwingungsanfällig ist) mit der Möglichkeit, einen verhältnismäßig dünnen Ruderschaft verwenden zu können. Das Ruder ist etwa auf halber Höhe in dem sogenannten Ruderhorn (GL: Ruderhacke) gelagert, das seinerseits eine komplizierte Konstruktion darstellt.

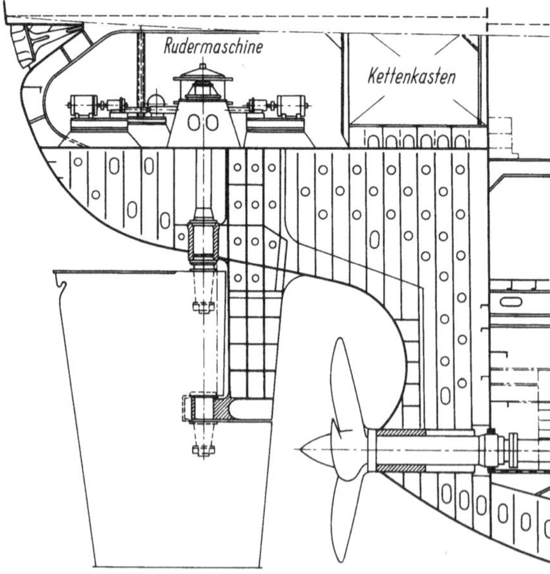

Bild 2.8. Halbschweberuder

Das **Vollschweberuder** (Bild 2.9) vermeidet auch das Ruderhorn, dafür wird der Ruderschaft, der nunmehr die gesamte Ruderkraft als Biegung aufnehmen muß, verhältnismäßig dick und schwer.

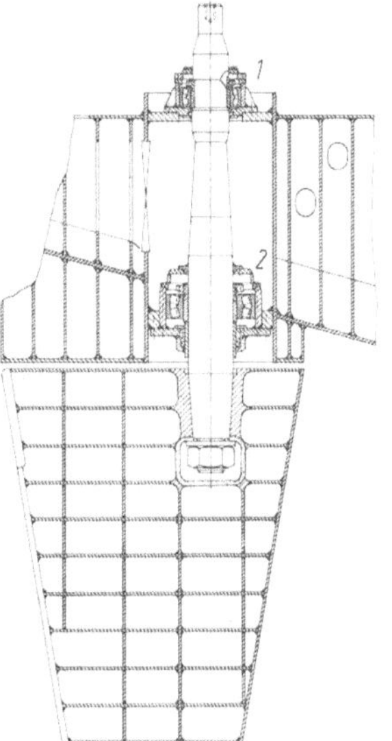

Bild 2.9. Vollschweberuder (FAG Kugelfischer Georg Schäfer & Co.).
1 Traglager; *2* Kokerlager (Führungslager)

Bei älteren Schiffen findet man noch vielfach das **Simplex-Balance-Ruder** (Bild 2.10). Sein Kennzeichen ist der feststehende Ruderpfosten, der Hintersteven und Stevenhacke (GL: Stevensohle) verbindet und um den sich das Ruderblatt dreht. Er gibt der Konstruktion eine bedeutende Festigkeit, insbesondere bei Grundberührungen. Andererseits ist er teuer und verlangt eine Stevenhacke, die, wie beim Halbschweberuder angeführt wurde, unerwünscht ist. Ähnliche Ruderanlagen, jedoch ohne Ruderpfosten, werden bei kleineren Schiffen noch häufig verwendet.

Die meisten Ruder haben das sogenannte NACA-Profil, das aus der Luftfahrt stammt. Daneben werden jetzt auch Profile verwendet, die hinter der Drehachse — die etwa auf 25 % der Ruderlänge

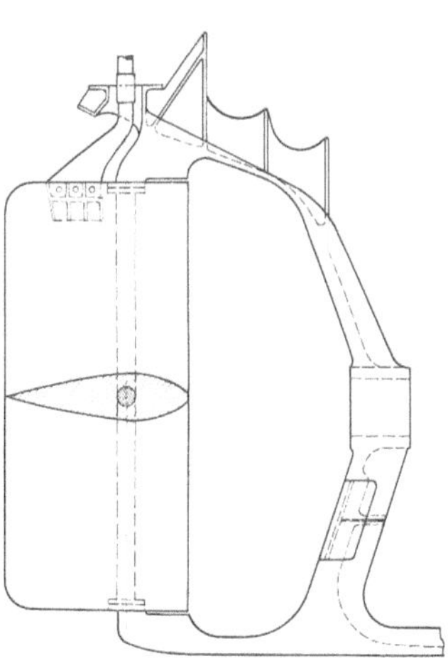

Bild 2.10. Simplex-Balance-Ruder

liegt — gerade oder gar hohle Flanken haben und hinten nicht spitz auslaufen. Hierzu gehört z.B. das sogenannte IfS-Profil (Bild 2.11), bezeichnet nach dem Institut für Schiffbau der Universität Hamburg, wo es entwickelt wurde. Die letztgenannten Profile haben eine höhere Wirksamkeit als die NACA-Profile.

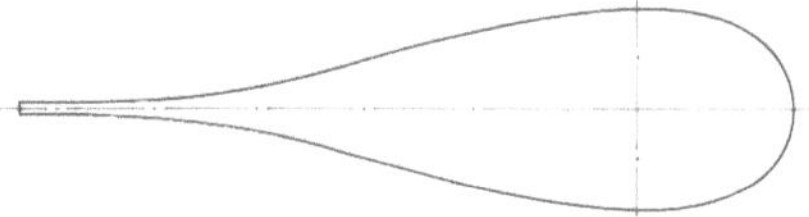

Bild 2.11. Balanceruder-Profil IfS 62 TR 25

Querstrahlsteuer (früher Bugstrahlruder genannt) werden als Manövrierorgane im Stand und bei niedriger Fahrt des Schiffes eingesetzt, wenn die Wirkung der Hauptruderanlage unzureichend ist. Auch für die Probleme des „dynamic positioning" von Bohrinseln und schwimmendem Gerät werden derartige Aggregate bis zu Antriebsleistungen von 2200 kW (ca. 3000 PS), die im Vorschiff und/oder im Hinterschiff installiert sind, eingesetzt. In vollgetauchten Quertunneln befinden sich über Winkelgetriebe hydraulisch oder elektrisch betätigte, umsteuerbare Festpropeller oder Verstellpropeller (Axialpumpen), die einen Querstrahl erzeugen, dessen Strahlreaktion eine Querkraft und ein Steuermoment bewirkt. Bereits bei geringer Fahrt des Schiffes nimmt die Querkraft derartiger Anlagen infolge von Sogkräften, die in der Umgebung des Strahlaustritts auf der Außenhaut wirksam werden, stark ab. Eine moderne Festpropelleranlage mit einem Druckausgleichskanal zur Verminderung derartiger Sogkräfte zeigt Bild 2.12 (siehe auch Bd. 2, Teil II).

Bild 2.12. Querstrahlsteuer mit Druckausgleichskanal (Bb-Seite)

Die Charakteristiken der Querkräfte Y und der Steuermomente N, die unter Einsatz von Bugstrahl- und Heckstrahlanlagen bei Einzelbetrieb und bei kombiniertem Betrieb erzielt werden, zeigt Bild 2.13 als Funktion der Schiffsgeschwindigkeit, dem die Vielfältigkeit der Einsatzmöglichkeiten entnommen werden kann.

Voith-Schneider-Antrieb. Dieser gibt dem Schiff ebenfalls ausgezeichnete Manövriereigenschaften (siehe Bd. 2, Bild 25.12).

Kort-Düse. Diese besteht aus einem um den Propeller gelegten Ring mit stromlinienförmigem Durchschnitt, der dem Propeller das Wasser besser zuführen und einen zusätzlichen Vorwärtsschub erzielen soll. Der Düsenring und der aus Bild 2.14 ersichtliche wulstartige Ausbau nach hinten dämpfen die Stampfbewegungen des Schiffes. Beim Stampfen wird ferner durch die Düse das Wasser des Propellers stets nahezu in axialer

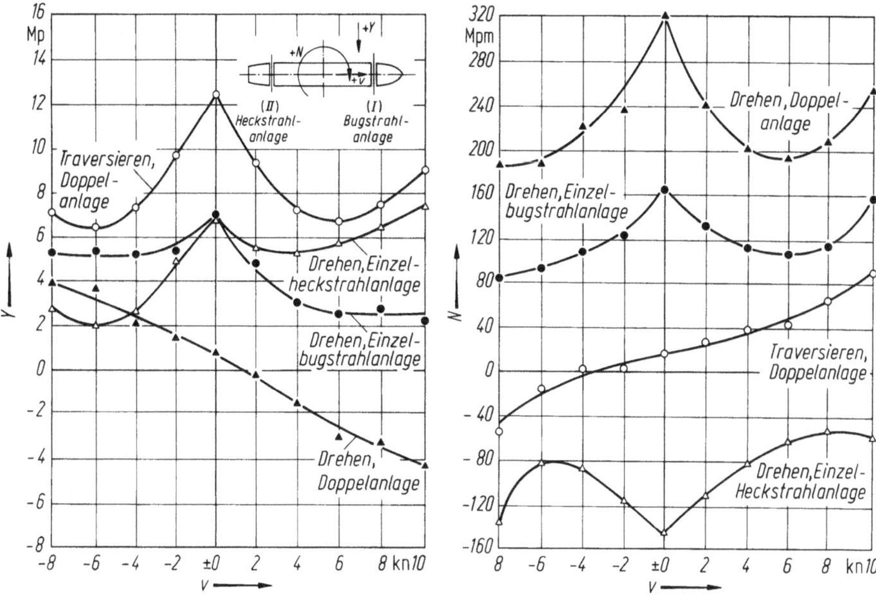

Bild 2.13. Querkraft Y und Steuermomente N als Funktion der Schiffsgeschwindigkeit

Richtung zugeführt, was ohne Düse, besonders auf kleineren Schiffen, nicht der Fall ist. Auf Fischdampfern und Schleppern hat man mit der Kort-Düse gute Erfahrungen gemacht, vor allem aber in der Binnenschiffahrt.

Wenn man die Düse, wie Bild 2.15 zeigt, drehbar anordnet, kann im allgemeinen auf ein besonderes Ruder verzichtet werden, da der bei einer Drehung der Düse seitlich gerichtete

Bild 2.14. Kort-Düse

Bild 2.15. Kort-Düsen-Ruder

Propellerstrom eine Ruderwirkung erzeugt. Dieses Kort-Düsen-Ruder hat sich auch auf größeren Schiffen bewährt.

Schiffsformen. Als sich im vorigen Jahrhundert der Dampfer gegenüber dem Segelschiff durchsetzte, glaubte man, die in langer Tradition mit sicherem Gefühl für die Strömungsverhältnisse um den Schiffskörper entwickelten Schiffsformen der Klipper zugunsten solcher, die eine möglichst große Ladungsaufnahme gestatten, verlassen zu können. Mit zunehmender Größe und Geschwindigkeit der Schiffe wurden diese Formen aber unwirtschaftlich. Daher werden jetzt allgemein vor dem Bau neuer Schiffe Modellversuche in den Schleppversuchsanstalten (z. B. in der Hamburgischen Schiffbau-Versuchanstalt) durchgeführt.

Jetzt hat sich der dem früheren Klippersteven ähnliche, überfallende Vorsteven mit nach oben weit ausladender Back durchgesetzt. Das frühere U-Spant des Vorschiffs ist dem V-Spant oder dem Y-Spant gewichen. Mitte der 50er Jahre ist, bei Neubauten von Tankschiffen beginnend, der Bugwulst wieder eingeführt worden. Inzwischen ist es gelungen, die Wirkung der seither nach verschiedenen Ideen entwickelten Bugwulstformen, nämlich

- Delta-Typ mit tiefliegender, tropfenförmiger Querschnittsfläche (z. B. Taylor-Wulst),
- O-Typ mit kreisförmigem oder linsenförmigem Querschnitt,
- Nabla-Typ mit Konzentration des Wulstvolumens in der Nähe der Schwimmwasserlinien (z. B. Maier-Form-SV-Bug)

physikalisch zu erklären. Die Wirkung beruht entweder auf der Erzeugung von Interferenz zwischen zwei Bugwellensystemen (schnelle Schiffe) oder auf der Reduzierung des Wellenbrechungswiderstandes (langsame Schiffe). Damit ist es möglich, die verschiedenen Wulstbugtypen dem Verwendungszweck gezielt anzupassen. Durch eingehende Untersuchungen wurde festgestellt, daß der Bugwulst auf Kursstabilität und Manövrierfähigkeit keinen nachteiligen Einfluß hat.

Für die Fahrt im Eis ist der Nabla-Typ besonders geeignet[2].

Maier-Schiffsform. Der Erfinder dieser Schiffsform, F. F. Maier (1844 bis 1926), erkannte früh die Bedeutung des Modellversuches und Studiums der Umströmung eines Schiffskörpers. Von Anfang an legte er gleichen Wert auf die Formgebung des Vor- und des Hinterschiffes. Zwangsläufig waren sich daher die Schiffsenden der ersten „klassischen" Maier-Form-Entwürfe ähnlich, was insbesondere auch das Seegangsverhalten günstig beeinflußte. Jahrzehnte später wurde die Richtigkeit dieser Überlegungen wissenschaftlich bestätigt.

Die heutige Maier-Form ist das Ergebnis langjähriger Forschungen, intensiver Modellversuche und vergleichender Messungen an Werftneubauten (Großausführungen). Überwiegend kommt jetzt der SV-Bug zur Anwendung. Diese Wulstbugform (Nabla-Typ) verbindet die traditionellen V-Spanten der Maier-Form mit einem S-förmigen Wulstbug (daher der Name SV-Bug). Die Gestaltung dieses Wulstes ist darauf abgestellt, daß der Geschwindigkeitsgewinn nicht nur im vollbeladenen, sondern auch im Ballastzustand erzielt wird. Die Geschwindigkeitszunahme kann im Seegang um ein Mehrfaches besser als im glatten Wasser sein. In mehr als 60 Jahren wurden über 6000 Schiffe nach Maier-Form gebaut. Der Vergleich der Bilder 2.16 und 2.17 zeigt deutlich die Weiterentwicklung der Bugformen.

---

2 Systematische Darstellung siehe A. Kracht: Der Bugwulst als Entwurfselement im Schiffbau. In: Jahrbuch der Schiffbautechnischen Gesellschaft, 70. Band, 1976. Berlin, Heidelberg, New York: Springer 1977, S. 139.

Bild 2.16. Älterer Bug nach Maier-Form   **Bild 2.17.** Moderner Bug nach Maier-Form

Besondere Schornsteinkonstruktionen sollen dafür sorgen, daß der Rauch nicht an Deck niederschlägt. Es hat sich, insbesondere bei kritischen Windbedingungen, immer wieder herausgestellt, daß der Verlauf des Rauchstrahles, der über den Decksbauten abströmt, bei konventionellen Schornsteinformen unbefriedigend ist[3a]. Für gezielte Problemlösungen empfehlen sich Modellversuche direkt am geplanten Objekt.

Schiffsstabilisierungsanlagen (Schlingerdämpfungsanlagen). Zur Dämpfung der Rollschwingungen von Schiffen im Seegang sind im wesentlichen zwei Systeme im Gebrauch: Die Flossenstabilisierung und die Tankstabilisierung.

Bei der Flossenstabilisierung sind unter der Wasserlinie des Schiffes seitlich herausragende, in ihrem Anstellwinkel verstellbare Flossen angeordnet, die meist eingezogen oder eingeschwenkt werden können (Bild 2.18).

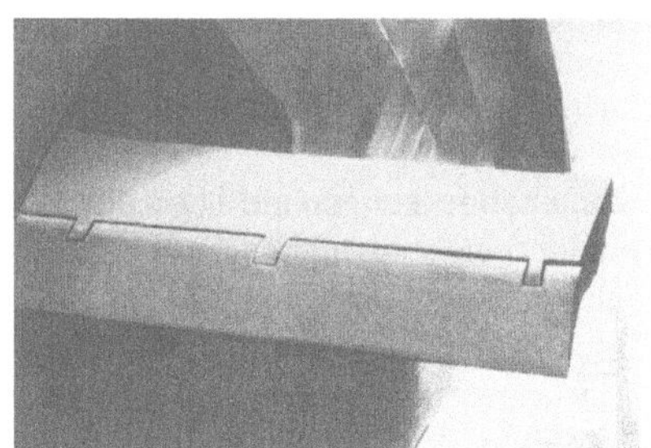

Bild 2.18. Stabilisierungsflosse eines Schiffes im maximalen Anstellwinkel (aus SET 3/1976)

3a Über Strömungsprobleme an Schornsteinen wird z.B. in HANSA (1972) 1271–1274 berichtet.

Die Rollbewegungen des Schiffes werden durch Kreiselgeräte erfaßt, elektronisch verarbeitet und als Verstellsignal auf den überwiegend elektrohydraulischen Antrieb der Flossenachse gegeben. Damit ändert sich der Anstellwinkel der Flosse, und ihr positiver oder negativer Auftrieb wirkt der Rollbewegung des Schiffes entgegen. Je nach Güte der Regelung und Dimensionierung der Flosse kann der Rollwinkel damit auf einige wenige Grade herabgesetzt werden. Da das Auftriebsmoment vom anströmenden Wasser aufgebracht wird, ist der Energiebedarf der Anlage relativ gering. Sie wirkt jedoch — selbstverständlich — nur ab einer gewissen Mindestschiffsgeschwindigkeit.

Die Tankstabilisierung dagegen ist von der Fahrt des Schiffes unabhängig. Hier wird die Stabilisierungswirkung eines quer zum Schiff liegenden Tanks benutzt. Bei der aktiven Tankstabilisierung wird die Tankfüllung mit nicht unbeträchtlichem Energieaufwand zwangsweise im Takt der Rollbewegungen von der einen auf die andere Schiffsseite gebracht. Der passive Tank nützt die natürliche Schwingung der Tankfüllung aus, wobei der Überströmquerschnitt in seiner Weite gesteuert oder ungesteuert sein kann. Die mittlere Rollperiode des Schiffes wird vom Ladezustand beeinflußt. Die beste Stabilisierungswirkung ergibt sich bei einer Phasendifferenz von 90° zwischen Tankfüllungs- und Schiffsbewegung. Die Phasenlage läßt sich bei ungesteuerter Tankströmung durch die Füllmenge verändern; zur Optimierung werden Phasenmeßsysteme verwendet, die die Tankfüllung auch automatisch anzugleichen gestatten. Ein Beispiel für eine Tankstabilisierung zeigt Bild 2.19.

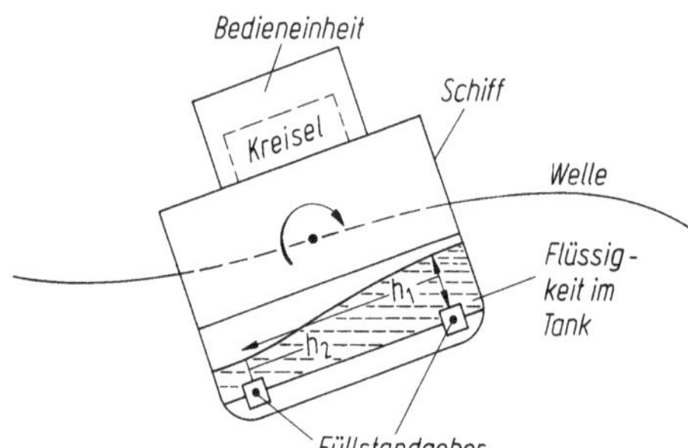

Bild 2.19. Flume-Tank mit Phasenmeßsystem

Die ungesteuerte passive Tankstabilisierung benötigt nahezu keine Energie; ihre Wirkung ist jedoch sehr viel geringer als die einer Flossenstabilisierung. Deshalb werden auch Kombinationen von Flossen- und Tankstabilisierungen angewendet. Stabilisierungsanlagen werden in erster Linie auf seegehenden Fähren und Passagierschiffen eingebaut, aber auch Frachtschiffe mit empfindlicher Ladung oder hoher Deckslast (z. B. Containerschiffe) sowie militärische Einheiten kommen dafür in Betracht.

Lukenabdeckungen auf Seeschiffen. Luken auf Seeschiffen sind heute fast durchweg mit stählernen Lukenabdeckungen ausgerüstet. Dabei kann man — von Ausnahmen abgesehen — davon ausgehen, daß Wetterdecksluken wasserdicht, Zwischendecksluken nicht wasserdicht sind. Die Schiffe werden heute generell so gebaut, daß sie auch ohne Berücksichtigung der Lukenabdeckung über die erforderliche Festigkeit und Steifigkeit verfügen.

Wesentliche Unterscheidungsmerkmale bei Lukenabdeckungen sind die Art des Antriebes und die Art und Weise, in der die Deckel sich öffnen bzw. schließen. Als Antriebsarten stehen zur Verfügung: Der Seilzug über das Ladegeschirr sowie der Antrieb über Elektromotoren, Hydromotoren und Hydrozylinder. Hinsichtlich der Öffnungsweise sind im Laufe der Jahre — aufbauend auf wenigen Grundkonzeptionen — eine Vielzahl von Konstruktionsvarianten entstanden. Es gibt Deckel, die sich single pull-artig öffnen, Deckel, die aufklappen, zusammenfalten, sich aufrollen, sich schuppenartig übereinander-schieben, ganz von der Luke abgehoben oder nur horizontal zur Seite oder in Längsrichtung verrollt werden.

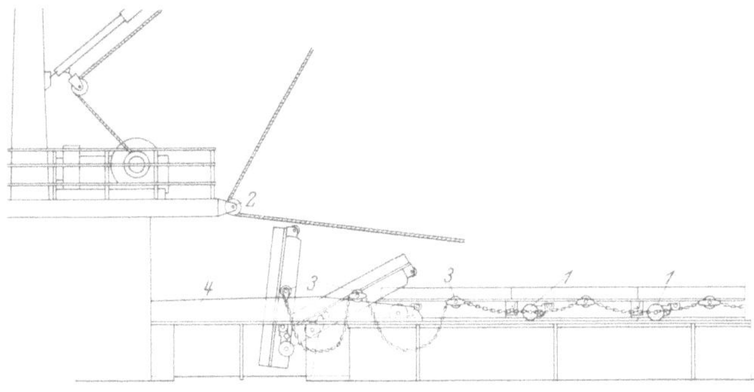

Bild 2.20. MacGregor-Lukenverschluß

Sehr bewährt haben sich MacGregor-Lukenverschlüsse. Bei der am häufigsten vorkommenden und sicher auch bekanntesten Lukenabdeckung vom Typ Single Pull (Bild 2.20) sind die einzelnen Deckel auf Rollen (*1*) angeordnet und durch seitliche kurze Kettenstücke miteinander verbunden. Beim Öffnen wird der Windenläufer über eine Rolle (*2*) geführt und an dem entferntesten Lukendeckel angepickt. Dann wird der ganze Lukenverschluß rollend herangehievt, wobei die Deckel nacheinander mit den Balancier-rollen (*3*) auf eine Rampe (*4*) auflaufen. Hier kippen sie in ihre senkrechte Staulage unter der Windenplattform. Beim Schließen der Luke zieht in umgekehrter Folge ein Deckel den anderen mittels der Ketten von der Rampe herunter auf die Luke. Durch einfache Handgriffe oder hydraulische Vorrichtungen werden die Deckel dann von den Rollen abgesenkt und wasserdicht verzurrt. Im Hinblick auf Unfallverhütung ist es ganz wesentlich, daß seilzugbetätigte Single Pull-Deckel grundsätzlich mit zwei Seilen gefahren werden, wobei ein Seil zum Gegenhalten dient. Zahlreiche Schiffe sind schon mit hydraulisch betätigten Single Pull-Lukenabdeckungen ausgerüstet, die durch Hydro-motore und endlose Ketten oder durch direkt in einen Deckel selbst eingebaute E-Getriebemotoren angetrieben werden.

Eine große Zahl von Schiffen verfügt auf dem Wetterdeck und im Zwischendeck über Luken mit Faltdeckeln, die eine wesentlich höhere Stauhöhe als Single Pull-Deckel haben. In den Zwischendecks von Stückgutfrachtern — in einigen Fällen auch auf dem Wetterdeck — schließen die Faltdeckel vollkommen bündig mit dem Deck ab. Dadurch ist auf diesen Decks das ungehinderte Operieren mit Gabelstaplern bzw. rollendem Gut möglich.

Bei längeren Luken werden auch zwei oder drei Faltpaare miteinander verbunden. Die Deckel falten sich nacheinander am Quersüll außerhalb der lichten Lukenöffnung zusammen. Verschiedene Teilöffnungen der Luke sind möglich. Für die Betätigung kommen Seilzug oder Hydroantrieb in Frage, wobei die Zylinder bei Wetterdecksluken sowohl auf Deck installiert als auch in die Deckel eines Faltpaares selbst eingebaut sein können. Bei Zwischendecksluken werden die Zylinder generell in die Deckel eingebaut. Das Drucköl wird den Zylindern entweder über ein Rohrleitungssystem von einem zentralen Pumpenaggregat zugeführt, oder es ist in jedes Faltpaar ein eigenes kleines Aggregat (Mini Power Pack) eingebaut. Bei Zwischendecksluken befindet sich das Pult mit den Steuerhebeln in den meisten Fällen am Süll der darüberliegenden Wetterdecks-luke.

Viele Containerschiffe — auch die kleineren Typen — haben auf ihren Luken sogenannte Pontondeckel, die entweder durch das schiffseigene Ladegeschirr oder landseitige Kräne oder Containerbrücken von der Luke abgehoben werden. Die Deckel, die bis zu 30 t schwer sein können, sind in den meisten Fällen so gebaut, daß sie eine oder mehrere Lagen beladene Container aufnehmen können.

Eine interessante Lösung stellen die MacGregor-Rolltite bzw. Sliding Cover dar. Der für Wetterdecksluken bestimmte Rolltitedeckel besteht aus einer Reihe gelenkig miteinander verbundener und in der Länge genau aufeinander abgestimmter Deckelsektionen, die sich beim Öffnen auf eine auf dem Deck montierte motorgetriebene Trommel aufwickeln. Die nicht-wasserdichten Sliding Covers für das Zwischendeck schieben sich beim Öffnen schuppenartig übereinander und benötigen damit praktisch keine Stauhöhe. Der Antrieb erfolgt durch einen Zahnstangentrieb.

Bei allen nicht wasserdicht schließenden Lukenverschlüssen müssen auf dem Wetterdeck außerhalb der Wattfahrt starke doppelte Persenninge zur Abdichtung verwendet werden. In großer und mittlerer Fahrt müssen hölzerne Lukendeckel von freiliegenden Luken auf dem Freiborddeck durch dreifache Persenninge gesichert werden. Wird die Luke ganz von einer Schnittholzlast bedeckt, so genügen in der kleinen Fahrt eine und in der mittleren und großen Fahrt zwei Persenninge. Wenn schweres Wetter im Anzuge ist, sichere man die Luken durch zusätzliche Tau- oder Drahtzurrings und überprüfe später die Lukenverschlüsse laufend. Die Lukenabdeckung und die Lukensicherung sollen auf See bei jedem Wachwechsel überprüft werden, soweit die Wetterlage dies zuläßt.

Wohnräume. Der Unterbringung der Besatzung ist größte Beachtung zu schenken, denn die Wohnräume an Bord sollen dem Seemann das Heim ersetzen. Auf der Mehrzahl der Neubauten befinden sich die Wohn- und Aufenthaltsräume der Besatzung im Achterschiff. Obwohl die Ausstattung dieser Räume immer mehr verbessert und der Aufenthalt in tropischen Gewässern durch Klimaanlagen erträglicher gemacht wurde, muß noch mehr als bisher versucht werden, die Vibrationen im Achterschiff und die Lärmbelästigung durch die starken Motoren und Lüfter weitgehend zu vermindern. Auf die Dauer könnten sonst gesundheitliche Schäden eintreten. Die SeeBG schreibt vor, daß auf Neubauten die Geräusche in den Wohn- und Schlafräumen höchstens 55 bis 60 dB (A) erreichen dürfen. Im übrigen sind die Unterkunftsräume nach der Wohnraumverordnung vom 8.2.1973 über die Unterbringung der Besatzungsmitglieder an Bord von Kauffahrteischiffen zu gestalten.

Die Räume der Besatzung sollen hell und luftig sein, Bordwände und Decken sind zu verkleiden. Die Schiffsleitung sorge für einige gute Bilder an den Wänden, besonders in den Messen, ferner dafür, daß Vorhänge und Gardinen stets sauber sind.

Für die Freizeitbeschäftigung sollten ein Tischtennisraum, eine Bastelwerkstatt für Modell- und Spielzeugbau, für Radio, Fernsehen, Photo usw. vorgesehen werden.

2.2 Klassifikation

Unter „Klasse" versteht man die durch die Klassenzeichen gekennzeichnete Einstufung, die eine Klassifikationsgesellschaft den einzelnen Schiffen nach dem Grad der Übereinstimmung mit den Bauvorschriften der Gesellschaft erteilt.

Die großen, international anerkannten Klassifikationsgesellschaften sind Mitglieder der International Association of Classification Societies (IACS):

GL   Germanischer Lloyd, Hauptverwaltung Hamburg;
ABS   American Bureau of Shipping, Hauptverwaltung New York;
BV   Bureau Veritas, Hauptverwaltung Paris;

LR   Lloyd's Register of Shipping, Hauptverwaltung London;
NK   Nippon Kaiji Kyokai, Hauptverwaltung Tokio;
NV   Det norske Veritas, Hauptverwaltung Oslo;
PRS   Polski Rejestr Statkow, Hauptverwaltung Danzig;
RI   Registro Italiano Navale, Hauptverwaltung Genua;
RS   Schiffsregister der USSR, Hauptverwaltung Leningrad.

Diese Institute sind teils Gesellschaften des privaten Rechts, teils Behörden oder staatsabhängige Körperschaften. Gemeinsam ist ihnen, daß sie gemeinnützig, nicht gewinnstrebend und zur Objektivität und Neutralität verpflichtet sind.

Die Aufgabe der Klassifikationsgesellschaften besteht in der Erstellung von Bauvorschriften auf der Basis von Erfahrung und Forschung, in der Überwachung der Konstruktion, der Werkstoffe und Werkmannsarbeit für Schiffe und meerestechnische Anlagen und in der laufenden Überwachung des Zustandes in Fahrt befindlicher Schiffe, mit dem Ziel, die Seefähigkeit und technische Sicherheit der Schiffe und meerestechnischen Geräte für die Öffentlichkeit zu dokumentieren. Die Dokumentation wird durch die Herausgabe von Schiffsregistern bewirkt.

Folgerichtig werden daher die Klassifikationsgesellschaften von den meisten Regierungen seefahrttreibender Länder in mehr oder weniger großem Umfang mit der Durchführung von Aufgaben auf dem Gebiet der Schiffssicherheit (Statutory Surveys) — auf Schiffen, die die Flagge des betreffenden Staates führen und die die Klasse der betreffenden Gesellschaft haben — betraut.

Zur Aufrechterhaltung der Klasse muß das Schiff einschließlich Maschinen- und E-Anlage, ggf. auch Kühlanlage und weitere Einrichtungen, entsprechend dem Klassenzeichen periodischen Besichtigungen durch die Besichtiger der Gesellschaft unterzogen werden. Zeitlicher Abstand und Umfang dieser Besichtigungen sind in den Klassifikationsvorschriften der einzelnen Gesellschaften festgelegt. Alle Besichtigungen sind rechtzeitig anzumelden. Hat ein Schiff eine Havarie erlitten oder besteht ein klassebeeinträchtigender Mangel/Schaden usw., ist im nächsten Hafen eine Schadensbesichtigung durch den zuständigen Besichtiger notwendig.

Bei Ablauf jeder Klassenperiode wird eine eingehende Untersuchung — Klassenerneuerungsbesichtigung — durchgeführt. Die Schiffsleitung hat alle notwendigen Vorbereitungen, z.B. Reinigen von Räumen, Tanks, Bilgen, zu treffen.

Der Umfang der Klassenerneuerungsarbeiten kann nach Vereinbarung mit der Gesellschaft auf die ganze Klassenperiode verteilt werden, welches dem sogenannten Teilklassenerneuerungsverfahren entspricht.

Das Klassenzeichen des GL für Schiffe, die in allen Teilen den Bauvorschriften entsprechen, ist für den Schiffskörper 100 A 4. Die Zahl 100 kennzeichnet den Erhaltungszustand und die Festigkeit der Schiffsverbände im Verhältnis zu den Forderungen der Bauvorschriften. Die Zahl 4 kennzeichnet die Dauer des Klassenlaufes von 4 Jahren.

Schiffe, die nicht in allen Teilen den Vorschriften des GL entsprechen, können entsprechend abgewandelte Klassenzeichen erteilt bekommen, z.B.: 90 A 3.

Das Klassenzeichen für die Maschinenanlage ist MC und $\overline{MC}$, wenn die Anlage nicht allen GL-Vorschriften entspricht.

Diesen Klassenzeichen werden Zeichen vorangestellt. Es bedeutet:

✠   , daß das Schiff bzw. die Maschinenanlage unter der besonderen Aufsicht des GL gebaut ist, einschließlich der Werkstoffprüfung;

✢   , daß das Schiff bzw. die Maschinenanlage unter der besonderen Aufsicht einer fremden Klassifikationsgesellschaft gebaut und GL klassifiziert ist;

⊞ bzw. ⊞̇, daß der Nachweis der Schwimmfähigkeit bei Wassereinbruch für jede Abteilung oder Abteilungsgruppe erbracht ist.

Wenn Schiffe für einen geringeren Tiefgang gebaut werden, d.h. schwächer als ein normaler Frei- oder Volldecker, so erhält das Klassenzeichen den Zusatz „mit Freibord" (z.B. ✠ 100 A 4 mit Freibord).

Schiffe für begrenzten Fahrtbereich erhalten als Zusatz zum Klassenzeichen:

M = Mittlere Fahrt,

K = Küstenfahrt,

W = Wattfahrt.

Schiffe und Maschinenanlagen, welche die Anforderungen für Eisverstärkung gemäß den Bauvorschriften erfüllen, erhalten das Zeichen „E" mit oder ohne Index hinter dem Klassenzeichen.

Spezialschiffe und Schiffe von besonderer Form und Bauart erhalten hinter dem Klassenzeichen für Schiff eine besondere Angabe (z.B. ÖLTANKSCHIFF, ERZ-SCHIFF, MASSENGUTSCHIFF, FISCHEREIFAHRZEUG, SCHLEPPER).

Schiffe, bei denen ein anerkannter Korrosionsschutz zur Anwendung gelangt, erhalten hinter dem Klassenzeichen das Zeichen (KORR).

Andere Klassifikationsgesellschaften verwenden ähnliche Zeichen wie der GL. Diesbezügliche Einzelheiten sind den jeweiligen Klassifikationsvorschriften zu entnehmen.

Einiges über die Besichtigung des Schiffskörpers

Auf die Frage: „Wo sind Risse und Verformungen zu erwarten und welche Toleranzen sind z.B. bei Verschleiß zulässig?" wird hier auszugsweise anhand der Erfahrungen des GL geantwortet[3b]. Risse treten am häufigsten im Halbschweberuder an der hierbei charakteristischen Kerbe auf (Bild 2.21), sie lassen sich durch richtige Konstruktion vermeiden. Beim rechtsdrehenden Propeller ist die Stb-Seite am stärksten betroffen. Zur Schadensbehebung soll eine Teilplatte eingesetzt (nicht gedoppelt) werden. Ebenfalls häufig sind Schäden am nicht ausgesteiften Knick in Platten und Gurten, z.B.: am Knick im Toptankboden (Leckagen am Knick, Bruch der Schweißung zwischen Raumspant und Knie); am Knick in der Tankdecke neben Seitenlängsträger (Risse in Schweißnähten von Bodenwrange und Seitenträger an der Tankdecke, Risse in der Tankdecke); am horizontalen Knick im Seitenlängsschott (Leckagen an den Querrahmen); Ruderhacke beim Halbschweberuder (Riß der Schweißung im Bereich der senkrechten Stege); am Salinganschluß am Schwergutpfosten (Beulen im Pfosten und in der Saling), im Rudermaschinenfundament (Steg zur Bodenwrange abgeknickt, bei Belastung Verzug der Maschine). Für die Schadensbehebung ist eine Patentlösung für alle Fälle nicht möglich. Man wende sich an die Klassifikationsgesellschaft.

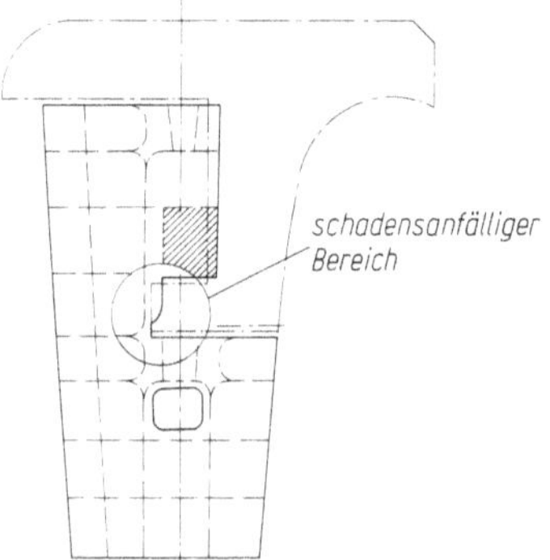

Bild 2.21. Risse am Halbschweberuder

3b Nähere Einzelheiten siehe 7. Fortbildungskurs: Konstruktiv bedingte Schadensfälle, April/Mai 1975, des Institutes für Schiffbau der Universität Hamburg.

Weitere aufgetretene Schäden: Beulen im Tankerquerrahmen in Mittel- und Seitentanks, Beulen an Rahmenträgern der Toptanks durch große Pumpenleistungen bzw. innere Widerstände im Überlaufrohr, Bruch der Schweißverbindung Deckbalkensteg-Lukenlängssüllsteg, Deckbalkenriß am Balkenknie, Rißschäden in der Achterpiek (Außenhaut, Bodenwrangen).

Abrostungs- und Abnutzungstoleranzen: Der GL läßt eine Verringerung der Plattendicken und Stegdicken von Profilen von maximal 20 % der Ursprungswerte zu, bei weiterer Verringerung sind die Verbandsteile zu erneuern (gilt auch im Bereich von Ladeölsaugern).

2.3 Der Freibord[4]

Am 21.7.1968 ist das Internationale Freibord-Übereinkommen (Load Line Convention-LLC) von 1966 völkerrechtlich in Kraft getreten. Es hat das Internationale Freibord-Übereinkommen von 1930 abgelöst, jedoch bleibt der Anhang I des Übereinkommens von 1930 für „vorhandene" Schiffe weiter gültig.

Während bis zu diesem Zeitpunkt Fracht- und Fahrgastschiffe ab 150 BRT in der internationalen Fahrt dem Übereinkommen unterlagen, müssen jetzt alle gewerblich genutzten Schiffe ab 24 m Länge, ausgenommen Fischereifahrzeuge, den vorgeschriebenen Mindestfreibord einhalten. Das Übereinkommen von 1966 erfaßt also zusätzlich Schiffe, die ohne Ladung fahren, wie z.B. Schlepper. Alle anderen deutschen Schiffe werden von der Freibordverordnung vom 22.1.1970 erfaßt.

Die LLC 1966 unterscheidet zwischen Schiffen vom Typ „A" und vom Typ „B". Der Typ „A" umfaßt nur Schiffe mit den Merkmalen eines Tankers, der Typ „B" alle übrigen Schiffsarten, wobei er Schiffe mit hölzernen und stählernen Lukenabdeckungen unterscheidet.

Typ „A"-Schiffe erhalten wegen ihrer kleinen wasserdichten Oberdecksluken und der engen wasserdichten Unterteilung einen geringeren Freibord als Typ „B"-Schiffe; jedoch können letztere eine Freibordvergünstigung erhalten, sofern sie wetterdichte Stahllukendeckel haben und bestimmte Bedingungen in einem angenommenen Leckfall erfüllen.

Das Freiborddeck ist im allgemeinen das oberste durchlaufende Deck. Der Freibord ist der an der Seite des Schiffes, mittschiffs, senkrecht nach unten gemessene Abstand von Oberkante Decksstrich bis Oberkante Freibordmarke. Die Oberkante Decksstrich ist normalerweise gleichbedeutend mit Oberkante Freiborddeck bzw. Decksbelag an der Seite des Schiffes. Die Freibordmarke ist der den Kreis schneidende Strich, dessen Oberkante der Sommerladelinie entspricht.

Bei der Berechnung des Freibordes wird zunächst berücksichtigt, daß ein langes (großes) Schiff einen größeren Freibord benötigt als ein kurzes (kleines) Schiff. Abhängig von der Länge erhält man einen bestimmten Tabellenwert als Grundlage. Die folgenden Einzelheiten führen zu Zuschlägen oder Abzügen:

1. Holzlukendeckel. 2. Aufbauten kürzer als 0,35 L (Glattdeckerkorrektur). 3. Der Völligkeitsgrad des Unterwasserschiffes. 4. Die Freiborddeckshöhe des Schiffes, gemessen von Oberkante Kiel bis Oberkante Freiborddeck. 5. Die Länge und Höhe der von Bord zu Bord reichenden Aufbauten über dem Freiborddeck (maximal das Schutzdeck). 6. Der Sprung des Schiffes. 7. Bughöhe. 8. Lage der Fenster in der Außenhaut.

---

4 Der Gebrauch einer Freibord- oder Lademarke ist seit 1835 bekannt, war aber zunächst völlig freiwillig. 1872 trat der Engländer Plimsoll mit seinem Buch „Our Seaman" lebhaft für ihre gesetzliche Einführung ein. Daher wird sie auch heute noch oft „Plimsoll-Marke" genannt. 1890 erfolgte ihre gesetzliche Einführung in England. Deutschland folgte 1908.

Bei der Berechnung bzw. Erteilung des Freibordes wird außerdem berücksichtigt: Bei Typ „A“-Schiffen von $L > 150$ m und ggf. bei speziellen Typ „B“-Schiffen von $L > 100$ m die Schwimmfähigkeit bei Beschädigung jeweils einer oder mehrerer Abteilungen und ggf. bei $L > 225$ m bei Beschädigung des Maschinenraumes unter Zugrundelegung bestimmter Stabilitätsgegebenheiten. Der so ermittelte Mindestfreibord wird nur erteilt, wenn das Schiff der vom GL vorgeschriebenen Festigkeit und Bauart und allen weiteren in internationalen Verträgen festgelegten Vorschriften, insbesondere auch bezüglich der Stabilität, entspricht.

Der berechnete Freibord ist der Sommerfreibord (S), der unabhängig vom Ergebnis der Rechnung nicht kleiner als 50 mm sein darf, bei Frachtschiffen mit hölzernen Lukendeckeln auf dem Wetterdeck nicht kleiner als 150 mm. Für das Befahren von Tropengebieten wird der Freibord T um $^{1}/_{48}$ des Sommertiefganges geringer festgesetzt (jedoch ebenfalls nicht unter 50 mm). Für Wintergebiete ist der Freibord W um den gleichen Betrag größer.

Schiffe unter 100 m Länge erhalten für die Winterfahrt im Nordatlantik den Freibord WNA, der um weitere 50 mm größer ist. Bei Schiffen in der beschränkten Fahrt (z. B. Küstenfahrt) fehlen die Marken T und WNA.

Schiffe mit Holzdeckslast erhalten — außer für WNA — einen geringeren Freibord, wenn bestimmte Voraussetzungen erfüllt werden. Die für die Schiffsleitung wichtigen Bedingungen sind von der SeeBG im „Merkblatt für Holzdeckslast“ festgelegt. Zum Beispiel muß die Deckslast die Well voll und dicht ausfüllen, und im Winter darf die Höhe der in vorgeschriebener Weise gelaschten Decksladung $^{1}/_{3}$ der Schiffsbreite über dem Wetterdeck nicht überschreiten.

Der Frischwasserabzug ist für alle Freiborde gleich. Er entspricht der Tiefertauchung des Schiffes in Frischwasser gegenüber Seewasser (Bild 2.22).

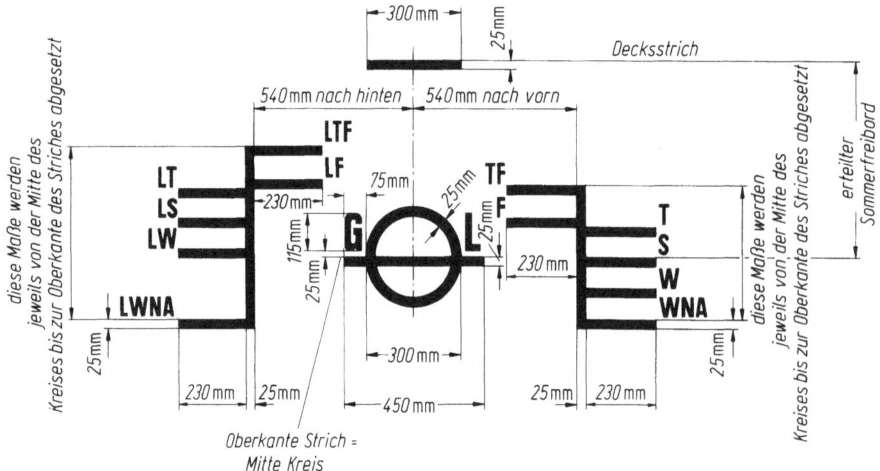

Bild 2.22. Freibordmarke für Seeschiffe mit Holzdeckslast (ohne Holzdeckslast entfällt der linke Teil)

Auf jedem neuen Schiff ist eine Ladungsverteilungsanweisung mitzuführen, falls infolge ungünstiger Beladung unzulässig hohe Spannungen auftreten können.

Freidecker, früher **Schutzdecker** genannt, erhalten nach den Vermessungsvorschriften der IMCO-Konvention von 1965 die Dreiecksmarke (Vermessungsmarke) mit Basislinie in Höhe des obersten Striches der Freibordmarke (siehe 2.4).

Fahrgastschiffe erhalten anstatt des sogenannten Konventions-Freibordes (siehe Bd. 2, Kap. 10) den Schottentiefgang, der auch in das Sicherheitszeugnis eingetragen und an der Außenhaut angemarkt wird. Die Schottenladelinie C 1 darf nicht höher liegen als sich nach allgemeinen Freibordvorschriften ergibt. Die Linien C 2 und C 3 gelten, wenn in einigen Räumen keine Fahrgäste befördert und z. B. mit Ladung belegt werden.

Von den verschiedenen angemarkten Freibordwerten muß die Schiffsleitung den jeweils gültigen einhalten. Dazu dient die Erdkarte mit den eingezeichneten Zonen (siehe Ausschnitt Bild 2.23) und jahreszeitlichen Zonen, die an Bord sein muß. Unter Zonen sind Meeresgebiete zu verstehen, für die während des ganzen Jahres dieselben Freibordbedingungen gelten. Solche Zonen sind die Sommerzone und die Tropenzone. Die übrigen Gebiete sind jahreszeitliche Zonen, für die in verschiedenen Jahreszeiten verschiedene Freibordbedingungen gelten. Die Schiffsleitung muß schon bei der Beladung und Ausrüstung mit Treibstoff usw. dafür sorgen, daß das Schiff bei Eintritt in eine ungünstigere Zone den dieser Zone entsprechenden Tiefgang nicht überschreitet, daß es also den vorgeschriebenen Mindestfreibord T, S oder W hat, gegebenenfalls auch WNA.

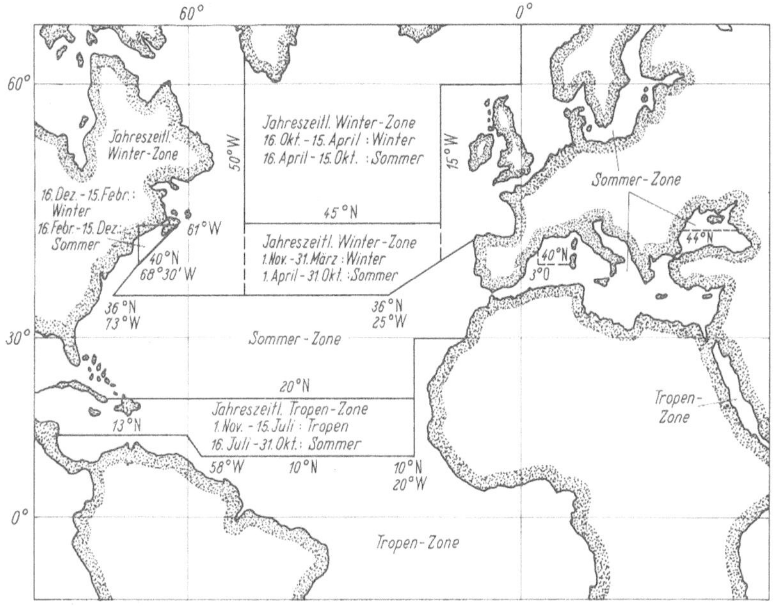

Bild 2.23. Ausschnitt aus der Weltkarte für Freibordzonen.
—————— Grenze für WNA-Freibord bzw. Grenze für Winterfreibord kleiner Schiffe im Mittelmeer und Schwarzen Meer

Für die Überwachung der Freibordvorschriften ist in der Bundesrepublik Deutschland die SeeBG zuständig, für die Berechnung und das Anmarken der GL als technischer Berater der SeeBG. Hierüber stellt die SeeBG in Zusammenarbeit mit dem GL das Internationale Freibordzeugnis aus (siehe Bd. 2, Kap. 10). Die beim Inkrafttreten der Konvention 66 (Juli 1968) vorhandenen Schiffe mußten spätestens nach zwei Jahren ein neues Freibordzeugnis erhalten. Umbauten bedürfen der Genehmigung und bedingen ggf. ein neues Freibordzeugnis. In jedem Lande kann die Polizeibehörde ein Schiff am Auslaufen hindern, das offensichtlich überladen ist oder kein gültiges Freibordzeugnis hat.

2.4 Schiffsvermessung

Verschiedene Raum- und Gewichtsmaße des Schiffes. Die Tonne ist ein heute sehr verschieden angewendetes Maß. Der Begriff ist mit auf die Hanse zurückzuführen, die den Rauminhalt der Koggen nach dem Fassungsvermögen von Heringsfässern (Tonnen) angab. Die Engländer entwickelten daraus im 17. Jahrhundert die Gewichtstonne zu 2240 engl. Pfund (lbs) und trugen das so ermittelte Meßergebnis in das Schiffsregister ein, womit der Begriff „Registertonne" geschaffen war. Später machte man daraus ein Raummaß.

Der Raumgehalt wird in Registertonnen ausgedrückt. Dieses Maß hat mit der ursprünglichen Tonne nichts mehr gemein, denn: 1 Reg.T. = 100 Kubikfuß (cft) = 2,83 cbm. Gleichzeitig wird in Deutschland der Raumgehalt in Kubikmetern ausgedrückt. 1 cbm = 0,353 Reg.T. Ursprünglich war der gesamte Raumgehalt der Brutto-Raumgehalt (gross tonnage). Durch Abzug der für den Betrieb des Schiffes notwendigen Räume ergab sich der Netto-Raumgehalt (net tonnage). Wegen der Eigenart der Meßverfahren ist der Raumgehalt heute nicht mehr mit dem tatsächlichen Rauminhalt vergleichbar. Meistens ist der Register-Raumgehalt (zum Vorteil des Reeders wegen der geringeren Abgaben) erheblich kleiner.

Das Deplacement (Verdrängung, displacement) wird von den Werften berechnet.

(a) Kubisches Deplacement ist der Kubikinhalt (volume of displacement) des vom eingetauchten Schiffskörper verdrängten Wassers, zunächst auf Spanten berechnet und dann auf Außenhaut ergänzt.

(b) Gewichtsdeplacement (weight oder displacement) ist das Gewicht des verdrängten Wassers, ausgedrückt in metrischen Tonnen zu 1000 kg (t), in Großbritannien und USA in Tonnen zu 2240 lbs oder 1016 kg (ts). Das jeweilige Gewichtsdeplacement entspricht dem Gewicht des Schiffes in seinem mehr oder weniger beladenen Zustand. Es ergibt sich, indem man das kubische Deplacement mit dem spezifischen Gewicht des Wassers multipliziert (Seewasser normal 1,025). Durch Abzug aller Ladungs- und Ausrüstungsgewichte (Vorräte) ergibt sich das Gewicht des seeklaren Schiffes mit gefüllten Kesseln ohne Besatzung, Treibstoff und sonstige Ausrüstung (Vorräte).

Die Tragfähigkeit (deadweight), genauer als Gesamttragfähigkeit (deadweight all told) bezeichnet, ist die als Gewicht ausgedrückte Ladefähigkeit bis zur jeweiligen Ladelinie (vgl. Freibord). Ohne nähere Bezeichnung ist die Sommerladelinie gemeint. Zur Gesamttragfähigkeit gehören außer der Ladung die Besatzung, der Treibstoff und sonstige Verbrauchsausrüstung wie Proviant, Wasser, Schmieröl, Bootsmannsvorräte, Stauholz usw. Maßeinheit ist die Tonne zu 1000 kg (t) — im Ausland meistens zu 1016 kg (ts) — oder abgekürzt tdw, genauer tdw a. t. Das Gewicht der vollen Ladung allein wird auch als Nutzladefähigkeit bezeichnet, die natürlich von dem jeweiligen Gewicht der Verbrauchsausrüstung abhängt.

Der Ballenraum (balespace) ist der tatsächliche Rauminhalt der Laderäume auf Innenkante Schweißlatten und Wegerung und Unterkante Decksbalken. Er allein gibt den Laderauminhalt an, der für Stückgüter zur Verfügung steht. Er wird in cbm und cft von der Werft berechnet, wobei für Stützen, Längsschotte usw. Abzüge gemacht werden. Das Verhältnis Ballenraum zu Nutzladefähigkeit ist der Staukoeffizient des Schiffes oder die „Räumte" (häufig auch als Verhältnis Kornraum zu Tragfähigkeit).

Der Kornraum (grainspace) unterscheidet sich vom Ballenraum dadurch, daß die Laderäume bis Außenkante Spanten, bis Unterkante Deck und bis zur Tankdecke gemessen werden. Etwa vorhandene Wegerung wird ebenso abgezogen wie Stützen usw. Der Kornraum wird ebenfalls von der Werft in cbm und cft berechnet.

Auch nach ihm kann ein Staukoeffizient oder eine Räumte berechnet werden.

Die vorstehenden Maße haben mit der Schiffsvermessung keinen unmittelbaren Zusammenhang.

Vermessungsbestimmungen

In Deutschland wird der Register-Rauminhalt der Schiffe vom Bundesamt für Schiffsvermessung (siehe Bd. 2, Kap. 12) amtlich vermessen. Die gesetzliche Grundlage dafür ist im Laufe der Zeit aus dem englischen Meßverfahren von 1854 nach Moorsom entwickelt worden.

Die inzwischen überholte Oslo-Konvention von 1947, der die Bundesrepublik Deutschland durch Gesetz vom 8.10.1957 beitrat, sah vermessungstechnisch zwei Schiffstypen vor, nämlich den **Volldecker,** der mit der Ladung die Tragfähigkeit (den Freibordtiefgang) voll ausnutzen wollte, und den **Schutzdecker** (heute **Freidecker**), der mit seiner Ladung den Freibordtiefgang nicht erreichte, aber die Räumte (den Laderauminhalt) voll ausnutzen wollte. Bei dem Schutzdecker wurde der über dem Vermessungsdeck befindliche Zwischendeckraum (Schutzdeck) nur dann nicht vermessen, wenn er gewisse Vermessungsöffnungen (z.B. Vermessungsluke, Öffnungen in Querschotten) aufwies. **Wechselschiffe** waren solche, die sowohl im Zustand des Volldeckers als auch des Schutzdeckers fahren konnten, wenn hinsichtlich Freibord und verschiedener Bordmaßnahmen bestimmte Vorschriften erfüllt waren. Es durfte bisher aber nur der Meßbrief als Volldecker bzw. derjenige als Schutzdecker an Bord sein. Beim Wechsel mußte der Meßbrief beim Schiffsvermessungsamt ausgetauscht werden.

Aufgrund des SOLAS 1960, Empfehlung 17, wurde am 20.5.1965 in Oslo die IMCO-Entschließung angenommen — in der Bundesrepublik Deutschland durch Gesetz (BGBl. II, S. 2157) vom 11.8.1967 geregelt —, wonach bei Schutzdeckern, jetzt **Freidecker** genannt, die Vermessungsluke und -öffnungen wegfallen. Auf Wechselschiffen, die sowohl als Volldecker als auch als Freidecker vermessen sind, werden beide Ergebnisse im Meßbrief (Doppelmeßbrief) angegeben.

1969 wurde in London ein neues Internationales Vermessungsübereinkommen geschlossen, dem die Bundesrepublik Deutschland mit Gesetz vom 22.1.1975 (BGBl. II, S. 65) zugestimmt hat. Wann dieses Übereinkommen in Kraft tritt, ist noch offen.

Das Vermessungsergebnis wird im Internationalen Schiffsmeßbrief (siehe Bd. 2, Kap. 10) festgestellt und überall anerkannt, soweit an Bord nicht unerlaubte schiffbauliche Veränderungen vorgenommen werden. Nach dem Vermessungsergebnis richten sich die Hafen-, Leuchtfeuer- und Kanalabgaben, Lotsen- und Schleppergebühren, die Schiffsbesetzungsordnung, der Heuertarif usw. Von besonderer Bedeutung sind noch das Panamakanal- und das Suezkanal-Meßverfahren, die nachstehend ebenfalls kurz behandelt werden und nach denen das Bundesamt für Schiffsvermessung die entsprechenden Spezialmeßbriefe ausstellt (siehe Bd. 2, Kap. 10).

Der Brutto-Raumgehalt setzt sich aus vier Abteilungen zusammen: Rauminhalt unter dem Vermessungsdeck; Rauminhalt zwischen Vermessungsdeck und Oberdeck; Aufbauten auf diesem; Lukenüberschuß. Bestimmte Räume werden „ausgesondert" und daher nicht mit eingemessen.

(1) **Rauminhalt unter dem Vermessungsdeck** einschließlich Maschine, Kesselraum, Bunker, aber ausschließlich Doppelboden, möge dieser Ladung, Treibstoff oder andere Vorräte enthalten oder nicht. Vermessungsdeck ist bei Schiffen mit nicht mehr als einem durchlaufenden Deck das Oberdeck, bei Schiffen mit zwei oder mehr durchlaufenden Decks das unter dem Oberdeck befindliche. Der Raum wird gemessen zwischen Unterkante Vermessungsdeck und Oberkante Doppelboden bzw. Bodenwrange, sowie zwischen Innenkante Schweißlatten (Höchstabstand 31 cm, sonst zwischen Innenkante Spanten). Von dem so ermittelten Raum wird ein Teil der Decksbalkenbucht abgezogen, ferner die Bodenwegerung. Jegliche Bodenwegerung und Isolierung darf nur bis zu 8 cm Dicke berücksichtigt werden, Isolierung unter Deck überhaupt nicht. Der Rauminhalt wird nach der Simpson-Regel berechnet.

(2) **Rauminhalt des Zwischendecks über dem Vermessungsdeck** wird beim Volldecker genau so vermessen wie die Zwischendecks unter dem Vermessungsdeck. Beim Freidecker wird das Zwischendeck über dem Vermessungsdeck nicht mitvermessen. Es muß aber auf jeder Seite des Schiffes eine Vermessungsmarke (Bild 2.24) angebracht sein, deren Basislinie nicht eintauchen darf. Der Decksstrich des Freibordes ist jetzt in Höhe des Oberdecks.

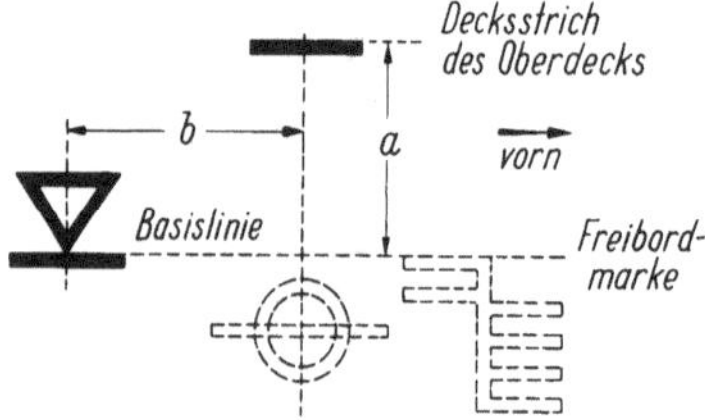

Bild 2.24 Vermessungsmarke eines Freideckers.
a senkrechter, *b* waagerechter Abstand vom Decksstrich;
im Meßbrief vermerkt

Ungeachtet dessen, daß das Zwischendeck bei Erfüllung dieser Voraussetzung grundsätzlich nicht mitvermessen wird, werden in den Brutto-Raumgehalt Räume des Zwischendecks einbezogen, die der Unterbringung flüssiger oder Gasladung bzw. der Besatzung dienen, ausgenommen Duschräume, Aborte, Niedergänge. Wegen der etwaigen Einmessung von Treibkrafträumen im Zwischendeck siehe unter (3a).

Bei Wechselschiffen, deren Meßbrief die Meßergebnisse für Volldecker und Freidecker enthält, ist die Basislinie der Vermessungsmarke wie folgt geknickt ⌐_____ .

Der linke Teil zeigt den Abzug für Frischwasser und/oder Tropengewässer. Auch liegt beim Wechselschiff die Vermessungsmarke nicht in Höhe von FT der Freibordmarke, wie beim Freidecker (Bild 2.24), sondern tiefer, weil die Freibordmarke für das Schiff als Volldecker gilt, es als Freidecker aber nicht so weit abgeladen werden darf.

(3) **Rauminhalt der geschlossenen Aufbauten** auf und über dem Oberdeck. Folgende, vermessungstechnisch geschlossene Räume werden ausgesondert und daher nicht eingemessen:

(a) Treibkrafträume einschließlich der Licht- und Luftschächte, z.B. Maschinen- und Kesselschächte, u.U. auch ein Teil des Schornsteines. Auf Antrag des Reeders können diese Räume aber auch ganz oder teilweise eingemessen werden, soweit sie über dem Vermessungsdeck liegen, damit z.B. ein günstigeres Nettoergebnis erzielt wird (vgl. Abzug für Treibkraft).

(b) Räume für Maschinen aller Art, die nicht zur Antriebsanlage gehören, z.B.: Ankerwinde, Kettenkasten, Rudermaschine, Pumpen, Kühlmaschinen, Destillieranlagen, Aufzüge, Wäschereimaschinen, Dynamos, Batterien, Feuerlöschapparate wie Schaumgenerator und CO_2-Anlage usw.

(c) Ruderhaus, Funk- und Kartenraum, Navigationsmittelräume.

(d) Kombüse und Bäckerei, auch solche für Fahrgäste.

(e) Oberlichter, Licht- und Luftschächte.

(f) Niedergänge und Kappen sowie Treppenhäuser unmittelbar darunter.

(h) Aborte für Besatzung und Fahrgäste.

(i) Reine Wasserballasttanks über dem Vermessungsdeck.

(k) Gewisse Vorratsräume und Werkstätten.

(l) Laderäume (z.B. lange Back), wenn sie nicht zur Aufnahme flüssiger oder Gas-Ladung geeignet sind.

Eingemessen werden aber stets die Wohnräume für Besatzung und Fahrgäste einschließlich der Messen, Aufenthaltsräume, Gänge usw.

(4) **Lukenüberschuß,** d.h. der Inhalt der durch die Lukensülle gebildeten Räume, bei Volldeckern auf dem Oberdeck, bei Freideckern über dem Vermessungsdeck, d.h. im Zwischendeck.

Der gesamte Brutto-Raumgehalt ergibt sich aus der Addition der Teilergebnisse (1) bis (4).

Der Netto-Raumgehalt, nach dem sich gewisse Abgaben richten, entsteht nach Abzug folgender Räume, soweit sie beim Brutto-Raumgehalt noch nicht ausgesondert sind:

Kapitän; Besatzung; Provianträume; Navigationsräume; Pumpenräume für flüssige
Ladung; Werkstatt- und Vorratsräume; Wasserballasträume; Treibkrafträume.

Die Räume für Treibkraft sind solche für die Hauptmaschine einschließlich Kessel sowie
für die der Hauptmaschinenanlage dienenden Hilfsmaschinen. Es wird nur der Raum
dieser Antriebsanlage unter dem Vermessungsdeck gemessen (vgl. aber Brutto-Raumgehalt Nr. (2) und (3 a), und zwar einschließlich Drucklagerraum, Wellentunnel, Rettungsschächten, Vorratsräumen, Hilfsmaschinenräumen, Setz- und Tagestanks, Schalldämpfern (auch im Schornstein) usw.

Wenn das Meßergebnis über 13 % und unter 20 % von dem obengenannten, gesamten
Brutto-Raumgehalt liegt, beträgt der Treibkraftabzug für Maschine und Bunker 32 % von
diesem Brutto-Raumgehalt[5].

Ist das Ergebnis 13 % oder geringer, vermindert sich der Abzug entsprechend, bei 10 %
z. B. um $^{10}/_{13}$ von 32 %.

Berechnet man aus dem Raum der Antriebsanlage eine Größe ab 20 %, so werden zu
seiner tatsächlichen Größe 75 % für Treibstoff hinzugerechnet und dieses Ergebnis als
Treibkraftabzug vom Brutto-Raumgehalt angesehen[6]. Dabei darf aber der Treibkraftabzug 55 % des um die obengenannten Abzüge verminderten Brutto-Raumgehaltes nicht
übersteigen, Schlepper ausgenommen.

Aus diesen internationalen Vermessungsvorschriften folgt, daß das Vermessungsergebnis keineswegs mit dem tatsächlichen Raumgehalt übereinstimmt. Die Wirtschaftlichkeit
eines Schiffes läßt sich demnach nur nach seinem Laderauminhalt und der Tragfähigkeit
beurteilen.

Suezkanal-Vermessung. Der nach den internationalen und zugleich deutschen Vermessungsvorschriften ausgestellte Internationale Schiffsmeßbrief gilt nicht für die Berechnung
der Suezkanal-Abgaben. Das Schiff benötigt dafür einen Suezkanal-Meßbrief (siehe Bd.
2, Kap. 10), der für deutsche Schiffe ebenfalls vom Bundesamt für Schiffsvermessung
ausgestellt wird. Die wesentlichen Vorschriften dafür sind:

Suezkanal-Brutto-Raumgehalt. Dies ist der Raumgehalt aller unter dem obersten durchlaufenden
Deck befindlichen Räume und aller gedeckten oder geschlossenen Aufbauten. Daher müssen auch
gedeckte und seitlich geschlossene, aber sonst vollkommen offene Gänge eingemessen werden, die
z. B. zwischen Decksaufbauten liegen. In diese Aufbauten werden nicht eingemessen:

(a) Von der Back oder offenen Gängen darin der Teil, der vom Vorsteven aus $^1/_8$ der Schiffslänge
ausmacht, sofern auch bei der nationalen Vermessung noch vermessungstechnisch „offen" (z. B.
bei älteren Schiffen durch die früheren Vermessungsöffnungen).
(b) Von der Poop oder offenen Gängen darin der Teil, der vom Heckspant aus $^1/_{10}$ der Schiffslänge
ausmacht, sofern auch bei der nationalen Vermessung noch vermessungstechnisch „offen".
(c) Laderaumteile neben Maschinen- und Kesselschacht und diese selbst, sofern auch bei der
nationalen Vermessung noch vermessungstechnisch „offen".
(d) Offene Teile von Aufbauten, und zwar $^1/_2$ Schiffsbreite tief in den Aufbau hinein, wenn die
Öffnung mindestens $^1/_2$ Schiffsbreite groß ist und weder Süll noch Kopfplatte hat.
(e) Treppen und Lichtschächte.
(f) Kessel- und Maschinenschächte unter bestimmten Voraussetzungen.

Die Aufschlüsse zu (a) und (b) spielen derzeit nur eine untergeordnete, die zu (c) überhaupt keine
Rolle mehr. Bei der Fahrt durch den Suezkanal müssen sie besenrein sein, weil sie sonst eingemessen
werden und dauernd abgabepflichtig sind. Sie müssen daher der Schiffsleitung genau bekannt sein.
Lukenüberschuß wie oben unter (4).

---

5 Englische Prozentregel oder Moorsom-Regel, 1854 aus der Überlegung entstanden, daß
  Maschine, Kessel und Bunker etwa 32 % des Brutto-Raumgehaltes ausmachten. Für heutige
  Schiffe ist dieser Prozentsatz an sich zu hoch.
6 Donau-Regel, so genannt nach der örtlichen Entstehung im Jahre 1860.

Suezkanal-Netto-Raumgehalt. Nach ihm richten sich die Kanalabgaben, wobei Ballastschiffe günstiger behandelt werden. Die für ihn maßgebenden Abzüge unterscheiden sich ebenfalls von den nationalen Bestimmungen:

Treibkraftabzug entweder nach der Donau-Regel oder nach dem tatsächlichen Rauminhalt von Maschinen-, Kessel- und Bunkerräumen, wie es für den Reeder am günstigsten ist.

Zu dem tatsächlichen Treibkraftraum (d.h. ohne Bunker) zählen auch die ggf. eingemessenen Kessel- und Maschinenschächte. Der gesamte Treibkraftabzug darf 50% des Brutto-Raumgehaltes nicht übersteigen.

Räume für die Besatzung werden nur teilweise abgezogen. Nicht abzugsfähig sind die Räume für solche Besatzungsmitglieder, die für die Fahrgäste, einen Spezialdienst oder im Zusammenhang mit der Ladung an Bord sind (z.B. Zahlmeister, Oberkoch und Köche, Obersteward und Stewards, Kühlmaschinenwärter, Pumpenmeister). Kombüse, Pantry und Offiziersmesse werden abgezogen, wenn sie nur der Besatzung dienen.

Räume für Navigation, Funkstation usw. sind ebenfalls abzugsfähig, aber nur, soweit sie über dem Oberdeck liegen.

Der Abzug für Besatzung und Navigation ist auf 10% des Brutto-Raumgehaltes begrenzt.

Bootsmannsvorräte und Wasserballasträume werden nicht abgezogen.

Panamakanal-Vermessung. Auch für die Fahrt durch den Panamakanal ist ein besonderer Meßbrief erforderlich. Die wesentlichen Vorschriften nach der im Jahre 1977 erfolgten Revision sind:

Panamakanal-Brutto-Raumgehalt. Dieser entspricht etwa der Suezkanal-Vermessung bis auf die Aufbauten, bei denen Back, Poop und Laderaumteile neben Maschinen- und Kesselschacht und diese selbst nicht ausgesondert werden. Maschinen- und Kesselschächte auf dem obersten durchlaufenden Deck („I. Etage") werden nur dann eingemessen, wenn der Aufbau von Bord zu Bord reicht. Über der „I. Etage" werden sie in jedem Fall ausgesondert. Einzumessen sind jedoch Doppelbodentanks für Ladungsöl, Brennstoff und Schmieröl (auch Wechseltanks Wasserballast/Öl). Die Ladeluken werden als Ganzes ohne Vergünstigung eingemessen.

Panamakanal-Netto-Raumgehalt. Nach ihm richten sich die Kanalabgaben. Ballastschiffe werden günstiger behandelt. Die Abzüge unterscheiden sich von den nationalen und den Suezkanal-Vorschriften wie folgt:

Treibkraftabzug nach dem tatsächlichen Rauminhalt von Kessel-, Maschinen- und sämtlichen Bunkerräumen einschließlich der im Doppelboden eingemessenen Brennstoff- und Schmieröltanks. Zu dem tatsächlichen Treibkraftraum zählen auch die ggf. eingemessenen Kessel- und Maschinenschächte der I. Etage. Der gesamte Treibkraftabzug darf 50% des Brutto-Raumgehaltes nicht übersteigen.

Räume für Besatzung ähnlich der nationalen Vermessung; Lotsenkammer ist abzugsfähig.

Räume für Navigation usw., ferner Räume, die überhaupt der Bedienung und Erhaltung des Schiffes dienen (z.B. Kettenkasten, Bootsmannsvorräte, Werkstätten, Räume für Dynamos, Lüfter, Pumpen usw., die bei der nationalen Vermessung in Aufbauten ausgesondert bleiben und unter dem Vermessungsdeck abgezogen werden), sind abzugsfähig, wobei Bootsmannsvorräte und Werkstätten in vernünftigem Verhältnis zur Schiffsgröße stehen sollen.

Wasserballasträume, die nicht anderen Zwecken dienen, werden ebenfalls abgezogen.

Wirtschaftsräume auf Schiffen, die mehr als 12 Fahrgäste befördern können, werden nur begrenzt abgezogen.

2.5 Einiges über Korrosionsschutz für Schiffe

Da der Korrosionsschutz für Schiffe ca. 6% der Gesamtbaukosten ausmacht, ist sorgfältiges Vorgehen unbedingt notwendig. Als wertvolle Richtschnur hierfür gelten die Richtlinien der Schiffbautechnischen Gesellschaft (STG): Korrosionsschutz für Schiffe und Wasserfahrzeuge von 1976. Sie geben Auskunft über:

- Beschichtungstechnisch zweckmäßige Konstruktion;
- Vertragsvereinbarungen zwischen Reederei, Werft und Farbenhersteller;

- Vorbereitung des Untergrundes;
- technische Daten der hauptsächlich verwendeten Beschichtungsstoffe;
- Datenblatt für Beschichtungsstoffe;
- anwendungstechnische Beurteilung der hauptsächlich verwendeten Beschichtungsstoffe;
- Shop-Primer;
- Zusammenstellung der im Schiffbau gebräuchlichen Shopprimer-Typen mit Anwendungsbeispielen;
- Unterwasserschiff und Boottop (Wasserwechselzone);
- Oberwerk und Schanzkleider — außen — (Überwasserbereich der Außenhaut);
- Decks, Lukensülle, Lukendeckel, Schanzkleider — innen;
- Aufbauten und Deckshäuser, Schornstein — außen;
- Ausrüstungsteile, Laderäume, Lukensülle, Lukendeckel — innen;
- Maschinenräume, Schornstein — innen;
- Abgaspfosten, Bilgen, Abgasleitungen — außen;
- Korrosionsschutz in Tanks im Schiff- und Dockbau sowie in Offshore-Konstruktionen;
- fachgerechte Ausführung der Applikation;
- Ausbesserung von Beschichtungen (nach längerer Betriebsbelastung);
- Sonderwerkstoffe;
- kathodischer Korrosionsschutz;
- Empfehlung zur Vermeidung von Streuströmen am Ausrüstungskai;
- Verfahren zur Messung von gestrahlten und beschichteten Stahlflächen.

Schutzanoden und kathodischer Schutz mit Fremdstromspeisung. Zur Verminderung oder Verhütung von Korrosionsschäden sind seit längerer Zeit an Schiffen galvanische Opferanoden aus Zink oder Magnesium im Einsatz, die jedoch in ihrer Reichweite und Lebensdauer beschränkt sind. Neuerdings werden zunehmend fremdstromgespeiste Elektroden eingesetzt, wobei den zu schützenden Flächen von außen Strom zugeführt wird, der die örtlichen Korrosionsströme aufhebt. Die Fremdstromanoden können an der Stromquelle jeweils auf den erforderlichen Wert eingestellt werden. Sie bestehen aus Silber-Blei oder platiniertem Titan und werden nur sehr wenig angegriffen. Die Vorteile dieser Anlage, nämlich Vermeidung von Korrosion unterhalb der Wasserlinie, größere Intervalle zwischen den Dockungen, kürzere Dockzeiten und die Einsparung von

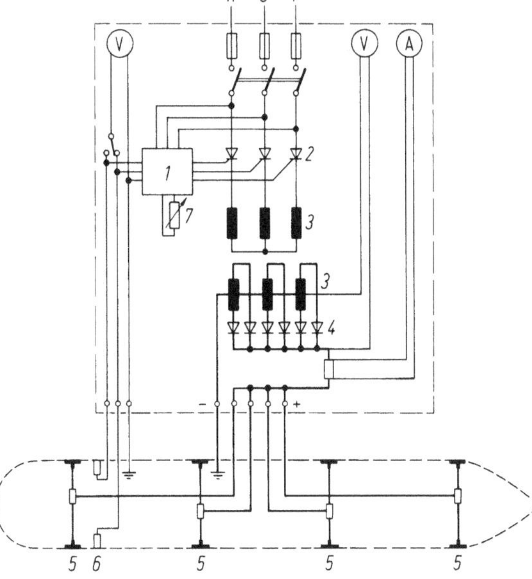

Bild 2.25. Schema einer potentialgesteuerten Korrosionsschutzanlage für ein Schiff.
1 Steuerteil; *2* Thyristoren; *3* Gleichrichtertransformator; *4* Gleichrichterzellen; *5* Schutzanoden; *6* Meßelektroden; *7* Sollwerteinsteller

Brennstoffkosten sind besonders für schnelle Schiffe interessant. Die Anlagekosten werden durch verminderte Instandsetzungskosten und Brennstofferparnisse ausgeglichen (Bild 2.25). (Siehe auch Sonderdruck der AEG-Schiffbau: Kathodischer Korrosionsschutz für Schiffe.)

2.6 Elektrische Anlagen an Bord

Schiffssicherheitsvertrag — SOLAS

(INTERNATIONAL CONVENTION FOR THE SAFETY OF LIFE AT SEA)
Der international zur Zeit gültige Schiffssicherheitsvertrag ist die SOLAS CONVENTION 1960, die am 26.5.1965 in Kraft getreten ist. Alle Vertragsstaaten sind verpflichtet, die Bestimmungen auf Schiffen ihrer Nationalität zu erfüllen. Grundsätzliche Mindestforderungen über maschinenbauliche und elektrische Anlagen sind in dem Kapitel II-C „Machinery and Electrical Installations" niedergelegt. Darüber hinaus sind eine große Anzahl von Hinweisen, die auch elektrische Anlagen betreffen, in anderen Abschnitten zu finden.

SOLAS 1960 ist in vielen Teilen durch die schnelle Entwicklung der Technik überholt, sie wird durch SOLAS 1974 abgelöst[7]. Einige Regierungen, darunter auch die Bundesrepublik Deutschland, haben aber schon verschiedene Kapitel für Schiffe ihrer Nationalität in Kraft gesetzt. Der Abschnitt „Machinery and Electrical Installations" wurde aus der SOLAS CONVENTION 1960 übernommen. Er soll durch eine Ausarbeitung der IMCO (siehe Bd. 2, Kap. 12) ersetzt werden. Es handelt sich um die IMCO Resolution A. 325 (IX) „RECOMMENDATION CONCERNING REGULATIONS FOR MACHINERY AND ELECTRICAL INSTALLATIONS IN PASSENGER AND CARGO SHIPS." Diese Resolution berücksichtigt neben maschinenbaulichen und elektrischen Anlagen auch Bestimmungen über zeitweise unbesetzte Maschinenräume.

Schiffssicherheitsverordnung — SSV[8], eine nationale Verordnung der Bundesrepublik Deutschland, enthält ergänzende Bestimmungen zur SOLAS 1960. Sie legt z.B. fest, daß die Bestimmungen über die Generatorenanlagen auf Fahrgastschiffen nach SOLAS auch auf Frachtschiffe anzuwenden sind. Bestimmungen, die laut SOLAS nur für Frachtschiffe über 500 BRT in der internationalen Fahrt gelten, werden auch auf Schiffe mit kleinerer Tonnage ausgedehnt. Auf Schiffen mit der Flagge der Bundesrepublik Deutschland müssen demnach sowohl die Bestimmungen des Vertrages als auch die Verordnung berücksichtigt werden.

Allgemein ist zu bemerken, daß die Bestimmungen der SOLAS und SSV in den Bauvorschriften des GL berücksichtigt sind, soweit es sich um betriebswichtige Anlagen handelt, die der Klassifikation unterliegen. Seeschiffe mit der Klasse des GL erfüllen somit diese Bestimmungen und berücksichtigen darüber hinaus teilweise auch die technischen Weiterentwicklungen, wie sie z.B. in der vorgenannten IMCO-Resolution erfaßt wurden.

Gleichstrom oder Drehstrom für das Bordnetz. Während bis in die 50er Jahre praktisch ausnahmslos Gleichstrom verwendet wurde, erhalten die Schiffe heute durchweg Drehstromanlagen. Die wesentlichen Vorteile des Drehstromes liegen in der einfachen Bauweise der Motoren und Generatoren, die dank Fortfall des Kollektors und der Bürsten weniger Wartung und Pflege bedürfen (auch die Konstruktion explosionsgeschützter Maschinen ist bei Drehstrom wesentlich unproblemati-

---

7 SOLAS 1974 ist international noch nicht verabschiedet.

8 Verordnung über die Sicherheit der Seeschiffe vom 9.10.1972, veröffentlicht im Bundesgesetzblatt, Teil 1, vom 17.10.1972 (siehe auch Bd. 3A, Kap. 1.1.1).

scher), in der Möglichkeit, bei den Schaltgeräten, der Beleuchtung, den Haushaltsgeräten usw. weitgehend die gängigen Industrie- und Landausführungen — zumindest deren wichtigste Komponenten — verwenden zu können, sowie in der Möglichkeit, mittels Transformatoren praktisch jede erforderliche Spannung zu erzeugen, dazu mittels Halbleiter auch entsprechende Gleichstromspannungen.

Für die Generatoren und Kraftverbraucher hat sich bei Drehstrom — neben 380 V/50 Hz — international vor allem die Spannung 440 V/50 Hz durchgesetzt. Der Anteil der ursprünglich etwa in gleichem Umfang verwendeten 380 V/50 Hz-Anlagen ist zurückgegangen. 380 V/50 Hz wird bevorzugt, wenn der Einsatzbereich des Schiffes und dessen E-Ausrüstung bezüglich Hafenstromversorgung, Ersatzteilbeschaffung usw. speziell auf ein Land mit 380 V/50 Hz zugeschnitten sind.

Größere Heizstromverbraucher werden mit 440 V, kleinere mit 220 V gespeist, für das Beleuchtungsnetz sind heute ebenfalls 220 V gebräuchlich. Automatisierungsanlagen werden meist — u.a. auch wegen der notwendigen Pufferung mit einer Batterie — mit 24 V Gleichstrom betrieben. Für Befehls- und Meldeanlagen, Feuermeldeanlagen u. dgl. werden, je nach Bedarf über Trafo, ggf. auch Gleichrichter, jeweils eigene Stromversorgungen vorgesehen, wie z. B. 55 V Wechselstrom, 48 V Gleichstrom u. a. m.

Sind bei elektrisch angetriebenen Hilfsmaschinen Drehzahlanpassungen erforderlich, wie z. B. für Kesselgebläse, Ladewinden u. dgl., so werden hierfür polumschaltbare Käfigläufermotoren eingesetzt, wobei zwei bis maximal vier verschiedene feste Drehzahlen möglich sind, die jeweils durch Stufenschalter oder Schütze direkt geschaltet werden. Überschreitet die Leistung etwa 100 bis 200 kW oder ist eine sehr feinfühlige Drehzahleinstellung erforderlich, wie z. B. für Fischnetzwinden, Drehwerke für Krane, Positionierungswinden, Baggerwinden, Schleppwinden u. dgl., so verwendet man stromrichtergespeiste Gleichstrommotoren, ggf. auch Leonard-Umformer.

Übersteigt die Generatorleistung an Bord ein bestimmtes Maximum, d. h. werden die Ströme (Kabelbelastung), insbesondere aber die Kurzschlußströme (Schaltvermögen der Sicherungen und Selbstschalter) zu hoch, so wird für die Stromversorgung Hochspannung 3,3 kV oder 6 kV verwendet. Dabei werden möglichst viele große Motoren (meist ab 100 bis 150 kW) direkt an die Hochspannung angeschlossen, während die übrigen Bordnetzverbraucher über Transformatoren mit 440 V über ein oder mehrere Sekundärnetze gespeist werden. Die obere Grenze für Niederspannungsnetze 440 V liegt im Bereich 6000 bis 9000 kVA.

Stromverbraucher auf einem größeren Frachtschiff

Brücke:
Beleuchtung
Kreiselkompaßanlage
Selbststeueranlage
Radaranlage
Echolotanlage
Funkpeiler
Navigator
Kursschreiber
Wetterkartenschreiber
Typhonanlage
Positionslaternentafel
Signallaternentafel
Morselampen
Fahrtstörungslaternen
Navigation
Tageslichtsignalscheinwerfer
Fahrtmeßanlage
Tiefgangsmeßanlage
Krängungsmeßanlage
UKW-Telefon
Wellenumdrehungsanzeigeranlage
Ruderlagenanzeigeranlage
Rudermaschinenalarmanlage
autom. Telefon

Wechselsprechanlage
Uhrenanlage
Rundfunk- und Fernsehantennenanlage
Hauptmaschinenfernsteuerung
Bereitschaftsalarmanlage
Kommandodrucker
Scheibenwischer
Klarsichtscheiben
Heizscheiben
Scheibenwaschanlage
Rauchmeldeanlage für Laderäume
Gaswarnanlage
Feuermeldeanlage
Schottenschließanlage
Ladegerät für Notbatterie

Funkstation:
Funkanlage
UKW-Telefon
Umformer
Rundfunkanlage
Funkpeiler

Deck:
Deck- und Laderaumbeleuchtung
Ankerwinde

Verholwinden
Ladewinden
Hangerwinden
Preventerwinden
Bootswinden
Fallreepwinden
Lüftungs- und Klimaanlage für Laderäume
Fernthermometer für Kühlladeräume
Proviantkran

Wirtschaftsräume:
Allgemeine Beleuchtung
Proviantaufzug
E-Herd
Backofen
Kühlschränke
Küchenmaschine
Bratpfanne
Bratröster
Fritteuse
Wärmeschrank
Kartoffelschälmaschine
Kochendwasserbereiter
Kaffeemaschinen
Geschirrspülmaschine
Waschmaschinen
Heißmangel
Wäscheschleuder
Kühlraumeinschließalarm

Maschine (Motorschiff):
Allgemeine Beleuchtung
Vorschmierpumpen für Hilfsdiesel
Vorwärmpumpen für Hilfsmittel
E-Vorwärmer für Hilfsdiesel
Hauptseekühlwasserpumpen
Hilfsseekühlwasserpumpe
Zylinderkühlwasserpumpen
Düsenkühlwasserpumpen
Brennstoffpumpen
Hauptschmierölpumpen
Drehvorrichtung
Anlaßluftkompressoren
Feuerlöschpumpe
Kolbenlenzpumpe
Lenz- und Feuerlöschpumpe
Ballastpumpen
Schweröltrimmpumpe
Dieselötrimmpumpe
Maschinenraumbilgepp.
Schwerölseparatoren
Schmierölseparatoren
Dieselölseparator
Kesselspeisewasserpumpen
Heizölbetriebspumpen
Abgaskessel-Umwälzpumpen

Abgaskessel-Speisepumpen
Dosieranlage für Brennstoffadditive
Bilgenwasserentöler
Brennstoff-Automatik-Filter
Schmieröl-Automatik-Filter
Absorptionslufttrockner
Chemikaliendosiertankpumpe
Verdampferanlage
Salzmeßgeräte
Kolbenbelüftungskompressor
Kolbenkühlwasserpumpe
Hydroforpumpen
Warmwasserumwälzpumpen
Frischwasserheizung
Maschinenraumlüfter
Separatorenraumlüfter
Kesselraumlüfter
Klimakompressoren
Kühlwasserpp. für Klimakompressoren
Ruderanlage
Drehbank
Ständerbohrmaschine
Schleifmaschine
Bügelsägemaschine
Schweißsteckdosen
Proviantkühlkompressor
Kühlwasserpp. für Proviantkompressoren
Klimagerät Kontrollraum
Autom. Telefon
General-Alarm
Maschinenalarmanlage
Maschinenfernsteuerung
Feuermeldeanlage
Ladegerät für Autom. Batterie
Störstellendrucker
Leistungsmeßanlage
Fäkalienanlage
UV-Entkeimungsanlage
Kesselwasseruntersuchungsausrüstung
Ölnebelwarnanlage

Besatzung:
Allgemeine Beleuchtung
Wohnraumlüfter
Sanitärraumlüfter
Küchenlüfter
Funkraumlüfter
Umformerraumlüfter
CO_2-Raum-Lüfter
Rudermaschinenraumlüfter
E-Heizkörper
General-Alarm
Feuermeldeanlage
Lüftungs- und Klimaanlage
Kammerklingelanlage
Autom. Telefonanlage

Auswahl wichtiger DIN-Schaltzeichen elektrischer Anlagen in Schiffsplänen nach DIN-Taschenbuch 7[9]

Spannung, Strom		Leitungsverbindungen	
	Gleichstrom allgemein		
	desgl. wahlweise		Leitende Verbindungen von Leitungen
	Wechselstrom allgemein		
∼ 2 kHz	mit Angabe der Frequenz		
	Gleichstrom oder Wechselstrom (Allstrom)		
	Tonfrequenz-Wechselstrom	•	Verbindungsstelle allgemein, insbesondere betriebsmäßig nicht lösbare Verbindung
	Hochfrequenz-Wechselstrom	○	lösbare Verbindung, z. B. Klemme

Kennzeichen für Veränderbarkeit, Einstellbarkeit, Schaltzeichen für Widerstände, Wicklungen, Kondensatoren, Dauermagnete, Batterien, Erdung, Abschirmung

Spannung, Strom		Symbol	
1 ∼ 16²/₃ Hz	**Einphasen-Wechselstrom** z. B. 16²/₃ Hz		Kennzeichen für stetige Veränderbarkeit durch mechanische Verstellung, linear
	Dreiphasen-Wechselstrom (Drehstrom), z. B. 50 Hz		Kennzeichen für Einstellbarkeit durch mechanische Verstellung, allgemein
3 ∼ 50 Hz	gleiche Belastung der Leiter oder Wicklungsstränge		Kennzeichen für Einstellbarkeit, stufig
3/Mp ∼ 50 Hz	desgl. mit Sternpunktleiter		Widerstand, allgemein
	Zweileiter-Gleichstrom		Widerstand mit Anzapfungen
2 —	allgemein		Scheinwiderstand
2/Mp —	mit Mittelpunktsleiter		Wicklung, Induktivität allgemein

Leitungen (auch Kabel, Linien und Strecken)

Symbol	Beschreibung	Symbol	Beschreibung
	Leitung allgemein		Wicklung mit Kern, in der Regel aus magnetischem Werkstoff
	Leitung mit Kennzeichnung der Leiterzahl, z. B. 3 Leiter		Wicklung mit Kern aus magnetischem Werkstoff und mit Luftspalt
	Bewegbare Leitung (Freihandlinie)		Kondensator, Kapazität allgemein
	Leitung mit Kennzeichnung des Verwendungszweckes		Primär-Element, Akkumulator (Zelle), Batterie
	Schutzleitung für Erdung, Nullung und Schutzschaltung		Erde, allgemein
	Fremdleitung		Erde mit Angabe der Erdungsart, z. B. Betriebserde
	Ruf- und Klingelleitung		Fremdspannungsarme Erde
	Fernsprechleitung		Anschlußstelle für Schutzleiter
	Rundfunkleitung		Masse, allgemein
	Geschirmte Leitung vorzugsweise für lang gezeichnete Leitungen und ein- und mehradrige Leitungen, ungeerdet		Stetig veränderbarer Widerstand
	wie oben, jedoch geerdet, Erdungspunkt beliebig		Stetig veränderbarer Widerstand mit Schleifkontakt (Potentiometer)
	Kreuzung von Leitungen ohne Verbindung, z. B. mit je 3 Leitern einpolige Darstellung		
	mehrpolige Darstellung		

Transformatoren und Drosselspulen

wahlweise[1] Drosselspule

Transformator
mit 2 getrennten Wicklungen

Schaltgeräte   Antriebe   Auslöser

Einschaltglied, Schließer

Trennschalter, Leerschalter

Lasttrennschalter

Leistungsschalter

Handtrieb, allgemein

Kraftantrieb, allgemein

Elektromechanischer Antrieb z. B. mit
Angabe einer wirksamen Wicklung

Sicherung, allgemein

Überspannungsableiter,
Spannungssicherung

Maschinen

Gleichstrom-Generator,
Gleichstrom-Motor,
allgemein

Drehstrom-Generator,
Drehstrom-Motor,
allgemein

Motor mit Käfigläufer,
Ständerwicklung in Sternschaltung

Meßgeräte

Spannungsmesser,
mit Angabe der Einheit Millivolt

Zweifach-Linienschreiber zur
Aufzeichnung von
Wirk- und Blindleistung

Installationspläne

Schalter 1/1 (Ausschalter, einpolig)

Schalter 1/2 (Ausschalter, zweipolig)

Schalter 1/3 (Ausschalter, dreipolig)

Schalter 4/1 (Gruppenschalter, einpolig)

Schalter 5/1 (Serienschalter, einpolig)

Schalter 6/1 (Wechselschalter, einpolig)

Fernsprecher
mit Nummernschalter für Wählbetrieb
(W-Betrieb)

Leuchte, allgemein

Raumbeheizung, allgemein

Rundfunk, Fernsehen und Zubehör

Antenne, allgemein

Verstärker

Lautsprecher

Rundfunkempfangsgerät

Fernsehempfangsgerät

Kompasse, Kursregler und Navigationsgeräte

Magnetkompaß

Mutter-Kreiselkompaß

Tochter für Kreiselkompaß

Kursregler (in der Schiffahrt:
Selbststeuergerät)

Radar, Sender/Empfänger

Hyperbel-Navigations-Empfänger
(Decca)

Elektroakustische Übertragungsgeräte

System für Wechselsprechverkehr

Bild 2.26

Elektrische Rudersteuerungen. Die Betriebssicherheit elektrischer Anlagen im Schiffsbetrieb ermöglicht es, die Übertragung der Bewegungen des Rades von der Brücke zur Rudermaschine im Heck statt durch Gestänge (Axiometerleitungen) oder statt Hydraulik (Öl- oder Glyzerinleitungen), elektrisch zu übertragen. Dabei werden zwei Verfahren verwendet: Die Wegsteuerung und die Zeitsteuerung.

Bei der **Wegsteuerung** wird das Rad in der bisher üblichen Weise nach dem mechanischen Zeiger vor dem Rad bis zu dem gewünschten Ruderwinkel gedreht. Die Ruderanlage läuft dann so lange, bis dieser Ruderwinkel erreicht ist. Eine Grundschaltung der Wegsteuerung zeigt Bild 2.27. Im Steuerstand auf der Brücke und im Rudermelder an der Rudermaschine sind kleine elektrische Maschinen — sogenannte Drehmelder — eingebaut. Die dreiphasigen Ständerwicklungen dieser Drehmelder sind miteinander verbunden. Der Rotor des Sollwertgebers $m1$ wird mit Wechselspannung gespeist. Im Rotor des Istwertgebers $m3$ wird eine Spannung induziert. Stimmt die Lage des Soll- und des Istwertgebers überein, sind beide Spannungen gleich. Dreht man jetzt das Handrad am Steuerstand, so entsteht eine Spannungsdifferenz, die nach Demodulation an den Transistorverstärker gegeben wird. Dieser steuert im Sinne der gewünschten Ruderbewegung das Stb-Schütz oder das Bb-Schütz. Die Schütze schalten je nach Art der Ruderanlage die entsprechenden Stellglieder, deren Betätigung die Ruderbewegung auslöst.

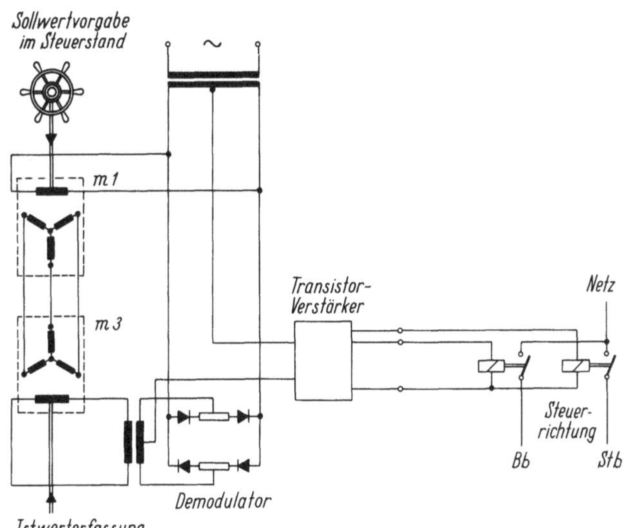

Bild 2.27. Prinzip der Wegsteuerung

Der Rudermelder bewegt sich entsprechend mit, bis Soll- und Istwert übereinstimmen. Da dann beide Spannungen in den Rotoren wieder gleich sind, fällt das Betätigungsschütz ab. Die Anlage bleibt auf dem eingestellten Ruderwinkel stehen.

Unter **Zeitsteuerung** versteht man das Legen des Ruders während der Zeitdauer, in der von Hand die dazu notwendigen Bedienungselemente betätigt werden. Diese sind entweder je ein Druckknopf für Stb- und Bb-Drehung des Ruders oder eine Art Waagebalken, ein Schaltrad oder ein Handhebel. In allen Fällen erfolgt die Bewegung gegen Federdruck, so daß beim Loslassen des Bedienungselementes die Ruderbewegung aufhört. Verschiedene Ausführungen dieser Steuerungsart ermöglichen die Ruderbewegung in zwei Stufen, eine langsame und, bei Weiterbewegung des Bedienungselementes, eine schnellere Ruderbewegung des Bedienungselementes. Die Grundschaltung der Zeitsteuerung zeigt Bild 2.28.

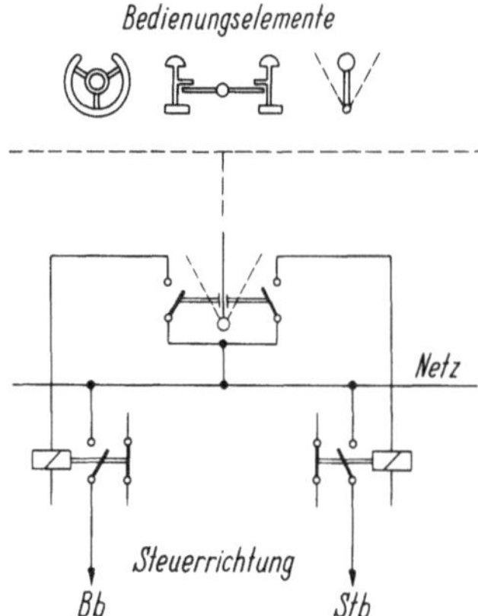

Bild 2.28. Prinzip der Zeitsteuerung

Die Lage des Ruders wird zur Kontrolle auf einen elektrischen Ruderlageanzeiger auf der Brücke übertragen. Er ist besonders wichtig bei der Zeitsteuerung.

Ruderanlagen. Mit den vorbeschriebenen Steuerungen können alle gebräuchlichen Rudermaschinen betrieben werden.

Nach der SSV müssen elektrische Rudermaschinen durch zwei getrennte Speiseleitungen, von denen die eine bei Fahrgastschiffen über die Notschalttafel führt, versorgt werden. Jede Speiseleitung muß ausreichend bemessen sein, um alle Motore, die gleichzeitig in Betrieb sein können, zu versorgen.

Obwohl die modernen Ruderanlagen von der Abteilung Maschine betreut werden, muß jeder Nautiker mit der Ruderanlage seines Schiffes vertraut sein, insbesondere damit, wie etwa vorhandene Reserveaggregate und das Notruder in Gang gesetzt werden.

Bild 2.29 zeigt das Prinzip einer elektro-hydraulischen Ruderanlage mit Axialkolbenpumpen, deren Hub in beiden Steuerrichtungen über ein Gestänge eingestellt wird. Mit der elektrischen Steuerung wird ein Verstellmotor geschaltet, der über ein Untersetzungsgetriebe eine Spindel antreibt. Auf der Spindel gleitet eine Wandermutter, die das Gestänge zur Hubverstellung der Axialkolbenpumpen bewegt. Jeder Stellung der Wandermutter auf der Spindel entspricht eine bestimmte Ruderlage. Da der Rudermelder, der den Istwert der Ruderlage erfaßt, ebenfalls von der Spindel angetrieben wird, arbeitet der elektrische Regelkreis unabhängig vom nachgeschalteten hydraulischen Regelkreis der Rudermaschine.

Über die elektrische Steuerung wird durch Verschieben der Spindelwandmutter die gewünschte Ruderlage festgelegt. Dadurch verstellt sich gleichzeitig über das Gestänge der Pumpenhub entsprechend der gewünschten Druckflüssigkeitsförderrichtung. Die Druckflüssigkeit dreht über Druckzylinder den Ruderschaft. Gleichzeitig sorgt ein durch die Drehung des Ruderschaftes bewegtes Rückführgestänge dafür, daß die Pumpenhubverstellung wieder in die Nullage zurückgestellt wird, sobald der erwünschte und durch die Umdrehungen der Spindel vorgegebene Ruderwinkel erreicht ist.

Bild 2.30 zeigt eine hydraulische Rudermaschine mit Pumpen konstanter Förderrichtung und -leistung und Steuerung der Druckflüssigkeit durch elektrisch betätigte Ventile.

Die Schaltschütze für die Stb- bzw. Bb-Ruderbewegung schalten jeweils die Magnetspule des Ventils, das zur Umsteuerung der Druckflüssigkeit in das Hydraulikrohrlei-

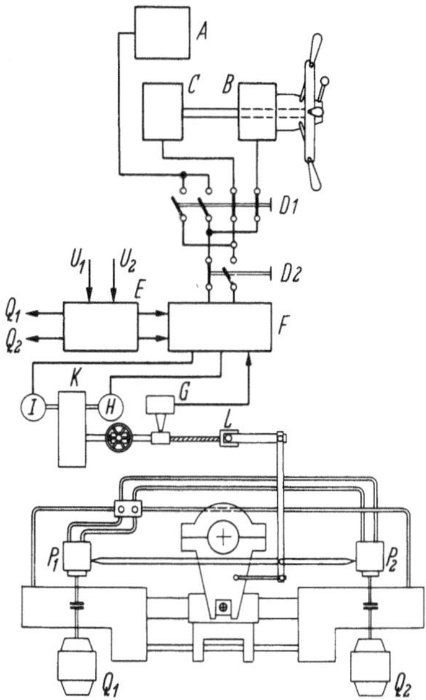

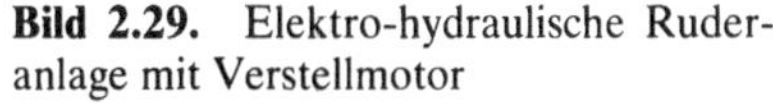

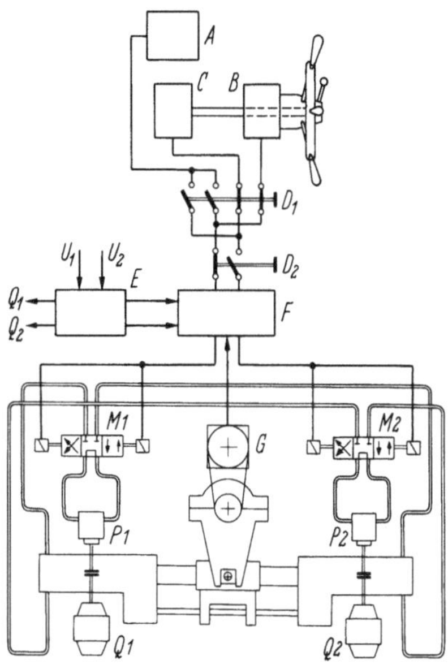

Bild 2.29. Elektro-hydraulische Ruderanlage mit Verstellmotor

Bild 2.30. Elektro-hydraulische Ruderanlage mit Magnetventilen

Bild 2.29 und **Bild 2.30.**
A automatischer Kursregler; *B* Geber für Wegsteuerung; *C* Kontakte für Zeitsteuerung; *D* Umschalter für Wahl und Betriebsart der Steuerung; *E* Netzanschlußschrank; *F* Schaltschrank für Rudersteuerung; *G* Rudermelder; *H* Verstellmotor für Wegsteuerung; *I* Verstellmotor für Zeitsteuerung; *K* Verstellgetriebe; *L* Wandermutter; *M* Magnetventile; *P* Drucköölpumpen; *Q* Antriebsmotoren für Drucköölpumpen; *U* Einspeisung vom Bordnetz

tungssystem eingebaut ist; entsprechend der Ventilstellung erhalten die Druckzylinder Flüssigkeit zur Verdrehung des Ruderblattes nach Stb oder Bb. Der Rudermelder ist mit dem Ruderschaft gekuppelt, weil die Verzugszeiten der hydraulischen Einrichtungen im elektrischen Regelkreis mit erfaßt werden müssen.

Jedem Pumpenaggregat ist ein Ventilsystem zugeordnet.

Die Drehflügelruderanlage hat einen Ruderschaft, auf den eine Nabe mit 3 Ruderpinnen aufgesetzt ist. Wie Bild 2.31 zeigt, ist dieses Gebilde in einen dreigeteilten, ölgefüllten

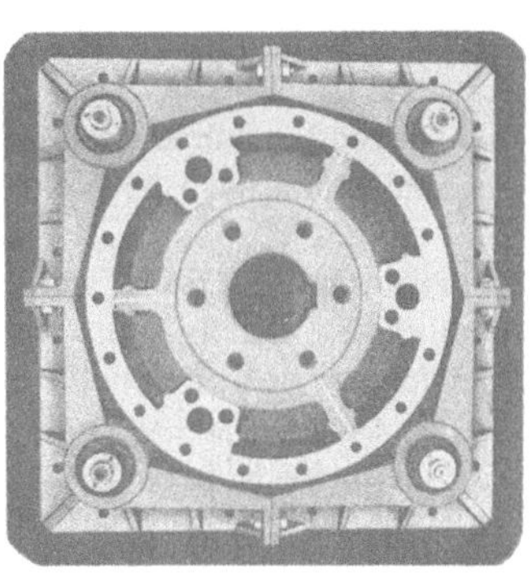

Bild 2.31. AEG-Drehflügelruderanlage, geöffnet

Raum gesetzt, so daß in der Mittschiffslage des Ruders jede der 3 Pinnen (Flügel) genau die Mitte des ihr zugeteilten Raumes einnimmt. Beim Ruderlegen, z.B. nach Bb, wird jeweils in die linke Raumhälfte Drucköl eingepumpt und aus der rechten ausgepumpt, so daß sich die 3 Pinnen mit dem Ruderschaft rechts herum drehen müssen, was einer Bb-Drehung des Ruderblattes entspricht.

Für Spezialschiffe werden Drehflügelruderanlagen mit 2 Flügeln gebaut, die einen Ruderwinkel von je 70° anstelle der sonst üblichen 35° gestatten.

Brückenpulte werden heute auf fast allen neuen größeren Schiffen installiert, um dem Wachoffizier die Kontrolle und Bedienung der für die Schiffsführung notwendigen Geräte zu erleichtern, u.a. auch wegen der zusätzlichen Einrichtungen, die für die Fernsteuerung der Hauptmaschine von der Brücke und die Überwachung bei automatisiertem, unbemannten Maschinenbetrieb erforderlich sind. Die wichtigsten Geräte sind: Ruder-steuerstand, Maschinentelegraf und Brückenfernsteuerung für die Hauptmaschine, Telefone, Überwachungstafel für die Positionslaternen, Umdrehungs- und Ruderlagenan-zeiger, Manöverdrucker, Schiffsuhr, Generalalarm, Fahrtmesser, Alarmtableau für den Maschinenbetrieb mit Ing.-Ruf-Anlage u.a.m. (Bild 2.32).

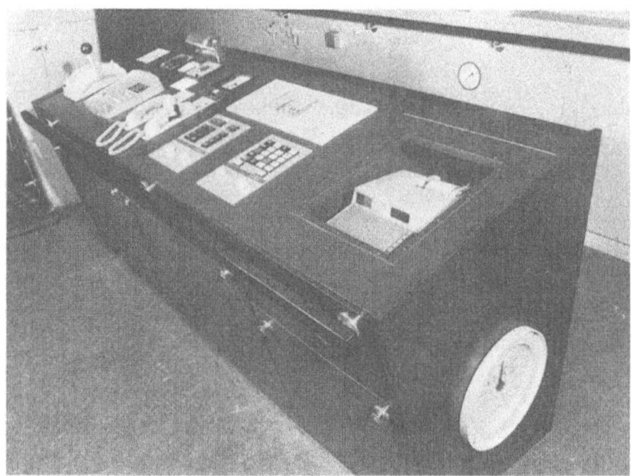

Bild 2.32. Brückenpult

Maschinenkontrollraum-Pulte (MKR-Pulte) sind heute praktisch die Norm bei automati-sierten Maschinenanlagen. Auf diesem Pult sind sämtliche für die Bedienung und Überwachung des kompletten Haupt- und Hilfsmaschinenbetriebes notwendigen Anzei-ge-, Registrier- und Schaltgeräte zentral zusammengefaßt. Hier können Einzelwerte von Temperatur, Druck usw. abgelesen werden, und hier erfolgt die Vorprogrammierung, die Auswahl der Betriebs- und Standby-Aggregate usw., auch kann in den Ablauf der automatisierten Funktionsabläufe eingegriffen werden. Von hier aus kann notfalls die Hauptmaschine nach den Kommandos von der Brücke gefahren werden usw. (Bild 2.33).

Scheinwerfer an Bord werden verwendet zum Lichtmorsen, bei Hilfeleistung in Seenotfällen, nachts beim An- und Ablegen, beim Fahren in engen Revieren und in Kanälen sowie zur Beleuchtung von Arbeitsdecks.

Zum Lichtmorsen setzt man leichte, mit losem Kabel versehene Handsignalschein-werfer entsprechend SOLAS-Regel 14g ein.

Fest installierte Navigationsscheinwerfer sind auf einer Säule, einem Schuh oder auf einem ferngesteuerten Schwenk- und Neigegetriebe montiert.

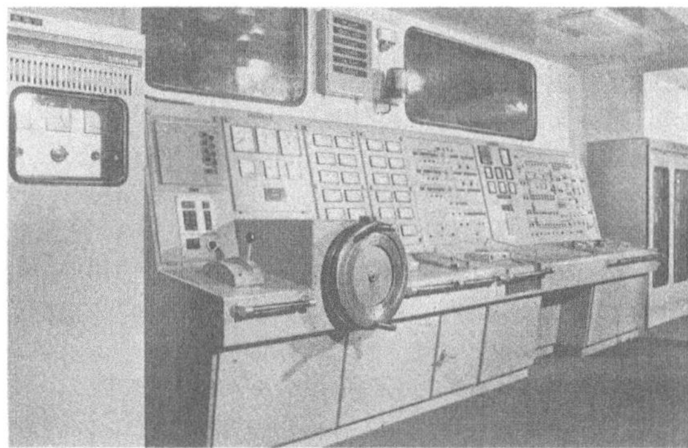

Bild   2.33.   Maschinenkontroll-
raum-Pult

Die sogenannten Anstrahler dienen einer großflächigen Beleuchtung von Arbeitsdecks (z. B. in der Fischerei).

Für den Suezkanal sind Scheinwerfer vorgeschrieben, die bis 1500 m Entfernung beide Uferbojenreihen beleuchten, aber entgegenkommende Schiffe nicht blenden. Die Scheinwerfer müssen deshalb über einen geteilten Spiegel verfügen, wodurch zwei Strahlenbündel von 5° Breite, mit einer dazwischenliegenden Dunkelzone von 10°, entstehen. Diese Spiegelverstellung und das Inbetriebnehmen einer Reservelampe muß von außen zu betätigen sein.

Die bisher übliche Glühlampe wird immer mehr durch Halogenglühlampen und besonders durch moderne Entladungslampen mit hoher Lichtausbeute ersetzt. Die Art der Lampe richtet sich nach der Aufgabenstellung:

– Xenon-Hochdrucklampen für weitreichende, enggebündelte Strahlen,
– Halogen-Kurzbogenlampen für mittelbreite Bündelung,
– Halogen-Metalldampflampen für breite Abstrahlung,
– Natrium-Hochdrucklampen für großflächige, gelbfarbene Beleuchtung.

Die Lichtausbeute einer solchen Entladungslampe ist bis viermal größer als die einer Glühlampe; 500-W-Entladungslampen entsprechen also 2000-W-Glühlampenleistung.

Die entscheidenden Kriterien eines Scheinwerfers sind daher die Höchstlichtstärke (gemessen in Candela) und die Strahlbreite beim halben Wert der Höchstlichtstärke (in Grad gemessen).

Ladewinden. Die Anforderungen an dieses auf Frachtschiffen meist gebräuchliche Umschlagmittel sind:

– gute Beschleunigungs- und Bremseigenschaften des Antriebes, um auch bei geringen Hubhöhen hohe Umschlagsleistungen, d. h. stündliche Hievenzahlen, zu erzielen, vor allem bei leichtem Stück- und Massengut; die Beschleunigung darf jedoch 3 m/s^2 nicht übersteigen;
– robuste, gegen Überflutung geschützte Ausführung;
– leichte, sinnfällige Bedienbarkeit; der Steuerhebel muß beim Loslassen in die Nullage zurückgehen und ein automatisches Bremssystem zur Wirkung bringen, das auch bei Ausfall der Energieversorgung wirkt (Ladewinden werden meist von bordfremdem Personal bedient);
– niedrige Absetzgeschwindigkeit auf der 1. Steuerstufe zur sicheren Handhabung auch empfindlicher Ladegüter.

ISO-Standard 3078 gibt Normdaten für Ladewinden mit Zugkräften von 2 bis 16 t an; die Leistungsdaten ausgeführter Winden liegen meist höher.

Für Stückgut sind Ladewinden 5 t und 8 t, überwiegend mit Getriebeumschaltung auf 2,5 t für den schnellen Umschlag kleinerer Lasten, gebräuchlich. Winden mit geringeren

Zugkräften werden auf kleineren Fahrzeugen und für Proviantwinden o.ä. benutzt, größere Winden in erster Linie für Schwergutgeschirre.

Als elektrischer Antrieb dient vor allem der dreifach polumschaltbare Drehstrommotor mit Käfigläufer mit einer Standardleistung von 38 kW, mit Schützensteuerung unter Deck und wasserdichtem Meisterschalter an Deck.

Die Arbeitskennlinien für eine 3-t-Winde zeigt Bild 2.34. Mit derartigen Winden werden Hievenzahlen von 120 bis 130/h erzielt. Je nach Windenzugkraft werden gelegentlich kleinere, häufig auch größere Motoren verwendet (siehe unten, Schwergutwinden).

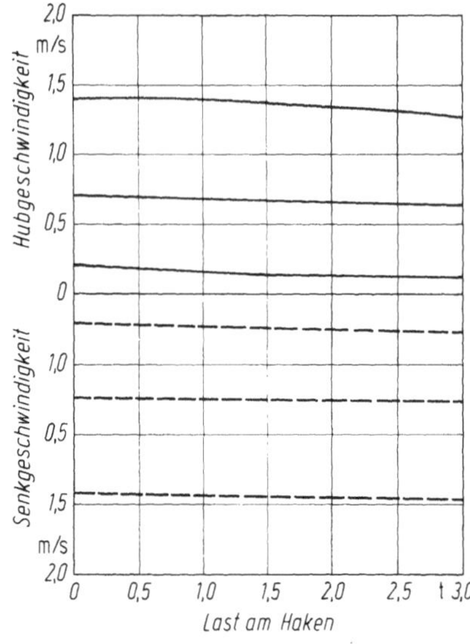

Bild 2.34. Arbeitskennlinien einer 3-t-Ladewinde mit dreifach polumschaltbarem Drehstrommotor 38 kW (aus SET 3/1976)

Gleichstrommotoren für Ladewinden werden in Leonard-Schaltung mit Thyristorerregung oder aber mit Thyristorspeisung auch des Ankers ausgeführt. Sie ergeben eine erhöhte Leerhakengeschwindigkeit und ermöglichen stufenlose Steuerung vor allem für Sonderzwecke. Das Kennlinienfeld eines solchen Antriebes zeigt Bild 2.35.

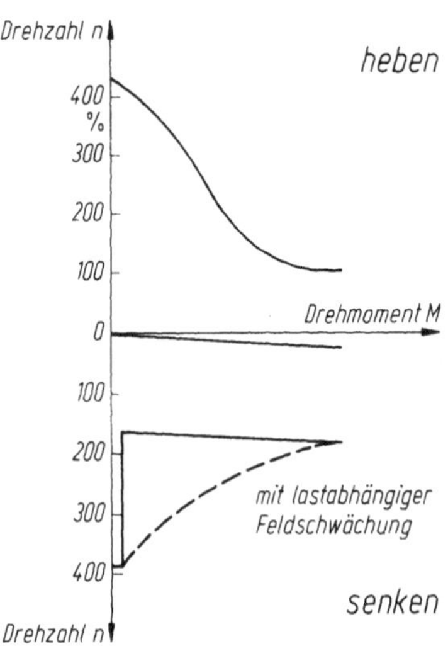

Bild 2.35. Kennlinien eines Ladewindenantriebes in Leonard-Schaltung mit Thyristorerregung (aus „Neuzeitliche Transportmittel auf Handelsschiffen aus der Sicht der elektrischen Antriebe" E 477/1196)

Daneben finden Antriebe mit Schleifringläufer-Motoren Verwendung sowie hydraulische Antriebssysteme der unterschiedlichsten Bauarten, Betriebsdrücke und Leistungen.

Hanger- und Preventerwinden. Die bekannten mechanischen Hangerwinden, über ein Seil vom Spillkopf der Ladewinde angetrieben, werden mehr und mehr durch elektrisch angetriebene und fernbetätigte Hangerwinden ersetzt. Hangerwinden zum Toppen des unbelasteten Ladebaumes besitzen eine Klinkensperre oder eine Getriebebremse. Zum Fahren auch unter Last werden entsprechend größere Motoren, mit angebauter Bremse, durchweg für eine Geschwindigkeit, eingesetzt.

Der Aufstellungsort dieser Winden ist unabhängig von der Aufstellung der Ladewinden; sie werden häufig auf der Saling aufgestellt oder am Ladepfosten oder am Mast in größerer Höhe befestigt. Ebenso werden für das seitliche Verstellen der Bäume zum Betätigen der Geien und Preventer kleine Winden eingesetzt. Eine Anordnung von fernbetätigten Hanger- und Preventerwinden zeigt Bild 2.36. Neben den beiden Ladewinden sind zwei Hangerwinden zum Toppen und Fieren der Bäume sowie zwei Außenpreventerwinden und eine Mittelgeienwinde zur Seitenverstellung vorhanden.

Mit diesen 5 Hilfswinden lassen sich alle erforderlichen Baumbewegungen nach Höhe und Seite schnell und sicher ausführen, ohne daß manuelle Eingriffe notwendig sind.

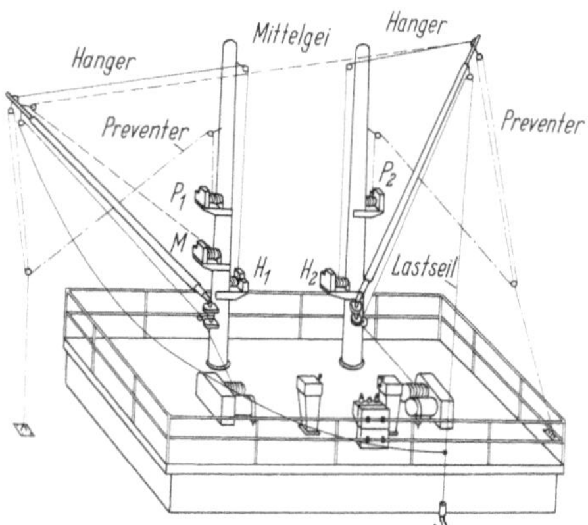

Bild 2.36. Anordnung von Hanger- und Preventerwinden für ein Ladebaumpaar

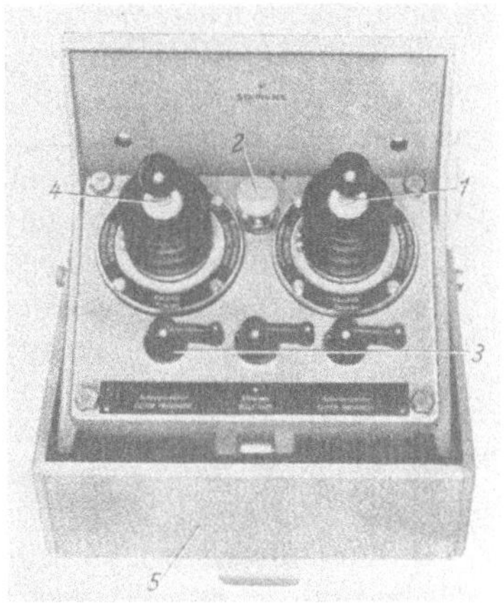

Bild 2.37. Kombiniertes Steuergerät IM 776 für Hanger- und Preventerwinden.
1 Hanger I; *2* Schalter; *3* Preventer II, Mittelgei, Preventer I; *4* Hanger II; *5* Gehäuse

Ein kombiniertes Steuergerät (Bild 2.37), das zweckmäßig zwischen den beiden Ladewinden-Steuersäulen angeordnet ist, enthält die Befehlsorgane für ein Baumpaar. Jeder der beiden Steuerhebel ist einem der beiden Bäume zugeordnet. Die Steuerung ist so eingerichtet, daß der Baum sich sinngemäß in der Richtung bewegt, in die der Steuerhebel ausgelenkt wird.

Werden zusätzlich die Ladewinden und Hangerwinden durch eine Umschaltungseinrichtung elektrisch parallel geschaltet, so ergibt sich ein „Twin Derrick"-System, das bei ausreichender Dimensionierung der Antriebsmotoren die volle Tragkraft zweier parallel gestellter Ladebäume auszunutzen gestattet. Auf diese Weise wird mit einem „union purchase"-Geschirr z. B. der Umschlag von Containern ermöglicht (Bild 2.38).

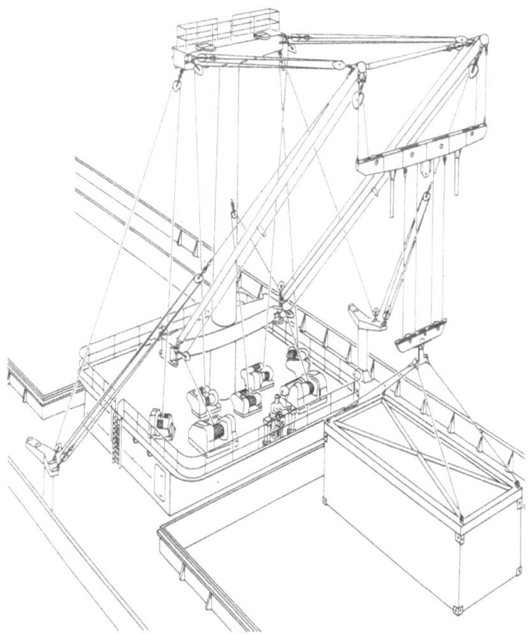

Bild 2.38. „Twin Derrick"-System zum Verladen von 20′-Containern

Schwergutwinden. Als bordeigenes Geschirr für Schwergutumschlag werden Schwingbäume verschiedener Systeme mit Tragkräften von 20 t bis zu mehreren 100 t benutzt. Der Ladebaum wird dabei von zwei gespreizten Hangertaljen gehalten, mit denen er sowohl vertikal wie horizontal bewegt werden kann. Die Lasttalje mit mehrfach geschorenem Seil wird mit einer oder auch zwei Ladewinden ausgerüstet. Die bekannteste Konstruktion ist der Stülckenmast (Bild 2.39) mit schräg gestellten Pfosten. Er wird gern mit Leichtgutbäumen kombiniert. Die Schwergutwinden erhalten dann eine zusätzliche Leichtguttrommel. Die Motorleistungen je Winde sind 38 oder 61 oder 80 kW. Um die Rücklaufzeit des leeren Hakens abzukürzen, werden die Drehstrom-Antriebsmotoren — vorzugsweise 4fach polumschaltbar — ausgeführt; die zusätzliche Schnellstufe ergibt dabei doppelte Seilgeschwindigkeit und kann bis zur halben Nennlast benutzt werden. Schwergutwinden werden oft mit einer tragbaren Fernsteuerung (Bild 2.40) versehen; mit ihr ist der Bedienende frei beweglich und kann sich den zur Beobachtung der Last günstigsten Standort wählen.

Thyristorsteuerungen. Drehstrom-Käfigläufermotoren für gesteuerten Schaltbetrieb werden bis zu einer Leistung von ca. 80 kW ausgeführt. Bei größerem Leistungsbedarf für sehr

Bild 2.39. 80-t-Schwergutbaum System Stülcken mit zusätzlichen Leichtgutbäumen. Antrieb: 4 Winden mit polumschaltbaren Drehstrommotoren von je 38 kW (aus „Elektrische Windenausrüstung am Stülckenmast" E 477/1301-220)

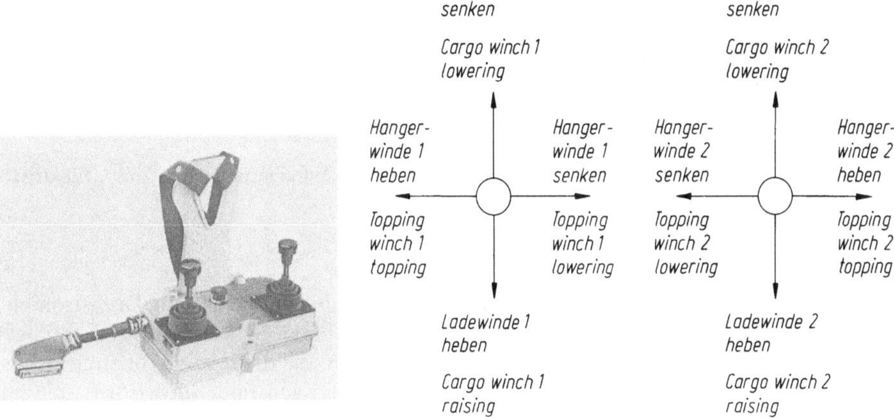

Bild 2.40. Tragbare Fernsteuerung für Schwergutwinden (aus „Elektrische Winden am Stülckenmast") E 477/1301-220)

große Schwergutgeschirre, Verladebrücken für Barge Carrier, Fischnetzwinden o.ä. werden Gleichstrommotoren mit Thyristorsteuerungen benutzt. Thyristoren, neuzeitliche Halbleiterbauelemente ohne bewegte Teile, sind für den Schiffsbetrieb besonders geeignet und gestatten, die Gleichstrommotoren aus dem Drehstrom-Bordnetz zu speisen, verlustarm zu steuern und zu regeln. Diese Antriebsart wird für anspruchsvolle Sonderzwecke aller Art auch bei kleineren Leistungen bevorzugt (z.B. stufenlose Steuerung, genaue Geschwindigkeitsregelung u.a.).

Bordkrane. Zahlreiche Frachtschiffe besitzen Bordkrane oder eine Kombination aus Kranen, Ladebäumen bzw. Schwergutgeschirr als Umschlagseinrichtung. Krane sind stets sofort einsatzbereit; demgegenüber steht der größere mechanische Aufwand. Wirtschaftlicher Kranbetrieb erfordert zudem sorgfältige Auswahl der Baugröße nach der Ladungsart. Eine gern gewählte Bauausführung ist der Geminikran (Bild 2.41). Beide Teilkrane können dabei sowohl unabhängig voneinander arbeiten als auch gemeinsam zum Containerumschlag verwendet werden.

Bild 2.41. Gemini-Doppelbordkran für Stückgut- und Containerumschlag (aus „Elektrische Antriebe für Bordkrane" E 477/1239-220)

Für den Antrieb der Hub- und Wippwerke eignen sich polumschaltbare Drehstrommotoren; mit ihnen sind bei Geminibetrieb keine besonderen Synchronisiereinrichtungen nötig. Für die Drehwerke dienen Gleichstrommotoren, die die relativ großen Schwungmassen stoßfrei beschleunigen und abbremsen. Im übrigen finden für Bordkrane alle bereits bei den Ladewinden erwähnten Antriebssysteme Verwendung, insbesondere auch elektrohydraulische Aggregate. Gebräuchlich sind 5-, 8-, 12-, 16-t-Einzel- und Doppelkrane, vereinzelt auch bis zu 40 t sowie Proviantkrane u.ä. mit kleinerer Tragkraft. Schüttgut wird mit Greiferkranen umgeschlagen, die längsschiffs und/oder querschiffs verfahrbar sind (Bild 2.42).

Ankerwinden. Ankerwinden werden überwiegend mit zwei abkuppelbaren Kettennüssen auf horizontaler Welle gebaut. An ihren Enden oder auf gesonderten Vorgelegewellen befinden sich beidseitig Spillköpfe.

Auf breiten Schiffen wird die Ankerwinde geteilt; die beiden Ankerteile werden dann zweckmäßig mit einem automatischen Mooringwindenseil (siehe unten, Verholwinde) kombiniert, dessen Motor wahlweise die Verholtrommel oder die Kettennuß antreibt (Bild 2.43). Bei Heckankerwinden werden auch Kettennüsse auf vertikaler Welle mit darüberliegendem Spillkopf und Antriebsmotore mit Getriebe unter Deck benutzt.

Bild 2.42. Längs- und querschiffs verfahrbarer Greiferbordkran 16 t (aus „Elektrische Antriebe für Bordkrane" E 477/1239-220)

Bild 2.43. Zwei kombinierte Anker- und automatische Mooringwinden (aus SET 3/1976)

Ankerwinden unterliegen den Vorschriften der Klassifikationsgesellschaften. Nach ISO-Standard 4568 gelten folgende Daten:

Zugkraft an der Kette
Ketten-Güteklasse 1: $37{,}5\ d^2$ (N) ($d =$ Kettendurchmesser in mm),
Ketten-Güteklasse 2: $42{,}5\ d^2$ (N) ($d =$ Kettendurchmesser in mm),
Ketten-Güteklasse 3: $47{,}5\ d^2$ (N) ($d =$ Kettendurchmesser in mm).

Wirkungsgrad der Ankerklüse 70% (dementsprechend muß die Nennzugkraft an der Kettennuß um den Faktor 10/7 größer sein).

Der Motor ist für das Heben eines Ankers mit der Nennzugkraft zu bemessen; er muß eine Kettengeschwindigkeit von 0,15 m/s bewirken, und für 30-min-Betrieb bei Vollast sowie für 2-min-Betrieb bei 50% Überlast ausgelegt sein.

Als Antriebe haben sich vollkommen geschlossene, dreifach polumschaltbare Drehstrommotoren mit eingebauten Bremsen besonders bewährt; benutzt werden jedoch auch nahezu alle anderen bereits erwähnten Antriebsarten. Auf Tankschiffen werden hydraulische oder Dampf-Antriebe eingebaut.

Einiges über Ankergeschirre. Haltevermögen: Die Auslegung ist nach GL-Vorschrift heute so, daß die Bremse 45 %, der Kettenstopper 100 % der Kettenbruchlast hält.

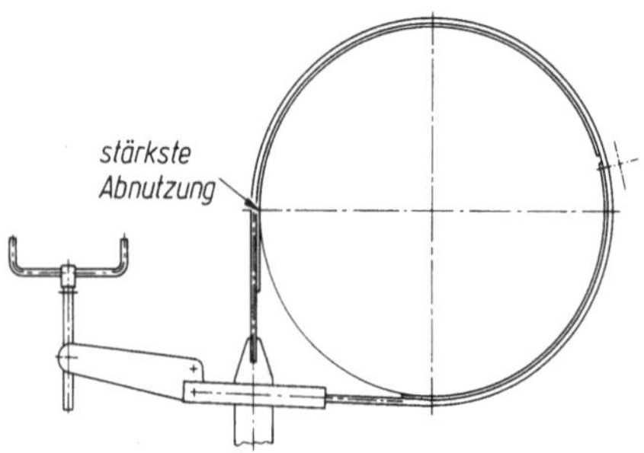

Bild 2.44. Abnutzung der Bremsbeläge bei Ankerwinden

Bremsbeläge haben ihre stärkste Abnutzung an der in Bild 2.44 gekennzeichneten Stelle. Wenn hier der Belag auf 40 % der Originaldicke reduziert ist, müssen Bremsen neu belegt werden (Belagbett dabei entrosten!). Schäden können vermieden werden, wenn beachtet wird, daß beim Fallenlassen eine Kettengeschwindigkeit von 5 m/s nicht überschritten wird. (Anhalt: Kettennußdrehzahl $\leq$ 1 U/s). Diese Begrenzung wird zuverlässig durch sogenannte „Speed-Limiter" ($\leq$ 2 m/s) erreicht, die bei handbetätigten Bremsen als Extra-, bei federbelasteten als Standardausstattung zu haben sind. (Mehrkosten stehen in keinem Vergleich zu denen, die bei Anker- und Kettenverlust anfallen.) Das Bremsgestänge muß gängig gehalten werden (auch bei Nichtbenutzung ca. alle 4 Wochen abschmieren!).

Beim Ankermanöver sollte keine Fahrt im Schiff sein. Hievbeginn erst, wenn Kette „auf und nieder" steht. Bei angehängten Mooringwinden diese nicht zur Erhöhung der Bremswirkung zukuppeln!

Abnutzung der Kettennuß: Um Springen der Kette zu verhindern, sollte die Bettlastseite durch Auftragsschweißung während der Werftliegezeit in die Ursprungsform gebracht werden (Kontrolle mit Schablone von der unbenutzten Seite).

Verholwinden und Verholspille. Während Verholspille (mit senkrechter Welle und Motor unter Deck oder mit im Spillkopf eingebautem Motor) nur noch wenig Verwendung finden, steigt die Anwendung von Verholwinden mit Zugkraftautomatik. Verholwinden mit ausschließlich manueller Steuerung werden mit und ohne Trommel sowie mit Spillköpfen auf verlängerten Wellen gebaut, die über die ganze Schiffsbreite reichen können und auch zum Bewegen von Lukendeckeln benutzt werden. Als Motoren können die gleichen Ausführungen wie für Ankerwinden benutzt werden, da auch hier ein Kurzzeitbetrieb (30 min Vollast, 10 min für lose Trosse) vorliegt.

Müssen die Trossen beim schnellen Be- und Entladen, in Schleusen oder bei Schwell im Hafen laufend nachgesetzt werden, so kann durch sogenannte automatische Mooringwinden sowohl Personal eingespart als auch die Sicherheit erhöht werden. Diese Winden halten den Trossenzug selbsttätig konstant (Bild 2.45). Die Messung des an der Seiltrommel angreifenden Zuges geschieht mittels einer im Windengehäuse eingebauten Lastwaage. Diese besteht im wesentlichen aus einem federnden Element (Drehstab, Tellerfeder, Spiralfeder), das kraftübertragend zwischen der Seiltrommel und dem Antrieb der Winde angeordnet ist. Der Verdrehungswinkel der Lastwaage wird auf den Automatikschalter übertragen, der den Motor entsprechend der Abweichung von der eingestellten Zugkraft so lange einschaltet, bis Sollwert und Istwert wieder übereinstimmen.

Bild 2.45. Automatische Mooringwinde mit stufenloser Sollwerteinstellung; mit dreifach polumschaltbarem Drehstrommotor, Antriebsleistung 38 kW (aus SET 3/1976)

Die Winde wird zunächst wie eine normale Verholwinde von Hand gesteuert, bis das Schiff festliegt und der gewünschte Trossenzug erreicht ist. Nun wird die Automatik eingeschaltet. Der Automatikschalter übernimmt die Funktion und hält das Schiff mit konstantem Zug fest. Ein Eingreifen von Hand ist jetzt mit dem Meisterschalter nur im Fieren-Sinn möglich, um bei Gefahr ohne Zeitverlust der Trosse Lose geben zu können. Eine Alarmeinrichtung bei Überlastung und ein Notfierknopf können zusätzlich eingebaut werden.

Da die Schalthäufigkeit des Motors bei diesen automatischen Winden recht hoch werden kann, sind Ladewindemotoren vorteilhaft, insbesondere Drehstrom-Ladewindenmotoren, die von Haus aus für solche hohen Schaltspielzahlen bemessen sind.

Neben dieser als dead motor-System bezeichneten Arbeitsweise, bei der der Motor bei erreichter Sollzugkraft stets abgeschaltet ist, wird gelegentlich auch als live motor-System verwendet. Bei letzterem übernimmt der Antriebsmotor die Funktion der Lastwaage, indem sein Drehmoment über einen gewissen positiven und negativen Drehzahlbereich konstant gehalten wird. Dieses System ist allerdings nur mit Gleichstrommotoren und Leonard- oder Thyristorschaltung möglich. Da der Antrieb ständig sein volles Drehmoment entwickeln muß, sind die ständigen Energieverluste beträchtlich. Auf ähnliche Weise arbeiten z. B. automatische Mooringwinden mit Hydraulik oder mit Dampfantrieb.

Für handgesteuerte und automatische Mooringwinden gibt ISO-Standard 3730 genormte Daten im Zugkraftbereich von 5 bis 40 t an. Die vorgeschlagenen Mindestseilgeschwindigkeiten liegen bei Vollast zwischen 0,25 m/s (5 t) und 0,13 m/s (40 t); es wird eine niedrige Geschwindigkeitsstufe gefordert, die der halben Nenngeschwindigkeit entspricht, sowie eine Mindestgeschwindigkeit für lose Trosse von einheitlich 0,5 m/s.

Allgemeine Beleuchtung. Hierzu verwendet man im allgemeinen Entladungslampen in Form von:

Leuchtstofflampen (NL) 50 bis 80 lm/W (bis 65 W);

Quecksilberdampf-Hochdrucklampen ohne und mit Leuchtstoff bis 2000 W (40 bis 60 lm/W) (Hg und HgL);

Halogen-Metalldampflampen ohne und mit Leuchtstoff (HgI) 400 bis 2000 W (40 bis 60 lm/W) und HgIL;

Mischlichtlampen (ML) (160 bis 1000 W) (18 bis 28 lm/W);

Natriumdampf-Niederdruck- und Hochdrucklampen (Na und NaH) 35 bis 180 W (83 bis 142 lm/W);

Xenonlampe (Xe) 80 bis 90 lm/W.

Glühlampen (10 lm/W) in der bekannten Ausführung werden heute nur noch in wenigen Fällen z. B. bei der Notbeleuchtung und in den Aufenthalts- und Wohnräumen eingesetzt. Leuchtstofflampen haben gegenüber einer herkömmlichen normalen Glühlampe eine wesentlich höhere Lebensdauer und eine sehr viel höhere spezifische Leistung

(Verhältnis Lumen:Watt), oder bei gleichen Watt-Zahlen gegenüber Glühlampen eine 5 bis 7 mal höhere Lichtausbeute. Der Betrieb solcher Leuchtstoffröhren mit Gleichstrom ist unter bestimmten Umständen möglich.

Die Leistungsaufnahme von Lampen wird in Watt, ihre Lichtmenge in Lumen (Lichtstrom) angegeben. Die Einheit für die Lichtstärke ist Candela (cd). Die Beleuchtungsstärke wird mit Lux bezeichnet (lm/m^2), ihr Mindestwert ist für einzelne Bereiche des Schiffes durch den GL bzw. durch die SeeBG genau festgelegt (siehe nachstehende Tabelle):

Art der Räume	Beleuchtungsstärke Lux (Lx)	Leistungsbedarf ca. W/m^2		Bemerkung
		Glühlampe	Entladungslampe	
Laderäume sowie Arbeitsplätze und Verkehrswege auf dem Oberdeck	20–40 (bis 60)	von der Anordnung abhängig		
Bunker Nebenräume		10	5	
Gänge und Niedergänge Bootsaussetzstationen Toiletten Backdeck Kinosaal Wellentunnel	50–75 (bis 120)	20	10	
Kartenraum Ruderhaus Fahrgastkabinen Kammern Mannschaftsräume Promenadendeck Waschräume, Bäder	100–150 (bis 250)	30	15	örtliche Beleuchtung der Tisch- und Arbeitsflächen nicht unter 200 Lux
Kesselraum Maschinenraum Wirtschaftsräume Messen Salon Speise- und Gesellschaftsräume und deren Vorplätze Bibliothek	200 (bis 500)	40	20	
Hospital Untersuchungsraum	200 und mehr Sonderbeleuchtung	40 und mehr	20 und mehr	

Beim Betrieb mit Leuchtstofflampen fließt durch den induktiven Widerstand ein nicht unerheblicher Blindstrom. Im Interesse der Energiebilanz sollten an Bord von Schiffen nur kompensierte Geräte zum Einsatz kommen.

Kommando-Wechselsprechanlage. Zur Übermittlung von Befehlen von der Brücke nach verschiedenen Stellen des Schiffes werden Lautsprechertelefone verwendet. Gegenüber den batteriegespeisten Geräten haben sich in den letzten Jahren batterielose Fernsprecher mit großer Lautstärke durchgesetzt. Bei diesen erfolgt die Sprachübermittlung mit Hilfe dynamischer Sprech- und Hörkapseln. Auch bei stärksten Störgeräuschen (bis 120 Phon) ist die Sprache noch gut zu verstehen. Der GL schreibt für die Verbindung Brücke–Maschine eine batterielose Fernsprechanlage bindend vor, wenn kein Sprachrohr vorhanden ist.

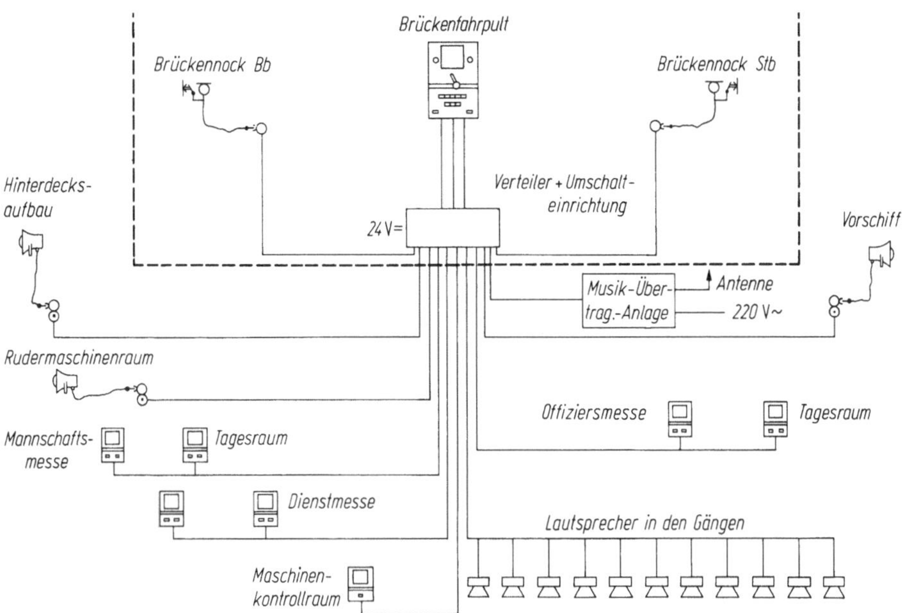

Bild 2.46. Kommando-Wechselsprechanlage

Auf größeren Schiffen werden vollständige Kommando-Wechselsprechanlagen eingebaut, die den Wachoffizier mit allen Abteilungen des Schiffes akustisch verbinden. Bild 2.46 zeigt als Beispiel eine Anlage, die an das Schiffsstromnetz angeschlossen ist. Auf der Brücke befindet sich ein Mikrofon neben dem Schaltgerät, das wahlweise Verbindungen ermöglicht. Auf der Back, am Heck und dem Peildeck sind Lautsprecher, die gleichzeitig aber auch als Sprechstelle benutzt werden. Infolge der starken Geräusche im Maschinenraum wird zum Lautsprecher zusätzlich ein geräuschkompensiertes Tauchspulenmikrofon eingebaut. Der Lautsprecher auf dem Peildeck soll dazu dienen, Nachrichten an Personen außerhalb des Schiffes zu vermitteln, z. B. beim Passieren von Schiffen, bei Rettungsaktionen, beim Einlaufen in Häfen, Übernehmen von Lotsen usw. Ferner sind Gegensprechanlagen in den Kammern, z. B. des Kapitäns, des Ersten Offiziers und Ltd. Ingenieurs, gewöhnliche Lautsprecher in Messen, Fahrgasträumen usw. und schließlich eine Musik- und Radioübertragungsanlage angeschlossen. Der Vorteil solcher Kommandoanlagen liegt darin, daß alle Befehle und Mitteilungen über Lautsprecher eintreffen und die Empfänger ihren Arbeitsplatz nicht zu verlassen brauchen, um einen Fernsprecher zu bedienen.

Weitere Befehls- und Meldeanlagen. Neben den Fernsprechgeräten werden an Bord Anzeigegeräte verwendet, die als Fernmesser von Drehwinkeln arbeiten. Es sind dies Maschinentelegrafen, Dock-, Anker- und Rudertelegrafen, Ruderlageanzeiger, Windrichtungsanzeiger, Fahrtmesser, Tiefgangsmesser, Tankfüllungsanzeiger. Bei allen diesen Geräten handelt es sich darum, einen Drehwinkel an einem Sendegerät auf ein oder mehrere Empfängergeräte fernzuübertragen, z. B. die Lage des Maschinentelegrafen auf der Brücke auf einen solchen in der Maschine. In den drei letztgenannten Geräten befinden sich senderseitig Druckmanometer, deren Lage übertragen werden soll.

Für den Betrieb dieser Anlagen kann Gleich- oder Wechselstrom verwendet werden. Gleichstromgeräte arbeiten gewöhnlich nach dem Spannungsteilersystem. Im Prinzip besteht der Geber aus einem ringförmigen Widerstand, der an drei um 120° auseinander liegenden Punkten angezapft ist (Bild 2.47). Auf diesem schleifen drehbar zwei gegenüberliegende Kontakte, die mit der Plus- und Minusleitung des Netzes verbunden sind. Der Empfänger ist ein Drehspulinstrument aus drei gekreuzten Spulen, das sich jeweils in das resultierende Feld einstellt. Deshalb ist das Gerät gegen Spannungsschwankungen des Bordnetzes unempfindlich.

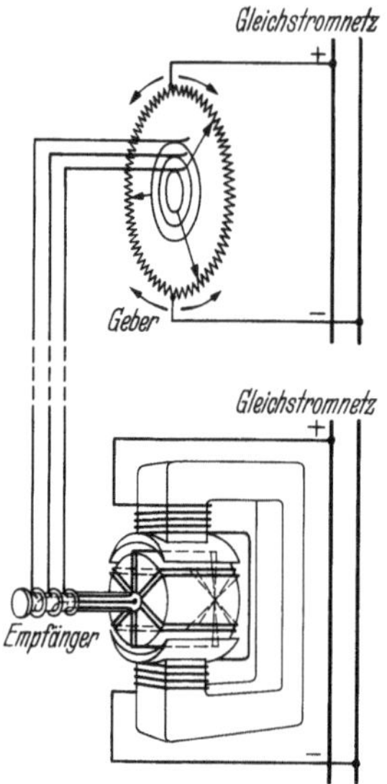

Bild 2.47. Schaltbild einer Befehlsanlage nach dem Gleichstromverfahren

Noch betriebssicherer sind die mit Wechselstrom betriebenen Anlagen, da sie keine Schleifkontakte benötigen. Auf Gleichstromschiffen sieht man deshalb einen Umformer für den Betrieb der Kommandoanlagen vor, der Wechselstrom von 55 V und 50 Hz liefert, wogegen man diesen auf Drehstromschiffen durch einen Trafo erhält. Die Drehwinkelfernübertragung durch Wechselstrom erfolgt in der gleichen Weise wie bei den Tochterkompassen der Kreiselkompaßanlage. Es liegt hierbei der Gedanke zugrunde, daß in Reihen geschaltete Drahtspulen in gleichartigen Wechselstromfeldern gleiche Lage im Kraftlinienfeld annehmen. Bild 2.48 zeigt die Schaltung des Systems. Geber und Empfänger sind in ihrer Inneneinrichtung vollkommen gleich. Die Spule des Gebers kann durch einen Hebel oder ein Handrad gedreht werden. Der Geber und der Empfänger bestehen aus einem Elektromagneten, dessen Feldwicklung mit Wechselstrom gespeist wird. In der Polbohrung des magnetischen Wechselfeldes befindet sich — drehbar gelagert — der Anker, der zwei um 90° versetzte Spulen trägt. Durch das Wechselfeld werden in den Spulen Spannungen induziert. Sind die Stellungen der Geberspulen und der Empfängerspulen im Wechselfeld verschieden, so werden auch verschiedene Spannungen erzeugt, d. h., es muß ein Ausgleichstrom fließen, der eine Bewegung des drehbaren Ankers hervorruft. Die Spule hat bei der Drehung das Bestreben, die Ausgleichströme auf ein Minimum zu beschränken. Das Minimum ist vorhanden, wenn die beiden in den Spulen des Gebers und des Empfängers erzeugten Spannungen gleich sind, d.h. wenn beide Spulen dieselbe relative Lage zum Feld einnehmen.

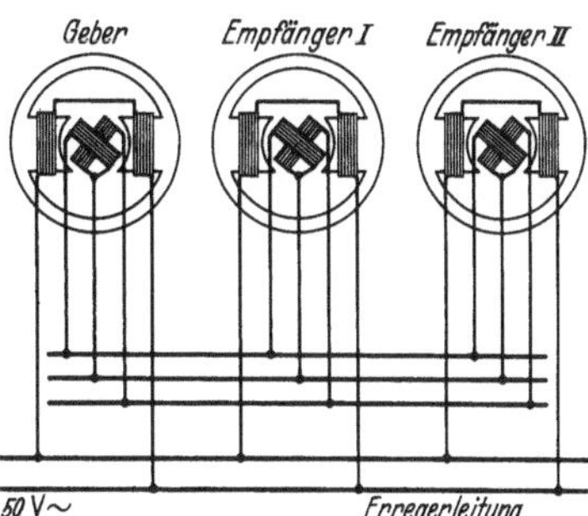

Bild 2.48. Schaltbild einer Befehlsanlage nach dem Wechselstromverfahren

Umdrehungsfernanzeiger. Die Wirkungsweise der Umdrehungsfernanzeiger beruht auf Spannungsmessung. Der Geber ist ein kleiner magnetisch-elektrischer Stromerzeuger, der mit der Maschine, deren Drehzahl gemessen werden soll, gekuppelt ist. Die erzeugte Spannung ist proportional der Umdrehungszahl und kann daher von dem als Spannungsmesser ausgebildeten Empfangsgerät angezeigt werden.

Umdrehungszähler. Diese Anlage (Bild 2.49) besteht aus einem Kontaktgeber, der mit Hilfe einer Kette von dem Antrieb des U-Zeigergebers angetrieben wird, und einem elektrisch weitergeschalteten Zählwerk. Der Kontaktgeber dreht eine Nockenscheibe, die bei jeder Umdrehung den Kontakt schließt, wodurch ein elektrischer Magnet erregt wird, dessen Anker das Zählwerk antreibt.

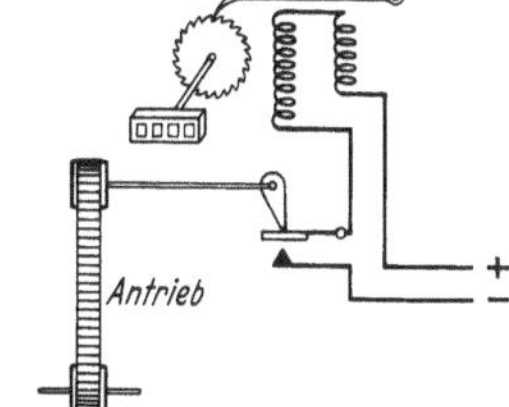

Bild 2.49. Schema eines Umdrehungszählers

Fernthermometer. Zur Messung von Temperaturen bis 200 °C, wie sie bei Kühlladeräumen, Proviantträumen, Heizölbunkern, Turbinen- und Getriebelagern vorkommen, verwendet man Fernthermometer. Sie beruhen auf der elektrischen Widerstandsänderung von Leitern bei veränderlicher Temperatur. Die genauesten Resultate erzielt man durch Vereinigung eines Kreuzspulmeßwerkes mit der Wheatstoneschen Brücke (Bild 2.50). Beim Kreuzspulmeßwerk wird das Gegendrehmoment nicht mechanisch durch Federn, sondern elektrisch durch die Richtspule (1) erzeugt. Die Richtspule und die Hauptspule (2), die in einem bestimmten Winkel zueinander angeordnet sind, werden von derselben Stromquelle gespeist. Die ganze Anordnung ist somit spannungsunabhängig. Die Brückenschaltung ermöglicht das Messen von sehr kleinen Widerstandsänderungen. Während das Widerstandsthermometer aus Material mit großem Temperaturkoeffizienten bestehen muß (Platin, Nickel), sind die übrigen Brückenwiderstände aus temperaturunabhängigem Material (Nickelin, Konstantan) hergestellt.

Pyrometer. Zur Messung der hohen Temperaturen in den Zylindern der Dieselmotoren, des Rauchgases, des Zudampfes für die Turbinen und des Heißdampfes in den

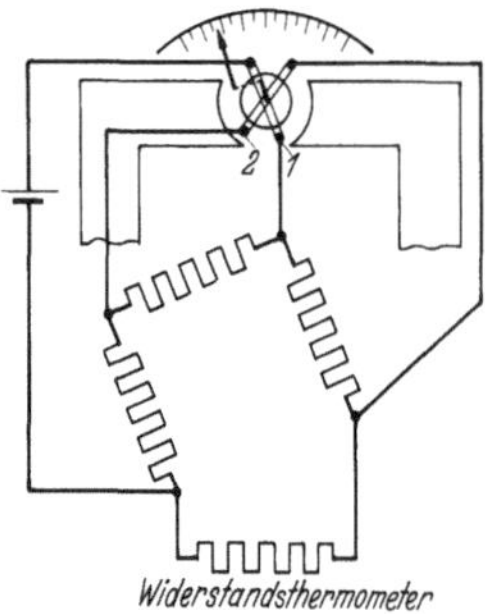

Bild 2.50. Schema eines Fernthermometers (Widerstandsthermometer)

Überhitzern kann man die Fernthermometer nicht benutzen. Bei diesen Temperaturen (bis zu 600 °C) wird das Pyrometer verwendet (Bild 2.51). Erhitzt man die Verbindungsstelle zweier miteinander verschweißter oder verlöteter Drähte aus verschiedenem Metall (gewöhnlich Eisen und Konstantan), während die freien Enden auf niedriger Temperatur bleiben, so entsteht eine elektrische Spannung von einigen Millivolt, die mit einem empfindlichen Spannungsmesser gemessen werden kann.

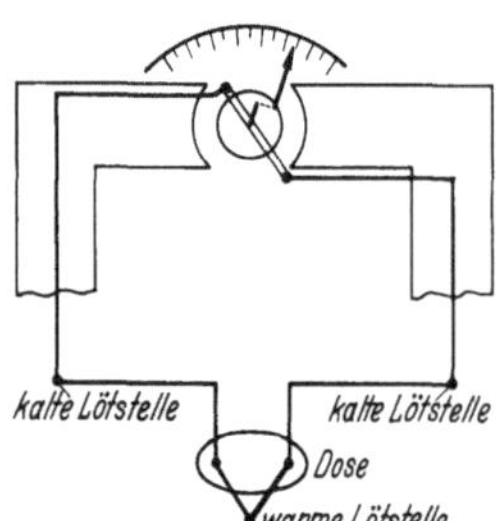

Bild 2.51. Schema eines Pyrometers zum Messen hoher Temperaturen

Feueralarmanlagen[10]. Die vornehmlich auf Fahrgastschiffen eingebauten Anlagen sollen den Ort und den Ausbruch des Feuers nach der Kommandobrücke melden. Sie setzen sich z. B. zusammen aus den Meldern, der Feuermeldetafel mit Alarmwecker und einer Alarmhupe im Maschinenraum. Das Prinzip ist aus Bild 2.52 ersichtlich. Im Normalfall brennt über jedem Melder eine rote, auf dem Außendeck eine blaue Lampe, um den Ort

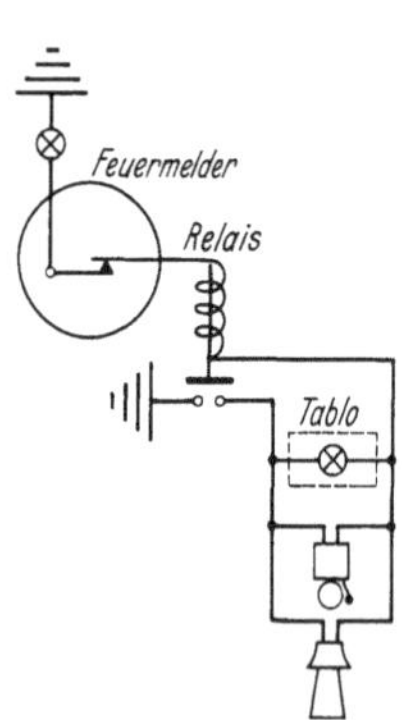

Bild 2.52. Schema einer Feueralarmanlage

---

10 Siehe DIN 89006, Bl. 2.

des Melders kenntlich zu machen. Wird beim Melder der Knopf gedrückt, so unterbricht der Kontakt. Das Relais fällt ab und schließt den Stromkreis der Meldelampe an der Tafel. Gleichzeitig ertönen der Feuerwecker auf der Brücke und die Hupe im Maschinenraum. Durch besondere Schaltung in der Tafel wird ein etwaiger Drahtbruch sofort auf der Brücke angezeigt. Außerdem ist auf der Tafel jederzeit ersichtlich, ob diese für die Sicherheit des Schiffes so wichtige Anlage unter Spannung steht und somit betriebsbereit ist. Bei Ausfall der Betriebsspannung ertönt Ausfallalarm.

Neben den oben beschriebenen selbsttätigen Feueralarm- und Meldeanlagen liefert Siemens auch für Bordzwecke **Ionisations-Feuermelder.** In einer der Außenluft zugängigen kleinen Kammer wird die Luft durch ein radioaktives Präparat (Americium) ionisiert, so daß die Luft leitend wird. Dadurch kann ein der Kammer zugeleiteter elektrischer Strom diese laufend durchfließen. Wenn die bei jedem Feuer auftretenden Verbrennungsgase, die größer und schwerer als Luftmoleküle sind, jedoch noch nicht als Rauch sichtbar werden, in die Kammer eindringen, wächst der elektrische Widerstand, und der Ionisationsstrom wird merklich geringer (Bild 2.53). Infolgedessen wird eine Kathodenröhre gezündet, die in der Zentrale einen optischen und akustischen Alarm auslöst. Eine zweite Ionisationskammer macht den Einfluß von Luftdruck- und Temperaturschwankungen unwirksam. Bei diesem Verfahren wird ein Brand schon frühzeitig gemeldet.

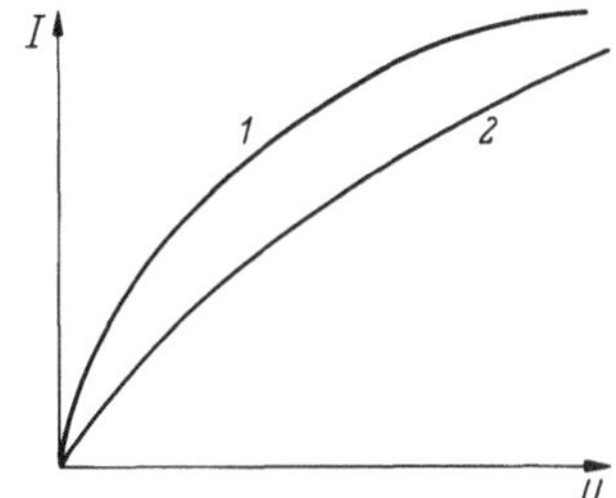

Bild 2.53. Veränderung der Strom-Spannungs-Charakteristik einer Ionisationskammer für Luft ohne (Kurve *1*) und mit Verbrennungsgasen (Kurve *2*)

Tiefgangsmeßanlagen. Auf großen Tankern und Massengutschiffen, besonders auf Erzschiffen, geht die Beladung so schnell vor sich, daß eine laufende Tiefgangsablesung an den Skalen am Bug und am Heck in bisheriger Weise praktisch unmöglich ist. Dies gilt noch mehr für Tanker, die auf Reede beladen werden. Auf Großschiffen ist aber eine laufende Tiefgangskontrolle während der Beladung aus folgenden Gründen unerläßlich: Ein Zoll Tiefertauchung bedeutet bereits mehrere hundert Tonnen Zuladung; die oft gerade eben zureichende Wassertiefe an der Ladepier gestattet keine starke Vertrimmung, da beim Aufsitzen von Vor- oder Achterschiff der Schiffskörper durchbiegen kann; die zumeist geringe Wassertiefe im Revier erfordert Aus- und Einlaufen des Schiffes auf ebenem Kiel.

Tiefgangsmessung. Der Tiefgang wird allgemein über den hydrostatischen Druck ermittelt. Mit einem Diagramm müssen das spezifische Gewicht und der geographische Breitengrad berücksichtigt werden.

Jungner Instrument, Schweden, verwendet Tiefgangsgeber — in beliebiger Schiffshöhe angeordnet — die über eine Rohrleitung mit einem Druckeinlaß an der Außenhaut verbunden sind. Dem Bordnetz wird 6 bis 10 bar Druckluft entnommen und über eine Filter- und Reduzierstation der Rohrleitung zugeführt. Der statische Wasserdruck wird durch die Druckluft nach der sogenannten „bubble-Methode" ausbalanciert. Der vom Tiefgang abhängige Druck wird im Geber gemessen, umgesetzt und mit Drehmeldern zu den Anzeigern „cm/dm/m" bzw. „Inch/ft" in den Ladekontrollraum und/oder auf die Brücke übertragen.

Die Druckeinlässe sollen möglichst in unmittelbarer Nähe der Tiefgangsmarken liegen, da sonst ein Diagramm für den direkten Vergleich der Anzeige mit der Ablesung verwendet werden muß.

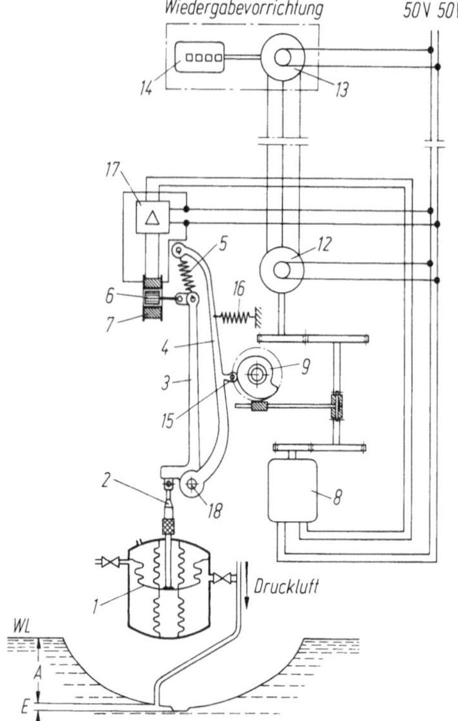

Bild 2.54. Tiefgangsmeßanlage (Funktionsprinzip)

Wirkungsweise des Meßsystems (Bild 2.54). Der auf den Balg (*1*) einwirkende Druck wird von einer verstellbaren Druckstange (*2*) auf einen Hebel (*3*) übertragen, der zusammen mit einem Wipparm (*4*) auf der Achse (*18*) gelagert ist. Zwischen den oberen Enden des Hebels und des Wipparmes greift die Kraft der Meßfeder (*5*) an. Außerdem ist ein Eisenkern (*6*) am oberen Ende des Hebels (*3*) befestigt, der axial in einer (*7*) Spule bewegt wird. Der Eisenkern und die Spule bilden den sogenannten Differential-Trafo, der über einen Verstärker (*17*) den Servomotor (*8*) steuert. In der Gleichgewichtslage, wenn also der Druck auf den Balg über die Druckstange (*2*) und den Hebel (*3*) auf den Wipparm (*4*) wirkt und gleich der Federkraft ist, so bleibt der Eisenkern in der neutralen Stellung der Spule und der Servomotor (*8*) bleibt stehen. Jede Druckänderung am Balg wurde durch eine Tiefgangsänderung verursacht und veranlaßt eine Bewegung des Hebels (*3*), wodurch wiederum der Motor anläuft und die Kurvenscheibe (*9*) gedreht wird. Die Scheibe verändert über die Steuerrolle (*15*) und den Wipparm (*4*) die Kraft der Meßfeder (*16*), so daß der Eisenkern wieder in die neutrale Position zurückgeholt wird und der Motor wieder stehen bleibt. Die Feder (*16*) hat nur die Aufgabe, die Steuerrolle gegen die Stellkurve der Kurvenscheibe (*9*) anzupressen. Die Stellkurve ist so ausgebildet, daß die Anzahl der Motorumdrehungen direkt proportional der Druckänderung und somit auch der Tiefgangsänderung entspricht. Die Drehbewegung des Motors wird zuerst auf einen Drehmelder-Geber (*12*) und von dort elektrisch auf einen Drehmelder-Empfänger (*13*) im Anzeiger (*14*) übertragen. Der Empfänger treibt einen mechanischen Zähler an, der den Tiefgang digital anzeigt.

Elektrohydraulische Schottenschließanlagen. Die Bedingungen für derartige Schließvorrichtungen sind im Kap. II, Regel 13 (Öffnungen in wasserdichten Schotten) von SOLAS 1960 vorgeschrieben. Hierin heißt es u. a.:

– Die Schiebetür darf waagerecht oder senkrecht bewegt werden;
– bei Kraftantrieb von einer Zentralstelle aus (z. B. Brücke) muß der Antrieb auch von jeder Seite der Tür aus bedient werden können;

– eine Handschließvorrichtung muß vorhanden sein;
– akustisches Warnsignal vor und beim Schließen der Tür;
– Anzeigevorrichtung an der Zentralstelle, ob die Türen geöffnet oder geschlossen sind.

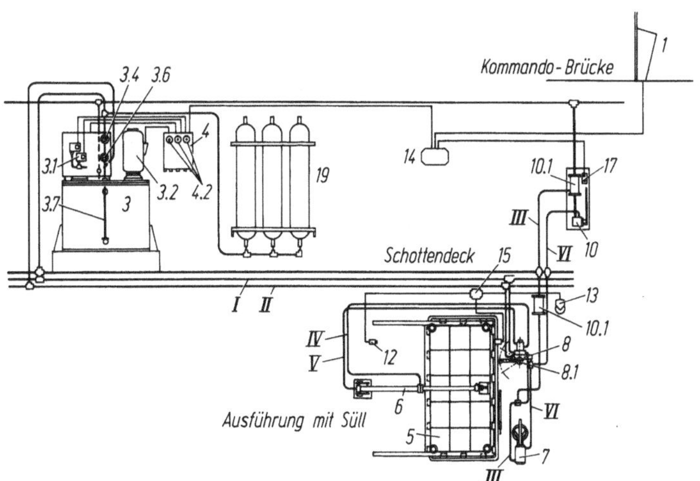

Bild 2.55. Vollhydraulische Schottenschließanlage.
1 Bedienungsstand; *3* Elektroaggregat; *3.1* Druckschalter; *3.2* E-Motor; *3.4* Manometer; *3.6* Überdruckventil; *3.7* Schauglas; *4* Schaltschrank; *4.2* Kontrollampen; *5* Schottür; *6* Hydraulikzylinder; *7* Handdruckaggregat; *8* Umsteuerschieber; *8.1* Verriegelung; *10* Notschließ-Handdruckaggregat; *10.1* Öltank; *12* Endschalter; *13* Starktonglocke; *14* Hauptverteilerkasten; *15* Anschlußkasten; *17* Kontrollicht; *19* Druckölspeicher-Batterie; *I* Druckleitung; *II* Steuerleitung; *III* Rücklaufleitung; *IV* Öffnen; *V* Schließen; *VI* Handdruckleitung

Bild 2.55 zeigt eine Schottenschließanlage der Fa. Joh. Schönrock, die diesen Vorschriften entspricht. Sie enthält folgende Bedienungsmöglichkeiten:

1. Die Kraftsteuerung kann örtlich von beiden Seiten des Schottes und auch ferngesteuert vom Zentralbedienungsstand (*1*) auf der Kommandobrücke geschehen. Sind die wasserdichten Türen vom Zentralbedienungsstand aus geschlossen worden, so können sie einzeln durch Betätigung des Umsteuerschiebers (*8*) geöffnet werden; sie schließen jedoch, nachdem der Betätigungshebel losgelassen wird, automatisch wieder. Sind alle wasserdichten Türen durch den Zentralbedienungsstand geöffnet und eine einzelne Tür soll geschlossen gehalten werden, so kann dieses durch Verriegeln (*8.1*) des auf „Schließen" gestellten Umsteuerschieber-Hebels geschehen.

2. Die Nothandbetätigung kann örtlich von beiden Seiten des Schottes (Öffnen und Schließen) und auch von den über Schottendeck angeordneten Notschlußstationen (oder Notschlußzentrale) aus erfolgen (nur Schließen; bei einer Anlage nach DOT (Departement of Trade): Öffnen und Schließen).

Im einzelnen ergeben sich folgende Möglichkeiten:

– WD-Türen von der Brücke schließen. Am Zentralbedienungsstand auf der Brücke beide Druckschalter für „Türen schließen" drücken. Sind die wasserdichten Türen geschlossen, so leuchten im Tableau rote Lampen auf.
– WD-Türen von der Brücke öffnen. Am Zentralbedienungsstand auf der Brücke beide Druckschalter für „Türen öffnen" drücken. Sind die wasserdichten Türen geöffnet, so leuchten im Tableau grüne Lampen auf.
– WD-Türen örtlich öffnen bei von Brücke geschlossener Stellung. Umsteuerschieber neben der WD-Tür durch Hebelbetätigung umsteuern. Durch örtliche Stellschilder ist die erforderliche Hebelbewegung jeweils gekennzeichnet. Nach Loslassen des Betätigungshebels schließt sich die Tür automatisch.

- WD-Türen örtlich schließen und geschlossen halten bei von Brücke geöffneter Stellung. Betätigungshebel am Umsteuerschieber auf „WD-Türen schließen" umlegen und in dieser Stellung verriegeln.
- WD-Türen durch Handbetrieb notschließen. Handpumpe nur im Notfall bei Ausfall des Kraftstromes verwenden. Pumpenhebel betätigen und Tür zupumpen. Bei geschlossener Tür leuchtet am Bedienungsstand auf dem Schottendeck die rote Lampe auf.
- WD-Türen örtlich durch Handbetrieb öffnen bzw. schließen. Steuerhebel des Umsteuerschiebers auf „Öffnen" bzw. „Schließen" stellen. In dieser Position festhalten und gleichzeitig Handpumpe betätigen.

Beseitigung von Störgeräuschen im Funkempfänger und Funkpeiler. Alle mit Elektromotoren und funkenden Kontaktstellen versehenen Apparate rufen beim Funkempfang Störungen hervor. Als Funkstörer gelten: Elektrische Geräte für Küche und Friseur, Staubsauger, Heizkissen, Registriergeräte, Heilgeräte (Diathermie), vor allem aber auch Fehler in den Leitungen (Bruchstellen in losen Kabeln) und in den Schaltern. Die Störungen können durch Störschutzkondensatoren, auch in Verbindung mit Drosselspulen an den Störgeräten, beseitigt werden. Die im Einzelfalle vorzunehmende Schaltung und die Größe der Kondensatoren und Doppelspulen kann nur von einem Fachmann festgestellt werden. Leitsätze sind in den VDE-Blättern 0871 bis 0875 (1959 bis 1966) und DIN 89007, Teil 1 und Teil 2, enthalten.

3 Schiffsmaschinenkunde

3.1 Übersicht über Schiffsantriebsanlagen

3.1.1 Allgemeines

Bei der Planung einer Schiffsantriebsanlage und der zu ihrem Betriebe erforderlichen Hilfsmaschinen sind folgende Punkte zu berücksichtigen:

- Betriebssicherheit, gute Manövriereigenschaften, schnelle Betriebsbereitschaft.
- Brennstoffverbrauch und damit Wirtschaftlichkeit der Anlage. Um Brennstoffkosten zu sparen, muß man häufig kompliziertere Anlagen wählen.
- Gewicht und Raumbedarf der Anlage, wobei die Unterbringung des Brennstoffes (z. B. im Doppelboden) berücksichtigt werden muß.
- Anzahl und Beanspruchung des Maschinenpersonals.
- Anfälligkeit der Anlage, Umfang der zu erwartenden Instandhaltungs- und Reparaturarbeiten.
- In Serien hergestellte Anlagen sind billiger. Ersatzteile sind leichter zu beschaffen.
- Die Anlage darf keine lästigen Schwingungserscheinungen zeigen.
- Preis der Anlage.

Es muß versucht werden, das Optimum aus obigen Anforderungen zu finden. Eine gewisse Unsicherheit liegt immer in der nicht vorauszusehenden Entwicklung der Brennstoffpreise. Es gibt immer noch so verschiedenartige Schiffsantriebsanlagen, daß es für einen Nichtfachmann schwierig ist, eine Übersicht über Aufbau und Wirkungsweise zu gewinnen und die Gründe zu erkennen, die zum Bau einer bestimmten Anlage geführt haben. Neue Vorschläge sollten deshalb immer unter Beachtung der aufgezählten Gesichtspunkte geprüft werden. Sind keine Vorteile irgendwelcher Art zu erwarten, so sollte man nicht auf bewährte Ausführungen verzichten. Die nachstehend aufgezählten Anlagen stehen miteinander im Wettbewerb.

3.1.2 Dampfkraftanlagen

Schiffsdampferzeuger

1. Großwasserraumkessel zur Erzeugung von Sattdampf oder überhitztem Dampf mit Drücken von 16 bis 20 bar.
2. Wasserrohrkessel mit Naturumlauf zur Erzeugung von überhitztem Dampf mit Drücken von 60 bis 110 bar mit Luftvorwärmer und Speisewasservorwärmer (Economiser).
3. Wasserrohrkessel mit Zwangslauf zur Erzeugung von überhitztem Dampf hohen und höchsten Druckes mit Luftvorwärmer.
4. Abgaskessel zur Erzeugung von Sattdampf mit Drücken von 6 bis 8 bar.

Dampfturbinen

1. Gleichdruck-Getriebeturbine.
2. Überdruck-Getriebeturbine mit vorgeschaltetem Curtisrad.
3. Kombinierte Gleich- und Überdruckturbine.

3.1.3 Verbrennungskraftmaschinen

Viertakt-Dieselmotoren

1. Einfachwirkende Viertakt-Dieselmotoren für direkten Propellerantrieb in Reihen- oder V-Bauart.
2. Wie unter 1., aber mit Abgasturboaufladung.
3. Einfachwirkende Viertakt-Dieselmotoren in Reihen- oder V-Bauart, deren Energie über ein Getriebe auf den Propeller übertragen wird, mit und ohne Abgasturboaufladung.

Zweitakt-Dieselmotoren

1. Einfachwirkende Zweitakt-Dieselmotoren mit und ohne Aufladung für direkten Propellerantrieb.
2. Wie unter (1), aber mit Übertragung der Energie über ein Getriebe auf den Propeller.

3.1.4 Hilfsmaschinen

Die auf den Schiffen vorhandenen Hilfsmaschinen und Apparate lassen sich in zwei Gruppen einteilen.

Hilfsmaschinen und Apparate für die Antriebsanlage

Auf Dampfturbinenschiffen
Für den Kesselbetrieb:

1. Kesselspeisewasserpumpen als Kreisel- oder Kolbenpumpen, Antrieb durch Dampfturbine oder Elektromotor;
2. Gebläse für die Förderung der Verbrennungsluft, Antrieb wie unter 1.;
3. Brennstoffbetriebs- und Trimmpumpen, Heizölfilter und Heizölvorwärmer; die Pumpen werden elektrisch angetrieben.

Für den Maschinenbetrieb:

1. Kondensationshilfsmaschinen wie Kühlwasserpumpen und Kondensatpumpen, Antrieb wie unter 1.; Dampfstrahl-Vakuumpumpen;
2. Schmierölpumpen mit Ölfilter und Ölkühler;
3. Generator mit Antriebsmaschine für die Erzeugung von Gleich- oder Drehstrom.

Auf Motorschiffen
1. Kühlwasserpumpen mit elektrischem Antrieb;
2. Schmierölpumpen, Antrieb wie unter 1.;
3. Brennstofförderpumpen mit elektrischem Antrieb, Brennstoffiltern und Vorwärmern;
4. Hilfsdieselmotor, gekuppelt mit einem Generator;
5. Luftkompressoren für die Anlaßluft.

Hilfsmaschinen und Apparate für den übrigen Schiffsbetrieb

Turbinen- und Motorschiffe benötigen folgende Hilfsmaschinen und Apparate für den Schiffsbetrieb:
– Lenzpumpen mit zugehörigen Apparaten und Rohrleitungen; Antrieb durch Elektromotor;
– Ballastwasserpumpen mit zugehörigen Apparaten und Rohrleitungen; Antrieb durch Elektromotor;

- Feuerlösch-, Deckwasch- und Sanitärpumpen mit zugehörigen Apparaten und Rohrleitungen;
- Rudermaschinen; Antrieb durch Elektromotor oder Hydraulik;
- Ver- und Entsorgungseinrichtungen wie Frischwassererzeuger, Trinkwasseraufbereitungsanlagen, Verbrennungsöfen, Entöler und Fäkalienanlagen;
- Brennstoff- und Schmierölaufbereitungsanlagen;
- Ladewinden
- Verholspills   Antrieb durch Dampf, E-Motor oder Hydraulik;
- Ankerspill
- Kälteerzeugungsanlage;
- E-Anlage für den Schiffsbetrieb;
- Schottenschließanlage;
- Wirtschaftsmaschinen und Aufzüge;
- Klimaanlagen und Ventilatoren.

3.2   Grundsätzliches über die Energieumsetzung in Kraftmaschinen

3.2.1   Allgemeines

Bei der Konstruktion und beim Betrieb einer Maschinenanlage wird versucht, die bei der Energieumsetzung auftretenden Verluste möglichst gering zu halten. Je häufiger eine Energieumwandlung erzwungen wird, um so größer sind auch die auftretenden Verluste.

Zum Beispiel wird auf einem Dampfturbinenschiff

- in der Feuerung des Kessels die an den Brennstoff gebundene, chemische Energie durch den Verbrennungsprozeß in Wärme umgewandelt (es entstehen heiße Rauchgase);
- mittels der Heizfläche des Kessels die Wärme der Rauchgase an das Wasser bzw. an den Dampf übertragen, wobei der Dampf zum Träger von Spannungsenergie wird;
- in der Leitvorrichtung der Turbine die Spannungsenergie des Dampfes in Strömungsenergie umgesetzt;
- in der Laufvorrichtung der Turbine die Strömungsenergie des Dampfes in mechanische Arbeit verwandelt;
- im Getriebe die hohe Drehzahl der Turbine auf eine niedrigere von 80 bis 140 min^{-1} herabgesetzt;
- im Propeller die von der Welle auf ihn übertragene mechanische Energie in das gewünschte Endresultat, nämlich nutzbare Schubarbeit, umgesetzt.

3.2.2   Wärmeschaltbild eines Turbinenschiffes

In Bild 3.1, einem sogenannten Wärmeschaltbild, ist die Schaltung von Kessel, Maschine usw. mit Hilfe einfacher Sinnbilder veranschaulicht.

Der Dampf strömt vom Schiffsdampferzeuger (Boiler) zur Turbine und tritt nach Arbeitsverrichtung in den Kondensator (Condenser) ein. Hier wird er verflüssigt und von der Kondensatpumpe durch Strahlerdampf- (Airejektor) Brüden- (Distiller) und Sperrdampfkondensator (Gland vapour condenser) den beiden Niederdruckvorwärmern (L. P. Heater) in den Entgaser (Deaerator) gefördert. Von dort läuft das Kondensat der Speisewasserpumpe zu, die es über einen Hochdruckvorwärmer (HP-Heater) in den Schiffsdampferzeuger hineinfördert. In diesem erfolgt die Verdampfung und anschließend die Überhitzung.

Der an Bord benötigte elektrische Strom wird in Turbogeneratoren erzeugt. Der Abdampf dieser Turbinen wird für die Speisewasservorwärmung nutzbar gemacht.

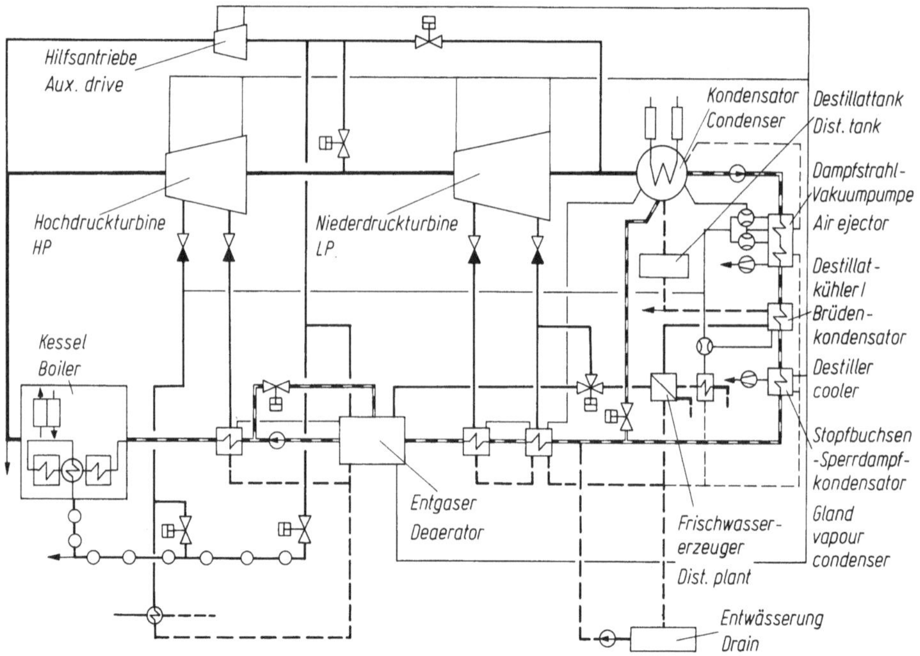

Bild 3.1. Wärmeschaltbild eines Dampfturbinenschiffes

Die Kondensation des Hauptturbinenabdampfes erfolgt mit Hilfe des Seewassers; dessen niedrige Temperatur ermöglicht Abdampfdrücke, die weit unter dem atmosphärischen Druck (bei etwa 0,05 bar) liegen.

Ansammlung von Luft im Kondensator muß deshalb vermieden werden, da hiermit der Gegendruck für die Hauptturbine erhöht werden würde. Das Absaugen von Luft aus dem Kondensator erfolgt durch Dampfstrahlpumpen; deren Abdampf dient ebenfalls der Vorwärmung des Kesselspeisewassers.

3.2.3 Energiestrombild

Bild 3.2 ist ein vereinfachtes sogenanntes Energiestrombild, das die der Anlage angebotene Energie, die Verluste und die Ausbeute an nutzbarer Arbeit veranschaulichen soll. Die senkrechten Abstände zwischen den Parallelen bedeuten die prozentualen Anteile, die Kanäle die prozentualen Verluste.

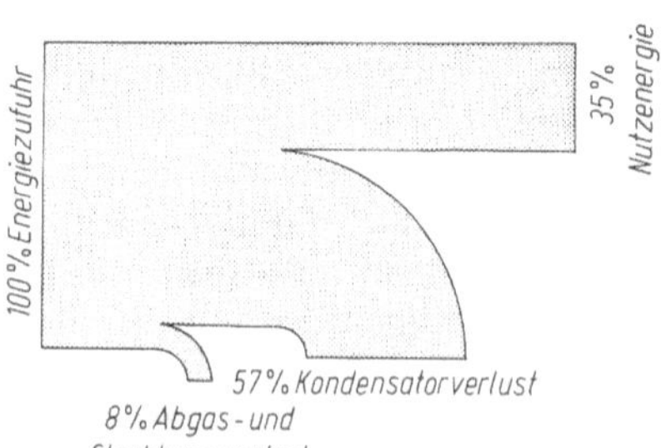

Bild 3.2. Energiestrombild einer Dampfturbinenanlage

3.2.4 Energieverluste in der Kesselanlage

Bei der Energieumsetzung im Kessel entstehen Verluste durch
- freie Wärme,
- Unverbranntes,
- Abgabe von Wärme an die den Kessel umgebende Luft (Strahlungsverlust),
- Abgabe von Wärme an die den Kessel berührenden Rohre und Fundamente.

Abgasverluste durch freie Wärme. Die Verluste durch freie Wärme sind um so größer, je mehr Gas dem Schornstein entströmt und je höher die Temperatur des Gases ist (übliche Abgastemperatur 90 bis 150 °C). Es ist deshalb die Aufgabe der Kesselregelung, die Zufuhr der Verbrennungsluft für eine gegebene Brennstoffmenge so weit zu drosseln, daß gerade noch eine vollkommene Verbrennung gesichert ist.

Konstruktion und Betrieb müssen dafür Sorge tragen, daß die von den Rauchgasen getragene Wärme durch genügend große, wirksame und saubere Heizflächen an das Wasser bzw. an den Dampf übertragen werden kann und somit die Abgastemperatur so weit wie möglich verringert wird. Sinkt die Temperatur aber zu weit ab, so wird der Taupunkt der Abgase unterschritten; es entsteht schweflige Säure oder auch Schwefelsäure, die zu Beschädigungen der Heizflächen führt. Abgasverluste durch gebundene Wärme entstehen, wenn keine vollkommene Verbrennung stattfindet. Die Abgase, die den Schornstein verlassen, färben sich schwarz.

Isolationsverluste. Die Isolierung der Kesselaußenwände ist niemals ganz wärmedicht. Der hierdurch entstehende Verlust hängt von der Stärke und Wirksamkeit der aufgetragenen Isolierschicht ab. Er beträgt bei modernen Schiffskesseln nur 0,5 bis 1,5 %. Die gesamten Kesselverluste betragen bei Ölfeuerung etwa 5 bis 10 %.

3.2.5 Energieverluste in der Dampfturbinenanlage

Der im Kessel erzeugte Dampf wird zur Maschine gedrängt, wo er Arbeit verrichten soll. Dabei soll so viel wie möglich von der durch den Verbrennungsprozeß in der Feuerung des Kessels entstandenen Wärme umgesetzt werden.

Aufgrund von Erfahrungen, Beobachtungen, Messungen und rechnerischen Untersuchungen läßt sich über die Energieumsetzung in der Maschine (Wärme in mechanische Arbeit) folgendes aussagen: Für jeden von der Maschine aufgenommenen Arbeitsbetrag muß dem Wärmeträger ein entsprechender Betrag an Wärme entzogen werden. Man nennt diese Tatsache auch den **1. Hauptsatz** der mechanischen Wärmetheorie. Er wurde von Robert Mayer zuerst ausgesprochen, und zwar in der Fassung: „Wärme und Arbeit sind gleichwertig (äquivalent)." Mit dem gewählten Maßsystem ergibt sich die Beziehung für die Umrechnung

$$1 \text{ Joule} = 1 \text{ Newtonmeter,}$$
$$1 \text{ J} \quad = 1 \text{ Nm.}$$

Der 1. Hauptsatz sagt etwas Mengenmäßiges (Quantitatives) aus. Er bedurfte einer wichtigen Ergänzung betreffs der Güte der für die Umsetzung zur Verfügung stehenden Wärme (Qualität der Wärme), weil die Erfahrung lehrt, daß zwischen der Umsetzung von Wärme in Arbeit und der Umsetzung von Arbeit in Wärme ein tiefgreifender Unterschied besteht.

Der **2. Hauptsatz** besagt, daß man Arbeit restlos in Wärme verwandeln kann, aber niemals Wärme restlos in Arbeit.

Wegen der naturgegebenen Temperaturen des Kühlwassers für die Kondensatoren ist es nicht zu vermeiden, daß ein großer Teil der der Maschine angebotenen Wärme in dem Abdampf bzw. mit dem Kühlwasser verloren geht. Analog geht mit dem Abgas und mit dem Kühlwasser einer Dieselmaschine ein großer Teil der Brennstoffwärme unvermeidbar verloren.

Während der 1. Hauptsatz gewissermaßen aussagt, daß es ein Perpetuum Mobile 1. Art nicht gibt (jede Maschine kann nur Arbeit abgeben, wenn sie Energie verbraucht), stellt der 2. Hauptsatz fest, daß es unmöglich ist, bei Wärmekraftmaschinen die gesamte, diesen Maschinen angebotene Wärme in Arbeit zu verwandeln. Das Perpetuum Mobile 2. Art ist also ebenfalls unmöglich (oder mit anderen Worten: 1 J ergibt weniger als 1 Nm, der Rest bleibt Wärme).

Ohne diese Ergänzung, die der Wärmetechniker als den **2. Hauptsatz** bezeichnet, ist der **1. Hauptsatz** in bezug auf Wärmekraftmaschinen unvollständig.

Rechnerische Überlegungen gestatten, mit Hilfe einer von Clausius gefundenen Hilfsgröße (Entropie) den in mechanische Arbeit verwandelbaren Teil einer Wärmemenge zahlenmäßig zu erfassen unter der Voraussetzung, daß die Energieumwandlung in einer denkbar günstigen Maschine (Idealmaschine) erfolgt. Die mathematischen Untersuchungen zeigen und die Erfahrung bestätigt: Je höher Druck und Temperatur beim Eintritt in die Maschine sind und je niedriger der Gegendruck ist (z.B. der Kondensatordruck), desto mehr Wärme kann in Arbeit verwandelt werden. Bei den heutigen Hochdruckmaschinen können etwa 35 bis 25% der dem Kessel entnommenen Wärme in mechanische Arbeit umgesetzt werden. Der weitaus größte Teil der Wärme geht auch bei den modernsten Dampfmaschinen mit dem Kühlwasser des Kondensators verloren.

Für dampfgetriebene Hilfsmaschinen wird der Abdampf für die Vorwärmung des Kesselspeisewassers verwendet.

Von der an das Laufrad der Maschine abgegebenen mechanischen Arbeit geht noch wieder ein Teil durch Reibung im Getriebe verloren. Zu diesen mechanischen Verlusten zählen auch die Reibungsverluste in den Wellenlagern und im Stevenrohr. Sie betragen insgesamt etwa 1 bis 2%.

Die Größe des Propellerverlustes hängt in hohem Maße von seiner Drehzahl ab, die nicht über etwa 130 min^{-1} betragen sollte. Diese Forderung läßt sich bei großen Maschinenleistungen und kleinen Tiefgängen nur schwer verwirklichen, weil die Abmessungen des Propellers (Durchmesser und Flügelfläche) zu groß würden. Bezogen auf die mit dem Brennstoff angebotene Wärme werden an den Propeller nur ca. 34% abgegeben.

3.2.6   Energieverluste in der Dieselmotorenanlage

Bild 3.3 zeigt das vereinfachte Energiestrombild einer Dieselmotorenanlage für direkten Propellerantrieb. Auch für diese — wie für alle sonstigen — Wärmekraftmaschinen gelten

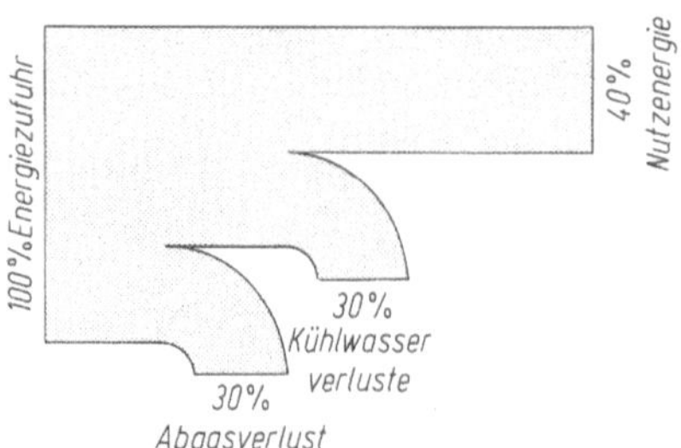

Bild 3.3. Energiestrombild einer Dieselmotorenanlage

die Hauptsätze der Wärmelehre. Hier geht ebenfalls ein großer Teil bei der Umsetzung verloren, nämlich die Abgas- und die Kühlwasserwärme.

In der Praxis ergeben sich folgende Werte für Dieselanlagen:

Abgasverlust	30 %
Kühlwasserwärme	30 %
Nutzarbeit	40 %
Insgesamt	100 %

Die mechanischen Verluste sind bei den Dieselmaschinen wegen der höheren Lagerdrücke größer als bei den Dampfmaschinen. Sie betragen etwa 4 % der Brennstoffwärme, was einem mechanischen Wirkungsgrad des Getriebes von etwa 90 % entspricht. Brennstoffwärme ist die im Brennstoff chemisch gebundene Wärmeenergie. Bei schwerem Heizöl z.B. ca. 41 000 kJ/kg. Für den Propeller gelten die gleichen Ausführungen wie für die Dampfmaschine.

Der Nutzwirkungsgrad der Dieselmotorenanlage beträgt etwa 40 %, ist also besser als bei der Dampfturbinenanlage, weil die Temperatur des Wärmeträgers bei Beginn des Prozesses im Motor bedeutend höher liegt.

3.3 Dampfkraftanlagen

Jede Dampfturbinenanlage besteht aus dem Kessel, auch Schiffsdampferzeuger genannt, der Turbinenanlage und dem Dampfkondensator.

3.3.1 Schiffsdampferzeuger

Großwasserraumkessel. Diese Bauart findet in der Seeschiffahrt nur noch als Hilfskessel Verwendung. Durch einen mit Wasser gefüllten, zylinderförmigen Behälter sind rauchgasdurchflossene Rohre installiert, die Wärmeenergie an das umgebende Wasser abgeben und dieses zum Verdampfen bringen. Da diese Bauart nur bis zu 16 bis 20 bar verwendbar ist, kommt sie für Hauptantriebsanlagen nicht mehr in Betracht.

Wasserrohrkessel mit Naturumlauf. Für hohe Drücke von 20 bis 120 bar, hohe Dampftemperaturen bis 535 °C und große Dampfleistungen von etwa 30 kg/s kommen nur Wasserrohrkessel zur Anwendung. Weitere Vorteile gegenüber den Großwasserraumkesseln sind kurze Anfahrzeiten, einfachere Wartung und geringere Reparaturanfälligkeit.

Sämtliche modernen Dampferzeuger sind als Strahlungskessel ausgebildet. Mit dieser Bezeichnung will man zum Ausdruck bringen, daß der Wärmetausch an der Verdampfheizfläche hauptsächlich durch Strahlung erfolgt. Die durch Berührung von den Rauchgasen abgegebene Wärme soll vom Überhitzer, Luft- und evtl. auch vom Speisewasservorwärmer (Economiser) aufgenommen werden.

Bild 3.4 zeigt einen Strahlungskessel mit Überhitzern und Glattrohr-Economiser. Als Brennstoff für die Verfeuerung ist Bunker-C-Öl vorgesehen. Drei Brenner für die dosierte Zuführung von Heizöl und Verbrennungsluft sind in der Kesseldecke angeordnet.

Der Dampferzeuger ist mit einer Dampftrommel ausgestattet, in der folgende Aggregate installiert sind: Zyklonabscheider, Dampftrockner, Leitbleche, Waschblechpakete, Speisewasserverteilungsrohr, Chemikalienspeiserohr, Oberflächenabschlämmrohr.

Die Trommel hat an jedem Ende ein Mannloch. Die nahtlosen Kesselrohre sind aus warmfestem Stahl hergestellt und mittels Stutzenschweißungen mit der Trommel bzw. den

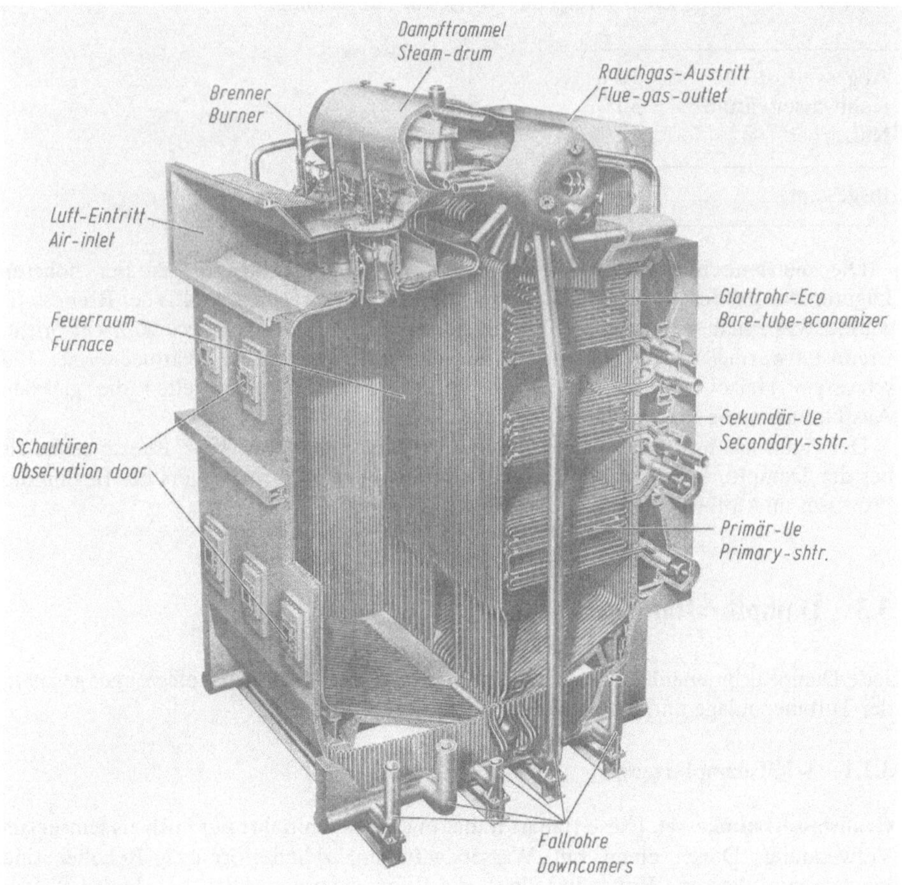

Bild 3.4. Strahlungskessel der Firma Babcock AG, Oberhausen

Sammlern verbunden. Unbeheizte Fallrohre sorgen für einen stabilen Wasserumlauf. Alle gasdichten Kesselwände sind aus membrangeschweißten Rohren hergestellt. Der Feuerraum wird als erster Zug bezeichnet. Im zweiten Zug des Kessels sind Primär- und Sekundärüberhitzer sowie der Glattrohr-Economiser angeordnet.

Dampferzeugung. Durch die Verbrennung des Heizöles entstehen heiße Rauchgase, die durch Strahlung einen Teil ihrer Wärmeenergie im ersten Zug (Feuerraum) an die umgebenden Rohre abgeben. Dabei wird das in den Rohren befindliche Wasser auf Siedetemperatur erwärmt und zum kleinen Teil verdampft. Die abgekühlten Rauchgase strömen im unteren Teil des Kessels in den zweiten Zug ein und geben weitere Wärmeenergie in den Überhitzern sowie im Economiser ab. Anschließend können sie je nach Bauart noch die Verbrennungsluft in einem Vorwärmer erhitzen oder direkt zum Schornstein geführt werden.

Das Wasser-Dampf-Gemisch tritt in die Trommel ein, wo im Zyklon beide voneinander getrennt werden. Der Dampf wird noch durch die Überhitzer geleitet, bevor er den Kessel verläßt. Das verbleibende Wasser wird über außenliegende Fallrohre unten in den Kessel eingeleitet. Durch die unterschiedliche Dichte des Wassers entsteht der natürliche Wasserumlauf.

Verbrennung des Heizöles. Eine gute, rauchfreie Verbrennung bei geringstmöglichem Luftüberschuß verhindert Kesselverschmutzung durch Ruß, Hochtemperaturablagerungen und -korrosion im Überhitzerbereich, Niedertemperaturablagerungen und Taupunktkorrosion am Kesselende.

In Bild 3.5 ist die Anordnung der Brenner in der Feuerraumdecke dargestellt.

In Bild 3.6 ist ein Ölbrenner mit Y-Zerstäuber und Venturi-Parallelstrom-Geschränk abgebildet. Um eine innige Vermischung des Heizöles mit der Verbrennungsluft zu erzielen, muß das Öl zerstäubt werden. Das geschieht mit Hilfe von Dampf.

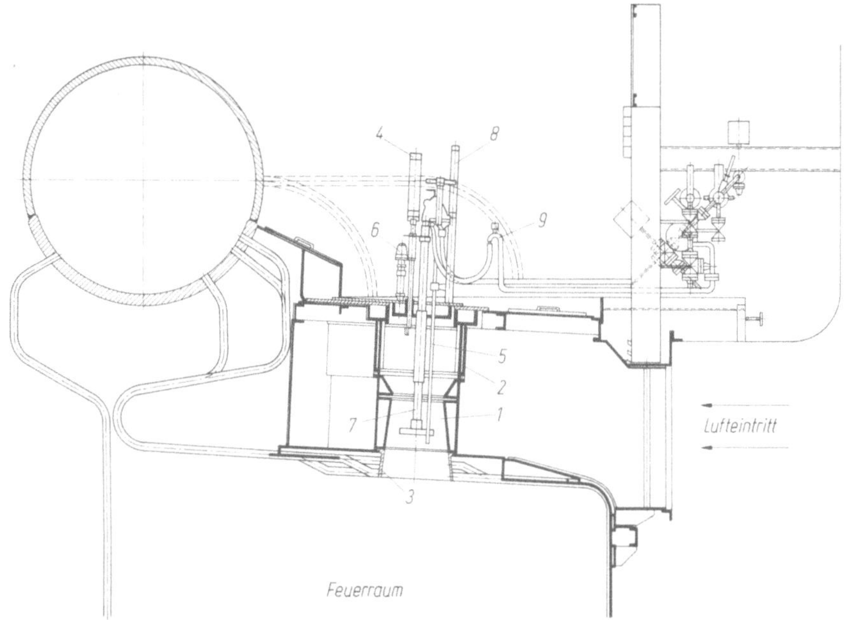

Bild 3.5. Anordnung der Brenner in der Feuerraumdecke (Babcock AG).
1 Venturirohr; *2* Trommelschieber; *3* Brennerkehle; *4* Rückziehvorrichtung für Trommelschieber; *5* elektr. Zündbrenner; *6* Fotozelle; *7* Öllanze; *8* Rückziehvorrichtung für Zündbrenner; *9* Öl- und Dampfabschluß

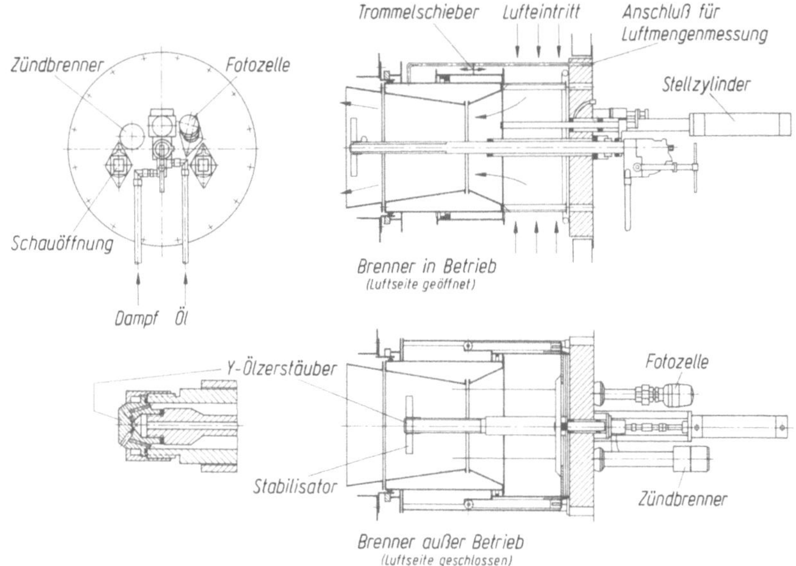

Bild 3.6. Babcock-Ölbrenner mit Y-Zerstäuber und Venturi-Parallelstrom-Geschränk

Rußblasen. Unter allen vorkommenden Betriebsbedingungen sollen die Rußbläser häufig genug betätigt werden, um die Heizflächen freizuhalten von Ruß und brennbaren Bestandteilen. Die Betätigung der Bläser (Bild 3.7) ist wichtig für die Entfernung von Ölaschenablagerungen. Zur Reinigung der Heizflächen im Kessel und Überhitzer werden im Bereich der hohen Rauchgastemperaturen einfahrbare Langrohrschraubbläser eingesetzt. Der Antrieb erfolgt pneumatisch oder elektrisch. Bei niedrigeren Temperaturen am Kesselaustritt und in den Nachschaltheizflächen sind Mehrdüsenrußbläser fest installiert. Als Blasmedium wird Heißdampf eingesetzt. Bei Automatik läuft nach Betätigung eines Druckknopfes das gesamte Rußblaseprogramm ab. Im Falle einer Störung, z.B. Ausfall des Blasdampfes, wird der Langrohrschraubbläser sofort zurückgefahren. Die Kesselanlage wird üblicherweise zweimal pro Tag gereinigt.

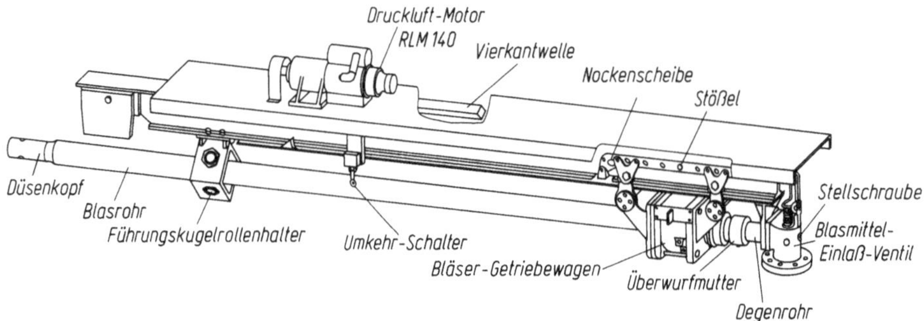

Bild 3.7. Langrohrschraubbläser

Alarmeinrichtungen. Die Kessel sind normalerweise mit Alarmeinrichtungen ausgerüstet, die bei zu niedrigem wie auch zu hohem Wasserstand ansprechen. Nach einem Voralarm ist meistens in jeder Richtung eine Abschaltung vorgesehen, die einen totalen Stillstand der Turbinenanlage bewirkt. Die Niedrigwasserabschaltung schließt den Hauptschnellschluß der Brenneranlage, während die Hochwasserabschaltung die Drosselung oder Unterbrechung der Dampfentnahme der Hauptturbine veranlaßt.

Sicherheitsventile. Die Einstelldrücke der Sicherheitsventile werden von den Klassifikationsgesellschaften vorgeschrieben. Sie sind so vorgesehen, daß zuerst das Sicherheitsventil am Überhitzer bei Überschreitung eines bestimmten Druckes öffnet, um damit einen ausreichenden Dampffluß durch den Überhitzer sicherzustellen, während das Sicherheitsventil auf der Trommel erst später öffnet. Ein Öffnen der Sicherheitsventile kann durch plötzliches Stoppen von VV oder durch unvorhergesehene Manöver von VV auf RV erfolgen.

Temperaturregelung. Zur Einstellung der vorgesehenen Heißdampftemperatur ist eine Temperaturregeleinrichtung notwendig. Diese Einrichtung wird im Bild 3.8 als Schema gezeigt. Ein Teil des im

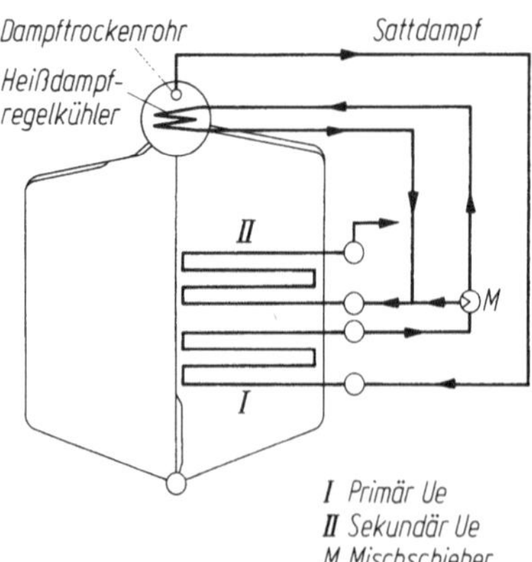

Bild 3.8. Regelung der Dampftemperatur

ersten Abschnitt des Überhitzers erzeugten Heißdampfes wird durch eine im siedenden Kesselwasser der Obertrommel liegende Kühlschlange geschickt. Der hierin abgekühlte Dampf wird dann dem zweiten Abschnitt des Überhitzers zugeführt. Mit Hilfe des Mischschiebers wird die Heißdampftemperatur auf das richtige Maß eingestellt. Ein Überschreiten der zulässigen Heißdampftemperatur gefährdet den Chrom-Molybdän-Stahl, aus dem die Überhitzerrohre hergestellt sind, da die Festigkeit des Stahles durch die Temperaturerhöhung reduziert wird.

Der für den Hilfsbetrieb notwendige Heißdampf wird durch eine in der Kesseltrommel liegende Kühlschlange geführt und in dieser aus Heißdampf durch Abkühlung in Sattdampf verwandelt.

Die Betriebssicherheit dieser Hochdruckkessel hängt in hohem Maße von der Beschaffenheit des Kesselspeisewassers ab. Dieses setzt sich aus dem Kondensat des Arbeitsdampfes und dem sogenannten Zusatzwasser zusammen, dessen Menge durch die mehr oder weniger großen Undichtheiten der Anlage bedingt ist.

Das zuzusetzende Wasser wird aus Seewasser hergestellt, welches durch Entzug der Salze verwendbar wird.

Lastverhalten. In Bild 3.9 ist die Überhitzungstemperatur, der Kesselwirkungsgrad sowie die Abgastemperatur in Abhängigkeit von der Dampfleistung dargestellt.

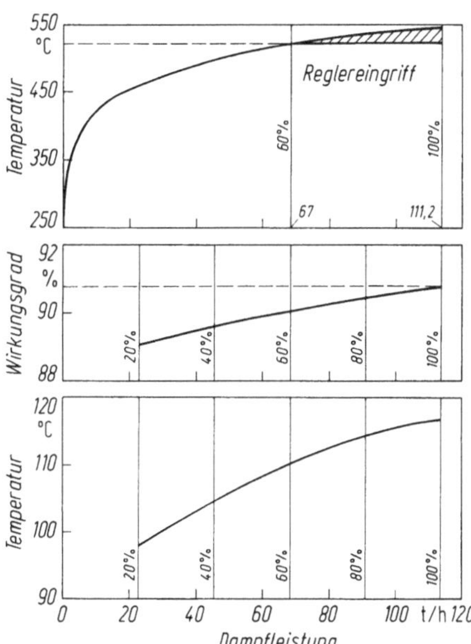

Bild 3.9. Lastverhalten eines Schiffsdampferzeugers

Mit kleinerer Dampfleistung und entsprechend geringerer Geschwindigkeit des Schiffes wird die Abgastemperatur niedriger. Es kann sich eine Taupunktkorrosion nach längerer Betriebszeit am Kesselende ergeben. Weiterhin ergibt sich eine Verschlechterung der Umwandlung der Energie im Kessel.

Zur Verbesserung des Gesamtwirkungsgrades einer Dampfturbinenanlage werden neuere Schiffsdampferzeuger mit einer Zwischenüberhitzung ausgestattet. Hierbei wird Dampf, der einen Teil seiner Energie bereits an die Turbine abgegeben hat, wieder zurück in den Kessel geleitet, wo ihm ein weiteres Mal Energie im Zwischenüberhitzer zugeführt wird. Die Regelung der Überhitzungsendtemperatur am Zwischenüberhitzeraustritt ist hierbei aufwendig. Bei Manöverfahrt ergeben sich manchmal Probleme mit der Kühlung des Überhitzers.

Wasserrohrkessel mit Zwangslauf. Diese Kesselbauart wird für Hauptschiffsdampferzeuger nicht mehr verwendet. Nur kleinere Kessel zur Erzeugung von Heizdampf auf Motorschiffen arbeiten noch nach diesem Prinzip.

Eine Umwälzpumpe drückt das ihr aus der Trommel zulaufende Wasser durch die von den Rauchgasen bestrahlten und berührten Verdampferschlangen. Das sich hier bildende Dampfwassergemisch trennt sich in der Trommel. Ein Ausdampfvorgang im üblichen Sinne, bei dem Wasser mitgerissen werden kann, tritt hier nicht auf. Der in der Trommel ausgeschiedene Dampf gelangt dann in den Überhitzer und von dort zu den Verbrauchern.

3.3.2 Dampfturbinen

Es gibt keine einfachere Maschine als die Turbine. Sie hat keine hin- und hergehenden, sondern nur rotierende Teile. Das ist hinsichtlich der Erregung von Schiffsvibrationen ein ganz besonderer Vorteil. Deshalb kommen für große und schnelle Schiffe häufig Turbinen als Antriebsmaschinen in Frage.

Bild 3.10. Darstellung einer Turbinenanlage, bestehend aus Hoch-, Niederdruck- und eingebauter Rückwärtsturbine, dem Getriebe mit Drucklager, sowie dem Hauptkondensator

Um ein wirtschaftliches Zusammenarbeiten von Kraft- und Arbeitsmaschine (Propeller) zu erzielen, benötigen die Turbinen ein Untersetzungsgetriebe. In Bild 3.10 ist eine komplette Dampfturbinenanlage dargestellt. Sie besteht aus zwei Turbinen (Hochdruck- und Niederdruckturbine), dem Getriebe mit dem angebauten Drucklager, sowie dem Kondensator. Der aus dem Schiffsdampferzeuger in die Hochdruckturbine mit einem Druck von üblicherweise 60 bis 65 bar und einer Temperatur von etwa 510 °C einströmende Dampf gibt einen Teil seiner Energie an die Turbine ab und entspannt sich dabei auf ca. 4 bar. Über ein Verbindungsrohr wird der Dampf in die Niederdruckturbine geleitet, wo er sich auf 0,05 bar entspannt, in den nebenliegenden Kondensator strömt und kondensiert. Die Drehzahlen beider Turbinen werden mit einem Planetengetriebe auf die niedrigere Propellerdrehzahl herabgesetzt (siehe 3.7.2). Der Propellerschub wird über das Drucklager auf das Schiffsfundament übertragen (siehe 3.8).

Die Hochdruckturbine. Wie Bild 3.11 zeigt, bildet der Läufer mit 10 Turbinenscheiben, einem Kupplungsflansch und dem Druckring für das Turbinendrucklager die Welle.
Der Läufer ist aus einem Schmiedestück gearbeitet. Er ist in einem Gehäuse mit den feststehenden Leitschaufeln gelagert. Übliche Drehzahlen sind 5000 bis 6000 min^{-1}.

Bild 3.11. Hochdruckturbine mit vorgeschaltetem Regelrad

Die Niederdruckturbine. Der Läufer ist wie bei der Hochdruckturbine aufgebaut. Durch den niedrigeren Druck nach jeder Schaufelreihe muß bei konstantem Dampfmassenstrom das Volumen des Dampfes zunehmen. Aus diesem Grunde verlängern sich die Schaufeln von Stufe zu Stufe. Um etwa gleiche Belastung bei den Turbinen zu erhalten, dreht die ND-Turbine bei größerem Durchmesser nur etwa 3000 min^{-1}.

Die Rückwärtsturbine. In Bild 3.12 ist die Niederdruckturbine mit integrierter Rückwärtsturbine dargestellt.

Bild 3.12. Niederdruckturbine mit eingebauter Rückwärtsturbine

In dem gemeinsamen Gehäuse sind beide Turbinen angeordnet. Soll beispielsweise von VV auf RV gegangen werden, so wird das Zudampfventil (Fahrventil) zur Hochdruckturbine geschlossen und anschließend das Rückwärtsfahrventil geöffnet. Die Drehrichtung der Rückwärtsturbine ist entgegengesetzt. Aus dem Bild ist weiterhin zu erkennen, daß die Abmessungen erheblich kleiner sind als bei den Vorausturbinen. Aus diesem Grunde steht für Rückwärts nur etwa 40 bis 50 % der Maximalleistung zur Verfügung. Die erreichbare Propellerdrehzahl ergibt sich zu 60 bis 80 % der maximalen Drehzahl.

Hauptteile und Wirkungsweise der Turbinen. Jede Turbine besteht aus der Leitvorrichtung und der Laufvorrichtung. In der Leitvorrichtung wird die Spannungsenergie des Dampfes in Strömungsenergie umgesetzt. Eine Leitvorrichtung ist nichts weiter als eine Trennwand zwischen einem Raum höheren und einem Raum niederen Druckes, in der sich Öffnungen mit abgerundeten Einlaufkanten befinden. Beim Durchtritt durch eine solche sogenannte Mündung geschieht folgendes:

- Der Druck des Dampfes fällt,
- die Temperatur sinkt,
- die Geschwindigkeit nimmt zu,
- das Volumen des Dampfes wächst,
- ein Teil der vom Dampf getragenen Wärme verwandelt sich in Bewegungsenergie.

Die Beschleunigung des Dampfes in der Mündung entsteht einerseits durch den vom Kessel kommenden und nachdrängenden Dampf und andererseits durch die Expansion in der Mündung. Der Dampf nimmt dabei hohe Geschwindigkeiten an (bei hohen Eintritts- und geringen Gegendrücken über 1000 m/s). Das Volumen wächst aber ebenfalls (von etwa 0,15 m^3/kg auf 35 m^3/kg).

In der Laufvorrichtung erfolgt die Umsetzung von Bewegungsenergie in mechanische Arbeit. Die Laufvorrichtung besteht aus gekrümmten Schaufeln, die am Umfang des Läufers (Rotors) angebracht sind (Bild 3.13). Durch die dem Strahl aufgezwungene Umlenkung entstehen Fliehkräfte (Bahndrücke), deren Komponenten in Richtung der Umfangsgeschwindigkeit den Rotor in Drehung versetzen.

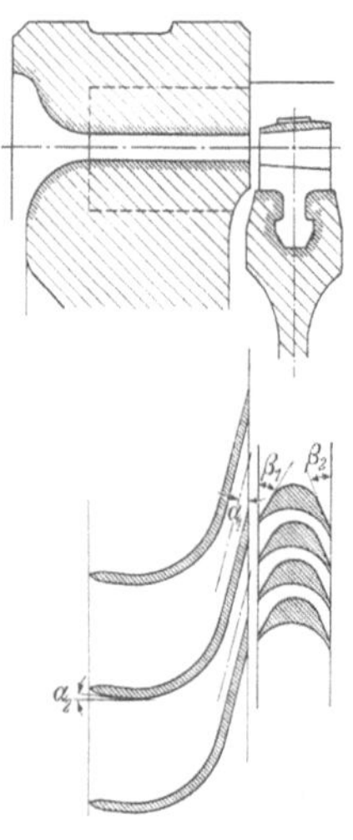

Bild 3.13. Die Laufvorrichtung.
α_1 Düsenneigungswinkel; α_2 Düseneintrittswinkel;
β_1 Schaufeleintrittswinkel; β_2 Schaufelaustrittswinkel

Bild 3.14. Schaufelquerschnitte

Die Bezeichnung **Gleichdruckturbine** hat man gewählt, weil an beiden Seiten des Laufrades der gleiche Druck herrscht und weil keine Expansion des Dampfes im Laufschaufelkanal erfolgt. In letzterem wird nur Strömungsenergie durch Umlenken des Dampfstrahles in mechanische Arbeit umgesetzt.

Man kann den Schaufeln aber auch eine solche Krümmung geben, daß die Austrittsquerschnitte kleiner als die Eintrittsquerschnitte sind (Bild 3.14). Dann muß der Dampf auch im Laufschaufelkanal expandieren, wobei die Größe der Relativgeschwindigkeit zunimmt. Durch diese Umsetzung von Spannungs- in Strömungsenergie erfolgt auch noch eine Abgabe von Rückdruckarbeit auf die Laufschaufeln. Die Umfangkraft wird in diesem Falle durch Fliehkraft- und Rückdruckwirkung hervorgerufen. Diese Bauart wird als **Überdruckturbine** bezeichnet.

Die das Drehmoment der Turbine aufnehmende Arbeitsmaschine (Propeller, Dynamo) muß so bemessen werden, daß sich Umfangsgeschwindigkeiten von nicht mehr als 250 bis 300 m/s einstellen. Dann kann aber die in Bewegungsenergie umgesetzte Spannungsenergie nicht in einem Laufrad

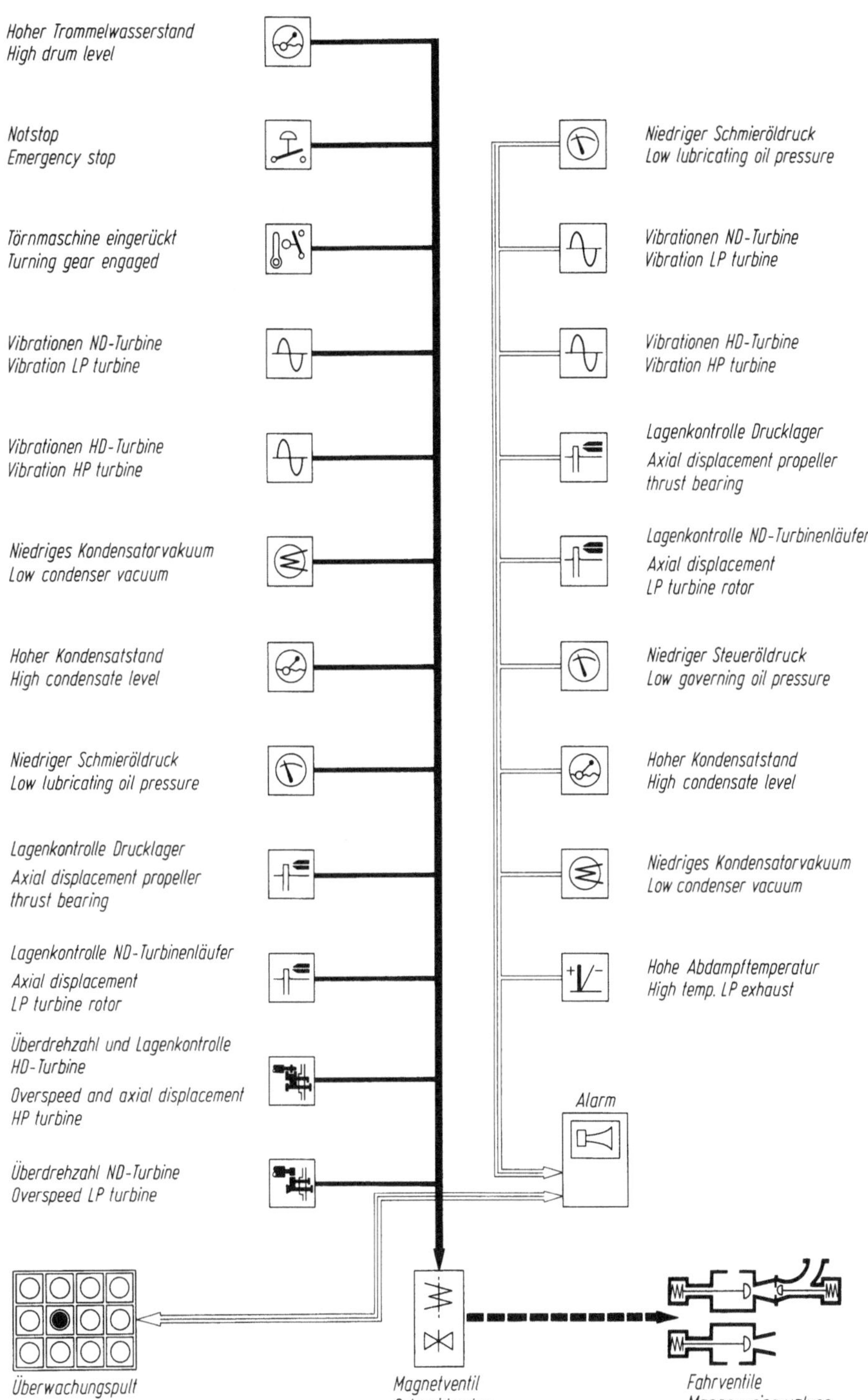

Bild 3.15. Das Sicherheits- und Alarmsystem

restlos umgesetzt werden. Um zu brauchbaren Umfangsgeschwindigkeiten bei höchstem Wirkungsgrad am Radumfang zu kommen, kann man entweder die Geschwindigkeit oder den Druck abstufen.

Das Getriebe. Um die Abmessungen der Getriebeanlage klein zu halten, werden zur Zeit nur noch Planetengetriebe eingesetzt (siehe 3.7.2).

Der Kondensator. Die Bordverhältnisse verlangen, daß das Speisewasser, welches in Form von Dampf aus der Turbine austritt, zurückgewonnen wird. Durch einen möglichst geringen Gegendruck wird das ausnutzbare Wärmegefälle in der Turbine vergrößert. Der Kondensator hat die Aufgabe, den aus der Turbine austretenden Abdampf zu verflüssigen, der herrschende Druck im Kondensator soll dabei so niedrig wie möglich sein. Durch Kontakt mit seewassergekühlten Rohren gibt der Abdampf seine Verdampfungswärme an das Kühlwasser, welches sich erwärmt. Der Abdampf kondensiert dabei. Die Kühlwasseraustrittstemperatur bestimmt den niedrigsten, erzeugbaren Druck im Kondensator. Diese wiederum ist von der Seewassertemperatur abhängig.

Sicherheits- und Alarmsystem. Die beiden Manöverventile bzw. Fahrventile sind bei gestörten Betriebsbedingungen zu schließen, wenn eine Beschädigung der Dampfturbinenanlage befürchtet werden muß. Aus Bild 3.15 ist zu ersehen, daß beim Vorhandensein eines unnormalen Betriebszustandes zuerst ein Alarm ausgelöst wird. Bei Unter- bzw. Überschreitung eines weiteren Grenzwertes wird das Magnetventil geöffnet und die Turbinenanlage stillgesetzt.

Das Sicherheitssystem wird ausgelöst durch
- hohen Wasserstand in der Kesseltrommel,
- Notstop von der Brücke oder vom Maschinenraum,
- die eingerückte Runddrehmaschine (Törnmaschine),
- unzulässig große Vibrationen der Niederdruckturbine,
- unzulässig große Vibrationen der Hochdruckturbine,
- zu niedriges Vakuum im Kondensator,
- zu hohen Wasserstand im Kondensator,
- zu niedrigen Schmieröldruck,
- unzulässige Axialverschiebung des Propellerdrucklagers,
- unzulässige Axialverschiebung des Niederdruckläufers,
- zu hohe Drehzahl und unzulässige Axialverschiebung der Hochdruckturbine,
- zu hohe Drehzahl der Niederdruckturbine.

Im äußersten Notfall kann dieses Sicherheitssystem unwirksam gemacht werden, allerdings wird die Turbinenanlage unter diesen Betriebsbedingungen sofort mehr oder weniger stark beschädigt.

Das Schmierölsystem. Das Schmieröl wird von einer der beiden elektrisch angetriebenen Pumpen sowie der direkt von der Turbine angetriebenen Pumpe gefördert. Alle arbeiten parallel in das Schmierölsystem. Die direkt gekuppelte Pumpe fördert einen Teil der benötigten Menge, wenn sich die Turbine dreht. Verbraucher sind die Lagerstellen der Turbinen, des Getriebes und des Drucklagers. Über eine Drosselstelle wird gleichzeitig eine kleine Schmierölmenge in den im Getriebe angeordneten Hochtank gepumpt.

In Bild 3.16 ist das System dargestellt. Fallen beide elektrisch angetriebenen Pumpen aus, so verringert sich der Schmieröldruck im System, und die Turbinenanlage wird durch das Sicherheitssystem stillgesetzt. Die direkt gekuppelte Pumpe fördert aber noch so lange, bis der Propeller zum Stillstand gekommen ist. Anschließend läuft der Schmierölhochtank leer. So ist gewährleistet, daß die in die Lagerstellen eindringende Wärme abgeführt wird.

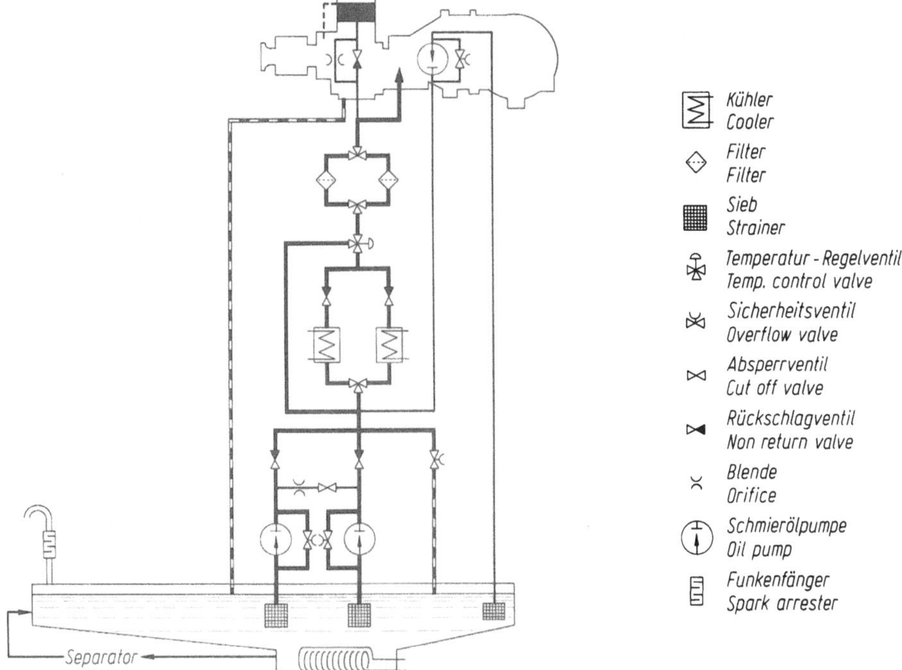

Bild 3.16. Das Schmierölsystem

3.3.3 Besonderheiten des Turbinenbetriebes

Bereitschaft. Während dieser Zeit muß die Turbinenanlage mindestens alle 120 s abwechselnd auf Voraus und Zurück angestoßen werden. Dabei ergibt sich kurzzeitig eine Propellerdrehzahl von etwa 5 Umdrehungen pro Minute (5 min^{-1}), die sich nach dem Anstoßen wieder bis auf Null verringert. Dieses Drehen mit Dampf in beiden Richtungen ist erforderlich, damit die Läufer der Turbinen sich nicht einseitig erwärmen und verformen können. Aus dieser Bereitschaft heraus kann jederzeit jedes Manöver gefahren werden.

Manöver. Ein Umsteuermanöver von VV auf RV läuft üblicherweise wie folgt ab: Nach dem Kommando RV bei voller Fahrt voraus wird das Fahrventil für die Vorausfahrt so schnell wie möglich geschlossen. Das Rückwärtsfahrventil bleibt so lange geschlossen, bis die Propellerdrehzahl auf ca. 60 % der Nenndrehzahl gesunken ist. Anschließend wird es so weit geöffnet, daß die Drehzahl in etwa 30 s auf 40 % der Nenndrehzahl absinkt. Anschließend kann nach Bedarf gefahren werden. Strömt nämlich Dampf bei der Vorausdrehrichtung in die Rückwärtsturbine, so steigt die Dampftemperatur in der Turbine aufgrund der entgegengesetzten Drehrichtung. Bei einem Dampfmassenstrom von 500 kg/h und Vorausfahrt kann die Temperatursteigerung einige 100 °C betragen und einen Turbinenschaden verursachen. Die meisten Dampfturbinen sind mit einem Sicherheitssystem ausgerüstet, das ein zu frühes Öffnen des Rückwärtsfahrventils verhindert. Es kann so lange nicht geöffnet werden, bis der Druck in der Regelstufe auf maximal 40 % abgesunken ist.

Ein Notstoppmanöver wird durch das Sicherheitssystem nicht behindert. Nach einem Schnellschluß des Vorausfahrventils sinkt die Propellerdrehzahl aufgrund der noch verbliebenen Schiffsgeschwindigkeit nicht so schnell wie der Druck in der Regelstufe.

Das Rückwärtsfahrventil kann auch bei Propellerdrehzahlen über 40% geöffnet werden. Die Begrenzung von 60% der Propellerdrehzahl ist vorgeschrieben, um die Anlage nicht zu beschädigen.

Kurzer Aufenthalt im Hafen. Die Turbinenanlage wird mit Hilfe der Drehvorrichtung bewegt und die Turbinenläufer gleichmäßig mit Heizdampf beaufschlagt, so daß sie gleichmäßig warm bleiben. Dreht der Propeller, so sind Hinweisschilder am Heck anzubringen. Der Vorteil ist eine schnelle Betriebsbereitschaft.

Längerer Aufenthalt im Hafen. Während die Turbinenanlage sich nach dem Anlegen abkühlt (einige Stunden), wird sie und damit auch der Propeller durch die Törnmaschine gedreht. Allerdings muß vor dem Fahrtantritt zuerst wieder die Turbinenanlage angewärmt werden, was einige Stunden dauert. Während der Anwärmzeit wird wiederum der Propeller gedreht.

Langsames Rückwärtsfahren. Wird längere Zeit mit niedriger Propellerdrehzahl rückwärts gefahren, so können nach einiger Zeit die Niederdruckturbine und der Kondensator überhitzt werden. Um das zu vermeiden, muß die Zudampftemperatur vom Maschinenpersonal abgesenkt werden. Bei nachfolgender Vorausfahrt soll die Drehzahl in der ersten Stunde nicht über 40 bis 50% der Nenndrehzahl liegen.

Zweipropellerschiffe mit zwei Turbinenanlagen. Wird eine der beiden Turbinenanlagen durch das Auslösen des Sicherheitssystems stillgesetzt, so muß je nach Schaden bzw. Auslösegrund das Schiff gestoppt oder nur die Drehzahl der zweiten Anlage abgesenkt werden. Bei Schmierölmangel oder zu hohem Wasserstand im Kondensator muß mit der betriebsbereiten Anlage schnellstens durch Rückwärtsmanöver die Fahrt aus dem Schiff genommen werden, damit der Propeller der gefährdeten Anlage zum Stehen kommt. Bei allen anderen Auslösegründen genügt die Reduzierung des Drehmomentes, um eine Überlastung der laufenden Anlage zu vermeiden. Die Reduzierung des Drehmomentes erfolgt durch ein Absenken der Propellerdrehzahl auf ca. 50 bis 60% der Nenndrehzahl.

3.3.4 Automatisierung von Dampfturbinenschiffen

Die Kommandos werden mit konventionellen Maschinentelegrafen gegeben; entsprechend wird das Voraus- oder Rückwärtsfahrventil mechanisch oder hydraulisch von einer Automatik in eine entsprechende Stellung gebracht. Aufgabe der Kesselregelung ist es, den benötigten Dampfmassenstrom vorgegebenen Druckes und vorgegebener Temperatur unter optimalen Betriebsbedingungen bereitzustellen. Die Kesselregelung besteht meistens aus den vier Hauptregelkreisen für Dampfdruck, Verbrennungsluft, Dampftemperatur und Kesselwasserstand. Der Dampfdruckregler, vorwiegend Belastungsregler genannt, ist der übergeordnete Führungsregler. Durch Verändern der Führungsgrößen von Brennstoffmenge und Verbrennungsluftmenge sorgt er dafür, daß der gewünschte Wert des Dampfdruckes trotz Belastungsschwankungen möglichst konstant gehalten wird (siehe auch 3.3.2).

3.3.5 Der Dampf- und Wasserkreislauf

In Bild 3.1 ist ein kompletter Kreislauf dargestellt. Vom Schiffsdampferzeuger ausgehend, strömt der Heißdampf in die Hochdruckturbine, wo er einen Teil seiner Energie an das

Laufrad abgibt. In der Niederdruckturbine wird er weiter entspannt und gibt den noch möglichen Betrag an Energie weiter. Der austretende Dampf wird jetzt Abdampf genannt und zum Kondensator geführt, wo er durch Wärmeentzug kondensiert. Das Kondensat wird mit Hilfe der Hauptkondensatpumpe durch den Strahlerdampf-, Brüdendampf- und Sperrdampf-Kondensator gedrückt, wo es Wärmeenergie aufnimmt.

In den Niederdruckvorwärmern wird das Kondensat auf 100 bis 110 °C aufgewärmt, bevor es im Entgaser thermisch entgast wird. Bei diesem Vorgang wird durch Erwärmung die Fähigkeit des Wassers, Gase zu lösen, stark herabgesetzt. Die nicht mehr lösbaren Gase, u.a. auch Luft und damit Sauerstoff, treten aus dem Wasser aus und werden abgeschieden. Somit kann kein Oxidationsvorgang innerhalb des Dampf- und Wasserkreislaufes stattfinden.

Aus der Regelzelle, die unterhalb des Entgasers angeordnet ist, fließt das entgaste Kondensat, jetzt Speisewasser genannt, der Speisepumpe zu. Diese fördert es über Hochdruckvorwärmer zum Schiffsdampferzeuger.

3.4 Verbrennungskraftmaschinen (Dieselmotoren) für Propellerantrieb

3.4.1 Allgemeines

Mehr als 90% aller Seeschiffe haben Dieselmotoren als Antriebsanlage.

Nach den Ausführungen unter 3.2.6 ist diese Maschine dem Dampfantrieb hinsichtlich des Wärmeverbrauches überlegen. Der Grund hierfür ist der, daß der Beginn des Prozesses nach Diesel mit viel höheren Temperaturen beginnt, als das bei der Dampfmaschine der Fall ist. Folgende Unterscheidungsmerkmale sind üblich:
- Vier- oder Zweitakter,
- Reihen- oder V-Bauart,
- Tauchkolben- oder Kreuzkopfmaschinen,
- nicht aufgeladene oder aufgeladene Motoren,
- langsam-, mittelschnell- oder schnellaufende Maschinen.

3.4.2 Viertakt-Verfahren nach Diesel

Ein Takt dauert einen Hub bzw. eine halbe Umdrehung. Der Kolben bewegt sich dabei von einer Endlage in die andere, und zwar von oben nach unten oder umgekehrt. Dabei laufen folgende Vorgänge ab:

Erster Takt, Einsaugen (Bild 3.17). Der Kolben bewegt sich von oben nach unten. Das Einsaugventil ist geöffnet. Im Zylinder stellt sich bei Beginn der Kolbenbewegung ein geringer Unterdruck gegenüber der Atmosphäre ein. Infolge dieses Unterdruckes, der durch Überwindung der Strömungswiderstände in den Einsaugorganen entsteht, strömt die Außenluft (Verbrennungsluft) durch Einsaugefilter, Einsaugekanal und Einsaugeventil in den Zylinder.

Je niedriger der Druck am Ende des Einsaugehubes im Zylinder ist, desto geringer ist auch das für die kommende Verbrennung vorhandene Luftgewicht. Unter sonst gleichen Verhältnissen (Volumen, Temperatur) ist das Luftgewicht dem absoluten Druck direkt proportional.

Zweiter Takt, Verdichten (Bild 3.18). Der Kolben bewegt sich von unten nach oben. Sämtliche Ventile im Zylinderdeckel sind geschlossen. Die im Zylinder befindliche Luft wird zusammengedrückt (verdichtet, komprimiert). Dabei nehmen Druck und Temperatur zu. Die vom Kolben auf die Luft übertragene Arbeit erscheint in dieser als Wärme. Der Verdichtungsenddruck beträgt 35 bis 40 bar. Die Endtemperatur der verdichteten Luft beträgt 600 bis 700 °C.

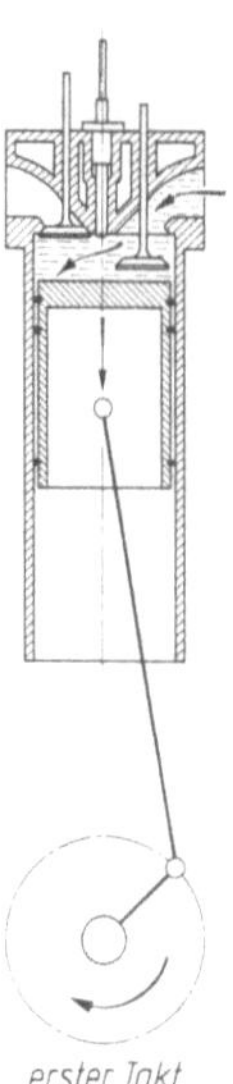

Bild 3.17. Erster Takt, Einsaugen

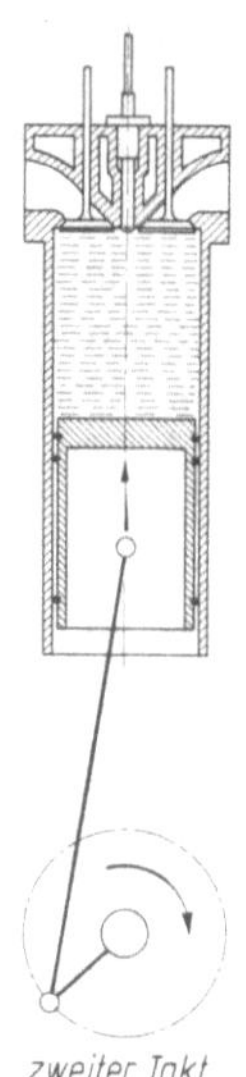

Bild 3.18. Zweiter Takt, Verdichten

Damit diese Werte erreicht werden, müssen Ventile und Kolbenringe gut dichthalten. Bei großen Undichtigkeiten ist das im Zylinder am Ende der Verdichtung vorhandene Luftgewicht für die einzuspritzende Brennstoffmenge zu klein.

Dritter Takt, Verbrennen und Ausdehnen (Arbeitshub) (Bild 3.19). Kurz vor dem oberen Totpunkt öffnet sich das Brennstoffventil, und der Brennstoff wird, fein zerstäubt, in die im Verdichtungsraum (V_c) vorhandene, hocherhitzte Luft eingespritzt. Dabei entzündet er sich und verbrennt. Während der Verbrennung steigt der Druck zunächst auf einen Höchstwert (p_z) an.

Nach beendeter Verbrennung beginnt die Ausdehnung (Expansion) der Verbrennungsgase. Der Kolben bewegt sich von oben nach unten. Die Gastemperatur, die während der Verbrennung auf etwa

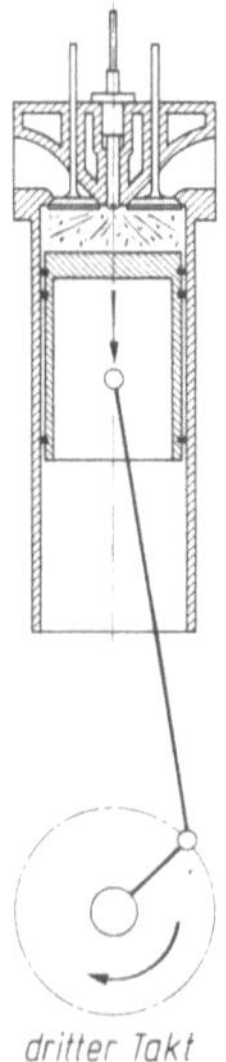

Bild 3.19. Dritter Takt, Verbrennen und Ausdehnen

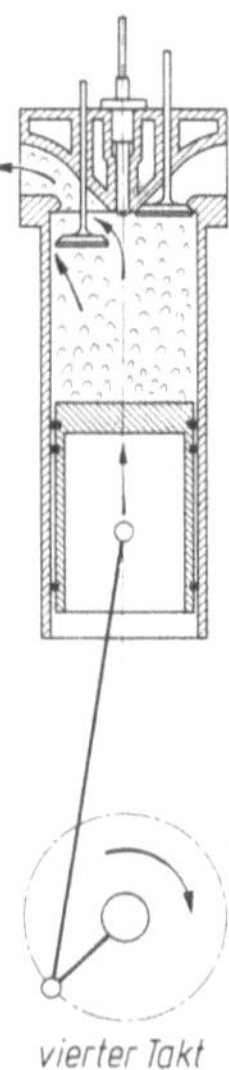

Bild 3.20. Vierter Takt, Ausschieben

1200 bis 1400 °C ansteigt, fällt während der Ausdehnung. Die frei gewordene Wärme wird als Arbeit vom Kolben auf das Triebwerk übertragen. Kurz vor dem unteren Totpunkt öffnet sich das Auslaßventil, und es erfolgt das Auspuffen. Hierbei gelangt schon der größte Teil der Abgase ins Freie.

Vierter Takt, Ausschieben (Bild 3.20). Der Kolben bewegt sich von unten nach oben. Der im Zylinder befindliche Verbrennungsgasrest wird in die Atmosphäre gedrängt. Im Zylinder herrscht während des Ausschiebens ein geringer Überdruck, dessen Größe durch die Strömungswiderstände der Auslaßwege bestimmt ist. Um eine möglichst restlose Entfernung der Restabgase zu erreichen, öffnet sich schon das Einlaßventil, bevor das Auslaßventil sich schließt. Die Bewegungsenergie der abströmenden Verbrennungsgase soll dann auch für die Reinigung des Zylinderraumes sorgen, der bei oberer Totlage des Kolbens noch verbleibt (Kompressionsraum V_c).

Im **Druck-Volumen-Diagramm** (p, V-Diagramm) ergibt die graphische Darstellung der geschilderten Vorgänge den in Bild 3.21 gezeigten Linienzug. Die Kurve e–a ist die Verdichtungslinie. Den Zusammenhang zwischen Druck und Volumen während der Verbrennung kennzeichnet das Kurvenstück a–b, die Linie b–c die Expansion der Verbrennungsgase. Bei der dem Punkte c entsprechenden Kolbenstellung öffnet sich das Auspuffventil. Auspuff und Ausschieben veranschaulicht Kurvenstück c–d. Die kleine Strecke Δp zeigt den Druckunterschied zwischen dem Verbrennungsgas im Zylinder und der Atmosphäre während des Ausschiebens. Linie d–e und Strecke $\Delta p'$ gelten sinngemäß für das Einsaugen. Alle übrigen Größen sind der Abbildung zu entnehmen.

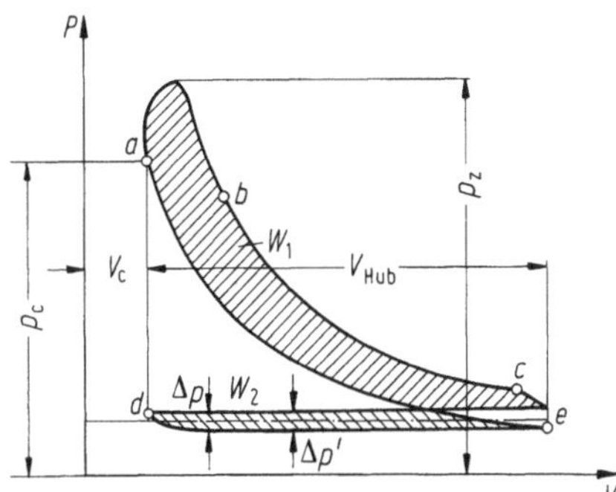

Bild 3.21. P, V-Diagramm eines Viertakt-Dieselmotors (schematisch)

3.4.3   Zweitakt-Verfahren nach Diesel

Während beim Viertakter auf zwei Umdrehungen nur ein Arbeitshub kommt, erfolgt beim Zweitakter bei jeder Umdrehung eine Zündung.

Erster Takt, Arbeitshub. Der Kolben bewegt sich von oben nach unten. Verbrennung und Expansion erfolgen wie beim Viertakt-Motor. Bei der Kolbenstellung c beginnt die Freigabe der in der Laufbuchse vorhandenen Auslaßschlitze. Der größte Teil der Verbrennungsgase entweicht während des Auspuffes. Etwas später werden die Spülluftschlitze freigegeben. Die im angeschlossenen

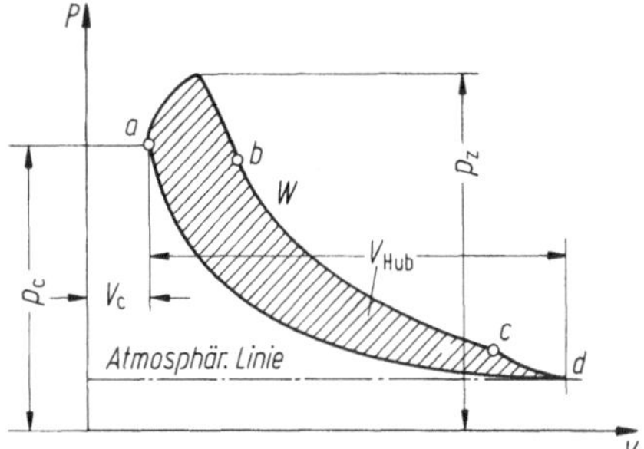
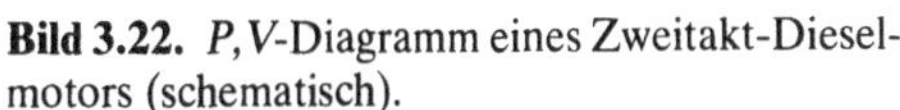

Bild 3.22. P, V-Diagramm eines Zweitakt-Dieselmotors (schematisch).
p_c Enddruck der Kompression; p_z Zünddruck; V_c Kompressionsvolumen; die vom Diagramm eingerahmte Fläche bedeutet die Nutzarbeit: W_1 positiv, W_2 negativ; Weiteres siehe Text

Spülluftkanal befindliche, unter dem Spülluftdruck (geringer Überdruck) vorhandene Luft verdrängt den noch im Zylinder befindlichen Verbrennungsgasrest und füllt den Raum zum größten Teil mit Frischluft auf.

Zweiter Takt, Verdichten. Beim Aufwärtsgang des Kolbens werden zunächst die nicht gesteuerten Spülluftschlitze vom überlaufenden Kolben abgedeckt. Nach dem Überlaufen der Auspuffschlitze beginnt die Verdichtung der eingeschlossenen Luft.

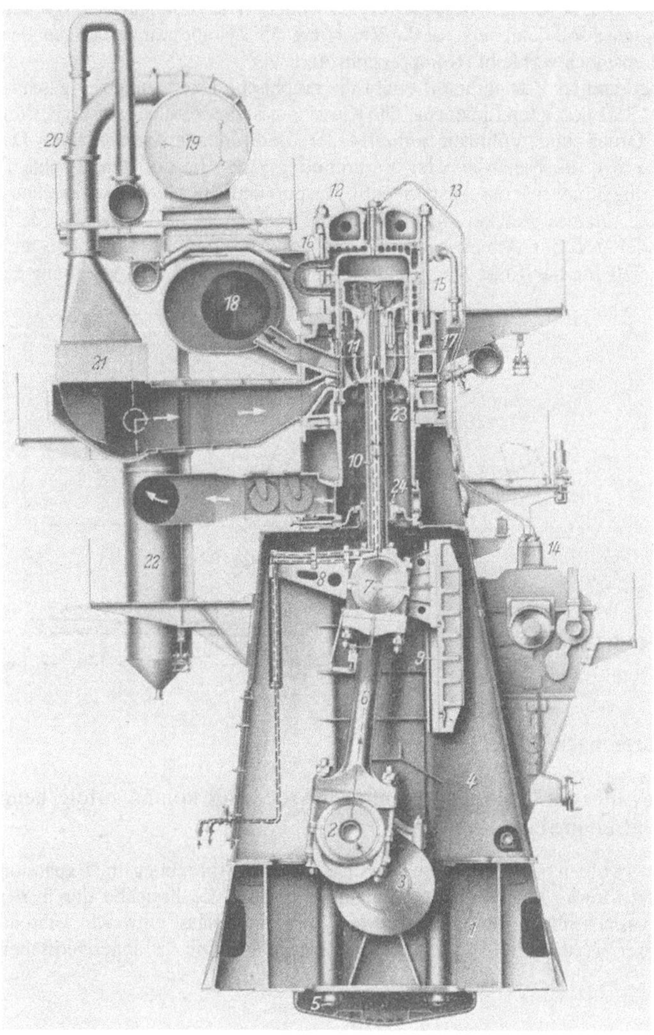

Bild 3.23. Schnitt durch Mitte Zylinder eines einfach wirkenden Zweitakt-Motors der Bauart KZ 105/180 MAN.
1 Grundplatte, geschweißt; *2* Kurbellagerzapfen mit Hohlbohrung; *3* Kurbelwellenzapfen; *4* Ständer; *5* Zugankermutter; *6* Pleuelstange mit Hohlbohrung; *7* Kreuzkopf, hohlgebohrt; *8* Halterung für Kolbenkühlrohre; *9* Gleitbahn für Kreuzkopf; *10* Kolbenstange mit Hohlbohrung; *11* Arbeitskolben mit Kühlwasserräumen; *12* Zylinderdeckel mit Hohlräumen; *13* Brennstoffpumpendruckleitung; *14* Brennstoffpumpe; *15* Anlaßluftleitung; *16* Kühlwasserübertritt; *17* Schaudeckel für Spülschlitze; *18* Auspuff nach Turbine; *19* Turbogebläse; *20* Spülluftdruckleitung; *21* Spülluftkühler; *22* Spülluftbehälter; *23* Kolbenlaufbüchse, oberer Teil; *24* Kolbenstangenstopfbüchse im Zwischenboden

Beim Zweitakt-Motor kommt demnach auf eine Umdrehung ein Arbeitshub. Unter sonst gleichen Verhältnissen entspricht das einer Verdoppelung der Maschinenleistung gegenüber der Viertakt-Maschine. Die Veranschaulichung dieses Prozesses im p, V-Diagramm zeigt Bild 3.22.

Verbrennungslinie *a–b*, Expansionslinie *b–c*, Beginn des Auspuffs Punkt *c*, Verdichtungslinie *d–a*. Die Arbeit während einer Umdrehung wird durch die schraffierte Fläche *W* dargestellt.

In Bild 3.23 wird eine Zweitakt-Dieselmaschine der Maschinenfabrik Augsburg-Nürnberg gezeigt. Der Kolben befindet sich im oberen Totpunkt. Spülluft- und Auspuffkanäle sind in dieser Stellung durch das sogenannte Kolbenhemd abgedeckt. Das Bild zeigt, daß die Kolbenunterseite und das Abgasgebläse gemeinsam in den Spülluftsammelbehälter fördern. Aus diesem strömt die Spülluft, sobald die Schlitze in der Zylinderwand offen sind, in das Zylinderinnere.

Der Kolben ist ein kompliziertes Stahlgußstück von großem Gewicht. Er wird, obgleich er sich 110mal in der Minute 1,8 m auf und ab bewegt, laufend von Kühlwasser durchflossen. Dieses wird ihm über die hohlgebohrte Kolbenstange zugeführt.

Der in Bild 3.23 gezeigte Motor wird mit Schweröl betrieben. Das Öl besteht aus den Rückständen der Erdöldestillation, die mit Gas- oder Dieselölen oder einem leichtflüssigen Erdöl gemischt werden.

3.4.4   Die Aufladung

Aufladen heißt, dem Motor mehr Luft zuzuführen, als er von sich aus ansaugen kann, denn mehr Luft bedeutet, daß mehr Treiböl verbrannt werden kann, und das ergibt mehr Leistung.

Der Aufladegrad ist

$$AG = \frac{\text{Leistung des Motors mit Aufladung}}{\text{Leistung des Motors ohne Aufladung}}.$$

Beim Aufladen wird dem Motor vorverdichtete Luft zugeführt. Bei Normalaufladung ohne Zwischenkühlung der Ladeluft ergibt sich der Aufladegrad AG zu 1,3 bis 1,6. Mit Zwischenkühlung der Ladeluft kann bei der Hochaufladung der Aufladegrad auf 1,8 bis 2,5 gesteigert werden. Maximal kann der AG bei Mittelschnelläufern 2,2 bis 3,1 und bei großen Zweitaktern 1,75 bis 2,0 erreichen.

Die mechanische Aufladung (Bild 3.24). Hierbei wird der Lader vom Motor mechanisch über Zahnräder oder Ketten angetrieben.

Je nach Motorenbauart können Kolben- oder Kreiselverdichter verwendet werden. Bei dieser Aufladeart muß der Motor zusätzlich den Leistungsbedarf des Laders decken.

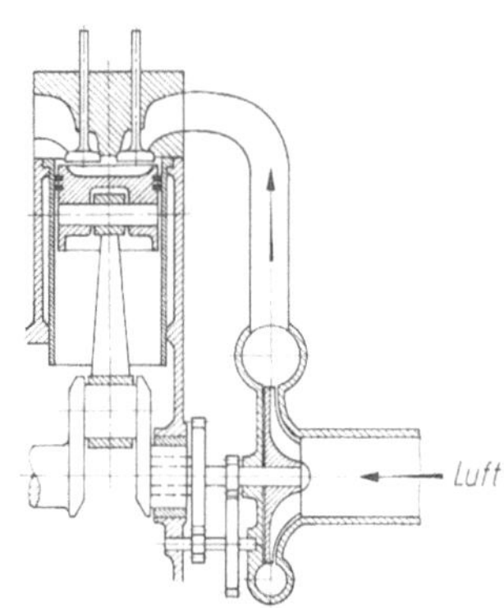

Bild 3.24. Mechanischer Laderantrieb

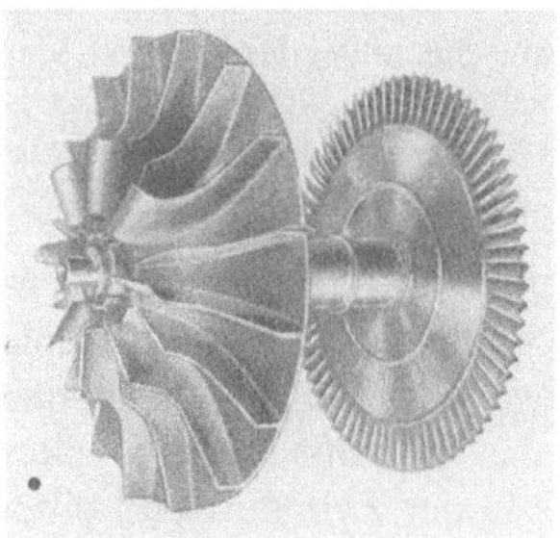
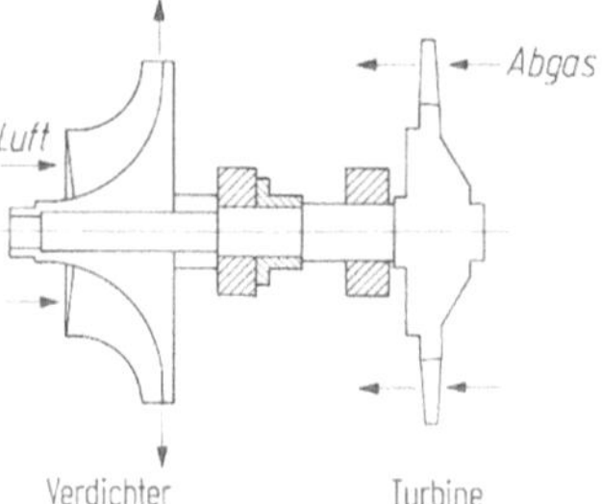

Bild 3.25. Aufladegruppe

Die Abgasturboaufladung (allgemein) (Bild 3.25). Hierbei wird die Energie der Abgase ausgenutzt, um eine Turbine anzutreiben, die ihrerseits starr mit einem Gebläse, auch Verdichter genannt, verbunden ist. Die Aufladegruppe, bestehend aus der einstufigen Turbine und dem einstufigen Verdichter, ist nur pneumatisch mit dem Motor verbunden. Sie paßt sich selbstregelnd sofort allen Belastungsstufen an. Der Leistungsbedarf der Aufladegruppe wird aus der Energie der Abgase gedeckt, der Motor braucht ihn nicht zusätzlich aufzubringen. Über den gesamten Leistungsbereich erniedrigt sich der spezifische Brennstoffverbrauch, der in Gramm pro PS und Stunde (g/PSh) oder im neuen Maßsystem in Kilogramm pro Kilowatt und Stunde (kg/kWh) angegeben wird (Bild 3.26).

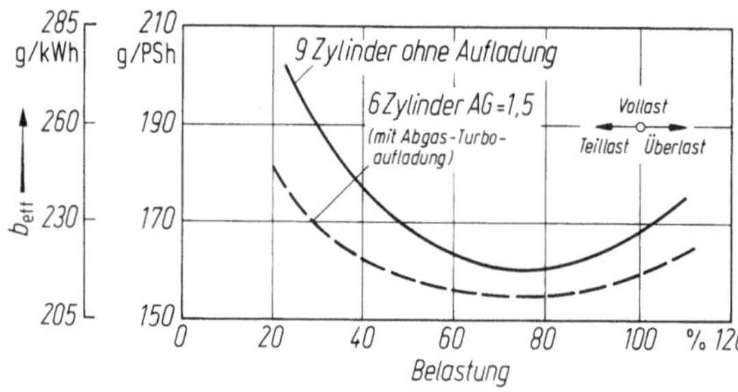

Bild 3.26. Brennstoffverbrauchskurve (b_e) in Abhängigkeit der Belastung für aufgeladene und unaufgeladene Dieselmotoren (AG = Aufladegrad)

Besonders charakteristisch ist der flache Verlauf der Brennstoffverbrauchskurve. Die Drehzahl der Aufladegruppe beträgt je nach Belastung 4000 bis 20000 min^{-1}. Die Temperaturen der Abgase liegen vor der Turbine zwischen 500 bis 650 °C.

Die Abgasturboaufladung beim Viertakter (Bild 3.27). Die Ventilüberschneidungszeiten sind verhältnismäßig lang. Der Zylinder wird also nicht nur mit Luft erhöhten Druckes gefüllt, sondern auch noch gespült, d.h., die Restgase werden entfernt und die Verbrennungsraumwände gekühlt. Damit während der Ventilüberschneidungszeiten (Spülperiode) eines Zylinders kein Abgas durch das Auspuffen eines anderen Zylinders in die Frischluft gelangt, wird die Abgasleitung in mehrere Stränge aufgeteilt.

Abgasturboaufladung beim Zweitakter (Bild 3.28). Beim Viertakter hat die Turbine gegenüber dem Verdichter einen Leistungsüberschuß. Beim Zweitakter ist es umgekehrt, weil einerseits die Abgase weniger Energie enthalten und andererseits der Zweitakter mehr Luft benötigt als der Viertakter. Um den entstehenden Luftmangel auszugleichen, wird häufig neben der Aufladegruppe durch zusätzliche Spülluftpumpen oder Hilfsgebläse

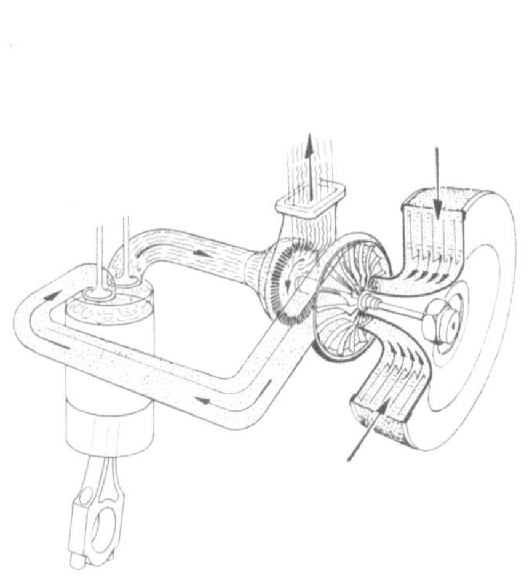

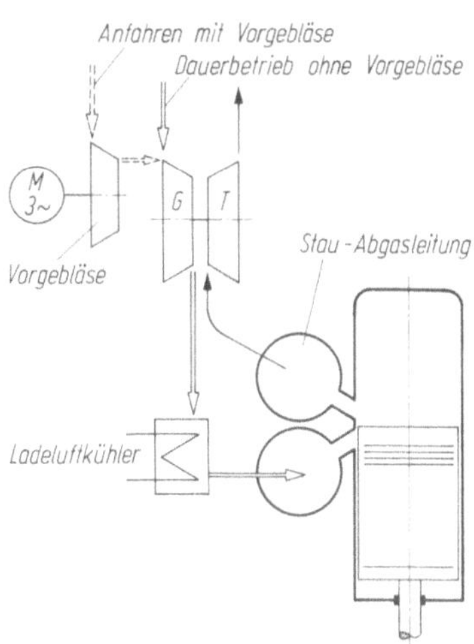

Bild 3.27. Aufladeschema für Viertakt-Dieselmotoren

Bild 3.28. Abgasturboaufladesystem der MAN KSZ A- und B-Baureihe ohne Kolbenunterseitenförderung

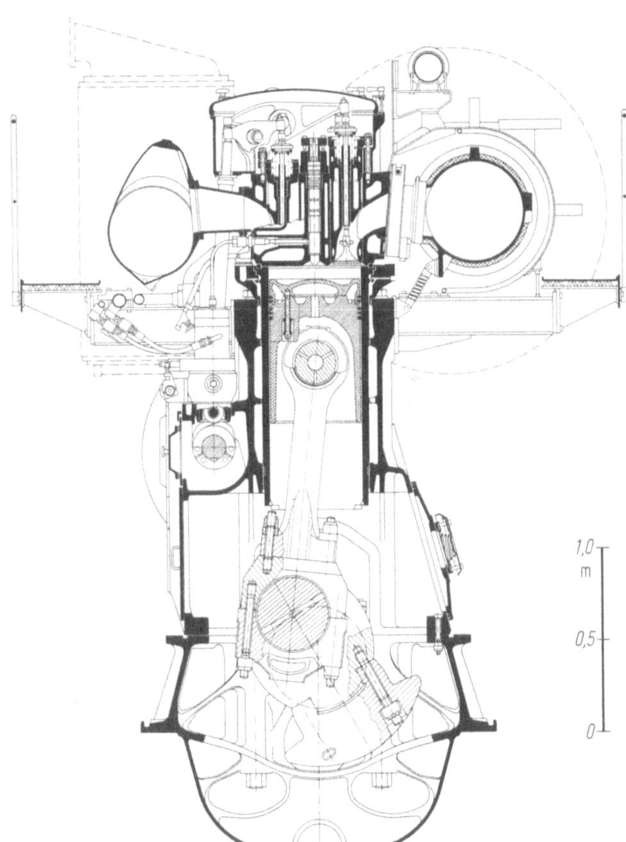

Bild 3.29. Querschnitt durch den Dieselmotor MAN L 52/55 A (L = Längsbauweise, 52 = Kolbendurchmesser in cm, 55 = Kolbenhub in cm, A = Aufladungsart)

Luft zum Motor gefördert. Diese beiden Luftsysteme können in Serie, parallel oder gemischt geschaltet sein.

Beim Staubetrieb puffen alle Zylinder in eine gemeinsame geräumig Abgassammelleitung aus. Dadurch werden die Auspuffstöße geglättet und das Abgas mit fast gleichmäßigem Druck zur vollbeaufschlagten Turbine geleitet.

Liegt Stoßbetrieb vor, so puffen die Zylinder wie beim Viertakter in getrennte Abgasleitungen aus, die Turbine ist dann teilbeaufschlagt. Hierbei wird in der Turbine zusätzlich noch die Stoßenergie der Abgase ausgenutzt.

3.4.5 Reihen- und V-Bauart

Die Bilder 3.29 und 3.30 stellen den Motortyp MAN 52/55 A dar, einmal als Reihenmotor und zum anderen als V-Maschine. Der Reihenmotor wird mit 6, 7, 8 und 9 Zylindern, entsprechend einer Leistung von 4650 bis 6975 kW (6330 bis 9495 PS) gebaut. Die V-Maschine mit fast gleichen Abmessungen und 10, 12, 14, 16 und 18 Zylindern erreicht eine Leistung von 7750 bis 13 950 kW (10 550 bis 18 990 PS).

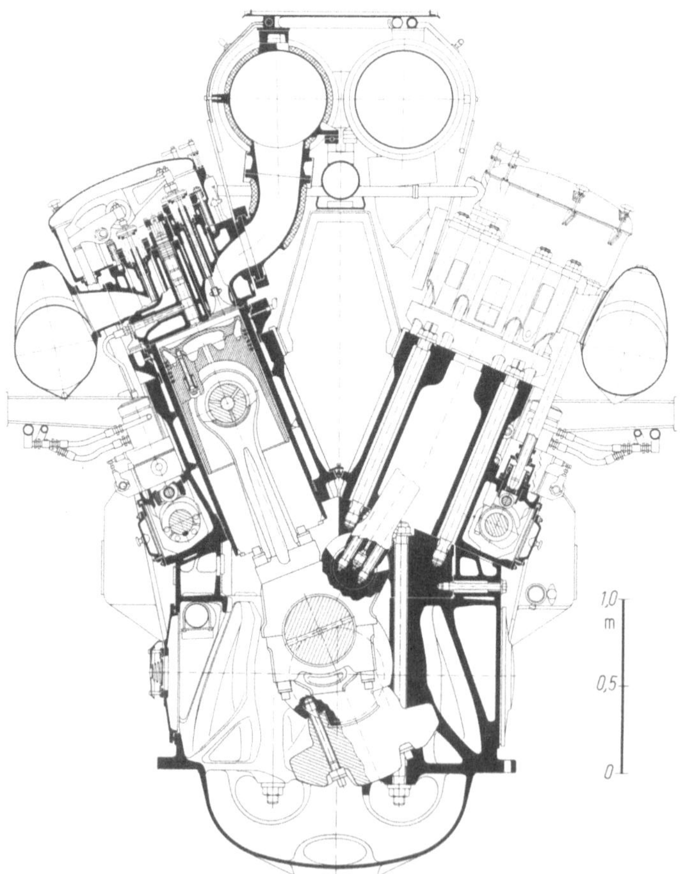

Bild 3.30. Querschnitt durch den Dieselmotor MAN V 52/55 A

Zylinderzahl und -anordnung werden vor allem von der Größe der Leistung und dem Verwendungszweck des Motors bestimmt. Die V-Motoren haben eine kürzere Baulänge als ein gleichstarker Reihenmotor, sind aber erfahrungsgemäß empfindlicher als Reihenmotoren und teurer bei Wartung und Reparatur.

3.4.6 Tauchkolben- und Kreuzkopfmaschinen

Die Zylinderleistung bei Tauchkolbenmotoren liegt mit maximal 1100 bis 1300 kW viel niedriger als bei den Kreuzkopfmaschinen, die 3000 kW je Zylinder erreichen. In den Bildern 3.31 und 3.32 sind beide Bauarten dargestellt. Die Tauchkolbenmaschine MAN Typ ASV 25/30 leistet beispielsweise bei 12 Zylindern 2400 kW und hat dabei eine Gesamthöhe von 2850 mm, eine Gesamtlänge von 4350 mm und ein Gewicht von 19 t. Die Kreuzkopfmaschine MAN Typ KSZ 90/160 B leistet bei 12 Zylindern 32 400 kW bei einer Gesamthöhe von 10 100 mm, einer Gesamtlänge von 22 493 mm und einem Gewicht von 1150 t.

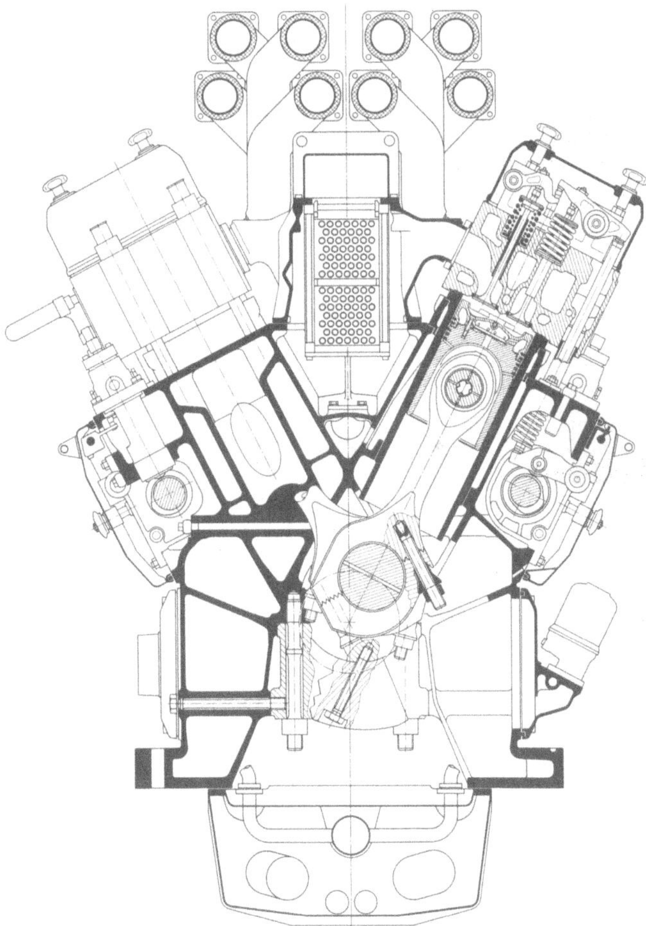

Bild 3.31. Querschnitt durch den Viertakt-Tauchkolben-Dieselmotor MAN ASV 25/30

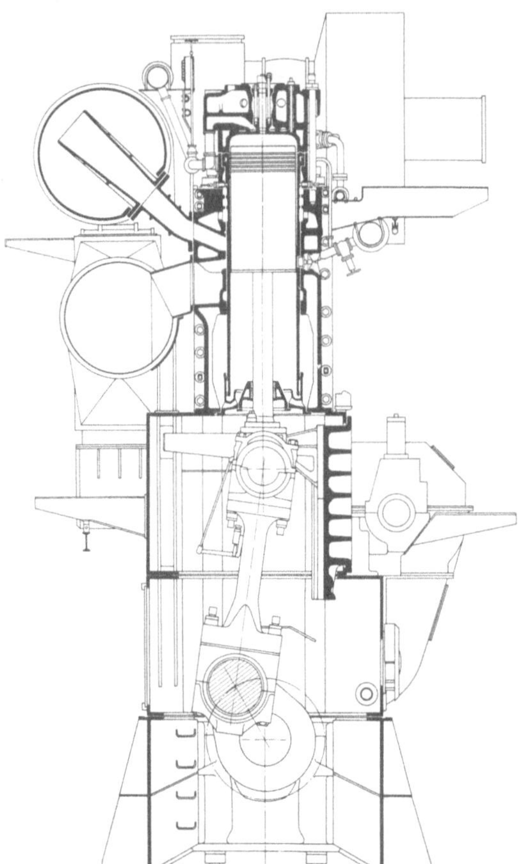

Bild 3.32. Querschnitt durch den
Zweitakt-Kreuzkopf-Dieselmotor
MAN KSZ 90/160 B

3.4.7 Langsam-, mittelschnell- und schnellaufende Maschinen

Dieselmotoren werden nach der mittleren Kolbengeschwindigkeit unterteilt. Bei Langsamläufern beträgt die mittlere Kolbengeschwindigkeit weniger als 6 m/s, bei Mittelschnelläufern liegt sie zwischen 6 und 9 m/s und bei Schnelläufern ist sie größer als 9 m/s.

Der langsamlaufende Dieselmotor liegt mit seinem spezifischen Kraftstoffverbrauch an erster Stelle in der Wirtschaftlichkeit der Schiffsantriebsmaschinen. Außerdem wirkt sich auch noch das besonders günstige Teillastverhalten des Dieselmotors aus, dessen niedrigster spezifischer Verbrauch bei etwa 75% der Nennbelastung liegt und dessen Verbrauchskurve so flach ist, daß erst bei ca. 40% der Nennleistung der spezifische Vollastverbrauch überschritten wird (siehe Bild 3.26).

3.4.8 Ausgeführte Dieselmotoren

In den folgenden zwei Tabellen sind unterschiedliche Bauarten nach dem Arbeitsverfahren unterteilt. Die in Klammern gesetzten Kreuze bedeuten, daß von dieser Bauart keine Maschinen mehr gefertigt werden.

Zweitakter

Kreuzkopf-	Tauchkolben-	Reihen-	V-Bauart	
×	×	×		langsam-
×	×	×	×	mittelschnell-
	×	×	×	schnellaufend

Viertakter

Kreuzkopf-	Tauchkolben-	Reihen-	V-Bauart	
×	(×)	(×)		langsam-
×	×	×	×	mittelschnell-
	×	×	×	schnellaufend

3.4.9 Besonderheiten des Motorenbetriebes

Niedrigste Drehzahl. Bei einem langsamlaufenden, direkt gekuppelten Dieselmotor beträgt die minimale Drehzahl von Motor und Propeller ca. 20 bis 30 min^{-1}; noch weniger Umdrehungen je Minute können zum Stillstand führen. Bei Mittelschnelläufern und Schnelläufern liegen die niedrigsten Propellerumdrehungen in einem ähnlichen Bereich.

Schnelles Umsteuern von VV auf RV. Mit Hilfe von Schwungrad- oder Scheibenbremsen ist es möglich, zuerst den Motor zum Stillstand zu bringen, obgleich das Schiff weiterhin voraus fährt. Der Fahrtstrom versucht, den Propeller mit sehr großem Drehmoment in Vorausrichtung weiterzudrehen. Gegen dieses Moment muß der Motor dann bei Rückwärtsfahrt anlaufen und seine Zünddrehzahl erreichen. Selbst hochaufgeladene Motoren laufen zuerst als unaufgeladene Motoren an, die Aufladegruppe fördert erst später Luft. Der Motor kann erst dann rückwärts anlaufen und seine Zünddrehzahl erreichen, wenn sein Anfahrmoment größer ist als das Propellermoment. Dazu muß die Anströmgeschwindigkeit am Propeller reduziert werden, d.h., die Geschwindigkeit des Schiffes muß so schnell wie möglich verkleinert werden. Die größte Bremswirkung wird erzielt, wenn der Motor mit einer Bremse auf eine niedrige Vorausdrehzahl gebracht und dort gehalten werden kann.

Ist eine Schaltkupplung zwischen Motor und Propeller installiert, treten diese Probleme nicht auf. Nach dem RV-Kommando wird der Motor stillgesetzt, die Kupplung betätigt, der Motor umgesteuert und angelassen. Beim Wiedereinschalten der Kupplung kann die Schwungmasse vom Motor und Schwungrad dann den Propeller in Gegenrichtung hochreißen.

Ist ein Verstellpropeller vorhanden, kann sich der Motor sehr gut auf einen Wechsel von Voraus auf Zurück einstellen. Da die Umsteuerzeit mindestens 14 s beträgt, folgen Regler und Aufladegruppe gut den Laständerungen.

Mehrmotorenbetrieb mit Festpropeller. In Bild 3.33 sind die Belastungsverhältnisse von zwei Motoren dargestellt, die auf einem gemeinsamen Propeller arbeiten. Beide Motoren erzeugen zusammen bei ihrer Nenndrehzahl die Nennleistung des Propellers. Wird ein Motor stillgesetzt, so schneidet sich die Kurve des Motors mit der Propellerkurve bei etwa 72 % der Nenndrehzahl, entsprechend etwa 35 % der Gesamtleistung beider Motoren. Es ist zu erkennen, daß bei Betrieb mit nur einem Motor nicht 50 % der Gesamtleistung, sondern nur ca. 35 % zur Verfügung stehen.

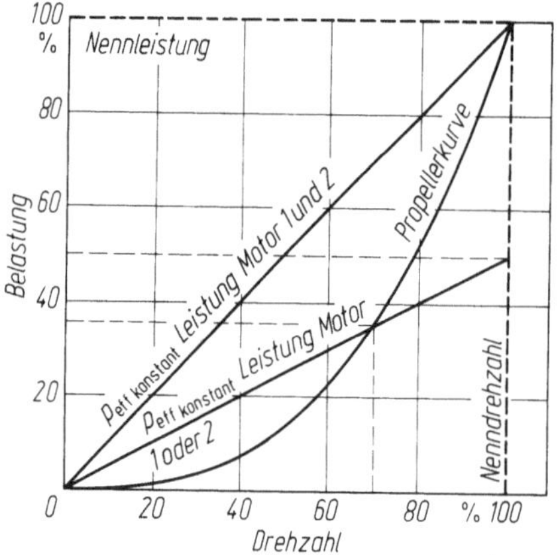

Bild 3.33. Beide Motoren arbeiten auf einem gemeinsamen Festpropeller

Mehrmotorenbetrieb mit Verstellpropeller. Im Gegensatz zum Festpropeller, bei dem sich eine Leistungs- und Drehzahlreduzierung ergibt, wenn einer der beiden Motore ausgefallen ist, kann bei einem Verstellpropeller durch entsprechende Steigungsreduzierung der laufende Motor mit seiner vollen Nennleistung bei Nenndrehzahl betrieben werden. Die Belastungsverhältnisse sind in Bild 3.34 dargestellt.

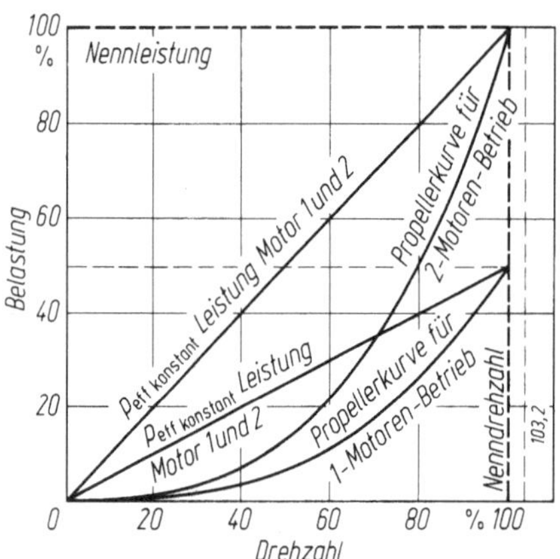

Bild 3.34. Beide Motoren arbeiten auf einem gemeinsamen Verstellpropeller

Ausbau eines Kolbens. Durch Beschädigungen am Kolben oder Kreuzkopf kann es notwendig werden, einen kompletten Kolben mit/ohne Schubstange zu entfernen. Je nach Lage des ausgebauten Kolbens gibt der Motorenhersteller die noch mögliche, maximale Drehzahl nach einer Anfrage an.

3.4.10 Fernsteuerung und Regelung

Die Diesel-Fernsteuerautomatik arbeitet nach dem Prinzip der Drehzahlregelung; es kann auch eine Kombination mit einer Füllungssteuerung eingesetzt werden. Die Fahrkommandos werden der Automatik vom Telegraf auf der Brücke als Solldrehzahl vorgegeben. Je nach dem vorliegenden Betriebsstand des Motors wird selbsttätig umgesteuert, angelassen oder die Drehzahl verändert. Der elektronische Hochlaufgeber fährt den Motor schonend auf die gewünschte Soll-Drehzahl. Ein Drehzahlgeber am Dieselmotor liefert die Rückmeldung der Ist-Drehzahl.

Auch bei Anlagen mit Verstellpropeller ermöglichen elektronische Bauteile eine optimale Fernsteuerung von der Brücke aus. Die Propellersteigung wird in Verbindung mit der Drehzahl des Motors bei bestem Wirkungsgrad frei wählbar verstellt. Ein Regelkreis zur Leistungsbegrenzung des Motors in Abhängigkeit von der Ist-Drehzahl schützt die Antriebsanlage vor Überlastungen.

Elektronische Regler führen die Temperaturen der einzelnen Medien bei geringsten Abweichungen vom Sollwert wieder auf diesen zurück. Regler und Stellorgane sichern während der Seereise konstante Temperaturen. Bei Manöverfahrt ergeben sich nur geringe Abweichungen vom Sollwert. Meistens werden folgende Kreisläufe geregelt:

Zylinderkühlwasser,   Schmieröl und Getriebeöl,
Kolbenkühlwasser,   Ladeluft.
Düsenkühlwasser,

Für die Wasser- und Ölkreisläufe sind Reservepumpen vorhanden, die bei Ausfall automatisch oder von Hand anlaufen.

3.5 Gasturbinen

Die Abmessungen und benötigten Räume sind bei gleicher Leistung erheblich niedriger als bei Dieselmotoren und Dampfturbinen. Weiterhin ist eine Einsatzbereitschaft innerhalb weniger Minuten möglich. Von Nachteil ist bei dem Gasturbinenantrieb, daß

- der spezifische Brennstoffverbrauch höher liegt als bei den konkurrierenden Antriebsarten,
- der Brennstoff mit aufwendigen Reinigungssystemen von Feststoffen und vorhandenem Seewasser befreit sein muß,
- wegen des großen Verbrennungsluftdurchsatzes Schallschutzmaßnahmen erforderlich sind.

Die Erfahrungen auf Handelsschiffen sind noch unvollkommen.

3.5.1 Aufbau und Wirkungsweise

Eine Gasturbine besteht aus den Hauptkomponenten Verdichter, Brennkammer, Turbine und Wärmetauscher. Der wesentliche Unterschied zu Dampfturbinen liegt im Arbeitsstoff, der hierbei Luft bzw. Rauchgas ist. Ein weiterer Unterschied ist der niedrigere Druck des Arbeitsstoffes (um 6 bar) und die höhere Temperatur (750 bis 780 °C). Die Verbrennungsluft wird im Verdichter auf höheren Druck komprimiert und in einem Wärmetauscher erwärmt, bevor sie der Brennkammer zugeführt wird. Durch Verbrennung eines Kraftstoffes entsteht ein heißes Rauchgas, welches sich in der nachgeschalteten Turbine entspannt und dabei Leistung an die Welle abgibt. Die vom Verdichter benötigte Leistung ist kleiner als die von der Turbine abgegebene Leistung.

3.5.2 Schaltungen

Es gibt zwei Schaltungen.

Im offenen Kreislauf wird die aus der Atmosphäre angesaugte Luft über den Wärmetauscher (4) und die Brennkammer (3) in Form von Rauchgas der Turbine (2) zugeführt, wo expandiert und damit Leistung abgegeben wird. Die entspannten Rauchgase werden nach Durchströmen des Wärmetauschers (4) in die Atmosphäre zurückgeleitet (Bild 3.35).

Von Vorteil ist bei dem offenen Kreislauf die einfache Bauart, nachteilig wirkt sich jedoch das kontinuierliche Durchströmen der Turbine mit verschmutzten und korrosions-

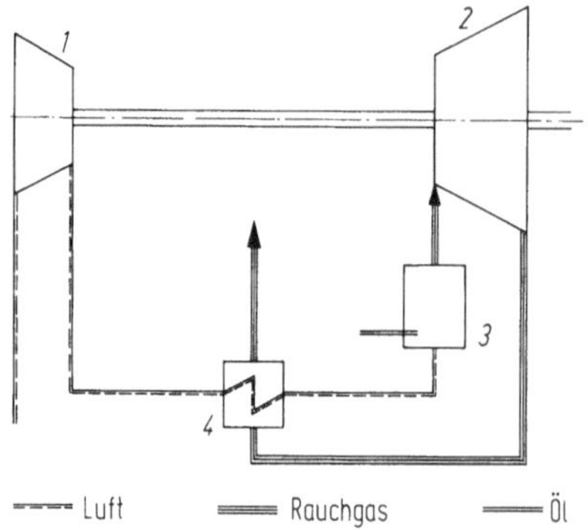

Bild 3.35. Offener Kreislauf einer Gasturbine.
1 Verdichter; *2* Turbine; *3* Brennkammer; *4* Wärmetauscher

erzeugenden Fremdstoffen in den Rauchgasen aus. Es muß deshalb durch öfteres Auswaschen mit Frischwasser die Verschmutzung beseitigt werden.

Im geschlossenen Kreislauf können die oben erwähnten Nachteile nicht zum Tragen kommen; man arbeitet mit reiner Luft, die im geschlossenen Kreislauf umläuft (Bild 3.36).

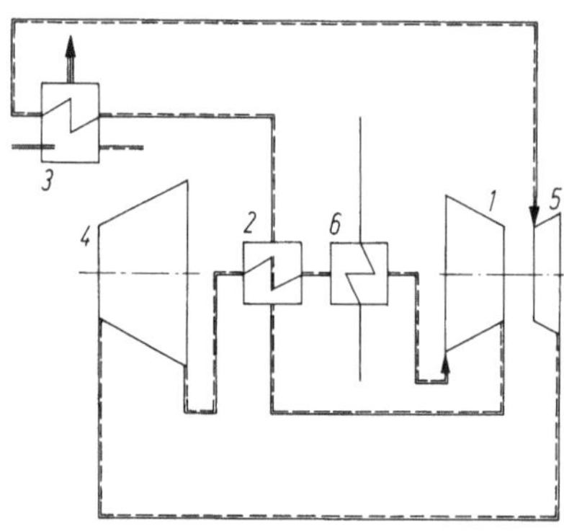

Bild 3.36. Geschlossener Kreislauf einer Gasturbinenanlage.
1 Verdichter; *2* Wärmetauscher; *3* Brennkammer; *4* Turbine; *5* Turbine zum Antrieb des Verdichters; *6* Vorkühler

3.6 Kernenergieantrieb

Allgemeines. Eine durch Kernenergie betriebene Schiffsmaschinenanlage besteht im wesentlichen aus dem Reaktor mit Wärmetauscher und einer Dampfturbine, die in üblicher Weise über ein Zahnradgetriebe den Propeller antreibt. Die Aufgabe der Dampfversorgung für die Schiffsturbine übernimmt der Reaktor mit Wärmetauscher.

Das Uran wird im Reaktor gespalten, wobei Energie in Form von Wärme frei wird. Der Brennstoff Uran hat den Vorteil, daß seine Erneuerung nur alle zwei bis vier Jahre erforderlich wird; außerdem benötigt er nur sehr wenig Raum.

Zur Einleitung und Aufrechterhaltung einer gesteuerten Kettenreaktion im Reaktor müssen Neutronen vorhanden sein. Beim Reaktor wird die in den Uranstäben durch die Kernspaltung freiwerdende Wärme mit Hilfe eines die Stäbe umspülenden Kühlmittels von diesen an die Rohre des Wärmetauschers und an das in diese Rohre eingespeiste Wasser weitergegeben.

Da die Temperatur der Uranstäbe nicht sehr hoch getrieben werden darf, kann auch im Wärmetauscher des Reaktors z.Z. nur Sattdampf bzw. schwach überhitzter Dampf erzeugt werden.

Der Brennstoff Uran ist das in der Natur vorkommende schwerste Element. Es wird aus Uranerz gewonnen. Natürliches Uran besteht zu 99,3 % aus dem Isotop Uran 238 und zu

0,7 % aus dem Isotop Uran 235. Der energieliefernde Spaltprozeß spielt sich in der Hauptsache in dem durch langsame Neutronen leicht spaltbaren Uran 235 ab.

Durch besondere Verfahren ist es möglich, den Anteil des spaltbaren Urans 235 in dem Isotopengemisch Uran 238 und Uran 235 zu erhöhen. Schon bei einer Anreicherung auf 2 bis 4 % erhält man für den aktiven Teil des Reaktors, den sogenannten Reaktorkern, und damit auch für den Reaktor selbst, Abmessungen und Gewichte, wie sie für mittlere und große Schiffe wirtschaftlich vertretbar sind.

Wird der Kern eines Uranatoms 235 von einem langsamen Neutron getroffen, zerspringt er in zwei mittelschwere Kernbruchstücke und in zwei bis drei Neutronen. Die mit großer Geschwindigkeit auseinanderfliegenden Kernbruchstücke werden im umgebenden Uranmaterial abgebremst und erwärmen es durch innere Reibung. Diese im Uranstab entstandene Spaltwärme wird zur Dampferzeugung ausgenutzt. Die gleichzeitig abgesplitterten zwei bis drei Neutronen stehen für weitere Spaltungen zur Verfügung. Sie werden „prompte" Neutronen genannt, weil sie unmittelbar nach der Spaltung entstehen. Zur Aufrechterhaltung einer lang andauernden Kettenreaktion mit gleichmäßiger Energieabgabe braucht nur jeweils wieder ein Neutron pro gespaltenem Kern für die nächste Spaltung verfügbar zu sein. Man spricht dann von einem Vermehrungsfaktor der Größe 1. Die übrigen Neutronen müssen unwirksam gemacht werden. Dies geschieht teils durch Neutroneneinfang des umgebenden Materials und infolge Entweichens von Neutronen aus dem Reaktorkern, teils aber durch die Regelstäbe. Diese sind aus einem Material hergestellt, das besonders gut Neutronen absorbiert. Hierfür eignen sich vor allem Cadmium und Bor. Werden solche Regelstäbe mehr oder weniger tief in den Reaktorkern eingeführt, so absorbieren sie mehr oder weniger Neutronen.

Der Kernenergieantrieb im Schiff

Für den Schiffsantrieb hat sich der mit Leichtwasser moderierte und gekühlte heterogene Druckwasserreaktor als besonders geeignet herausgestellt. Bei diesem Reaktor dient das Leichtwasser nicht nur zur Neutronenbremsung, sondern auch zur Abführung der Spaltwärme. Gleichzeitig bietet diese Ausführung ein hohes Maß an Sicherheit. Sollten durch irgendwelche unglücklichen Umstände die automatischen Einrichtungen zur Abstellung des Reaktors versagen, so erfolgt eine plötzliche, starke Erhitzung der Uranstäbe und des Wassers des Moderators im Reaktorkern. Hierdurch nimmt die Wasserdichte ab, und damit verringert sich die Fähigkeit des Wassers zur Abbremsung der Neutronen. Dadurch wiederum geht die Anzahl der thermischen Spaltneutronen, die zur Kernspaltung erforderlich sind, zurück und die Kettenreaktion kommt zum Erliegen. Der Reaktor schaltet sich selbst ab. Man sagt, der Reaktor hat einen negativen Temperaturkoeffizienten. Dieser ist im Interesse der Sicherheit erwünscht.

Beim durch Leichtwasser moderierten und gekühlten Druckwasserreaktor wird der Reaktorkern vom Reaktordruckgefäß umschlossen. Dieses Gefäß enthält noch die Steuerstäbe und das Leichtwasser, das gleichzeitig die Aufgabe der Neutronenbremsung und des Abtransportes der in den Brennelementen erzeugten Nutzwärme übernimmt. Um das Sieden dieses Wassers zu verhindern, wird es unter einem Druck gehalten, der höher als der zur Betriebstemperatur gehörende Siededruck liegt. Mittels einer Kreiselpumpe wird das Wasser im sogenannten Primärkreislauf durch einen Wärmetauscher und wieder zurück in das Reaktordruckgefäß getrieben. Aus Sicherheitsgründen sind stets mehrere Wärmetauscher und Umwälzpumpen vorgesehen. Im Wärmetauscher wird die Wärme des unter hohem Druck stehenden Primärwassers auf das in die Rohrbündel eintretende Speisewasser übertragen, das als Dampf das Rohrsystem verläßt. Der Dampf treibt die Schiffsturbine, gelangt als Abdampf in den Kondensator, wird dort verflüssigt, um dann erneut dem Wärmetauscher als Speisewasser zugeführt zu werden. Dieser Kreislauf wird als Sekundärkreislauf bezeichnet. Wärmetauscher und Umwälzpumpen für das Primärwasser können sowohl außerhalb als auch innerhalb des Reaktordruckgefäßes angeordnet werden. Im zweiten Fall erhält man eine raumsparende und leichte Anlage, die man „integrierte" Bauart nennt.

Die im Reaktor ablaufende gesteuerte Kettenreaktion ist mit der Aussendung einer intensiven Strahlung verbunden. Dabei handelt es sich vor allem um die weitreichende Neutronenstrahlung, die für den Menschen äußerst gefährlich ist. Das Reaktordruckgefäß erhält daher eine Abschirmung.

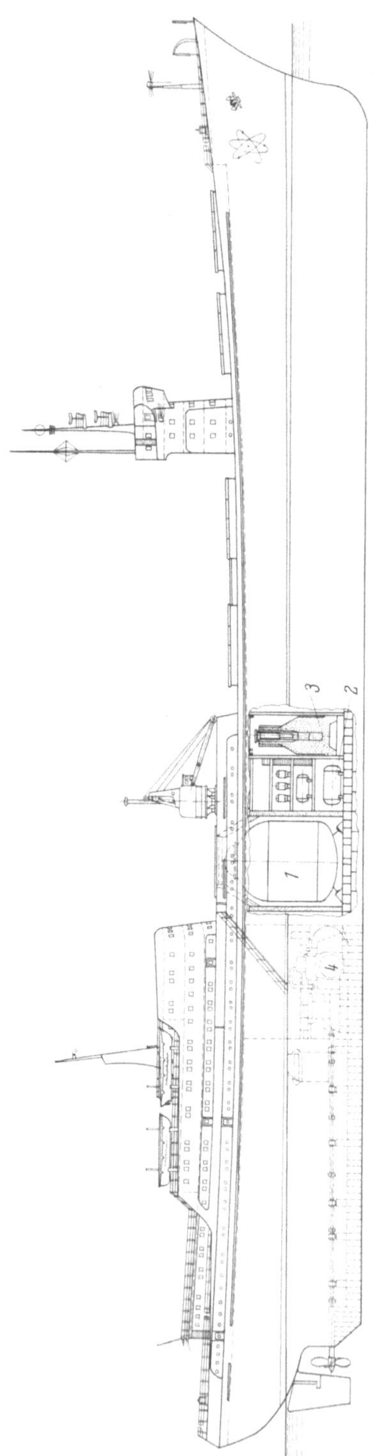

Bild 3.37. Atomschiff „Otto Hahn".
1 Sicherheitsbehälter; 2 Nebenanlagen; 3 Brennelementbecken; 4 Antriebsturbine

Meist besteht diese Abschirmung aus einem inneren und einem äußeren Teil. Der innere Schirm hält den größten Teil der Gamma- und Neutronenstrahlung zurück. Er erhitzt sich dabei und muß gekühlt werden. Man bezeichnet ihn als den thermischen Schirm. Die restliche Strahlung wird im äußeren Teil, dem biologischen Schirm, zurückgehalten. Die gesamte Abschirmung des Reaktordruckgefäßes bezeichnet man gewöhnlich als Primärabschirmung.

Bei einer Schiffsreaktoranlage ordnet man alle Anlageteile, die möglicherweise bei Eintritt eines Schadens zu einer radioaktiven Verseuchung der Umgebung führen können, und alle Nebenanlagen, die zum unmittelbaren Betrieb und Schutz des Reaktors erforderlich sind, in einem Sicherheitsbehälter an. Es sind dies der eigentliche Reaktor mit seiner Primärabschirmung einschließlich Dampferzeuger (Wärmetauscher) und Regelstabantrieb sowie die erwähnten Nebenanlagen. Bei reichlich bemessener Primärabschirmung ist eine kurzzeitige Begehung des Sicherheitsbehälters zu Kontrollzwecken unter Beachtung aller Sicherheitsvorschriften auch bei Vollastbetrieb möglich. Normalerweise wird er jedoch während des Betriebes nicht begangen.

Alle im Sicherheitsbehälter untergebrachten Anlageteile werden ferngesteuert und durch Fernsehkameras überwacht. Außen erhält der Sicherheitsbehälter ebenfalls eine Strahlenabschirmung, die sogenannte Sekundärabschirmung. Der im Wärmetauscher erzeugte Dampf wird in Dampfleitungen, die durch die Wandungen des Sicherheitsbehälters führen, zu der im Maschinenraum aufgestellten Dampfturbine geführt. Die Zufuhr des Speisewassers erfolgt umgekehrt mittels Speisewasserleitungen von außen durch die Wandungen des Sicherheitsbehälters zum innenliegenden Wärmetauscher.

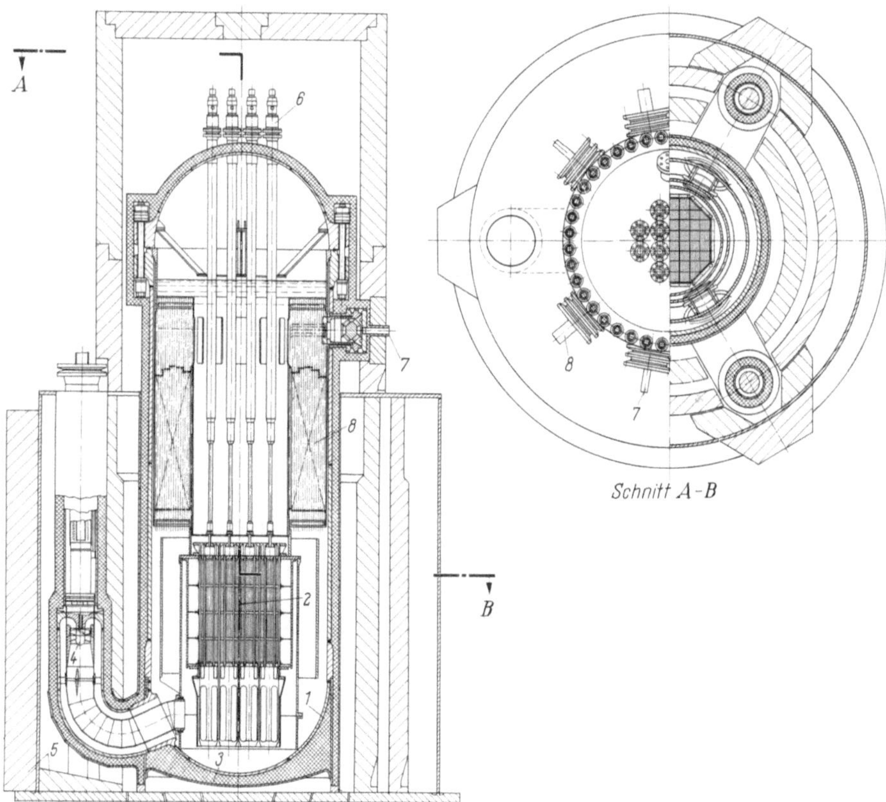

Bild 3.38. Druckwasserreaktor FDR.
1 Reaktordruckbehälter; *2* Reaktorkern; *3* Isolierung; *4* Primärumwälzpumpe; *5* Abschirmung; *6* Regelstabantrieb; *7* Speisewassereintritt; *8* Dampferzeuger

Einen Querschnitt durch den in das deutsche Kernenergieschiff „Otto Hahn" eingebauten fortschrittlichen Druckwasserreaktor sowie die Anordnung der Anlage im Schiff zeigen die Bilder 3.37 und 3.38.

3.7 Schiffsgetriebe

Schiffsgetriebe werden dort eingesetzt, wo die Drehzahl der Antriebsmaschine höher ist als am Propeller bei gutem Wirkungsgrad noch vertretbare maximale Drehzahl. Das ist der Fall bei Dampfturbinenantrieben, bei mittelschnell- und schnellaufenden Dieselmotoren sowie bei dem Gasturbinenantrieb. Für Hilfsanlagen mit Turbinenantrieb, wie Turbogeneratoren und Ladeölpumpenantriebe, werden gleichfalls Getriebe eingesetzt.

Vorteile der Schiffsgetriebe:
- Man kann mehrere Motoren auf eine Welle arbeiten lassen. Jeder ist für sich abschaltbar.
- Im Falle der Beschädigung einer Maschine kann sie stillgesetzt werden, während die übrigen den Propeller weiter antreiben.
- Beim Fahren mit geringerer Geschwindigkeit kann man eine Maschine abschalten. Bei der Inbetriebsetzung können die Motoren zunächst im Leerlauf arbeiten.
- Trotz hoher Leistungen braucht man nur eine Wellenleitung vorzusehen. Es ist dann auch nur ein Wellentunnel vorhanden (Stauung der Ladung vorteilhafter).
- Das Getriebe gestattet den Betrieb des Propellers mit der für ihn günstigsten Drehzahl.

Je nach Drehzahl der Antriebsmaschine werden Stirnrad- oder Planetengetriebe eingesetzt. Ältere Mehrmotorenanlagen sind häufig mit einem Vulcangetriebe ausgerüstet.

3.7.1 Getriebe für Motorenantrieb

Doppelgetriebe. Die beiden Hauptmotoren arbeiten, wie das Schema der Maschinenanlage (Bild 3.39) zeigt, auf den Verstellpropeller und über die vorderen Wellenenden auf die beiden Drehstromgeneratoren. Über eine zentrale Steuerung läßt sich entweder der Propeller allein oder gemeinsam mit einem der Generatoren oder auch mit beiden zugleich antreiben; dabei wird nach der jeweils am Propeller verfügbaren Leistung automatisch dessen Steigung geregelt.

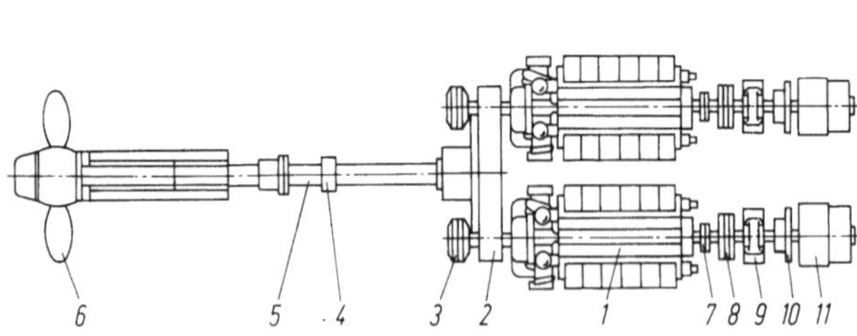

Bild 3.39. Schema der Maschinenanlage.
1 Dieselmotoren; 2 Doppel-Untersetzungsgetriebe; 3 drehsteife Schaltkupplungen; 4 Schiffswellen-Radiallager; 5 Propellerwelle; 6 Verstellpropeller; 7 dämpfende Kupplungen; 8 Schaltkupplungen; 9 Generatorgetriebe; 10 hochelastische Wellenkupplungen; 11 Wellengeneratoren

Das einstufige Doppel-Untersetzungsgetriebe ist nach dem Quillshaft-Prinzip ausgeführt (Bild 3.40), wobei die beiden Antriebswellen (2) jeweils freibeweglich durch eine Hohlwelle (4) mit aufgesetztem Ritzel hindurchgeführt und in zwei Kupplungen gelagert sind, von denen die eine (3) eine

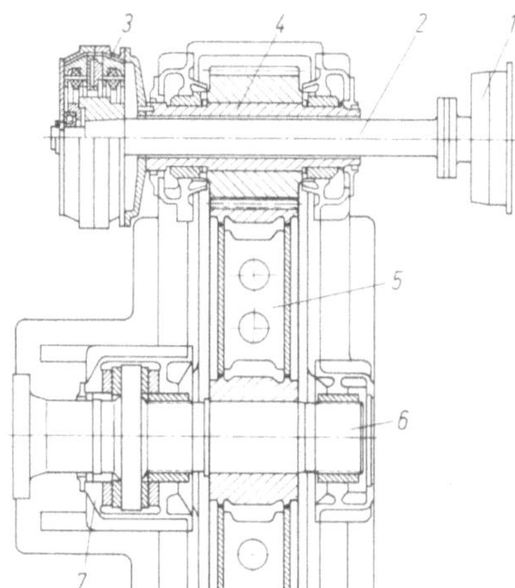

Bild 3.40. Teilschnitt durch ein Getriebe.
1 dämpfende Kupplung; *2* Antriebswelle; *3* Schaltkupplung; *4* Hohlwelle mit Ritzel; *5* Großrad; *6*
Abtriebswelle; *7* Segmentdrucklager

Pneumastar-Schaltkupplung, die andere (*1*) nicht-schaltbar, aber schwingungsdämpfend ist. Das an
die Ritzel-Hohlwelle angeflanschte Außenteil der Pneumastar-Kupplung ist über Gummi-Hülsenfedern drehsteif mit dem auf der Antriebswelle fest aufgesetzten Kupplungsinnenteil verbunden.
Außerdem aber erhält die Antriebswelle durch die Gummi-Hülsenfedern zwischen Kupplungsaußen-
und -innenteil eine nicht unbeträchtliche Winkelbeweglichkeit; die Pneumastar-Kupplungen
übernehmen hier also zusätzlich die Funktion eines Kugelgelenkes, indem sie Abweichungen der
Antriebswellen von ihrer Soll-Axial- und -Radiallage spiel- und klapperfrei ausgleichen bzw.
aufnehmen. Dies ist deshalb von großer praktischer Bedeutung, weil mögliche Formänderungen des
Schiffsfundamentes, z.B. durch Wärmeausdehnung oder durch nicht beeinflußbare äußere Kräfte,
mitunter die Ursache für eine nicht einwandfreie Achsparallelität der Getriebewellen sind, die sich
ohne einen Ausgleich nachteilig auf den Zahneingriff auswirken würde. So aber bleibt auch bei
Winkelverlagerungen der Antriebswellen das optimale Tragbild der Verzahnungen unbeeinträchtigt.
Das für die Abstützung der Antriebswelle im Kupplungsaußenteil eingebaute Pendelrollenlager und
die Gummi-Hülsenfedern sind so dimensioniert, daß sie auch permanente Lageveränderungen
zwischen dem Getriebe und den Motoren schadlos ertragen.
   Die Verzahnung der Stirnräder ist einfachschräg. Die Antriebsritzel sind gehärtet und geschliffen.
Die Ausführung des Großrades (*5*) — Wälzkreisdurchmesser rd. 3190 mm — als Zweischeibenkör-
per, bei dem die unlegierten Wandbleche des Radkörpers unmittelbar an die hochlegierte Bandage
angeschweißt sind, hat eine beträchtliche Gewichtseinsparung erbracht. Die beiden Antriebsritzel-
Hohlwellen und die Abtriebswelle (*6*) sind in Gleitlagern abgestützt. Der Propellerschub wird vom
Hauptdrucklager (*7*) mit selbsteinstellenden Drucksegmenten über das in diesem Bereich mit
verbreiterter Auflagebasis versehene Getriebegehäuse in das Schiffsfundament eingeleitet.

Vulcangetriebe. Um zwei Motoren hoher Drehzahl auf einen Propeller schalten zu
können, ist u.a. das Vulcangetriebe entwickelt worden. Dieses besteht aus hydraulischen
Kupplungen und einem Zahnradgetriebe. Im Gegensatz zu den Turbinen überträgt der
Motor ungleichförmige Drehmomente auf die Wellenleitung bzw. auf ein zwischen
Maschine und Wellenleitung vorhandenes Zahnrad-Untersetzungsgetriebe. Die Flüssig-
keitskupplung gleicht die Drehmomentschwankungen aus.

Bild 3.41 zeigt den Schnitt durch eine Flüssigkeitskupplung für den Betrieb mit Öl. Die Vorrichtung
besteht aus drei Hauptteilen, nämlich einem treibenden Pumpenrad (Primärrad, *C*), einem
getriebenen Turbinenrad (Sekundärrad, *D*) sowie einem umhüllenden Deckel (*E*). Die Räder (*C*)
und (*D*) stehen sich mit einem Spielraum von 5 bis 15 mm, je nach Größe der Kupplung gegenüber.
Sich berührende Konstruktionselemente sind völlig vermieden.
   Die Kraftmaschine (Motor) versetzt das Primärrad und damit den im Hohlraum dieses Rades
befindlichen Teil der Flüssigkeit in Rotation. Als Folge davon entstehen in der Flüssigkeit Fliehkräfte

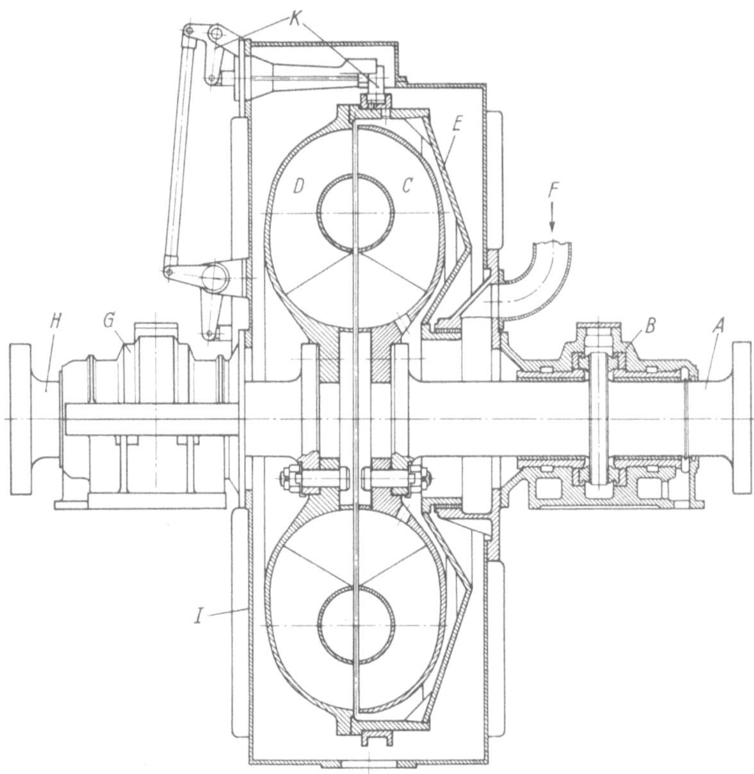

Bild 3.41. Vulcankupplung.
A Primärwelle; *B* Primärdrucklager; *C* Primärrad; *D* Sekundärrad; *E* Deckel; *F* Einfüllöffnung; *G* Sekundärdrucklager; *H* Sekundärwelle; *I* Gehäuse; *K* Entleerungsvorrichtung

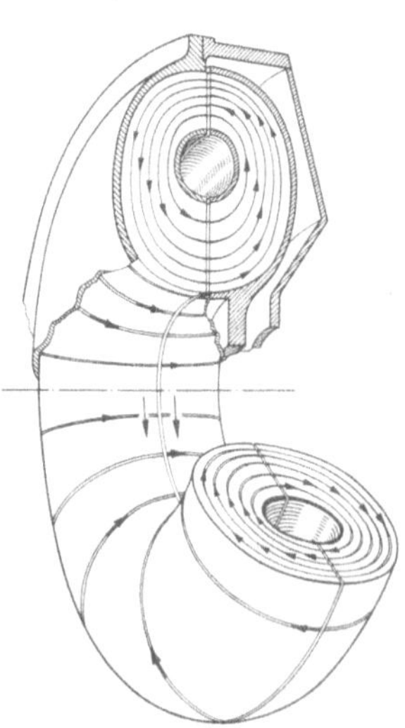

Bild 3.42. Modell des Flüssigkeitskernes einer hydraulischen Kupplung

bzw. Drücke, die am äußeren Umfang des Primärrades größer sind als am inneren. Diese Erscheinung bewirkt ein Übertreten des Öles am äußeren Umfang in das zunächst stillstehende Sekundärrad. Das nachdrängende Öl aus dem Primärrad schiebt die in das Sekundärrad gelangte Flüssigkeit nach der inneren Peripherie der Kupplung zurück. Von hier gelangt sie wieder in das Primärrad, das die Flüssigkeit erneut nach außen schleudert. Durch das Vorbeigleiten der Flüssigkeit an den radialen Schaufeln des Sekundärrades wird auch dieses in Drehung versetzt. Jedoch ist die Drehzahl des Sekundärrades — auch im Beharrungszustand — immer kleiner als die des Primärrades. Dieses Zurückbleiben der getriebenen Kupplungshälfte gegenüber der treibenden (auch Slip oder Schlupf genannt) hängt der Größe nach von dem Zusammenhang zwischen der zu übertragenden Leistung und dem Kupplungsdurchmesser ab. Die Fliehkraft am Umfang des Primärrades ist deshalb größer als die an der gleichen Stelle entstehende des Sekundärrades. Die Flüssigkeit führt demnach in der sich drehenden Kupplung eine kreisende Bewegung aus. Es entsteht ein sogenannter Wirbelring, den Bild 3.42 veranschaulicht. Diese Föttinger-Kupplung im Vulcangetriebe weist eine verblüffend einfache Konstruktion auf, die aber hervorragende Eigenschaften hat. In ihr entstehen durch Flüssigkeitsreibung Verluste, die etwa 3% betragen und als Wärme im Öl erscheinen. Diese Wärme wird im Ölkühler abgeführt. Die beschriebene hydraulische Kupplung ergibt in Verbindung mit dem Zahnrad-Untersetzungsgetriebe das sogenannte Vulcangetriebe (Bild 3.43).

Bild 3.43. Doppelvulcangetriebe (ohne Gehäuseoberteil)

Jede Kupplung wird durch eine Kraftmaschine angetrieben. Beide Kupplungen arbeiten über die Zahnräder auf eine Propellerwelle.

Als Vorteile des Vulcangetriebes werden angegeben:

- Die hydraulische Kupplung überträgt wohl das mittlere Drehmoment, aber keine Schwankungen. Die Erregung von Drehschwingungen in der Propellerwellenleitung durch die Dieselmaschine fällt fort.
- Bei der Bestimmung des Wellendurchmessers kann man von denselben Voraussetzungen wie bei Turbinenschiffen ausgehen (kleinerer Durchmesser, Gewichtsersparnis).
- Man kann die Anlagen durch teilweises Entleeren der Kupplungen mit sehr kleinen Propellerdrehzahlen betreiben. Es ergeben sich dadurch für Motorschiffe günstigere Manövriereigenschaften.

3.7.2 Getriebe für Turbinenantriebe

Um gute Wirkungsgrade an den Turbinen zu erzielen, müssen die Umfangsgeschwindigkeiten der Läufer hoch liegen (HD etwa 6000 min^{-1}, ND etwa 3000 min^{-1}). Man verwendet z. Z. Planetengetriebe und Sterngetriebe. Sie reduzieren die Drehzahlen in der ersten und der zweiten Stufe der HD-Seite sowie in der ersten Stufe der ND-Seite zunächst auf etwa 600 min^{-1} und sodann weiter auf die Propellerdrehzahl.

Das in Bild 3.44 dargestellte Getriebe ist wie folgt aufgebaut: Die HD-Seite arbeitet mit dreifacher Untersetzung. Die erste Stufe ist ein Sterngetriebe und die zweite Stufe ein

Planetengetriebe. In der dritten Stufe treibt ein Ritzel das Hauptzahnrad. Die ND-Seite arbeitet mit zweifacher Untersetzung. Die erste Stufe ist ein Planetengetriebe. In der zweiten Stufe treibt ein Ritzel das Hauptzahnrad.

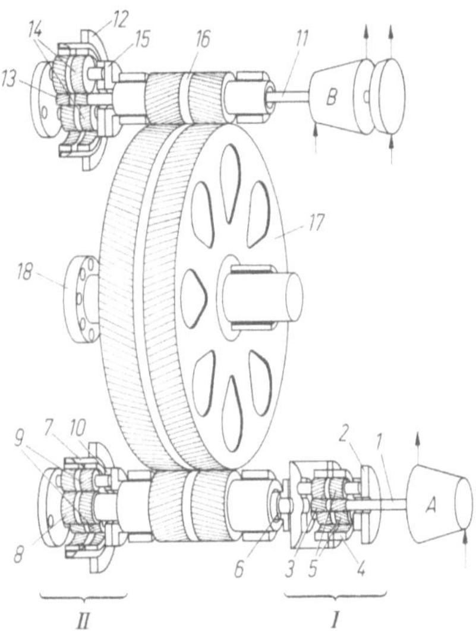

Bild 3.44. Darstellung eines Getriebes zur Reduzierung der Turbinendrehzahl auf Propellerdrehzahl

Prinzip des Sterngetriebes und des Planetengetriebes (Bild 3.44)

Sterngetriebe	Planetengetriebe
Sonnenrad (*3*) getrieben	Sonnenrad (*8, 13*) getrieben
Sternräder (*5*) im Sternträger gelagert	Planetenträger (*9, 14*) im Planetenträger gelagert
Sternträger (*2*) steht still	Planetenträger (*10, 15*) rotiert
Getriebering (*4*) rotiert	Getriebering (*7, 12*) steht still.

A HD-Turbine; *B* ND-Turbine; *1* HD-Turbinenwelle; *11* ND-Turbinenwelle.

Stern- und Planetengetriebe haben gleiche Hauptteile. Der Unterschied ist, daß beim Sterngetriebe der Träger still steht und der Getriebering (Außenring mit Innenverzahnung) die untersetzte Drehzahl auf die ausgehende Welle überführt. Beim Planetengetriebe steht der Getriebering still, und der Träger überträgt die untersetzte Drehzahl. Die Folge ist, daß sich beim Sterngetriebe die Drehrichtung ändert und beim Planetengetriebe gleich bleibt.

Arbeitsweise des Getriebes
HD-Seite
1. Stufe Sterngetriebe
Die Welle der HD-Turbine treibt das Sonnenrad (*3*). Dieses treibt die Sternräder (*5*) im stillstehenden Träger (*2*). Die Sternräder treiben den Ring (*4*) und dieser über Kupplungsringe die Verbindungswelle (*6*) zur zweiten Stufe.

2. Stufe Planetengetriebe
Die Verbindungswelle (*6*) ist durch das hohle Ritzel geführt und treibt das Sonnenrad (*8*). Dieses treibt die Planetenräder (*9*). Diese rollen im stillstehenden Ring (*7*) ab. Der Träger (*10*) folgt mit und treibt das Ritzel.

ND-Seite
1. Stufe Planetengetriebe
Die Welle der ND-Turbine ist durch das hohle Ritzel geführt und treibt das Sonnenrad (*13*). Dieses treibt die Planetenräder (*14*). Diese rollen im feststehenden Ring (*12*) ab. Der Träger folgt mit und treibt das Ritzel.

Endstufe HD und ND

Die getriebenen Ritzel (*16*) treiben das Hauptzahnrad (*17*), dessen Welle (*18*) treibt die Schiffsschraube.

3.7.3 Getriebe für Hilfsanlagen

Stirnradgetriebe werden verwendet, wenn die Drehzahlen von Kraft- und Arbeitsmaschine unterschiedlich groß sind. Auf Tankschiffen werden zum Antrieb der Ladeölpumpen, die meistens eine Drehzahl von 1750 min^{-1} verlangen, Kleinturbinen mit Drehzahlen von 5000 bis 8000 min^{-1} eingesetzt. Generatoren zur Erzeugung von Strom werden auf Turbinenschiffen gleichfalls mit Turbinen angetrieben. Häufig werden auch hier Stirnrad-Untersetzungsgetriebe verwendet. In neuerer Zeit sind aber auch schon Planetengetriebe installiert worden. Bild 3.45 zeigt ein Stirnrad-Untersetzungsgetriebe an einem Turbogenerator.

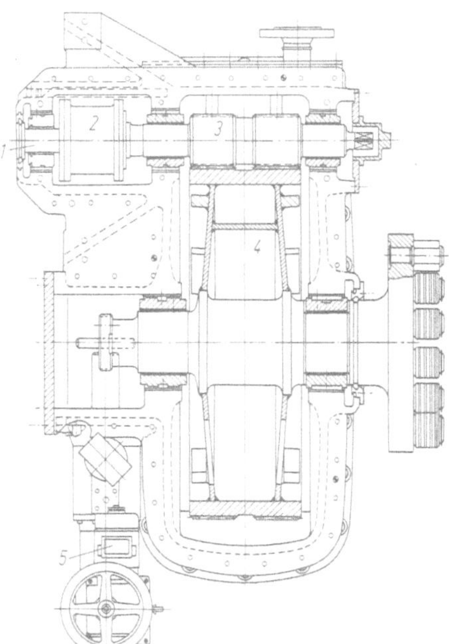

Bild 3.45. Schnitt durch ein Stirnraduntersetzungsgetriebe.
1 Turbinenläufer; *2* Zahnkupplung; *3* Ritzel; *4* Zahnrad; *5* Drehzahlregler

3.8 Wellenleitung und Propeller

Die Wellenleitung hat die Aufgabe, die von der Antriebsmaschine abgegebene Leistung auf den Propeller zu übertragen. Der vom Propeller ausgehende Schub wird über die Wellenleitung im Drucklager auf den Schiffskörper übergeleitet. Die Anlage besteht — beginnend beim Propeller — aus den folgenden Teilen: Propellerhaube, Mutter und Propeller, Propellerwelle (gelagert in den Stevenrohrlaufbuchsen), Stevenrohrabdichtung, Zwischenwellen mit Lauf- und Traglager, Drucklager.

Das Drucklager wird bei Dampfturbinenschiffen unmittelbar hinter dem Getriebe angeordnet. Bei direkt gekuppelten Dieselmotoren ist es direkt am Motor befestigt. Bei

Getriebe-Motorenanlagen wird es im Getriebegehäuse integriert. Es hat die Aufgabe, den Propellerschub auf den Schiffskörper zu übertragen.

In Bild 3.46 ist das Drucklager eines Dampfturbinenschiffes dargestellt. Die beweglichen Druckbacken sind auf beiden Seiten des angeschmiedeten Ringes für Voraus- und für Rückwärtsfahrt angeordnet. Das Drucklager ist für eine Umlaufschmierung vorgesehen; diese wird üblicherweise an den Hauptmaschinen-Schmierölkreislauf angeschlossen. Die axiale Lage der Welle in Bezug zum Gehäuse wird überwacht. Bei Überschreitung der Grenzwerte wird ein Alarm ausgelöst bzw. das Sicherheitssystem der Dampfanlage betätigt (Bild 3.15). Weiterhin wird die Temperatur des austretenden Schmieröles angezeigt.

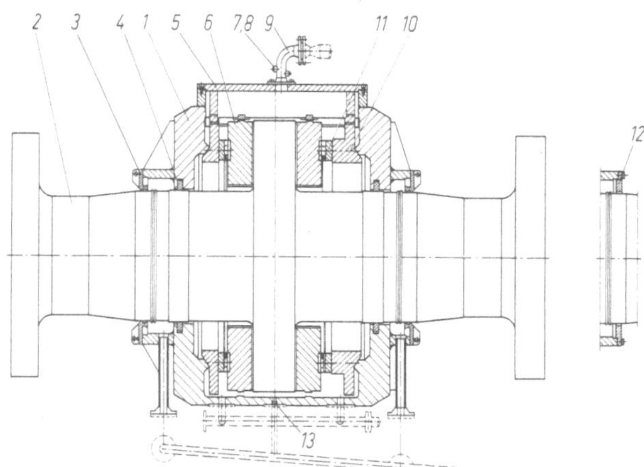

Bild 3.46. Längsschnitt durch ein Propellerdrucklager eines Dampfturbinenschiffes.
1 Lagergehäuse; *2* Zwischenwelle; *3* Öldichtung; *4* Öldichtungsring; *5* Inspektionsluke; *6* Druckbacke; *7* Pakkung; *8* Anschluß für Temperaturmessung; *9* Rohrkrümmer; *10* sphärischer Ring; *11* Haltering; *12* Montagering; *13* Drosselung

Zwischenwellen und Lager sind meistens als Flanschwellen mit zwei angeschmiedeten Flanschen ausgeführt und werden durch Paßbolzen miteinander verbunden. Die Wellen werden durch Lauflager (nur mit einer Unterschale) sowie durch Traglager (Ober- und Unterschale) fixiert. Die Laufflächen der Lager müssen ausreichend mit Schmieröl versorgt werden. Die Ölzufuhr erfolgt über einen fest auf die Welle geklemmten Schmierring und eine im Oberteil angeordnete Ölabstreifvorrichtung. An den Lagerenden verhindern Dichtungen ein Austreten des Schmieröles.

Normalerweise ist die natürliche Wärmeableitung ausreichend. Für ungünstige Betriebsbedingungen, wie Tropenfahrt und Verlagerungen der Wellenleitung, kann eine zusätzliche Kühlung durch Wasserbeimischung oder eingebaute Kühlwasserrohre erforderlich sein.

Propellerwelle, Stevenrohrlaufbuchsen und Abdichtung. Die Propellerwelle ist in den Stevenrohrlaufbuchsen gelagert. In Bild 3.47 ist die Lagerung und Abdichtung dargestellt. Die nach dem Baukastenprinzip, bekannt unter dem Namen Simplex-Compact, konstruierte Abdichtung der Firma Howaldtswerke-Deutsche Werft AG, gestattet die Lagerung der blanken Propellerwelle — also ohne kostspieligen Wellenbezug — und die Anwendung einer reinen Ölfilmschmierung im Stevenrohr. Im wesentlichen besteht die Abdichtung aus drei verschiedenen, einzeln miteinander verschraubten Ringen, den Flansch-, Zwischen- und Deckelringen. Diese Ringe bilden das Gehäuse. In der Normalausführung werden sie aus Gußeisen gefertigt, auf besonderen Wunsch auch aus Bronze. Durch entsprechende Kombination dieser Bauelemente können vordere und hintere Abdichtungen mit zwei und drei Manschetten, aber auch mit vier oder mehr geschaffen werden, so z. B. eine hintere Abdichtung mit eingebauter Reservemanschette.

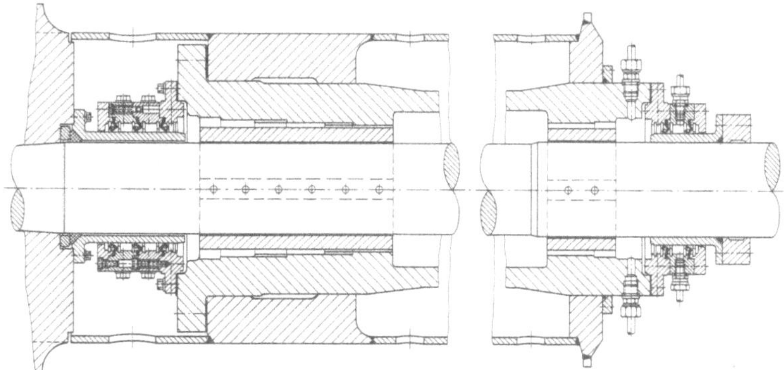

Bild 3.47. Simplex-Compact-Stevenrohrabdichtung

Die Wulstmanschetten sind für die vordere und hintere Abdichtung gleich. Zwei verschiedene Werkstoffe stehen hierfür zur Verfügung. Die Standardausführung für normale Betriebsverhältnisse stützt sich auf den altbewährten Manschettenwerkstoff Perbunan, während für Höchstbeanspruchungen unter extremen Betriebsverhältnissen Viton mit einvulkanisiertem Gewebe benutzt wird.

Die einfache Konstruktion und die robuste Ausführung der Abdichtung gewährleisten einen einwandfreien Betrieb. Die Manschetten bieten dank ihrer speziellen Wulstform ideale Einspannmöglichkeiten. Dadurch wird ein Verspannen ausgeschlossen und die Gefahr von Kerbrissen ausgeschaltet. Form und Material sind so aufeinander abgestimmt, daß auch bei großen Drücken keine Formveränderungen auftreten und selbst bei Wellenverlagerungen und -schwingungen eine einwandfreie Dichtung bewirkt wird. Alle Konstruktionsmerkmale tragen zusammen mit den guten Laufeigenschaften des Materials zu einer sehr beträchtlichen Verlängerung der Lebensdauer der Manschetten und damit zur Verlängerung der Klasseperioden bei. Die Abdichtungen werden mit den Chromstahlbuchsen zusammengebaut und als geschlossene Einheit geliefert, so daß Montageprobleme nicht auftreten. Für die Umlaufschmierung und Kühlung der vorderen Abdichtung sind die erforderlichen Anschlüsse vorgesehen, ein Ölbehälter mit einem Fassungsvermögen von 1,5 l wird installiert. Die Stevenrohrlaufbuchsen aus Grauguß sind mit einem Lagermetall ausgegossen, sie werden mit Öl geschmiert.

3.8.1 Der Propeller

Am konischen Ende der Propellerwelle wird der Propeller angesetzt und entweder durch eine „Paßfeder" und entsprechend dimensionierte Mutter oder durch ein Aufpreßverfahren gegen Vordrehen gesichert.

Das Maschinendrehmoment und die überlagerten Drehmomentschwankungen werden ausschließlich durch den Konussitz übertragen. Weder die Paßfeder noch die Mutter sind hierzu in der Lage. Daher ist ein gutes „Tragbild" auf der ganzen Länge des Konus erforderlich. In vielen Fällen wird die Mutter durch eine stromlinienförmige Haube abgedeckt.

Man unterscheidet die Propeller nach

- Flügelzahl (4 bis 7),
- Drehsinn (rechts- oder linksgängig),
- Befestigung der Flügel (fest oder verstellbar).

Als rechtsgängig wird ein Propeller bezeichnet, der bei Vorwärtsfahrt von hinten gesehen im Uhrzeigersinn dreht. Im allgemeinen sind die Propeller von größeren Einschraubenschiffen rechtsgängig. Zwei oder mehr Propeller werden vorgesehen, wenn es sich um Sonderschiffe mit verhältnismäßig geringem Tiefgang oder um Schiffe mit großen Leistungen und großen Geschwindigkeiten handelt (z.B. Containerschiffe). Bei

Zweipropellerschiffen dreht, von wenigen Ausnahmen abgesehen, der Stb-Propeller nach rechts und der Bb-Propeller nach links. Der Mittelpropeller ist bei Dreipropellerschiffen im allgemeinen rechtsgängig, während bei Vierpropellerschiffen das äußere Propellerpaar sowohl nach innen wie auch nach außen drehend ausgeführt wird.

Die Propeller werden aus Gußeisen, Stahlguß, legiertem Stahlguß, Sondergußmessing (Manganbronze), Sondergußmessing mit Nickelzusatz oder Aluminium-Mehrstoff-Bronze in einem Stück gegossen. Gelegentlich werden auch mit Flanschen versehene Flügel auf die Nabe geschraubt. In diesem Fall ist es nachträglich ohne große Schwierigkeiten möglich, die Steigung in bestimmten Grenzen (etwa ± 10 %) im Dock zu verstellen, während bei Propellern aus einem Stück nur solche aus Kupferlegierungen nach genügendem Anwärmen in einer Werkstatt von erfahrenen Fachkräften etwa in gleichem Maß auf höhere oder geringere Steigung verwunden werden können.

Die wichtigsten Hauptdaten des Propellers sind der Durchmesser, die Steigung und die abgewickelte Flügelfläche bzw. deren Verhältnis zur Propellerkreisfläche. Unter der Steigung eines Propellers versteht man diejenige Strecke, um die sich ein Punkt der Propellerfläche bei einer Umdrehung in Richtung der Propellerachse, d.h. wie in einem festen Medium, vorwärtsbewegen würde. Damit der Propeller im Wasser einen Schub zum Vortrieb des Schiffes abgeben kann, muß der tatsächliche Weg des Propellers durch das Wasser um den nominellen Slip kleiner sein als der theoretische Propellerweg, der sich aus dem Produkt Steigung mal Drehzahl ergibt. Der „nominelle Slip" ist durch die folgende Beziehung definiert:

$$s_\mathrm{n} = \frac{n \cdot H - v_0}{n \cdot H} \, ;$$

hierin ist:

s_n nomineller Propellerslip,

n sekundliche Propellerdrehzahl,

H mittlere effektive Druckseitensteigung des Propellers in m,

v_0 wahre mittlere Zuströmgeschwindigkeit des Wassers zum Propeller in m/s.

Die Wassergeschwindigkeit im Bereich des Propellers ist wegen der durch den Schiffskörper gestörten Strömung geringer als die Schiffsgeschwindigkeit. Den prozentualen Unterschied zwischen diesen Geschwindigkeiten bezeichnet der Schiffbauer als Nachstromziffer (seemännisch wird der Nachstrom oder Mitstrom auch „Kielwassersog" genannt). Die Nachstromziffer errechnet sich nach folgender Formel:

$$w = \frac{v - v_0}{v} \, ;$$

hier ist:

w Nachstromziffer (nach Taylor),

v Schiffsgeschwindigkeit durch das Wasser in m/s.

Oft wird auch ein anderer Wert (nach Froude) für die Nachstromziffer angegeben, besonders in englisch sprechenden Ländern. Hier wird die Geschwindigkeitsdifferenz auf die Zuströmgeschwindigkeit v_0 statt auf die Schiffsgeschwindigkeit v bezogen.

Da im Schiffsbetrieb im allgemeinen der genaue Wert der Nachstromziffer w nicht bekannt ist, beschränkt man sich auf die Angabe des scheinbaren Slips, der statt der wahren Zuströmgeschwindigkeit des Wassers v_0 mit der Schiffsgeschwindigkeit v gebildet wird:

$$s_\mathrm{s} = \frac{n \cdot H - v}{n \cdot H} \, ,$$

oder

$$s_\mathrm{s} = 1 - \frac{30{,}87 \cdot V}{n' \cdot H} \quad \text{mit } V \text{ in Knoten, } n' \text{ in min}^{-1}.$$

Zwischen dem scheinbaren Slip und dem nominellen Slip besteht die Beziehung:

$$s_\mathrm{s} = 1 - \frac{1 - s_\mathrm{n}}{1 - w} \, .$$

Der nominelle Slip (meist mehr als 20%) ist stets größer als der scheinbare Slip, der oftmals nur wenige Prozente positiv und auch negativ beträgt (etwa -2 bis $+5\%$) und nur bei hohen Propellerbelastungen (Schlechtwetterfahrt, Schleppen) oder bei geringen Nachstromziffern, wie sie insbesondere im Bereich der Propeller von Zweipropellerschiffen vorhanden sind, etwas größere Werte (15 bis 20% und mehr) annehmen kann.

Merkliche Änderungen des scheinbaren Slips gegenüber früheren Messungen auf demselben Schiff unter sonst gleichen Bedingungen zeigen an, daß entweder Änderungen der Eigenschaften des Propellers (Flügelverbiegungen, Aufrauhung der Oberfläche durch Kavitation usw.) oder des Schiffskörpers (z.B. starker Bewuchs) eingetreten sind. Wichtig ist, daß die der Berechnung des scheinbaren Slips zugrunde gelegte Schiffsgeschwindigkeit die Fahrt des Schiffes durch das Wasser ist. Da die Betriebsbedingungen des Propellers und die Nachstromverhältnisse am Schiffskörper bei verschiedenen Schiffen ganz unterschiedlich sein können, kann der scheinbare Slip nicht zur Beurteilung der Güte eines Schiffsantriebes gegenüber anderen Schiffen benutzt werden.

Ein Propeller kann nur für eine vorher festgelegte Betriebsbedingung optimal berechnet werden. Treten darüber hinaus weitere Forderungen auf, so können diese nur teilweise durch einen Kompromiß erfüllt werden. Dies gilt insbesondere, wenn außer einer guten Freifahrtgeschwindigkeit gleichzeitig gute Schleppeigenschaften,, besonders gute Manövriereigenschaften oder gute Rückwärtsfahrt gefordert werden (Schlepper, Fischereifahrzeuge, Fähren usw.).

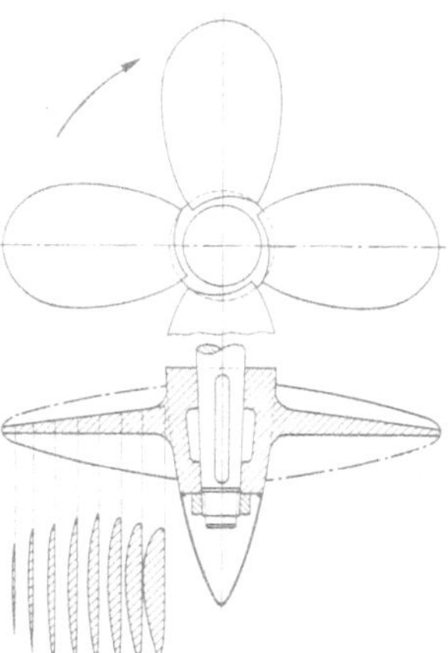

Bild 3.48. Schema eines Propellers

Bild 3.48 zeigt einen vierflügeligen, rechtsgängigen Propeller, wie er für Einpropeller-Handelsschiffe mit normalem Belastungsgrad hergestellt wird. Die heute sehr weit entwickelte Theorie der Propellerberechnung gestattet es, die Konstruktion den zugrunde gelegten Betriebsbedingungen weitgehend anzupassen. Hierbei ergeben sich Feinheiten, wie besondere Profilformen für die verschiedenen Radien des Flügels, z.B. hohle Druckseitenwölbung, eine bestimmte radiale Verteilung der Fläche und eine radial veränderliche Steigung. Für besondere Betriebsverhältnisse im Eis oder in sehr flachen Gewässern werden die Flügelprofile an den Kanten und zum Teil auch in der Mitte verstärkt (Eisverstärkung). Über die Werkstoffeigenschaften und die maximal zulässigen Beanspruchungen bestehen weitgehende Vorschriften der Klassifikationsgesellschaften.

Der Propellerschub entsteht aus einem Unterdruck vor dem Propeller (etwa zwei Drittel) und einem Überdruck hinter dem Propeller (etwa ein Drittel). Außerdem ist die Druckverteilung über den Flügel nicht gleichmäßig, sondern es treten ziemlich unterschiedliche Werte auf. Erreicht der Unterdruck an irgendeiner Stelle die (von der Temperatur abhängige) Dampfspannung des Wassers, so bilden sich Dampfblasen **(Kavitation).** Diese gleiten entlang dem Flügel und kommen in Gebiete höheren Druckes, wo sie kondensieren, wobei außerordentlich große Kräfte auftreten können, die den Werkstoff mechanisch zerstören. Mit der Kavitation sind oft Geräusche verbunden.

Starke Kavitation vermindert die Leistungsaufnahme des Propellers („Durchgehen") und den Wirkungsgrad. Außerdem wird letzterer durch eine zunehmende Aufrauhung der Oberfläche ungünstig beeinflußt (erhöhte Reibung). Tritt außer einer Kavitation noch ein chemischer Angriff des Seewassers oder seiner Verunreinigungen bei nicht ausreichend beständigen Werkstoffen ein

(Korrosion), so können die Zerstörungen, besonders bei Gußeisen und Stahlguß, und die Verschlechterung des Wirkungsgrades erheblich werden.

Bei Sondergußmessing besteht zwischen den einzelnen Kristallen der Legierung eine kleine elektrische Potentialdifferenz, die zu einer anodischen Auflösung des einen Teils dieser Kristalle im Seewasser führt (bekannt unter der nicht ganz richtigen Bezeichnung „Entzinkung"). Hierbei wird die Oberfläche rauh, und es entsteht eine allmähliche Materialabtragung. Legierungszusätze, die das Korn verfeinern, vermindern die Rauhigkeit (z.B. Nickel), weniger jedoch die Materialabtragung. Anoden aus Feinzink oder Magnesium oder eine aktive kathodische Schutzspannung besitzen eine höhere elektrische Potentialdifferenz gegen Messing, und der entstehende galvanische Strom überlagert sich dem Ausgleichsstrom zwischen den Kristallen der Legierung, die dadurch gegen Auflösung geschützt wird. Die Schutzplatten schützen daher nicht nur den Schiffskörper, sondern auch Propeller gegen den Seewasserangriff. Damit der Schutz wirksam ist, muß für einen möglichst geringen Übergangswiderstand zwischen Schutzanoden und Schiff (am besten das in Anoden eingegossene Eisen mit dem Schiff verschweißen) und zwischen Schiff und Wellenleitung (gegebenenfalls durch Kohleschleifkontakte) gesorgt werden. Die Anoden müssen eine ausreichende Oberfläche besitzen und möglichst nahe am Propeller angebracht werden, damit auch der elektrische Übergangswiderstand durch das Wasser klein ist, jedoch dürfen sie die Wasserströmung zum Propeller nicht durch Wirbelbildung stören, da solche Wirbel zu örtlicher Kavitation auf den Flügeln führen können. Sie dürfen nicht mit Farbe angestrichen werden. Eine Anode, die nicht angegriffen ist, hat auch keine Schutzwirkung ausgeübt.

Durch Kavitation gefährdet ist in erster Linie die Saugseite in der Nähe der Flügelspitze. Es können aber auch Kavitationen auf der Druckseite, in der Nähe der Nabe und an anderen Teilen, z.B. an der Haube oder am Ruder, auftreten. Da jedoch das Nachstromfeld des Schiffes im Bereich des Propellers nicht gleichmäßig ist und andererseits der Propeller nur für einen ganz bestimmten mittleren Zuströmzustand entworfen werden kann, lassen sich — insbesondere bei hochbelasteten Propellern — Kavitationserscheinungen nicht immer vermeiden. Hier muß dann ein möglichst hochwertiger Werkstoff aus Aluminium, Kupfer und Nickel verwendet werden, um etwaige Erosionen möglichst klein zu halten.

Da es bereits auf Feinheiten der Profilgestaltung, der Kanten und der Steigungsverteilung ankommt, wenn örtliche Kavitation vermieden werden soll, ist es notwendig, auch bei Reparaturen

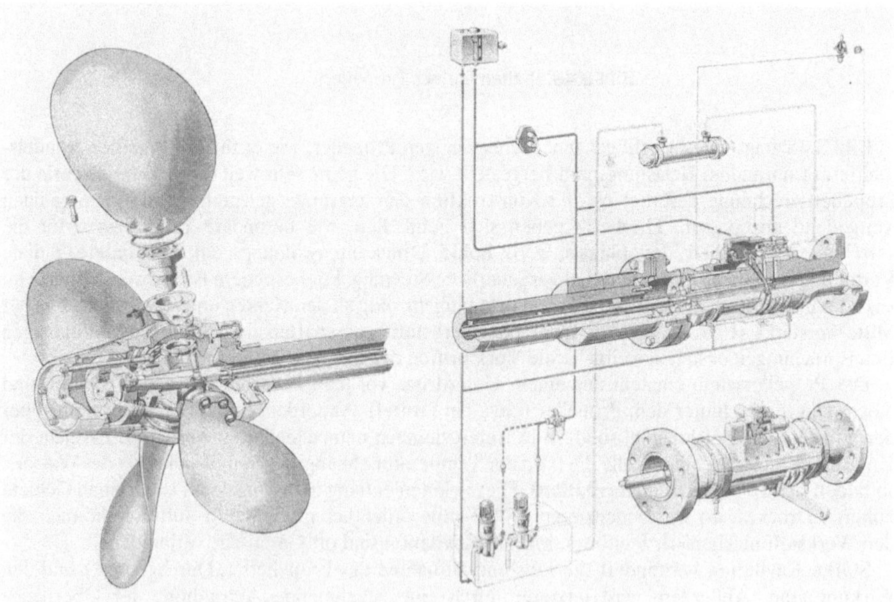

Bild 3.49. Verstellpropeller der Firma Escher Wyss

von Propellern die gleiche Sorgfalt wie bei der Neuanfertigung anzuwenden und sicherzustellen, daß z. B. beim Richten von Verbiegungen oder beim Ausschweißen von ausgebrochenen Stellen nicht nur für die für den jeweiligen Werkstoff notwendige Vorwärmung gesorgt wird, sondern daß auch die Maße nach der Reparatur der ursprünglichen Konstruktion entsprechen, da sonst sehr bald unerwartet starke Schäden auftreten können, ganz abgesehen von der Möglichkeit von Geräuschen und Erschütterungen.

Verstellpropeller. In neuerer Zeit werden für Spezialschiffe (Schlepper, Fischereifahrzeuge), aber auch für größere Handelsschiffe, gelegentlich Verstellpropeller (Bild 3.49) verwendet. Bei diesen Propellern sind die Flügel drehbar angeordnet und können vom Schiffsinnern durch eine Übertragungseinrichtung auf eine beliebige Steigung eingestellt werden. Im allgemeinen erfolgt die Betätigung ölhydraulisch über einen Servomotor, so daß mit einem Geber, ähnlich einem Maschinentelegraphen, von der Brücke direkt die Propellersteigung eingestellt werden kann. Neben einer Erhöhung und wesentlichen Beschleunigung der Manövrierfähigkeit haben diese Anlagen den Vorteil der jeweils genauen Anpassung des Propellers an die Eigenschaften der Hauptmaschinenanlage, die dadurch stets voll ausgenutzt und dabei geschont wird. Dies ist besonders wertvoll, wenn die äußeren Betriebsbedingungen des Schiffes stark wechseln.

3.9 Rohrleitungen und Armaturen[1]

Jeder Rohrstrang setzt sich zusammen aus Rohren, den Formstücken (Übergänge, Bögen und Krümmer) sowie den Armaturen (Schieber, Klappen, Ventile, Filter). Für jeden Rohrstrang sind Nenndruck, höchstzulässiger Betriebsdruck und Nennweite festgelegt. Durch Angabe der Nennweite und des Nenndruckes sind beispielsweise alle Abmessungen eines Ventils festgelegt.

3.9.1 Allgemeine Angaben

Der Nenndruck (ND bzw. PN) einer Rohrleitung ist der Druck, für den genormte Rohrleitungsteile ausgelegt sind. Die Nenndrücke sind nach DIN 2401 gestuft. ND 16 bedeutet, daß das Bauteil maximal 16 bar Druck ohne Beschädigung ertragen kann. Die Höhe des zulässigen Betriebsdruckes richtet sich nach der Betriebsmitteltemperatur und dem für den Rohrstrang verwendeten Werkstoff. Er liegt bei erhöhter Temperatur oder bei Druckschwankungen niedriger als der Nenndruck. Die Nennweite (NW) ist eine weitere Kenngröße für den Rohrstrang. Sie gibt etwa den Innendurchmesser in Millimetern an. In DIN 2403 ist die Kennzeichnung von Rohrleitungen nach dem Durchflußmedium festgelegt.

Die Durchflußmedien sind nach ihren allgemeinen Eigenschaften in 10 Farbgruppen eingeteilt:

Durchflußmedium	Gruppe	Farbe
Wasser	1	Grün RAL 6010
Dampf	2	Rot RAL 3003
Luft	3	Blau RAL 5009
brennbare Gase	4	Gelb RAL 1012
nichtbrennbare Gase	5	Gelb RAL 1012
Säuren	6	Orange RAL 2000
Laugen	7	Violett RAL 4001
brennbare Flüssigkeiten	8	Braun RAL 8001
nichtbrennbare Flüssigkeiten	9	Braun RAL 8001
Vakuum	0	Grau RAL 7001

1 Vgl. nachstehende Sinnbilder.

Sinnbild Symbol	Benennung Part Description	Bemerkung Remarks
◯	Anzeige örtlich *(Pos. Zahlen stehen in der unteren Hälfte.)* Local indication *(Item numbers are found in the lower section of the circle.)*	
⊖	Anzeige an Meßwarte *(Pos. Zahlen stehen in der unteren Hälfte.)* Indication on monitoring station *(Item numbers are found in the lower section of the circle)*	
(FSH)	Schwimmerschalter, oberer Grenzwert Flow switch high	z.B. Durchflußwächter als Wasseralarm Flow detector as alarm device for water discharge
(FAH)	Alarm für Durchfluß, oberer Grenzwert Flow alarm high	
(FSL)	Schwimmerschalter, unterer Grenzwert Flow switch low	z.B. Durchflußwächter als Ölmangelalarm Flow detector signalling lack of oil
(FAL)	Alarm für Durchfluß, unterer Grenzwert Flow alarm low	
(FI)	Durchflußmesser Flow indicator	
(HCV)	Handregelventil Hand control valve	z.B. Einstellblende Pre-set valve
(KS)	Programmsteuerung Time schedule	z.B. Schaltschrank Control cabinet
(PI)	Manometer Pressure indicator	
(PSL)	Kontakt für Druck, unterer Grenzwert Pressure switch low	z.B. Druckwächter in der Reinölleitung Pressure switch in clean oil line
(PAL)	Alarm für Druck, unterer Grenzwert Pressure alarm low	
(PCV)	Konstantdruckventil Pressure control valve	
(TI)	Thermometer Temperature indicator	
(TS)	Temperaturschalter Temperatur switch	
(TC)	Temperaturregler Temperature control	
(TE)	Temperaturfühler Temperature element	z.B. Kaltleiter für E-Motor PTC resistors for electric motor
(TT)	Temperatur-Meßumformer Temperature transmitter	z.B. Temperaturwächter (max) in der Schmutzölleitung Temperature guard (max) in dirty oil line
(TSH)	Temperaturschalter, oberer Grenzwert Temperature switch high	
(TAH)	Temperaturalarm, oberer Grenzwert Temperature alarm high	Temperaturbegrenzer für E-Erhitzer Temperature limiter for electric heater
(TSL)	Temperaturschalter, unterer Grenzwert Temperature switch low	z.B. Temperaturwächter (min) in der Schmutzölleitung Temperature guard (min) in dirty oil line
(TAL)	Temperaturalarm, unterer Grenzwert Temperature alarm low	
(NE)	Schwingungsaufnehmer Vibration element	z.B. Schwingungsaufnehmer am Separator für Vibrocontrol Vibration pick-up on separator (for VIBROCONTROL system)
(NT)	Schwingungs-Meßumformer Vibration transmitter	
(NAH)	Schwingungsalarm, oberer Grenzwert Vibration alarm high	
(NSH)	Schwingungsschalter, oberer Grenzwert Vibration switch high	
(QR)	Messung des pH-Wertes pH measurement	
(ZS)	Endschalter Position switch	

Sinnbild / Symbol	Benennung / Part Description	Sinnbild / Symbol	Benennung / Part Description
	Absperrschieber / Slide valve		Rückschlagventil, nicht absperrbar / Nonreturn valve, without shut-off device
	Absperrhahn mit Handrad / Shut-off valve with hand wheel		Rückschlagventil, absperrbar / Nonreturn valve, with shut-off device
	Durchgangsventil mit Handrad / Straight-way valve with hand wheel		Filter / Strainer
	Sicherheitsventil, federbelastet / Safety valve, spring-loaded		Schauglas / Sight glass
	Durchgangs-Magnetventil / Straight-way solenoid valve		Beleuchtung / Sight glass illumination
	Magnetventil für Steuerluft / Solenoid valve for operating air		Hupe / Signal horn
	Regelventil / Control valve		Kondensatableiter / Condensate discharge
	Dampfregelventil mit Temperaturfühler / Steam control valve with temperature element		Druckluft-Wartungseinheit / Compressed-air control assembly
	Durchgangs-Membranventil / Straight-way diaphragm valve		Rohrbelüfter / Breather
	Dreiweg-Membranventil / Three-way diaphragm valve		Produktleitung / Connection to process
	Dreiweg-Kolbenventil / Three-way piston valve		Luftleitung / Pneumatic signal
	Druckminderventil mit Manometer / Pressure-reducing valve with pressure gauge		Kapillarrohr / Capillary tubing
			Elektroleitung / Electric signal

3.9.2 Rohrleitungen

Die zulässigen Geschwindigkeiten in Rohrleitungen hängen ab von der Nennweite, dem Medium sowie dem Verwendungszweck.

Richtwerte für Strömungsgeschwindigkeiten:

Brüden- und Abdampfleitungen, Entspannungsdampf in Kondensatleitungen	15–25 m/s
Sattdampfleitungen	20–40 m/s
Heißdampfleitungen kleiner Leistung	ca. 35 m/s
Heißdampfleitungen mittlerer Leistung	40–50 m/s
Heißdampfleitungen großer Leistung	50–65 m/s
Speisewassersaugleitungen	0,5–1,0 m/s
Speisewasserdruckleitungen	1,5–3,0 m/s
Kühlwasserleitungen	0,7–1,5 m/s
Kühlwasserdruckleitungen	1,0–3,0 m/s
Trink- und Brauchwasserleitungen	1,0–2,0 m/s

Die Rohrleitungen werden durch Schellen bzw. Hänger in ihrer vorgesehenen Lage gehalten. Durch Temperaturänderungen bzw. elastische Verformungen des Schiffes müssen Kompensatoren entsprechende axiale, laterale und/oder angulare Bewegungen aufnehmen. Die Verbindung einzelner Rohre erfolgt durch Flansche, deren Dichtflächen mit einer Packung versehen werden. Eine andere Verbindung stellt die Rohrkupplung dar, die in Bild 3.50 dargestellt ist.

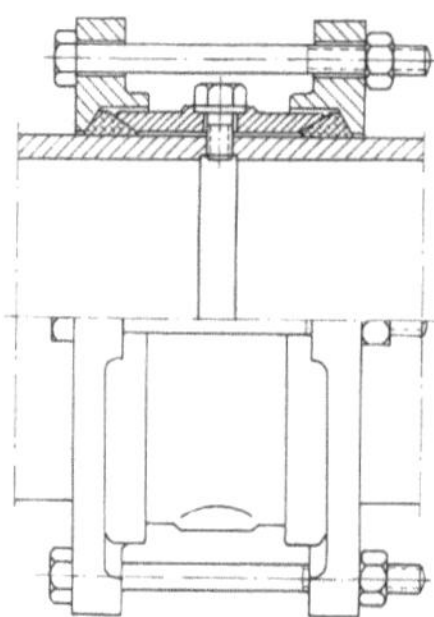

Bild 3.50. Verbindung zweier Rohrenden durch eine Rohrkupplung

3.9.3 Armaturen

Je nach Verwendungszweck werden zum Absperren eines Massenstromes Ventile, Schieber, Klappen oder Hähne verwendet. Die eingesetzten Packungs- und Dichtungsmaterialien hängen vom Durchflußmedium ab. Bild 3.51 zeigt einen Absperrschieber aus Stahlguß mit elastischem Keil. Die üblicherweise verwendeten Materialien zum Abdichten sind in der Tabelle der Bildunterschrift aufgeführt.

Ein Absperrventil aus Stahlguß ist in Bild 3.52 dargestellt. Ist der Kegel lose auf der Spindel angeordnet, so wird das Ventil als Rückschlagventil bezeichnet.

Um Beschädigungen des Rohrstranges durch zu hohe Drücke ausschließen zu können, werden häufig Sicherheitsventile installiert, die bei einem einstellbaren, maximalen Druck öffnen. Bild 3.53 zeigt ein Vollhub-Sicherheitsventil mit offenem Ventilaufsatz.

Sinnbilder für Installationsschemata sind auf den Vorseiten dargestellt.

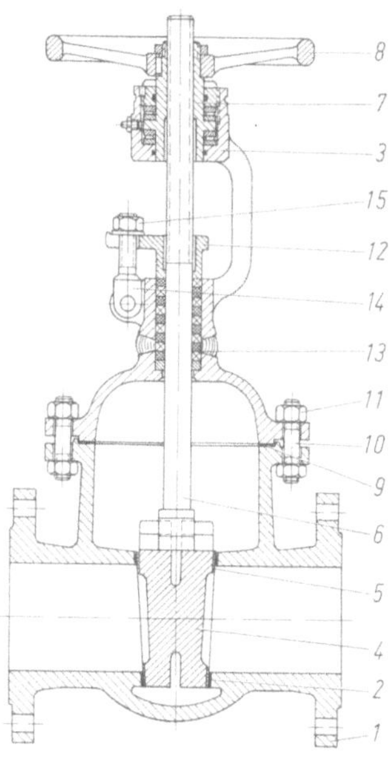

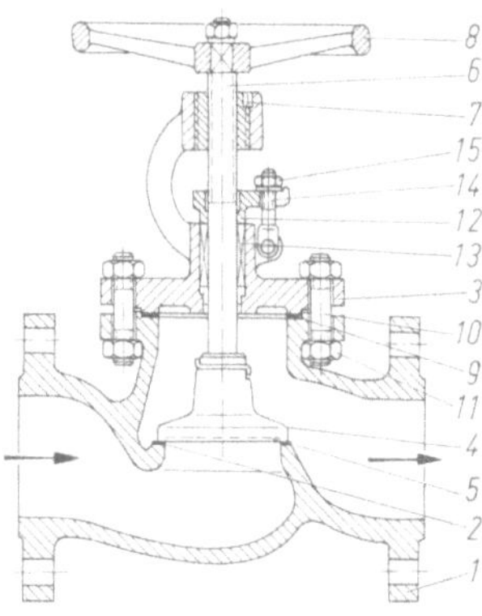

Bild 3.51   **Bild 3.52**

Bild 3.51. Querschnitt durch einen Absperrschieber mit elastischem Keil.
1 Gehäuse; *2* Gehäusedichtung; *3* Bockaufsatz; *4* Keil; *5* Keildichtung; *6* Spindel; *7* Gewindebüchse;
8 Handrad; *9* Deckeldichtung; *10* Schraubenbolzen; *11* Sechskantmuttern; *12* Stopfbuchsbrille; *13*
Stopfbuchspackung; *14* Stopfbuchsschrauben; *15* Sechskantmuttern

Medien	Kohle-Wasserstoff-verbindung, Heißöl	Druckluft Ammoniak	Säuren Laugen	Aggressive Gase Staubgas
Packungen	graphitierte, Asbest-packung m. Kupferf.	gefettete Baumwollpackung	Spezial-Säurepackung	graphitierte Blei-Asbest-Lamellenringe
Dichtungen	ölbeständiger Asbest	Kautschuk-Asbest	säure- und laugen-beständiger Asbest	Bleidichtringe

Bild 3.52. Querschnitt durch ein Absperrventil.
1 Gehäuse; *2* Gehäusesitz; *3* Bügeldeckel; *4* Kegel; *5* Kegeldichtung; *6* Spindel; *7* Bügelfutter; *8*
Handrad; *9* Deckeldichtung; *10* Schraubenbolzen; *11* Sechskantmuttern; *12* Stopfbuchsbrille; *13*
Stopfbuchspackung; *14* Stopfbuchsschrauben; *15* Sechskantmuttern

Medien	Kohle-Wasserstoff-verbindung, Heißöl	Sauerstoff	Druckluft Ammoniak	Säuren Laugen
Packungen	graphitierte Asbest-packung m. Kupferf.	chemisch reine trock. Asbestpack.	gefettete Baumwollpackung	Spezial-Säurepackung
Dichtungen	ölbeständiger Asbest	fettfreier Kautschuk-Asbest	Kautschuk-Asbest	säure- und laugen-beständiger Asbest

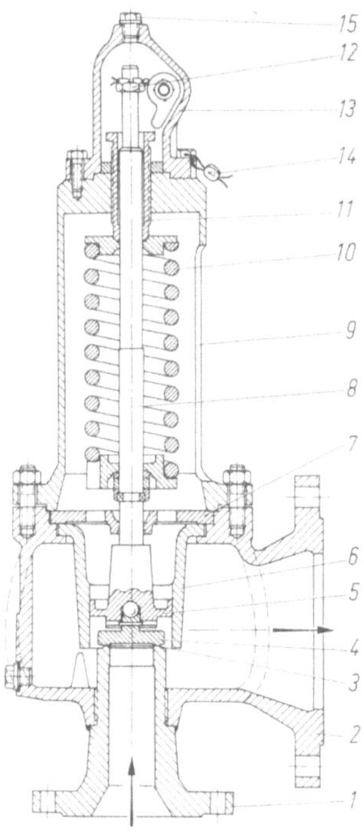

Bild 3.53. Querschnitt durch ein Vollhub-Sicherheitsventil. *1* Eintrittstutzen; *2* Ausblasegehäuse; *3* Gehäusesitz; *4* Kegel; *5* Führungskolben; *6* Gleitbüchse; *7* Deckel; *8* Spindel; *9* Federhaube; *10* Feder; *11* Spannschraube; *12* Federblockiermutter; *13* Kappe; *14* Verplombung; *15* Verschlußschraube

3.9.4 Die Rohrleitungskennlinie

Soll Flüssigkeit gefördert werden, so müssen Höhendifferenzen überwunden werden:
- die geodätische Höhendifferenz zwischen Saug- und Druckspiegel in m;
- die Druckhöhendifferenz, errechenbar aus der Druckdifferenz zwischen Entnahme- und Aufnahmebehälter;
- die Reibungsverluste, ausgedrückt in der Druckdifferenz zwischen Eintritt und Austritt des Rohrstranges.

Die Geschwindigkeitsenergie auf Saug- und Druckseite ist meistens vernachlässigbar klein. Die Reibungsverluste lassen sich aus folgenden Formeln ermitteln:

$$\Delta p_v = \zeta \cdot \frac{\varrho}{2} \cdot c^2 + \lambda \cdot \frac{l}{d} \cdot \frac{\varrho}{2} c^2 \quad \text{in} \quad \frac{N}{m^2} \, ;$$

ζ Widerstandsbeiwert,
ϱ Dichte in kg/m^3,
c Geschwindigkeit des Mediums in m/s,
λ Reibungsbeiwert,
l Länge der Rohrleitung in m,
d Durchmesser der Rohrleitung in m,

$$H_v \frac{\Delta p_v}{\varrho \cdot g} \quad \text{in m.}$$

Die Reibungsverluste H_v sind von der Art der Strömung abhängig. Bei der laminaren Strömung bewegt sich die Flüssigkeit gleichmäßig mit niedriger Geschwindigkeit durch die Rohre. Es entsteht nur Reibung zwischen den Molekülen der Flüssigkeit. Die Reibung zwischen Flüssigkeitsmolekülen und der Rohrwand ist vernachlässigbar klein.

Die laminare Strömung kommt selten vor, da die Geschwindigkeit des Fördermediums sehr niedrig sein muß. Eine Strömung ist turbulent, wenn die Reynoldsche Zahl $Re > 2320$ ist, wobei Re errechnet wird aus

$$Re = \frac{c \cdot d}{v} \quad (v \text{ kinematische Viskosität in m}^2/\text{s}).$$

Das Auftreten von Turbulenz in einer Rohrströmung hängt ab von

- der Geschwindigkeit des Fördermediums,
- der Anzahl von Armaturen und Formstücken,
- der Länge der Rohrleitung,
- der Oberfläche des Rohres,
- der Viskosität des Fördermediums.

Der Zusammenhang zwischen notwendiger Förderhöhe in Metern, abhängig vom jeweiligen Volumenstrom, wird in einem Diagramm dargestellt. Die unveränderlichen Größen wie geodätische Höhendifferenz und Druckhöhendifferenz werden auch als statisch bezeichnet. Die Reibungswiderstände sind dynamisch, also abhängig vom Volumenstrom, und ergeben eine Parabel.

Die Druckhöhendifferenz errechnet sich zu

$$H_p = \frac{\Delta p}{\varrho \cdot g} \quad \text{in m}$$

und die geodätische Höhendifferenz ist meßbar.

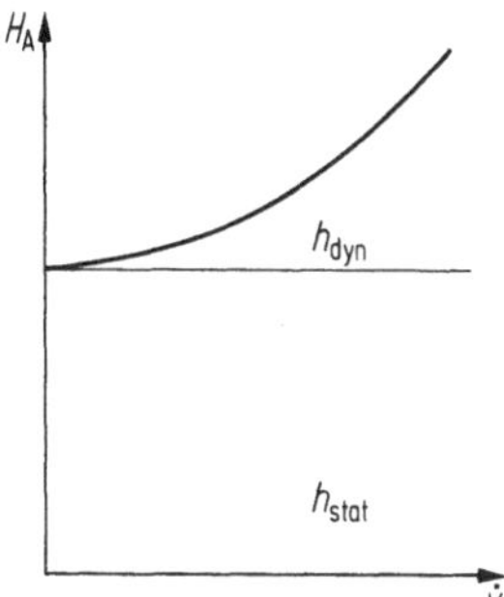

Bild 3.54. Die Rohrleitungskennlinie

Mit Hilfe des Diagramms in Bild 3.54 kann man für jeden beliebigen Volumenstrom die erforderliche Förderhöhe einer Pumpe bestimmen.

3.10 Hilfsmaschinen

3.10.1 Das Brennstoffsystem mit Schweröl

Die Brennstoffsysteme auf Motor- und auf Turbinenschiffen ähneln einander. Nachstehend wird das System eines Motorschiffes beschrieben.

Das Schweröl wird in Doppelboden- oder Seitentanks bevorratet. Sodann wird es mit einer Trimmpumpe in den Setztank gefördert, wo bereits aufgrund unterschiedlicher Dichte eine Vorreinigung erfolgt. Der Schwerölseparator entnimmt das vorgewärmte Schweröl dem Setztank, reinigt es und pumpt es in den Tagestank. Von dort läuft das auf etwa 70 bis 80 °C vorgewärmte, gereinigte Schweröl der Zubringerpumpe zu, die es über einen Endvorwärmer dem Dieselmotor zuführt.

(1) Der Vorratstank. Brennstoff wird in ausreichender Menge in Vorratstanks gebunkert. Diese Tanks können als Doppelboden- und/oder als Seitentanks ausgebildet sein. Bei normalen

Umgebungstemperaturen ist das Schweröl nicht oder nur schwer zu fördern; es muß vorher durch Erwärmung auf eine niedrigere Viskosität gebracht werden, um ein kavitationsfreies Saugen der Trimmpumpe zu ermöglichen. Für jeden Vorratstank wird ein Heizsystem eingebaut.

(2) Die Schweröltrimmpumpe. Es haben sich zwei Bauarten zum Verpumpen von Schweröl bewährt; es sind dies die Zahnradpumpen, die besonders für kleine Fördermengen eingesetzt werden, und die Schraubenspindelpumpen (siehe Bild 3.57).

(3) Der Setztank. Da Schweröl außer den Anteilen von Kohlenstoff, Wasserstoff, Schwefel, Sauerstoff und Stickstoff, die chemisch gebunden sind, noch Wasser, Salze, Mineralien und Schlackebildner enthält, werden im Setztank schon möglichst viele nicht gebundene Anteile vom Schweröl getrennt. Dies geschieht nach dem Prinzip der mechanischen Trennung mehrerer Stoffe durch deren unterschiedliche Dichte. Um einen guten Klärgrad bereits im Setztank zu erlangen, sollte die Absetzfläche möglichst groß und die Schichthöhe gering sein. Mehrere Schlagschotte im Setztank verhindern großenteils das Vermengen der schweren Stoffe mit dem Schweröl bei Seegang. Eine Aufheizung des Schweröles erfolgt auf 50 bis 70 °C, um die Viskosität weiter zu reduzieren und das Absetzen der nicht gebundenen Anteile mit der größeren Dichte zu erleichtern.

(4) Der Schwerölvorwärmer. Das Schweröl wird, nachdem es im Setztank bereits große Mengen von Stoffen mit größerer Dichte ausgeschieden hat, in einem Separator von den noch verbliebenen Fremdstoffen getrennt, sofern die Dichtedifferenz der zu trennenden Stoffe (Schweröl von Wasser, Salzen, Mineralien usw.) noch groß genug ist. Zu diesem Zweck wird das Schweröl in einem Vorwärmer auf 90 bis 98 °C erwärmt.

(5) Der Tagestank. Das gereinigte Schweröl wird mit Hilfe einer am Separator angehängten Zahnradpumpe oder Kreiselpumpe (Schälscheibe genannt) zum Tagestank gefördert. Im isolierten Tank wird es konstant auf einer Temperatur von 70 bis 80 °C gehalten.

(6) Die Brennstoffzubringerpumpe. Vom Tagestank aus läuft das Schweröl über einen Mengenmesser, der den Schwerölverbrauch digital und/oder analog anzeigt. Zur Ermittlung des Brennstoffmassenstromes müssen Dichte und Temperatur des Schweröles am Meßort bekannt sein. Das Schweröl läuft anschließend in das Standrohr. Dieses hat die Aufgabe, die Anteile von Schweröl und Dieselöl frei wählbar zu mischen. Es dient als Kleinspeicher, um Brennstoffrückläufe aufzunehmen. Bei längerem Stillstand des Dieselmotors kann trotz einer in Betrieb befindlichen Begleitheizung das sich in den Einspritzpumpen befindliche Schweröl so weit abkühlen, daß die Pumpenstempel verkleben. Um das zu verhindern, wird vor einer längeren Stillstandsperiode des Hauptmotors der Schweröltagestank geschlossen. Das dann im Standrohr verbleibende, sich reduzierende Schwerölvolumen wird mit Dieselöl aus dem Dieselöltagestank gemischt, so daß sich eine allmähliche Viskositäts- und Temperaturerniedrigung ergibt. Nach einer gewissen Zeit befindet sich dann im Brennstoffsystem nur noch Dieselöl, welches bei normalen Umgebungstemperaturen dünnflüssig ist.

Vom Standrohr aus läuft das Schweröl der Brennstoffzubringerpumpe zu. So kann gewährleistet werden, daß die Pumpe ohne Kavitation das Schweröl mit einer Temperatur von 70 bis 80 °C fördern kann. Als Zubringerpumpen haben sich Zahnradpumpen gut bewährt. Vereinzelt werden auch Schraubenspindelpumpen verwendet, allerdings sind letztere durch den größeren baulichen Aufwand bei diesen Fördermengen teurer.

(7) Der Endvorwärmer. Die Brennstoffzubringerpumpe fördert das Schweröl über den Endvorwärmer durch eine eventuell vorhandene Viskositätsmeßanlage über Feinfilter zu den Einspritzpumpen des Dieselmotors. Der Motorenhersteller gibt einen Bereich der Brennstoffviskosität an, in dem eine einwandfreie Einspritzung des Schweröles in den Zylinderraum erfolgt. Um diesen Viskositätsbereich in allen Betriebssituationen zu gewährleisten, muß der Heizdampfmassenstrom zum Endvorwärmer regelbar sein. Das nicht vom Motor benötigte Schweröl wird über ein Druckhalteventil zum Standrohr zurückgeleitet. Für Schiffe, die mit zeitweise unbesetztem Maschinenraum gefahren werden, haben sich als Brennstoff-Feinfilter automatisch arbeitende Rückspülfilter bewährt. Ist durch Verschmutzung ein maximal zulässiger Differenzdruck zwischen Eintritts- und Austrittsseite des Filters erreicht, so wird der Rückspülvorgang eingeleitet.

3.10.2   Die Luftverdichtung

Allgemeines. Zum Anlassen von Dieselmotoren und Regeln von Ventilen wird verdichtete Luft verwendet.

Der Kompressor ist ein hoher Leistungsverbraucher, und seine Wirschaftlichkeit ist daher von besonderer Bedeutung bei der Betrachtung der Gesamtkosten eines Betriebes. Andere wichtige Punkte sind z.B. Platzbedarf, Kühlwasserkosten, Wartungskosten usw.

Es gibt zwei Arten der Luft- oder Gasverdichtung:

Verdichtung nach dem Verdrängerprinzip und dynamische Verdichtung. Beim Kompressor der Verdrängerbauart wird der Kompressionsraum nach dem Ansaugen der Luft oder des Gases vollständig geschlossen. Unter Krafteinwirkung wird das Volumen verkleinert, wodurch die Luft komprimiert wird. Wenn der Druck in der Verdichtungskammer den Wert der Druckleitung erreicht hat, öffnet er die Druckventile, und die Luft verläßt die Verdichtungskammer mit konstantem Druck.

Bei den dynamischen Verdichtern wird die Luft oder das Gas durch ein schnell rotierendes Läuferrad auf hohe Geschwindigkeiten beschleunigt. In einem sogenannten Diffusor wird dann die kinetische Energie in potentielle Energie umgewandelt.

Kompressoren der Verdrängerbauart

Der Kolbenverdichter (Bild 3.55). In einem Kolbenverdichter findet die Verdichtung in einem oder in mehreren Zylindern statt.

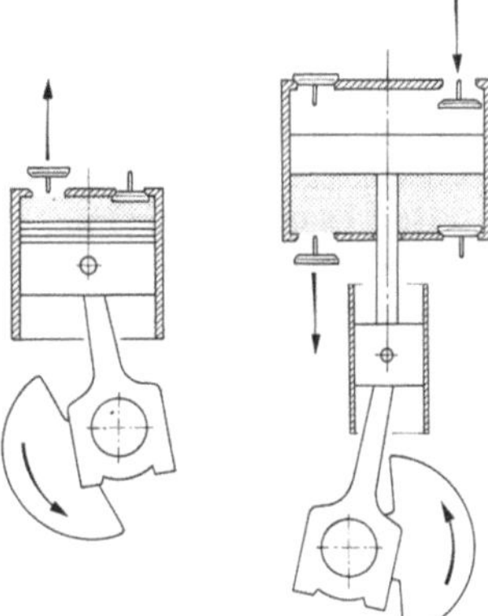

Bild 3.55 Links ein einfach wirkender und rechts ein doppeltwirkender Kompressor

In diesen Zylindern arbeiten Kolben, die das Volumen der Verdichtungskammern oberhalb und in manchen Fällen unterhalb des Kolbens periodisch verändern. Durch Ventile wird die Verdichtungskammer ebenfalls periodisch mit der Ansaug- und Druckseite des Kompressors verbunden.

Dieser Kompressortyp ist der gebräuchlichste. Er ist sowohl für die normalen Betriebsdrücke der Regel- und Arbeitsluft zwischen 6 bis 8 bar als auch für Anlaßluft des Dieselmotors bis 30 bar einsetzbar. Kolbenkompressoren auf Schiffen sind hauptsächlich für Liefermengen bis zu 10 m^3/min ausgelegt.

Spezielle Kolbenverdichter mit Kolbenringen aus Teflon oder Graphit liefern ölfreie Druckluft für Regelzwecke.

Ein entscheidender Vorteil des Kolbenkompressors ist die wirtschaftliche Regelung. Bei Bedarfsschwankungen kann der Kompressor schnell auf Vollast geschaltet oder voll entlastet werden. Die Entlastung geschieht durch das mechanische, elektrische oder pneumatische Offenhalten der Saugventile, so daß keine Verdichtung stattfinden kann.

Der Schraubenverdichter (Bild 3.56). Dieser Kompressortyp besteht aus einem Gehäuse, in dem zwei Läufer gegenläufig rotieren. Ein Rotor besitzt ein konvexes, der andere ein konkaves Profil. Bezeichnet werden die Rotoren mit Haupt- und Nebenläufer. Normalerweise wird der Hauptläufer angetrieben. Dieser wiederum ist über ein Synchrongetriebe mit dem Nebenläufer verbunden.

Die Funktion des Schraubenverdichters entspricht der des Kolbenkompressors mit dem Unterschied, daß die Funktion der Ventile durch Öffnungen im Gehäuse erfüllt wird, die von den

Läufern passiert werden. Die Luft wird am Eintrittsende angesaugt und durch die ineinandergreifenden Teile des Läuferpaares verdichtet. Bei jeder Drehung wird die Luft, bis hin zum Austrittsende, weiter verdichtet. Zwischen den Läufern bzw. zwischen Läufern und dem Gehäuse tritt kein Kontakt auf. Diese Teile benötigen keine Schmierung, deshalb liefert der Kompressor vollkommen ölfreie Druckluft.

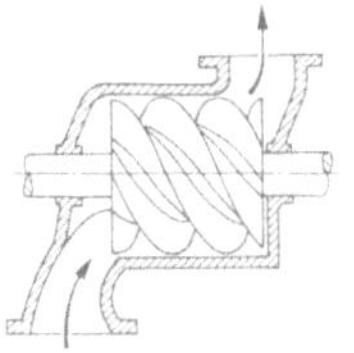 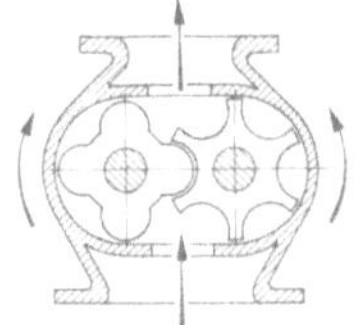

Bild 3.56. Schraubenkompressor

Es gibt auch Konstruktionen, bei denen Öl, das der Kühlung dient, eingespritzt wird und nachträglich ausgefiltert wird.

Die Liefermenge eines Schraubenverdichters wird durch Schließen des Einlasses und Öffnen des Auslasses zur Atmosphäre geregelt. Innerhalb der Druckleitung ist ein Rückschlagventil angeordnet, das den Kompressor während der Entlastungsperiode schützt. Der Schraubenverdichter ist in den Liefermengenbereichen bis zu 500 m^3/min bei Arbeitsdrücken von 8 bar wirtschaftlich einsetzbar. Für die verschiedenen Größen können relativ preiswerte, hochtourige E-Motoren verwendet werden. Der Schraubenverdichter liefert vollkommen ölfreie Druckluft. Dadurch, daß es sich beim Schraubenverdichter um eine hochtourige Maschine handelt, ist auch der Antrieb über Dampfturbinen möglich. Das ist besonders für Turbinenschiffe interessant.

Der Lamellenkompressor. Dieser Kompressortyp besteht aus einem Gehäuse mit einem innenliegenden exzentrisch gelagerten Läufer. Die Lamellen sind in Führungen radial verschiebbar und werden durch Federn oder Zentrifugalkräfte gegen die Gehäusewandungen oder gegen Führungsringe gedrückt, um den Kontakt mit dem Gehäuse zu verhindern.

Dies erfordert ausreichende Schmierung, um den Verschleiß zwischen den Lamellen und dem Gehäuse zu vermindern. Wenn sich der Rotor dreht, folgen die Lamellen den inneren Gehäuseformen, und da der Rotor exzentrisch gelagert ist, gleiten die Lamellen in ihren Führungen hinein und hinaus. Dadurch wird der Raum zwischen zwei benachbarten Lamellen jeweils verändert, wodurch die Kompression der Luft oder des Gases geschieht.

Die Ventilfunktionen werden ebenfalls von den Lamellen erfüllt, da diese während der Drehungen die Ein- und Austrittsöffnungen passieren.

Der Leistungsbedarf eines Lamellenkompressors liegt über dem eines vergleichbaren Kompressors der zwei vorgenannten Typen bei vergleichbaren Arbeitsdrücken.

Der Drehkolbenverdichter. Der Drehkolbenverdichter, auch als Roots-Gebläse bezeichnet, besteht aus einem Gehäuse mit zwei Rotoren, die gegenläufig rotieren. Durch ein Getriebe sind die Rotoren so synchronisiert, daß zwischen den Rotoren bzw. zwischen Rotoren und dem Gehäuse keine Berührung auftritt. Diese Teile benötigen keine Schmierung, so daß ölfreie Druckluft gefördert wird (wie auch beim Schraubenverdichter). Die Luft oder das Gas wird wie bei einer Zahnradpumpe verdichtet, so daß dieser Verdichter nicht für hohe Betriebsdrücke verwendet werden kann. Die oberste Grenze liegt etwa bei 2 bar. Er wird häufig für eine mechanische Aufladung bei Dieselmotoren eingesetzt.

Der Flüssigkeitsring-Kompressor. Dieser Kompressor besteht aus einem Gehäuse mit einem exzentrisch ausgelegten Rotor, auf dem feststehende Lamellen angeordnet sind. Das Gehäuse ist teilweise mit einer Flüssigkeit gefüllt, die durch die Lamellen in Bewegung versetzt wird. Durch Zentrifugalkräfte wird die Flüssigkeit nach außen gedrückt, so daß ein rotierender Flüssigkeitsring entsteht. Die Exzentrizität des Rotors ergibt einen Kompressionsverlauf ähnlich dem der Lamellenkompressoren. Die Nachteile dieses Kompressortyps sind die, daß zur Einhaltung eines konstanten Flüssigkeitsspiegels aufwendige Einrichtungen notwendig sind, und daß Kavitation mit sichtbaren Erosionen auftreten kann.

Kompressoren mit dynamischer Verdichtung

Einfache Ventilatoren zählen ebenfalls zu dieser Kategorie. Da ihre Betriebsdrücke aber extrem gering sind, werden sie nicht als Kompressoren bezeichnet.

Der Turboverdichter. Turbokompressoren gibt es in verschiedenen Ausführungen, einstufig, mehrstufig, radial oder axial, jedoch basieren alle auf dem gleichen Prinzip. Die Luft oder das Gas wird durch ein oder mehrere Schaufelräder auf hohe Geschwindigkeiten beschleunigt und die kinetische Energie anschließend in einem sogenannten Diffusor in statischen Druck umgewandelt.

3.10.3   Pumpen

Zum Fördern flüssiger Medien werden Pumpen unterschiedlicher Bauarten eingesetzt. In der Seeschiffahrt haben sich die in der nachstehenden Tabelle aufgeführten Prinzipien und Bauarten bewährt.

Nachfolgend sollen drei häufig installierte Pumpentypen näher beschrieben werden.

Einteilung der Schiffspumpen

Statische Überdruckförderung		Dynamische Überdruckförderung	
Verdrängungsprinzip		Strömungsprinzip	Strahlprinzip
Kolbenpumpen	Drehkolbenpumpen	Fliehkraftpumpen	Strahlpumpen
kurbellose Dampfkolben-pumpe	exzentrische Treib-schieberpumpe	Kreiselpumpen Seitenkanalpumpen	Wasserstrahlpumpen Dampfstrahlpumpen Gasstrahlpumpen
Reihenkolbenventil-pumpe	konzentrische Treib-schieberpumpe		
Radialkolbenventil-pumpe	Zahnradpumpen		
Axialkolbenventil-pumpe	Schraubenspindel-pumpen		
weggesteuerte Radial-kolbenpumpe	Exzenterschnecken-pumpen		
weggesteuerte Axial-kolbenpumpe			

Die Kolbenpumpe (als Lenzpumpe vorgeschrieben) ist mit Kolben sowie mehreren Saug- und Druckventilen versehen. Bei der Bewegung des Kolbens nach oben vergrößert sich der Raum unterhalb des Kolbens, dadurch entsteht ein niedrigerer Druck; der auf dem Saugspiegel lastende Druck, häufig der atmosphärische Druck, drückt das Fördermedium durch das sich öffnende Saugventil in den Zylinderraum. Gleichzeitig wird das Fördermedium durch die Druckventile in die Leitung gedrückt. Um Stöße durch die Hübe der Pumpe zu vermeiden, werden in Saug- und Druckseite Windkessel installiert, die ein gleichmäßiges Fördern gewährleisten.

Die Fördermenge einer Kolbenpumpe errechnet sich zu:

$$\dot{V} = A_{\mathrm{K}} \cdot s \cdot n \ \text{ in } \ \mathrm{m}^3/\mathrm{h};$$

A_{K} Kolbenfläche in m^2,
s Hub in m,
n Doppelhubzahl je Stunde
(ein Doppelhub ist eine Hin- und Herbewegung des Kolbens).

Aus vorstehender Formel ist zu ersehen, daß Volumenstromänderungen entweder über eine Drehzahländerung oder durch eine Hubveränderung möglich sind. Beide Möglichkeiten werden angewandt, die erste hauptsächlich bei dampfgetriebenen Kolbenpumpen und letztere bei Axialkolbenpumpen.

Da die Kolbenpumpen bei feststehendem Hub und konstanter Drehzahl eine bestimmte Flüssigkeitsmenge fördern, unabhängig von der von der Rohrleitung verlangten Förderhöhe, muß dieser Pumpentyp grundsätzlich bei geöffneter Saug- und Druckabsperr-Armatur angefahren werden, um ein Öffnen des Sicherheitsventiles zu vermeiden.

Schraubenspindelpumpen (Bild 3.57). Diese selbstansaugende Pumpe fördert Schmieröl, Schweröl, Dieselöl usw. kontinuierlich ohne Turbulenz, d. h., es tritt kein Quetschen und keine Schaumbildung des Fördermediums auf. Weiterhin gestattet die hohe Drehzahl der Pumpen die direkte Kupplung mit schnellaufenden Kraftmaschinen. Damit weist die Schraubenspindelpumpe die gleichen Vorteile auf wie die Kreiselpumpe, während ihr Förderprinzip dem einer Kolbenpumpe mit unendlichem Kolbenhub entspricht.

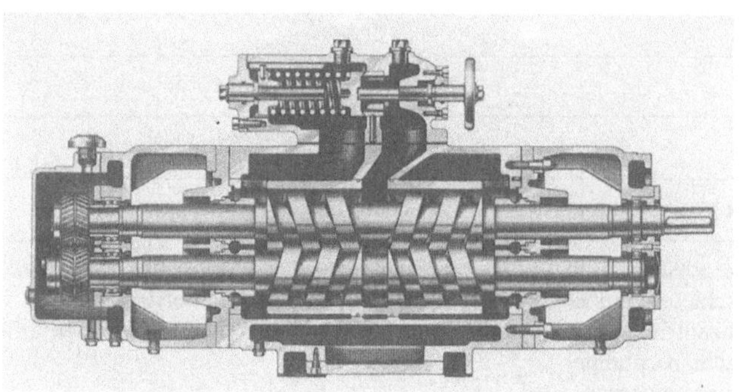

Bild 3.57. Schnitt durch eine Schraubenspindelpumpe der Firma Paul Leistritz, die auf Schiffen als Schmieröl-, Trimm- und Ladeölpumpe eingesetzt wird

Für die Praxis haben sich zwei Grundtypen herausgebildet. Einmal die Schraubenspindelpumpe mit Innenlagerung, bei welcher das Fördermedium gleichzeitig die Schmierung der Lagerstellen übernimmt. Diese Konstruktion eignet sich daher zum Verpumpen aller schmierenden Medien. Zum anderen baut man die Schraubenspindelpumpe mit Außenlagerung für Fördermedien, die nicht mit der Lagerung in Berührung kommen dürfen. Diese Konstruktion wird daher besonders beim Verpumpen nichtschmierender Medien bevorzugt.

Eine Spindel, die Hauptspindel genannt, ist mit der Antriebsvorrichtung verbunden und treibt die anderen, die Nebenspindeln, an. Es handelt sich um eine direkte Übertragung der Drehbewegung mit Hilfe der Gewindekämme.

Fliehkraftpumpen (Bild 3.58). Die in der Fliehkraftpumpe befindliche Flüssigkeit wird durch die Drehung des Laufrades nach außen geschleudert. Dadurch entsteht im inneren Teil des Laufrades ein leerer Raum mit Unterdruck. Der äußere Luftdruck, der auf dem Flüssigkeitsspiegel an der Saugstelle lastet, kann nun die Flüssigkeit in den leeren Raum hineindrücken. Die der Flüssigkeit erteilte Fliehkraft bewirkt eine stetige Bewegung im Laufrad von innen nach außen und somit einen ununterbrochenen Förderstrom. Die Förderarbeit wird von der Fliehkraft geleistet. Die Förderhöhe ist hauptsächlich von Drehzahl und Laufraddurchmesser abhängig. Ein weiterer Einfluß geht von der Schaufelform aus. Die Flüssigkeit verläßt das Laufrad mit geringem statischen Druck und großer Geschwindigkeit. Angestrebt wird aber nur eine Erhöhung des Druckes. Die überschüssige Geschwindigkeitsenergie muß nachträglich in Druckenergie umgewandelt werden. In

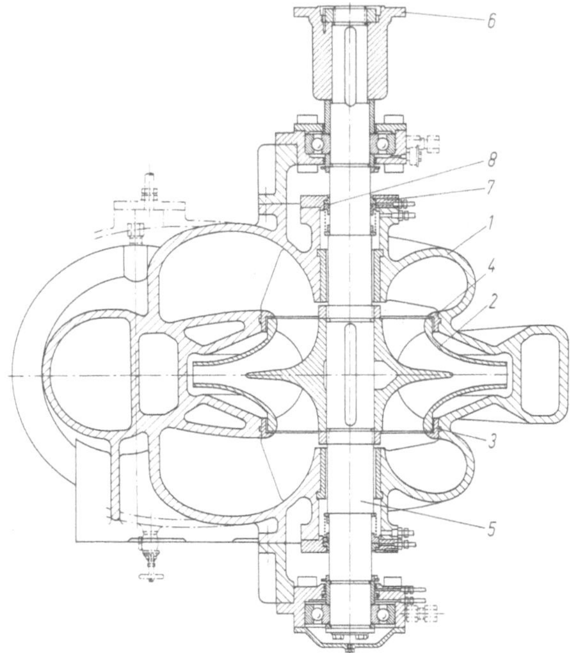

Bild 3.58. Schnitt durch eine Kreiselpumpe (Ladeölpumpe). *1* Pumpengehäuse; *2* Laufrad; *3* unterer Dichtring; *4* oberer Dichtring; *5* Welle; *6* Kupplung; *7* Stopfbuchsbrille; *8* Gleitringdichtung

einem nachgeschalteten Leitrad oder einem sich erweiternden Gehäuse findet diese Umwandlung statt.

Einteilung der Kreiselpumpen
- Unterscheidung nach der Förderhöhe. Niederdruckpumpen bis etwa 25 m, Mitteldruckpumpen bis etwa 60 m, Hochdruckpumpen über 60 m.
- Unterscheidung nach der Anzahl der Laufräder. Es gibt ein- und mehrstufige Kreiselpumpen.
- Unterscheidung nach dem Wasserzutritt. Das Wasser tritt axial in die Pumpe ein, es gibt den einflutigen Zutritt und den doppelflutigen Zutritt für große Fördermengen.
- Unterscheidung nach der Durchgangsrichtung des Fördermediums. Der Wasseraustritt aus dem Laufrad kann radial, halbaxial oder axial erfolgen.
- Unterscheidung nach der Schnelläufigkeit.

Die Kennlinie einer Kreiselpumpe wird beim Hersteller auf dem Prüfstand ermittelt. Die sich ergebende Nutzförderhöhe einer Pumpe in Metern wird in Abhängigkeit des Volumenstromes in

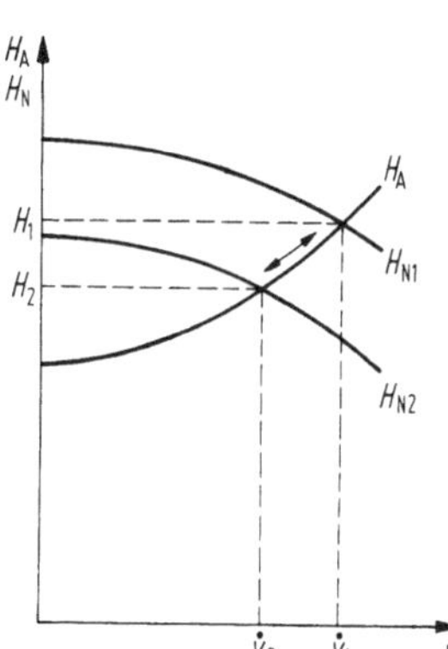

Bild 3.59. Veränderung der Pumpenkennlinie

m³/h aufgetragen. Wird nun die Rohrleitungskennlinie im gleichen Maßstab aufgetragen, schneiden sich beide Kennlinien in einem Punkt, dem Betriebspunkt der Pumpe.

Veränderungen des Volumenstromes kann man erreichen, indem man entweder die Pumpen- oder die Rohrleitungskennlinie verändert.

Veränderung der Pumpenkennlinie. Dies wird durch Änderung der Pumpendrehzahl erreicht. Durch eine Drehzahlerhöhung gleitet der Betriebspunkt auf die Rohrleitungskennlinie weiter nach rechts, es erhöht sich der Volumenstrom von V_2 auf V_1 bei gleichzeitigem Anstieg der Nutzförderhöhe von H_2 auf H_1 (Bild 3.59).

Veränderung der Rohrleitungskennlinie. In 3.9.4 wurde erläutert, daß diese Kennlinie sich aus dem statischen und dynamischen Anteil zusammensetzt. Der statische Anteil kann sich beispielsweise durch eine Änderung der geodätischen Höhendifferenz zwischen Saug- und Druckspiegel oder durch eine Änderung der Druckdifferenz zwischen Entnahme- und Aufnahmebehälter verändern, dargestellt in Bild 3.60.

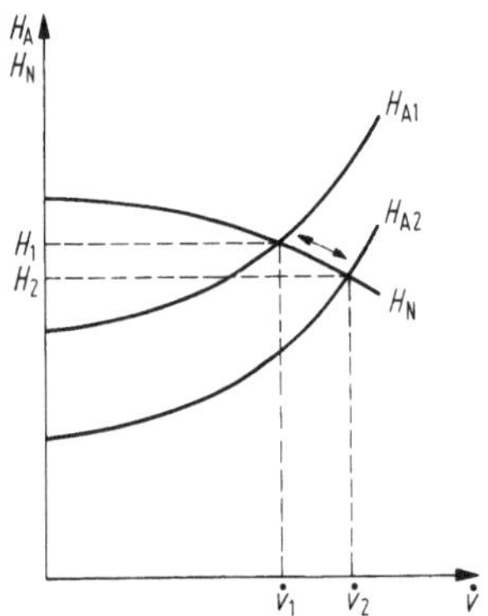

Bild 3.60. Veränderung des statischen Anteils der Rohrleitungskennlinie

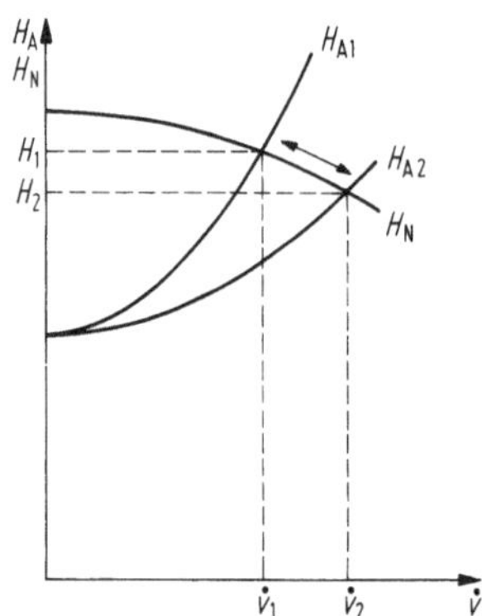

Bild 3.61. Veränderung des dynamischen Anteils der Rohrleitungskennlinie

Der dynamische Anteil ist durch Veränderung der Durchflußwiderstände veränderbar. Durch Drosselung einer Absperrarmatur auf der Druckseite der Pumpe vergrößert sich der dynamische Anteil, die Rohrleitungskennlinie wird steiler, der Betriebspunkt wandert auf der Pumpenkennlinie nach links, und die Pumpe reduziert den Volumenstrom (Bild 3.61).

Der Leistungsbedarf. Der Leistungsbedarf der Pumpe errechnet sich aus folgender Formel:

$$P = \frac{V \cdot H_N \cdot \varrho \cdot g}{\eta} \quad \text{in W;}$$

P Antriebsleistung in W,
V Volumenstrom in m³/s,
H_N Nutzförderhöhe in m,
ϱ Dichte in kg/m³,
g Erdbeschleunigung in m/s²,
η Pumpenwirkungsgrad.

Es ist zu ersehen, daß bei einem nichtlinearen Zusammenhang zwischen Volumenstrom V und Förderhöhe H_N mit steigendem Volumenstrom die Leistung gleichfalls meistens ansteigt.

Das Saugen. Das Saugevermögen von Pumpen beruht auf einer Absenkung des Druckes im Saugeraum der Pumpe auf einen Druck unterhalb des auf dem Saugespiegel lastenden Druckes. Rein theoretische würde die maximale Saugehöhe bei Wasser mit einer Dichte von 1000 kg/m³ und atmosphärischem Druck auf dem Saugespiegel

$$h_{S,\text{theor.}} = \frac{\Delta p}{\varrho \cdot g} = \frac{100\,000\,\dfrac{\text{kg m}}{\text{m}^2\,\text{S}^2} - 0\,\dfrac{\text{kg m}}{\text{S}^2\,\text{m}^2}}{1000\,\dfrac{\text{kg}}{\text{m}^3} \cdot 9{,}81\,\dfrac{\text{m}}{\text{S}^2}} = 10{,}2 \text{ m}$$

betragen. Da es technisch nicht möglich ist, in der Pumpe einen Druck von 0 bar, also absolute Leere zu erzeugen, reduziert sich die erreichbare Saughöhe. Weiterhin müssen die Widerstände in der Saugeleitung (Rohre, Bögen, Ventile, Filter) überwunden werden. Damit an keiner Stelle der Pumpe der Dampfdruck der Flüssigkeit erreicht oder unterschritten wird, muß von der jetzt noch vorhandenen Saugehöhe der Betrag subtrahiert werden, der diese Dampfblasenbildung verhindert. In der Seeschiffahrt wird er NPSH-Wert (Net Positive Suction Head) genannt.

Je nach Bauart der Pumpe bleiben bei der Wasserförderung dann etwa 4,5 bis 6 m als maximale Saugehöhe übrig. Handelt es sich um ein Medium mit einer anderen Dichte, dann reduziert bzw. erhöht sich die maximal erreichbare Saugehöhe.

Kavitation. Wird der Zulaufdruck so weit abgesenkt, daß an einer Stelle in der Pumpe der Dampfdruck der Flüssigkeit erreicht oder unterschritten wird, so entstehen an dieser Stelle Dampfblasen. Bei weiterem Absenken des Druckes erhöht sich der Dampfanteil. Die mitgerissenen Dampfblasen kondensieren an Stellen höheren Druckes. Beim Auflösen der Dampfblasen wird die Flüssigkeit mit so hoher Geschwindigkeit auf die Schaufel auftreffen, daß das Material des Laufrades zerstört wird (feststellbar durch Geräusche, wie Sägen bis Knattern).

Es ist nötig, daß der Druck am Saugstutzen der Pumpe genügend hoch über dem Dampfdruck der Flüssigkeit liegt. Ein Maß für den notwendigen Saugdruck ist der NPSH-Wert der Pumpe. Er gibt an, um wieviel Meter Flüssigkeitssäule der Gesamtdruck in der Mitte des Saugstutzens über dem Dampfdruck der Flüssigkeit sein muß, damit nirgends in der Pumpe der Dampfdruck erreicht wird. Dieser NPSH-Wert der Pumpen wird vom Pumpenhersteller im Pumpenblatt angegeben.

Wenn Kavitation auftritt, ist das Ventil an der Druckseite der Kreiselpumpe zu drosseln. Dadurch steigt auch der Druck an der Saugseite, und die Kavitation hört auf. Das Ventil an der Saugseite muß unter allen Umständen ganz geöffnet bleiben, da eine Drosselung den NPSH-Wert der Anlage (Saugleitung) verringern und damit wieder Kavitation herbeiführen würde. Durch ein Zurücknehmen der Pumpenumdrehungen, sofern technisch möglich, kann Kavitation ebenfalls, aber weniger wirksam abgestellt werden. Allerdings wird man nach erheblichem Drosseln des Druckseitenventils auch die Umdrehungen zurücknehmen müssen, damit sich die Pumpe nicht unzulässig erwärmt.

3.10.4 Kondensation, Kondensations-Hilfsmaschinen

Die Kondensationsanlage ist für die Betriebssicherheit und Wirtschaftlichkeit auf Dampfturbinenanlagen von wesentlicher Bedeutung. Mit Hilfe eines Oberflächenkondensators (Bild 3.62) gelingt es, dem Schiffsdampferzeuger das Kesselwasser als Kondensat wieder zuzuführen. Nur Undichtheiten im Kreislauf müssen durch aufbereite-

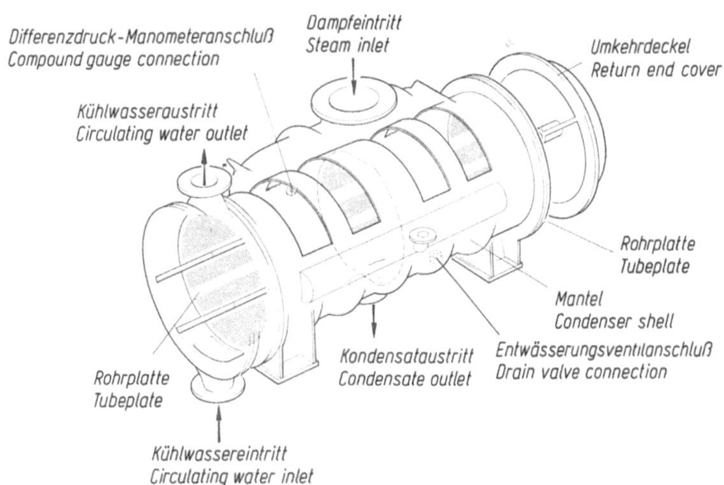

Bild 3.62. Darstellung eines Kondensators

tes Zusatzwasser ersetzt werden. Erst die Einführung der Oberflächenkondensation hat das Fahren mit hohen und höchsten Kesseldrücken ermöglicht.

Im Kondensator wird der Dampf bei einem Druck verflüssigt, der niedriger als der Druck der atmosphärischen Luft ist. Abhängig ist die Größe des Druckes im Kondensator von der Temperatur und der Menge des Kühlwassers. Liegt die Verflüssigungstemperatur unter 100 °C, so muß der Druck im Kondensator kleiner als 1 bar sein. Es liegt also ein Unterdruck vor, der auch als Vakuum bezeichnet wird. Es ist nicht zu vermeiden, daß in

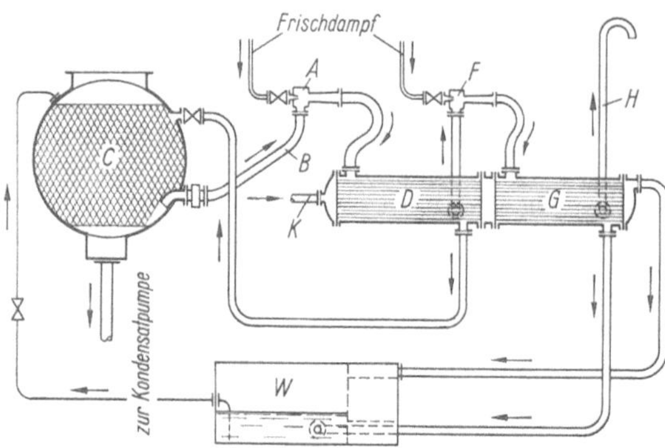

Bild 3.63. Luftförderanlage mit zwei Strahlern und Vorwärmern.
A Dampfstrahler 1. Stufe; B Luftsaugerohr; C Hauptkondensator; D Kondensator für Strahlerdampf; F Dampfstrahler 2. Stufe; G Kondensator für Strahlerdampf; H Ausstoßrohr für Luft; K Kühlkondensat; W Speisewassersammeltank

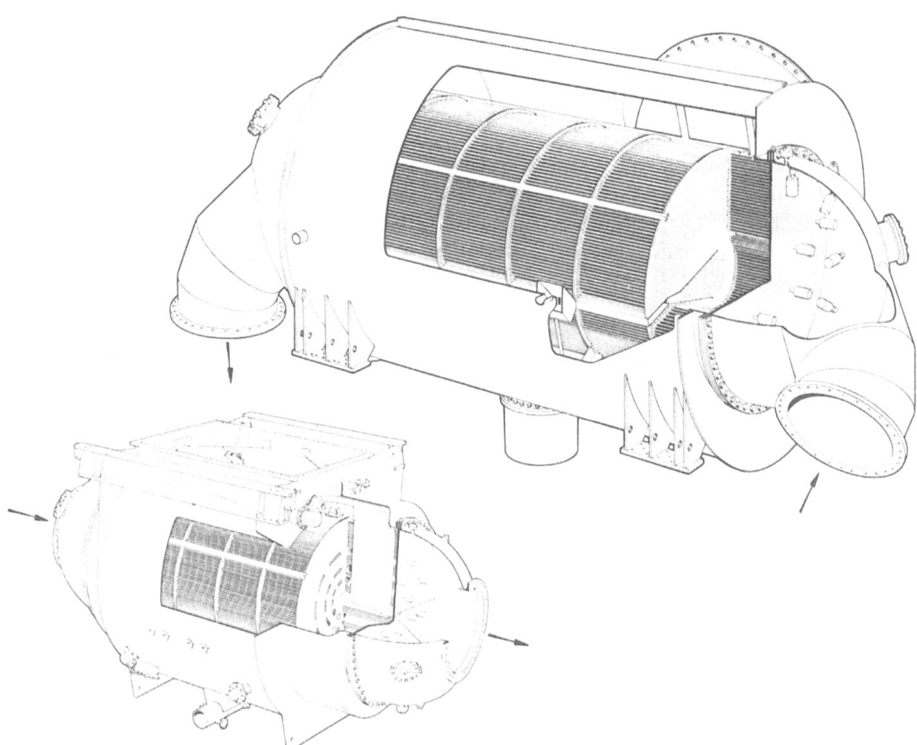

Bild 3.64. Einflutige Kondensatoren für Turbinenschiffe mit seitlichem und oberem Dampfeintritt. Beide Kondensatoren sind für Scoopbetrieb konstruiert. Scoopbetrieb bedeutet, die Kühlwasserförderung erfolgt ausschließlich durch die Fahrt des Schiffes

den unter Unterdruck stehenden Raum etwas Luft eindringt. Hierdurch treten komplizierte Vorgänge bei der Verflüssigung des Dampfes auf, die das Vakuum verschlechtern
und eine größere Kondensator-Kühlfläche sowie den Einbau eines Luftförderapparates
bedingen. Eine einwandfrei arbeitende Kondensationsanlage ist besonders für Schiffe mit
Hochdruck-Turbinenanlage wichtig.

Je wärmer das Seewasser, um so schlechter ist bei gegebener Kühlwassermenge auch das
Vakuum im Kondensator. Beim Fahren in warmem Seewasser muß man sich deshalb bei
gegebener Geschwindigkeit mit einem höheren Brennstoffverbrauch abfinden.

Die Kühlwasserpumpen für den Kondensator sind Kreiselpumpen, die durch einen
Elektromotor oder eine Kleinturbine angetrieben werden. Gleiches gilt für die Kondensatpumpen. Das Entfernen der eingedrungenen Luft aus dem Kondensator geschieht mit
Hilfe einer Einrichtung, wie sie Bild 3.63 veranschaulicht. Es handelt sich um zwei
hintereinander geschaltete, mit Dampf betriebene Strahlluftpumpen, deren Arbeitsdampf
in zwei Vorwärmern niedergeschlagen und zur Vorwärmung des Speisewassers verwendet
wird.

Bild 3.64 zeigt einen modernen Schiffskondensator.

3.10.5   Hilfsmaschinen für die Erzeugung der elektrischen Energie

Mit dem Aufkommen der Motorschiffe setzte auch die Umstellung der Hilfsmaschinen auf
elektrischen Antrieb ein. Jetzt hat sich der elektrische Antrieb der Hilfsmaschinen auf
Dampfturbinen- und Motorschiffen — an Deck und in der Maschine — fast restlos
durchgesetzt. Eine der wichtigsten Kraftmaschinen an Bord ist deshalb diejenige, die den
Generator für die Erzeugung der erforderlichen elektrischen Energie antreibt. Auf
Motorschiffen handelt es sich ausschließlich um eine Dieselmaschine, während man auf
Dampfturbinenschiffen Dieselmotoren oder Turbinen verwendet.

Bild 3.65 zeigt einen sogenannten Dieselgenerator, der im Viertakt-Verfahren arbeitet,
das am meisten angewendet wird. Aus Gründen der Betriebssicherheit kommen meistens
mehrere Aggregate zum Einbau, wovon eines auch bei vollem Betriebe in Reserve steht.

Bild 3.65. 6-Zylinder-Dieselgenerator
der MAN.
1 Dieselmotor; *2* Generator; *3* Treiböl-
pumpe; *4* Schmieröl-Handpumpe; *5*
Auspuffleitung; *6* Treibölzuleitung; *7*
Treibölfilter; *8* Drehzahlregler; *9* Trieb-
raumentlüftung; *10* Schmierölfilter; *11*
Schwungrad; *12* Brennstoffdüsen

3.10.6   Hilfskessel auf Motorschiffen

Auf Motorschiffen kann man auf Dampf für Betriebszwecke nicht verzichten. Hauptsächlich wird der Dampf für das Pumpfähighalten des Schweröles verwendet; denn bei den

Temperaturen, die das Seewasser und die atmosphärische Luft haben, ist das Treiböl so zäh, daß es sich nur schwer durch die Rohrleitungen drücken läßt.

Der Betriebsdampf für die Bunkerheizung und andere Zwecke wird in einem Hilfskessel erzeugt. Ein solcher wird mit Bild 3.66 gezeigt. Es ist ein sogenannter Eckrohrkessel.

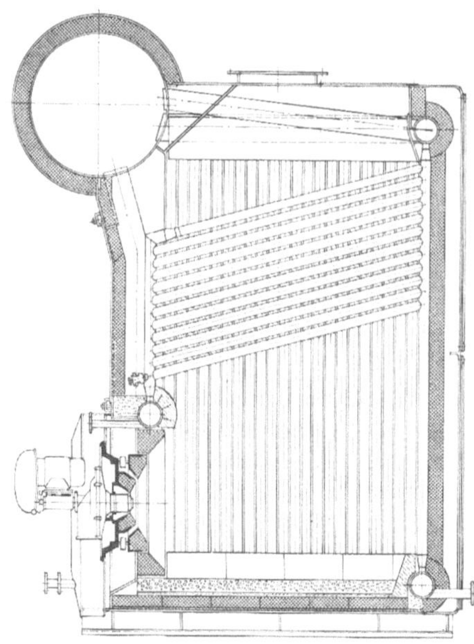

Bild 3.66. Eckrohrkessel

Seinen Namen erhält er von vier weiten, kräftigen, senkrecht stehenden Rohren. Diese Rohre sind die Hauptträger des Kesselgerüstes. Oben und unten sind sie noch durch Querrohre miteinander verbunden.

In dieses viereckige Rohrgerüst sind die dünnwandigen Siederohre eingeschweißt. Diese sind so gelegt, daß der in ihnen entstehende Dampf, seiner im Vergleich mit Wasser kleinen Dichte entsprechend immer bestrebt ist, nach oben zu steigen. Er sammelt sich in einer ganz oben am Kessel querliegenden Trommel.

Der Kessel ist einfach in seinem Aufbau, da er nur gerade Rohre enthält; er ist robust in bezug auf schnelles Anheizen und schnelle Außerbetriebnahme; er stellt sogar an die Kesselwasserbehandlung keine besonderen Anforderungen, jedenfalls keine höheren, als bei einem Zylinderkessel auch zu beachten wären.

Die Eckrohrkessel werden mit Ölfeuerung betrieben. Der ganze Kesselbetrieb ist automatisiert, so daß eine besondere, ständige Kesselwartung entfällt. Die Dampflieferung beträgt 2 bis 4 t je Stunde, der Betriebsdruck liegt meistens bei 6 bis 8 bar.

Auf Motorankern werden größere Hilfskessel zum Antrieb von Ladeölturbinen und zum Beheizen der Ladung eingesetzt.

Mit Hilfe der heißen Abgase wird häufig auf Motorschiffen für Heizzwecke Dampf in einem Abgaskessel erzeugt.

3.10.7 Kälteanlagen[2]

Kälteanlagen erniedrigen die Temperatur in einem abgeschlossenen, isolierten Raum unter die Umgebungstemperatur. Das geschieht durch eine Wärmeenergieaufnahme des im Kreislauf zirkulierenden Kältemittels im Kühlraum und Abgabe dieser aufgenommenen Wärmeenergiemenge an die Umgebung. Es ist nur möglich, wenn ein genügend großes Temperaturgefälle zwischen den wärmeaustauschenden Medien vorhanden ist. Da Druck und Temperatur eines Stoffes in einem bestimmten Zusammenhang stehen, muß zur Erzielung einer niedrigeren als der Umgebungstemperatur der Druck des Stoffes gesenkt und zur Wärmeabgabe an die Umgebung entsprechend erhöht werden. Das vollzieht sich in jeder Kältemaschine, die sich mindestens aus den vier Apparaten Verdampfer, Verdichter, Kondensator und Regelventil zusammensetzt (Bild 3.67).

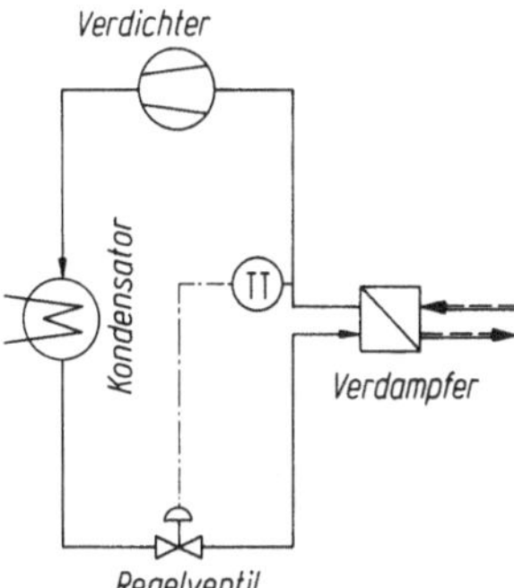

Bild 3.67. Hauptbauteile einer Kälteanlage

Der schematischen Darstellung kann man entnehmen, daß der Kälteträger (Kältemittel) einen stetigen Kreislauf vollführt, wobei er allerdings verschiedene Zustandsänderungen durchläuft:

Verdampfung des flüssigen Kältemittels im Verdampfer bei geringerer Temperatur als Kühlraumtemperatur und unter niedrigem Druck (aber über 1 bar). Die Verdampfungswärmeenergie wird dem Kühlraum entnommen; somit wird die wegen der nie ganz wärmedichten Isolation in den Kühlraum eingedrungene Wärmeenergiemenge wieder entfernt. Die einzustellende Verdampfungstemperatur hängt ab von der verlangten Kühlraumtemperatur und von der Größe und Wirksamkeit der Wärmetauschfläche des Verdampfers.

Verdichtung des Kaltdampfes auf so hohen Druck, daß die Verflüssigung im Kondensator möglich ist. Die bei der Verdichtung aufgewendete Arbeit erscheint in Form von Wärmeenergie im Dampf. Der aus dem Verdichter — auch Kompressor genannt — austretende Dampf ist überhitzt.

Verflüssigung des überhitzten Dampfes im Kondensator. Dem Dampf muß die Überhitzungs-, die Verdampfungs- und ein Teil der Flüssigkeitswärmeenergie entzogen werden, damit das Kältemittel möglichst weit unterkühlt wird. Die Wärmeenergie wird an die Kühlluft bzw. an das Kühlwasser abgegeben.

Drosselung der unterkühlten Kältemittelflüssigkeit von Kondensatordruck auf Verdampferdruck im Regelventil. Hierbei nimmt das Kältemittel die dem eingestellten Verdamp-

---

2 Vgl. Sinnbilder 3.9.1.

ferdruck entsprechende Temperatur an, wobei allerdings nicht verhindert werden kann, daß dabei Entspannungsdampf entsteht. Die verbleibende siedende Flüssigkeit von entsprechend geringer Temperatur steht dann wieder zur Kälteerzeugung im Verdampfer zur Verfügung.

Kältemittel. Die Stoffe, die in einer Kältemaschinenanlage einen Kreislauf durchlaufen und dabei unter Wärmeaufnahme bei niedrigen Temperaturen verdampfen, bei höherem Druck und höherer Temperatur unter Wärmeabgabe wieder kondensieren, nennt man Kältemittel. Folgende chemische und physiologische Eigenschaften sollten von einem Kältemittel gefordert werden:
- nicht giftig,
- nicht explosiv,
- nicht brennbar,
- Beständigkeit bei den im Kreislauf vorkommenden Drücken und Temperaturen,
- leicht feststellbar bei Undichtigkeiten,
- fast geruchlos,
- chemische Indifferenz gegen Eisen und andere Metalle,
- Dichtedifferenz zum Schmieröl.

Folgende thermische Eigenschaften sollten vorhanden sein:
- Das Kältemittel soll so leicht siedend sein, daß der Dampfdruck bei der Verdampfungstemperatur noch über dem atmosphärischen Druck liegt, so daß der Druck im gesamten Kältesystem immer oberhalb des Luftdruckes liegt.
- Der zur Verflüssigung erforderliche Druck, der vom Kompressor erbracht werden muß, sollte nicht zu hoch sein.
- Niedriges spezifisches Volumen bei Ansaugbedingungen, um die Abmessungen des Kompressors klein zu halten.
- Eine große Verdampfungswärme, eine kleine Flüssigkeitswärme.
- Der Erstarrungspunkt muß weit unterhalb der Verdampfungstemperatur liegen.
- Geringe Wasser- und Öllöslichkeit.

Diese teilweise widersprüchlichen Anforderungen werden von keinem Kältemittel vollkommen erfüllt. Für Schiffsanlagen kommen im wesentlichen die folgenden vier Kältemittel zur Anwendung:

$$R\,12 \quad CCl_2F_2 \quad \text{Dichlordifluormethan,}$$
$$R\,22 \quad CHClF_2 \quad \text{Chlordifluormethan,}$$
$$R\,502 \quad \text{Azeotropes Gemisch aus R 22 und R 115,}$$
$$R\,717 \quad NH_3 \quad \text{Ammoniak.}$$

Ammoniak gehört zu den Kältemitteln, die seit Beginn der Kältetechnik zur Anwendung gekommen sind. Es greift schon bei geringem Wassergehalt alle Metalle außer Eisen an. Die Rohrleitungen werden aus diesem Grunde aus Stahl gefertigt.

In bezug auf Giftigkeit ist Ammoniak sehr gefährlich. Ein Anteil von 0,5 % wirkt schon nach kurzer Zeit tödlich. Allerdings ist das Warnvermögen sehr groß, denn schon bei der geringen Konzentration von 0,005 % ist der stechende Geruch gut wahrnehmbar, so daß rechtzeitig Gegenmaßnahmen getroffen werden können. Der stechende Geruch bereits bei kleinsten Leckagen schließt das Ammoniak von manchen Verwendungsmöglichkeiten in der Seeschiffahrt aus, z.B. bei direkter Kühlung von Provianträumen und Klimaanlagen. Hier ist auf alle Fälle die indirekte Kühlung über eine Kältesole vorzuziehen. Lebensmittel werden bei stärkerer Einwirkung von Ammoniak für den menschlichen Genuß ungeeignet.

Als nicht brennbares Gas erhält es das offene Feuer nicht aufrecht, sondern wirkt wie jedes andere Stickgas. Bei hohen Drücken und entsprechend hohen Temperaturen kann sich Ammoniak in Wasserstoff und Stickstoff zersetzen und dabei explosive Gemische mit Luft bilden.

Schmierstoffe werden nicht angegriffen, es ist auch nicht öllöslich, so daß die Trennung eines nichtvermeidbaren Kältemittel-Öl-Gemisches keine Schwierigkeiten bereitet.

Wie bei anderen Kältemitteln ist auch eine direkte Berührung mit dem Ammoniak zu vermeiden. Sowohl bei Hautverbrennungen wie auch bei Augenschäden läßt die sofortige Spülung mit reinem Wasser die Reizwirkung zurückgehen oder verschwinden. Bei Arbeiten an einer Ammoniakanlage ist das Tragen von Handschuhen und einer Gasmaske zu empfehlen.

Frigene oder Freone sind fluorierte, aliphatische Chlorkohlenwasserstoffe. Anfang der 30er Jahre wurden sie für Kälteanlagen eingesetzt. Aus der Reihe dieser verschiedenen Kältemittel sind für die

Schiffahrt nur die Typen R 12, R 22 und R 502 von Interesse, besonders R 12 ist sehr verbreitet und bekannt.

Chemisch gesehen zeigt R 12 einige gute bis sehr gute Eigenschaften. Es ist praktisch ungefährlich für den Menschen, eine schädigende Wirkung tritt erst ein, wenn die Luft einen hohen Prozentsatz an R 12 aufweist, so daß Sauerstoffmangel herrscht. Dem Einwirken des Kältemittels ausgesetzte Lebensmittel lassen sich ohne Bedenken weiterverwenden. Bei den üblichen Drücken und Temperaturen des Kälteprozesses ist dieses Kältemittel nicht entflammbar und nicht brennbar. Erst bei höheren Temperaturen tritt ein Zerfall ein. Dann bilden sich die Zersetzungsprodukte Chlorwasserstoff und Fluorwasserstoff. Die Gegenwart von Eisen sowie von brennenden Stoffen, wie z. B. Öl, übt einen katalytischen Einfluß aus, unter dem geringe Mengen der sehr giftigen Gase Chlor und Phosgen entstehen. Doch müssen schon größere Mengen Kältemittel zersetzt werden, um eine wirkliche Gefahr entstehen zu lassen, außerdem machen sich die Zersetzungsprodukte schon durch ihren Geruch und ihre Reizwirkung auf die Schleimhäute rechtzeitig bemerkbar, so daß entsprechende Gegenmaßnahmen ergriffen werden können.

Obgleich diese Kältemittel an sich als Gase ungefährlich sind, ist die Berührung mit der Flüssigkeit zu vermeiden, da sonst Erfrierungen entstehen können. Das Auswaschen mit Wasser ist zwecklos, da es nicht wasserlöslich ist. Man kann mit reinem Mineralöl die Reizwirkung herabsetzen.

Die Unlöslichkeit in Wasser und die Löslichkeit in Öl sind unangenehm. Schon geringe Feuchtigkeit des Kältemittels führt zur Eisbildung. Dadurch entstehen Eiskristalle, die an den engsten Querschnitten des Rohrsystems, den Regelventilen, Verstopfungen verursachen. Durch in den Kreislauf eingebaute Kältemitteltrockner kann eine weitgehende Entwässerung erreicht werden. Bei der Inbetriebnahme neuer Anlagen ist auf sorgfältigste Reinigung und Trocknung vor dem Auffüllen mit dem Kältemittel zu achten.

Arten der Kälteübertragung

(1) Kühlung mit direkter Verdampfung

Kühlt der Verdampfer unmittelbar die Luft im Kühlraum ab, so spricht man von direkter Verdampfung. Der Verdampfer ist im Kühlraum angeordnet. Diese Methode ist für jedes Kältemittel geeignet und selbst für große Anlagen gebräuchlich. Die Abkühlung geht schnell vor sich, jedoch auch die Erwärmung des Raumes nach einer Abschaltung der Kälteanlage. Diese Methode ist besonders für automatische Proviantanlagen geeignet; auch dort, wo kein besonderer Wert auf Kältespeicherung gelegt wird. Man unterscheidet je nach Anordnung des Verdampfers Innenluftkühler und Außenluftkühler.

Innenluftkühler (Bild 3.68). Wird der Verdampfer im Kühlraum angeordnet und Luft als Kälteträger benutzt, so bezeichnet man diese Anordnung als Innenluftkühler. In Bild 3.68 ist eine automatisch arbeitende Anlage schematisch dargestellt. Der auf eine vorgegebene Temperaturdifferenz eingestellte Raumthermostat (*1*) schließt beim Erreichen der höchstzulässigen Raumtemperatur einen Steuerstromkreis über den Kühlwasserdruckwächter (*3*) und den Abtauthermostat (*4*). In diesem Stromkreis liegt Schütz (*5*) dessen Spule den Motorschalter (*5*) betätigt, wodurch der Antriebsmotor (*15*) den Verdichter (*9*) antreibt. Fällt durch Ausbleiben von Kühlwasser der Druck im Kühlwasserkreislauf, so wird der Steuerstromkreislauf im Druckwächter (*3*) unterbrochen und der Verdichter (*9*) stillgesetzt. Gleichzeitig mit dem Verdichter wird der Ventilator (*12*) über Schütz (*6*) in Bewegung gesetzt. Sobald der Verdampferdruck infolge Vereisung einen bestimmten Wert unterschreitet, unterbricht der Abtauthermostat (*4*) den Steuerstromkreis, die Kältemaschine wird abgestellt, und der Ventilator läuft allein weiter, um mit der wärmeren Raumluft den Verdampfer abzutauen. Liegt die Raumlufttemperatur unter 0 °C, so muß mit Hilfe der warmen, verdichteten Kältemittelgase der Verdampfer abgetaut werden. Sobald der Abtauthermostat (*4*) wieder einschaltet, läuft der Verdichter (*9*) weiter. Ist die Raumluft im Kühlraum auf den vorgegebenen minimalen Wert abgekühlt, so unterbricht der Raumthermostat (*1*) den Steuerstromkreis und setzt Ventilator (*12*) und Verdichter (*9*) still.

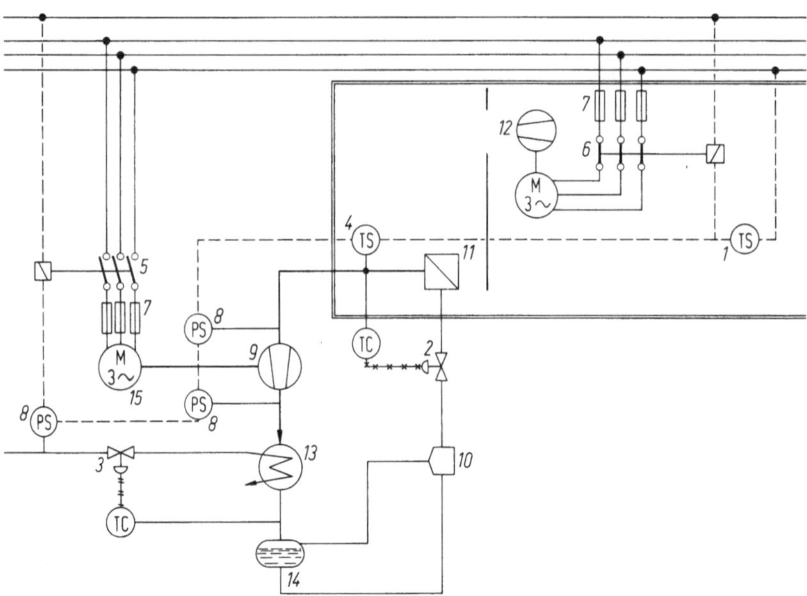

Bild 3.68. Schaltschema einer Proviant-Kühlanlage.
1 Raumthermostat; *2* Regelventil mit Fühler; *3* Kühlwasserregler mit Druckwächter; *4* Abtauthermostat; *5, 6* Motorschutz; *7* Sicherungen; *8* Druckwächter; *9* Verdichter; *10* Abscheider (Trockner); *11* Verdampfer; *12* Ventilator; *13* Kondensator; *14* Sammler; *15* Drehstrommotor

Außenluftkühler. Sind größere oder mehrere Räume zu kühlen, so ist es vorteilhafter, den Verdampfer in einem isolierten Raum neben den Kühlräumen unterzubringen und die an dem Verdampfer abgekühlte Luft mit einem Ventilator den einzelnen Kühlräumen zuzuführen. Der Verdampfer wird als Außenluftkühler bezeichnet. Es können mehrere Räume in Reihe oder parallel geschaltet werden.

(2) Indirekte Kühlung bzw. Verdampfung

Wird als Zwischenglied der Kälteübertragung Sole verwendet, so kühlt der Verdampfer die Sole. Sie dient als Kälteträger und kühlt die Luft in den Kühlräumen. In Bild 3.69 ist

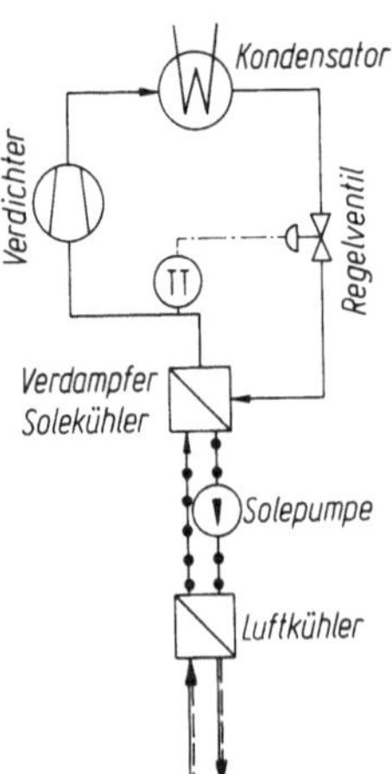

Bild 3.69. Indirekte Kühlung mit Hilfe von Sole

eine Anlage schematisch dargestellt. Von Vorteil ist die einfache und zuverlässige Temperaturregelungsmöglichkeit bei mehreren Kühlräumen. Durch Einstellung der Vorlaufventile kann die Sole nach Bedarf auf die einzelnen Räume verteilt werden. Eine automatische Regelung mit Magnetventilen läßt sich ohne Schwierigkeiten durchführen. Bei direkter Verdampfung muß die Kälteanlage die Leistung des größten stündlichen Bedarfs besitzen. Bei der indirekten Kühlung kann der Bedarf durch einen genügend großen Kältespeicher herabgesetzt werden. Weiterhin ist von Vorteil, daß die kältemittelführenden Leitungen nur sehr kurz sind, da die Kälteverteilung mit Hilfe der Sole geschieht.

Von Nachteil ist der höhere Leistungsbedarf, da zur Übertragung der eingedrungenen Wärmeenergie an die Umgebung eine Wärmeaustauschfläche mehr überwunden werden muß.

Klimaanlagen

Bei Fahrten in tropischen Gewässern ist eine hohe Lufttemperatur in Verbindung mit hoher Luftfeuchtigkeit ein großes Übel für die Besatzung. Eine Kühlung und Entfeuchtung der Raumluft innerhalb der Wohnbereiche ist eine Voraussetzung für das Wohlbefinden der Besatzung. Werden die Gewässer der nördlichen Halbkugel befahren, so muß die Raumluft, die von außen angesaugt wird, beheizt und befeuchtet werden. Eine komplette Klimaanlage muß deshalb Heizung, Kühlung, Befeuchtung, Entfeuchtung, Luftumwälzung und Luftreinigung umfassen.

Das am häufigsten verwendete System für Frachtschiffe und Tanker basiert auf einem oder mehreren Luftaufbereitungsaggregaten mit zugehöriger Kälteanlage. Von jedem Aggregat aus wird die aufbereitete Luft mit hoher Geschwindigkeit durch kleine isolierte Kanäle in die einzelnen zu kühlenden Räume gedrückt.

Bei kälterer Außenluft kann eine Mischung aus warmer Umluft und kälterer Außenluft

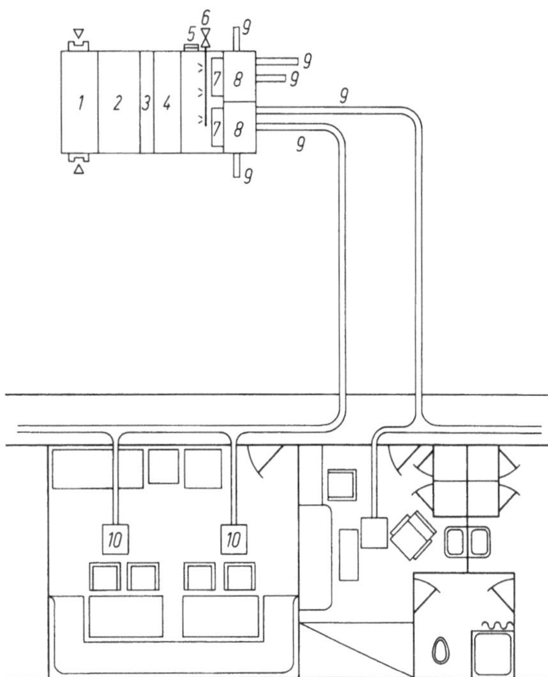

Bild 3.70. Klimaanlage für ein Frachtschiff.
1 Mischkammer; *2* Gebläse; *3* Staubfilter; *4* Luftkühler; *5* Sicherheitsventil; *6* Befeuchter; *7* Erhitzer; *8* Sammler; *9* Verteilerkanäle; *10* Austritt

aufgewärmt und — wenn erforderlich — befeuchtet werden. In wärmeren Zonen wird die Luft durch ein verdampfendes Kältemittel — z. B. R 12 — oder durch Sole gekühlt und anschließend entfeuchtet. Die Beheizung der Luft erfolgt mit Dampf, Heißwasser oder Strom. Temperatur und Feuchtigkeit werden automatisch innerhalb der vorgegebenen Grenzen geregelt.

Die in Bild 3.70 schematisch dargestellte Klimaanlage ist für Sommer- und Winterbetrieb geeignet.

Im Sommerbetrieb wird ein Teil der kühleren Abluft aus den Kammern mit warmer Frischluft von außen in der Mischkammer (1) vermischt, über ein Staubfilter (3) dem Luftkühler (4) zugeführt, wo die Luft durch das verdampfende Kältemittel oder durch Kühlsole auf die gewünschte Temperatur abgekühlt wird.

Im Winterbetrieb wird die wärmere Abluft in der Mischkammer (1) mit der kälteren Frischluft vermischt. Um eine relative Luftfeuchtigkeit von 50 bis 70 % am Austritt der Klimaanlage zu erhalten, muß die Mischluft zuerst befeuchtet werden (6), bevor sie im Erhitzer (7) elektrisch, mit Dampf oder heißem Wasser auf die verlangte Temperatur gebracht wird.

3.11 Versorgung und Entsorgung

3.11.1 Frischwassererzeuger

Die Erzeugung von Trinkwasser aus dem Seewasser gliedert sich in zwei unterschiedliche, nacheinander ablaufende Vorgänge: Erzeugung des Destillats im Frischwassererzeuger und Aufbereitung desselben zu Trinkwasser.

Der wasserbeheizte Tauchrohrverdampfer. Die als Speisewasser benötigte Seewassermasse wird im Kühlwasseraustritt abgezweigt und in den Verdampfungsraum des Frischwassererzeugers geleitet. Der erforderliche Heizwassermassenstrom wird durch das Verdampferheizbündel geleitet, der mit dem Frischwasserrückkühler des Hauptmotors in Reihe oder parallel geschaltet ist. Das Verdampferheizbündel kann als Röhren- oder Plattenwärmetauscher ausgebildet sein. Beim letztgenannten Typ strömt das Heizwasser durch die Kanäle, erwärmt das umgebende Seewasser auf Siedetemperatur und gibt weitere Wärmeenergie zur Verdampfung eines Teils des siedenden Seewassers ab. Wird ein Röhrenwärmetauscher verwendet, so kann je nach Schaltung das Heizwasser entweder durch die Rohre oder um die Rohre herumfließen. Die Temperatur des Heizwassers fällt dabei je nach Anlagentyp um 5 bis 10 K und wird danach in das Frischkühlwassersystem des Hauptmotors zum weiteren Abkühlen im Frischkühlwasser-Rückkühler zurückgeleitet.

Das Verhältnis des eingespeisten Speisewassermassenstromes zum erzeugten Brüdendampfmassenstrom beträgt im allgemeinen um 4:1; entsprechend diesem Verhältnis verdampfen 25 % der eingespeisten Seewassermasse zu Brüdendampf. Das zuviel eingespeiste Seewasser, hier 75 %, wird mit Hilfe einer Regelmöglichkeit zum Konstanthalten des Laugenstandes (nicht verdampftes Seewasser) im Verdampfungsraum der Laugenpumpe zugeführt. Geregelt wird meist über ein Wehr, über das das zuviel eingespeiste Seewasser der Pumpe zuläuft.

Von der Pumpe wird die Lauge nach außenbords gepumpt. Bei älteren Anlagen ist diese Laugenpumpe eine Seitenkanalpumpe bzw. Kreiselpumpe. Der Anlagenaufsteller muß besonders darauf achten, daß die unter Siedetemperatur stehende Lauge nur dann kavitationsfrei gefördert werden kann, wenn besondere bauliche Maßnahmen bezüglich der Aufstellung der Laugenpumpe getroffen werden. Die Haltedruckhöhe der Anlage bzw. des Rohrsystems muß größer als die von der Pumpe benötigte Haltedruckhöhe sein. Nur so kann das Laufrad der Pumpe vor Kavitationsschäden bewahrt werden.

Seit mehreren Jahren werden Flüssigkeitsstrahl-Vakuumpumpen zum Aufrechterhalten und Herstellen des Vakuums im Frischwassererzeuger sowie Flüssigkeitsstrahl-Flüssigkeitspumpen zum Fördern der Lauge benutzt. Auch wird von mehreren Herstellern eine kombinierte Flüssigkeitsstrahl-pumpe installiert, die beide Funktionen, Vakuumherstellung und Ablaugen, ausführen kann. Diese Ausführung ist in Bild 3.71 dargestellt.

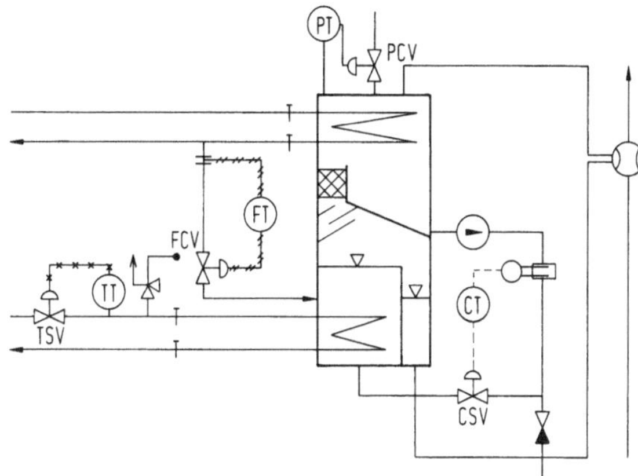

Bild 3.71. Schema eines wasserbeheizten Frischwassererzeugers

Der erzeugte feuchte Dampf, der sogenannte Brüdendampf, durchströmt einen Wasserabscheider, in welchem ihm die Restfeuchte genommen wird. Dies ist erforderlich, weil sonst der kondensierende Brüdendampf einen zu hohen Restsalzgehalt haben würde. Dieser Wasserabscheider kann ein Prallplattenabscheider und/oder Drahtgewebeabscheider sein. Prallplattenseparatoren sind parallel angeordnete Bleche, die in beliebiger Richtung im Verdampfungsraum angeordnet sind. Diese Bleche enthalten Taschen bzw. Umlenkflächen, an welchen die mitgerissenen Wasserteilchen durch die Zentrifugalkräfte abgeschieden werden. Die Wasserabscheider sind im allgemeinen so groß gewählt, daß sie bei maximaler Verdampferleistung den Restsalzgehalt je nach den Erfordernissen auf 0,5 bis 4 mg/l begrenzen. Der nunmehr trocken gesättigte Dampf gelangt zum Brüdenkondensator, in dem ihm die Verdampfungswärme und — je nach Bauart — ein Teil der Flüssigkeitswärme entzogen werden. Im unterkühlten Zustand wird die Flüssigkeit, jetzt Destillat genannt, abgeführt.

Muß beispielsweise bei reduzierter Maschinenleistung oder bei stehendem Hauptmotor der maximal mögliche Destillatmassenstrom erzeugt werden, dann kann das Heizwasser mit Dampf in einer Dampfstrahl-Flüssigkeitspumpe, die auch Injektor genannt wird, so weit angewärmt werden, daß die erforderliche Heizwassereintrittstemperatur erreicht wird. Die Pumpe erzeugt gleichzeitig den erforderlichen Druck zur Überwindung der Systemwiderstände.

Der dampfbeheizte Tauchrohrverdampfer. Als Heizdampf kommt Abdampf aus der allgemeinen Abdampfleitung oder Entnahmedampf aus der letzten Anzapfung der ND-Turbine zur Anwendung. Die Drücke liegen meist zwischen 0,6 und 1,4 bar. Nachdem der Heizdampf seine Verflüssigungswärmeenergie und — je nach Bauart — einen Teil der Flüssigkeitswärme an das umgebende Seewasser abgegeben hat, wird er in Form von Kondensat aus dem Heizbündel gefördert und in den Kondensatsammeltank geleitet.

Auf den in den letzten Jahren erbauten Dampfturbinenschiffen wird der erzeugte Brüdendampf eines von zwei Frischwassererzeugern in einem seewassergekühlten Brüdenkondensator verflüssigt, der Brüdendampf des zweiten in dem kondensatgekühlten Brüdenkondensator. Durch diese Anordnung ist eine sehr wirtschaftliche Schaltungsart für den normalen Seebetrieb erreicht. Für Spitzenverbräuche und bei Schwierigkeiten am Hauptkondensatsystem kann der zweite, seewassergekühlte Frischwassererzeuger mit gleicher Leistung zum Einsatz kommen.

Das Hauptkondensat wird aus dem Hauptkondensator mit Hilfe der Hauptkondensatpumpe gefördert und durchströmt mehrere, in Reihe geschaltete Wärmetauscher auf dem Wege zum Entgaser. Der kondensatgekühlte Brüdenkondensator liegt hinter dem Strahlerdampf-Kondensator. Der Vorteil dieser Anordnung liegt darin, daß noch verhältnismäßig kaltes Kondensat in den Brüdenkondensator eintritt. Dadurch ergibt sich eine niedrige Verdampfungstemperatur; die aufzuwendende Heizdampfmasse zur Erwärmung des eingespeisten Seewassers auf Sättigungstemperatur und zum teilweisen Verdampfen desselben kann reduziert werden. Beim Durchströmen des Kondensates durch den Brüdenkondensator wird der Brüdendampf zu Destillat kondensiert, wobei sich das Hauptkondensat erwärmt.

3.11.2   Die Aufbereitung des Trinkwassers aus Destillat

Trinkwasser unterliegt den Bestimmungen der Lebensmittelgesetze. Folgende gesetzliche Bestimmungen, Verordnungen und Richtlinien sind dabei besonders zu beachten:

> Gesetz über den Verkehr mit Lebensmitteln und Bedarfsgegenständen vom 21.12.1958.
> Allgemeine Fremdstoffverordnung vom 19.12.1959.
> Verordnung über den Zusatz fremder Stoffe bei der Aufbereitung von Trinkwasser vom 19.12.1959.
> Verordnung zur Änderung der Trinkwasser-Aufbereitungsverordnung vom 27.6.1960.
> Richtlinien für die Versorgung von Schiffen mit Trinkwasser vom Nov. 1965.
> DIN 2000, Leitsätze für die zentrale Trinkwasserversorgung vom Mai 1959.
> DIN 2001, Leitsätze für die Einzel-Trinkwasserversorgung vom Mai 1959.

Als wichtigster Grundsatz sollte bekannt sein, daß es verboten und strafbar ist, für andere ein Trinkwasser so zu gewinnen und zu behandeln, daß dessen Genuß die menschliche Gesundheit schädigen kann. Das Destillat, dessen Herstellungsverfahren im vorherigen Absatz beschrieben wurde, darf nicht als Trinkwasser verwendet werden.

Das Destillat wurde im Frischwassererzeuger bei einer Verdampfungstemperatur von 40 bis 50 °C aus dem Seewasser ausgedampft und in einem Kondensator verflüssigt. Aus diesem Destillat wird zu einem Teil Trinkwasser für den menschlichen Genuß sowie Brauchwasser für den sanitären Bedarf hergestellt. Der nicht aufbereitete Rest wird als Destillat im Maschinenbereich verbraucht.

Das zur Erzeugung von Trinkwasser benötigte Destillat hat keine Härtebildner mehr, es wirkt korrodierend auf die Metalle Eisen, Kupfer, Messing, Zink, Blei sowie auf die Baustoffe Beton, Mörtel und Zement.

Da bei der niedrigen Verdampfungstemperatur Erreger von Infektionskrankheiten diesen Verdampfungsprozeß ohne Schaden überstehen, muß das zu erzeugende Trinkwasser entkeimt werden. Auch soll es von angenehmem Geschmack sein. Um beides zu erreichen, wurden in den letzten Jahren für die Seeschiffahrt verschiedene Verfahren eingeführt, die alle das Ziel haben, organische und anorganische Verunreinigungen aus dem Destillat zu entfernen und dem Trinkwasser einen angenehmen Geschmack zu geben. Die Aufbereitung des Destillats zu Trinkwasser gliedert sich in maximal vier Teilbereiche: Entkeimung, Geschmacksverbesserung, Neutralisation und Filterung.

Die Entkeimung des Destillats. Die unterschiedlichen Verfahrenstechniken sind nicht nur für die Entkeimung des erzeugten Destillats geeignet, sondern auch für von Land als Ergänzung der Vorräte übernommenes Wasser.

Entkeimt wird entweder durch Chemikalienzusatz wie Chlor, Silber bzw. Ozon oder mit Hilfe von ultraviolettem Licht oder durch Erwärmung.

Die Geschmacksverbesserung. Um dem Trinkwasser einen angenehmen Geschmack zu geben, wird das Wasser aufgehärtet. Diese Aufhärtung des Destillats ist ohne Zugabe von freier Kohlensäure nur bis höchstens 2 bis 2,5 °dH möglich. Der erreichbare Härtegrad hängt von der Menge der alkalischen Filterfüllung und der Filtergeschwindigkeit ab, diese sollte kleiner als $v = 5$ m/h sein, das bedingt jedoch größere und teurere Filter. (dH = deutsche Härte.)

Die Härte des Wassers hängt von dem Anteil an Calcium- und Magnesiumsalzen ab. Ein hartes Wasser hat einen hohen, ein weiches Wasser einen niedrigen Calcium- und Magnesiumsalzgehalt. Die Härte wird durch die Angabe der Härtegrade festgelegt. Ein deutscher Härtegrad, 1 °dH entspricht einer Konzentration von 1 Teil Calcium in 100000 Teilen Wasser. Das entkeimte, aufzuhärtende Trinkwasser wird durch ein Filter geschickt, in welchem ihm Härtebildner, insbesondere Calcium- und Magnesiumcarbonate zugeführt werden. Um die Betriebszeit zu erhöhen, wird dieses Filter rückspülbar ausgeführt. Je nach Größe und Beaufschlagungsgrad des Filters sollte es 1- bis 2mal täglich rückgespült werden.

Die Neutralisation. Wird das Trinkwasser nicht aufgehärtet, hat es einen niedrigen pH-Wert und ist sehr weich. Es bildet sich keine Schutzschicht im Rohrsystem. Der niedrige pH-Wert wird durch das Vorhandensein von freier Kohlensäure hervorgerufen. Die freie Kohlensäure greift Metalle und Tankauskleidungen auf Mörtel- bzw. Betonbasis an. Das Trinkwasser soll neutral bis schwach alkalisch gehalten werden, da hierbei eine Schutzschicht in Stahlrohren durch das Vorhandensein von Sauerstoff entsteht, es muß allerdings eine Carbonathärte von mindestens 2 °dH vorhanden sein. Um die Entfernung der freien Kohlensäure zu gewährleisten, die in sehr weichem Wasser aggressiv ist, wird das Wasser in ein rückspülbares Filter mit einer Füllung aus Granulat von Calcium- und Magnesiumcarbonat eingeleitet, wo die CO_2-Bestandteile sich mit dem Filterfüllungsmaterial zu unschädlichem Calciumcarbonat und Magnesiumbicarbonat verbinden.

Die Filterung. Schmutz, Eisen- und Manganteile, Schwebestoffe sowie Keime und Farbstoffe werden durch ein Sandfilter zurückgehalten. Man unterscheidet Langsam- und Schnellfilter. Entsprechend der DIN 2000 soll die Filtergeschwindigkeit bei Langsamfiltern 100 mm/h nicht überschreiten. Die maximale Leistung beträgt ca. 2,5 m^3/m^2 d. Am Boden des Filters sind Öffnungen in Düsenform installiert, damit der Sand im Filter zurückgehalten wird und nicht in die Rohrleitung gelangen kann. Die Schichtstärke des Sandes beträgt je nach Leistung 0,5 bis 2 m.

Bei Schnellfiltern beträgt die Filtergeschwindigkeit 3 bis 7 m/h, sofern sie offen sind und 10 bis 15 m/h bei geschlossenen Filtern. Die Leistung erhöht sich entsprechend auf 70 bis 170 m^3/m^2 d bzw. 240 bis 360 m^3/m^2 d. Bei Druckfiltern wird feinkörnigerer Sand als bei Langsamfiltern eingesetzt. Um Verstopfungen des Filters bzw. ein Anwachsen des Durchflußwiderstandes auf unzulässige Höhen zu verhindern, ist dieses Filter gleichfalls mit einer Rückspülleitung versehen.

3.11.3 Abwasserkläranlagen auf Seeschiffen

Um die Verschmutzung der Meere und Häfen zu mindern, sind weltweit Bemühungen gemacht worden, die das Ziel haben, die Gewässer sauber zu halten (siehe Bd. 2, Kap. 3). Hierzu dient u.a. die Abwasserkläranlage. Sie klärt die Abwässer biologisch durch hohe Sauerstoffzufuhr. Die natürlichen Abbauprozesse werden beschleunigt, und das geklärte Wasser kann sicher und sauber, bei gleichmäßig hoher Qualität, über Bord gepumpt werden.

Funktion und Aufbau. Die Super-Trident-Anlage (Bild 3.72) klärt die Abwässer biologisch durch sehr hohe Sauerstoffzufuhr. Sie wurde speziell für den Einsatz auf Schiffen entwickelt. Langzeitbelüftung und Faulschlammrückführung sind ihre wesentlichen Funktionen.

Die Anlage ist in drei Abteilungen unterteilt, deren größte der U-förmige Belüftungstank ist. In dessen Mitte befindet sich der trichterförmige Klärtank. An ein Ende des Belüftungstanks schließt der Chloriertank an. Belüftungsgebläse, Schaltkasten, Entleerungsventile und Pumpen wurden am Ende der Anlage seitlich vom Chloriertank angeordnet.

Rohabwasser treten in den **Belüftungstank** ein, wo sie für ca. 24 h verweilen. Sie werden gründlich vermischt und belüftet durch Luft, die aus den Belüftungselementen am Boden des Tanks austritt. Aerobische Bakterien und Mikro-Organismen zersetzen die organischen Bestandteile des Abwassers

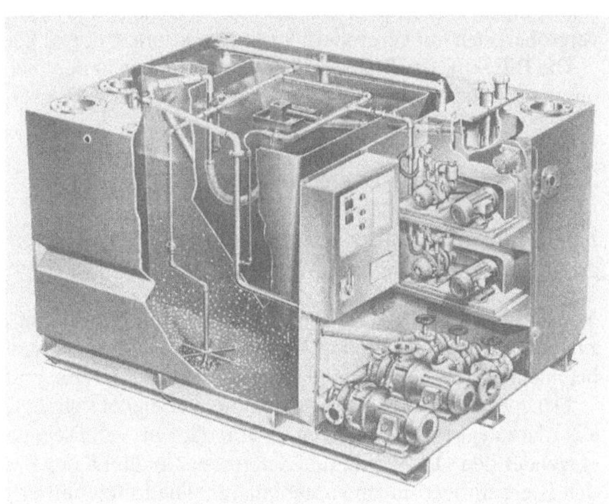

Bild 3.72. Hamworthy Super-Trident Abwasserkläranlage

in Kohlendioxyd, Wasser und passives organisches Material sowie in neue Bakterien und Organismen. Dieses aufbereitete Abwasser tritt bei Einfluß neuer Abwässer durch ein Grobfilter in den Klärtank über. Die Luft, die den Bakterien und Mikro-Organismen den Sauerstoff zuführt, tritt, von ölfreien Gebläsen erzeugt, durch Belüftungselemente in Form feiner Bläschen aus. Die Belüftungselemente können aus den Tanks genommen und gegebenenfalls ausgewechselt werden.

Im **Klärtank** sinken alle Feststoffe auf den Boden des trichterförmigen Tanks und werden von dort als Faulschlamm durch Ejektorwirkung von Gebläseluft in die Vorstufe (Belüftungstank) zurückgeführt, wo sie erneut mit den Rohabwässern vermischt werden. Das klare Oberflächenwasser im Klärtank tritt nach Durchlauf durch einen Chlorinator in den Chloriertank über. In der Mitte des Klärtanks werden durch eine kombinierte Vorrichtung erstens schwimmende Feststoffe abgesaugt und in die Vorstufe zurückgepumpt und zweitens wird der Austritt von geklärtem Abwasser in den Chloriertank reguliert.

Im **Chloriertank** verweilt das Abwasser bis das absorbierte Chlor alle eventuell verbliebenen Bakterien abgetötet hat. Das Abpumpen des sterilen Abwassers wird von Schwimmerschaltern geregelt, die die Entleerungspumpe betätigen.

3.11.4 Die Bilgewasserentölung

Um die nationalen Wasserwege vor zunehmender Verschmutzung durch Öle und der damit verbundenen Gefahr für das Leben im Meer zu bewahren, wurden bereits vor längerer Zeit die ersten Übereinkommen zur Reduzierung der Verschmutzung der See durch Öle erzielt (siehe Bd. 2, Kap. 3).

Alle Schiffe werden mit Kraftstoffen wie Schwer-, Diesel- und/oder Gasöl und Hilfsstoffen wie Schmier- und Hydraulikölen usw. betrieben. Reste dieser Öle sammeln sich in den Bilgen und vermengen sich dort mit Wasser. Das Bilgewasser wird von Zeit zu Zeit über Bord gepumpt. Damit das sich in den Bilgen ansammelnde Öl nicht mit über Bord gepumpt wird, was verboten ist, muß es in einem dafür vorgesehenen Behälter vom Wasser abgeschieden und einem entsprechend großen Restölbehälter zugeführt werden, während das fast ölfreie Wasser den Abscheidebehälter verläßt, um ins Seewasser abgeleitet zu werden. Der Behälter, in dem die Trennung von Öl und Wasser vollzogen wird, wird Bilgewasserentöler genannt.

Einflußgrößen. Alle Bilgewasserentöler arbeiten nach dem Prinzip der mechanischen Trennung mehrerer Stoffe durch deren unterschiedliche Dichte. Wird beispielsweise in einem Behälter ein Gemisch aus See- bzw. Frischwasser und Öl eingeleitet, so setzen sich unter der Einwirkung der Schwerkraft die schwereren Flüssigkeitsteilchen und Feststoffteile nach unten hin ab. Die für ein bestimmtes Flüssigkeitsvolumen zur Erlangung eines bestimmten Klärgrades erforderliche Verweilzeit ist um so kürzer, je größer die Absetzfläche und je niedriger die Schichthöhe ist. Der Kläreffekt vergrößert sich mit vergrößernder Dichtedifferenz der zu klärenden Flüssigkeiten.

Die Differenz der Dichten. Je größer die Differenz der Dichten der zu trennenden Flüssigkeiten ist, um so schneller geschieht die Trennung des Öles vom Wasser bzw. um so besser ist der Trenneffekt.

3.11.5 Müllverbrennungsanlagen

Eine Müllverbrennungsanlage dient zum Verbrennen von Ölrückständen, Klärschlamm aus Abwasserkläranlagen und festen Abfällen.

Volle Automatik. Die Verbrennungsanlage für Schiffe hat einen vertikalen Brennraum, der eine zyklonförmige Verbrennung begünstigt und einen rotierenden Schürarm, der die Verbrennung beschleunigt sowie Asche und nicht brennbares Material entfernt.

Der speziell entwickelte Schlammbrenner eignet sich für Ölschlamm, Wasser oder Faulschlämme aus Kläranlagen. Diese werden separat oder gut vermischt verbrannt. Ein ölgefeuerter Stützbrenner entzündet den Ölschlamm und den festen Abfall. Dieser Brenner wird thermostatisch geregelt, um den Brennstoffverbrauch zu minimieren. Die Luftzufuhr erfolgt durch ein Gebläse, das ebenso wie der Antrieb des rotierenden Schürarms unter dem Brennraum angeordnet ist.

Die Tür zur Beschickung der Anlage wird pneumatisch betätigt und kann nicht geöffnet werden, bevor nicht Brenner und Gebläse ausgeschaltet sind. Auch beim Einschalten sind Beschickungsöffnung, Brenner und Gebläse miteinander verblockt. Letztere starten erst mit einer zeitlichen Verzögerung.

Flüssige Abfälle werden in einem besonderen Tank, der mit der Verbrennungsanlage geliefert wird, gesammelt, vorgewärmt und gemischt, bevor sie mit einer Spezialpumpe dem Schlammbrenner zugeführt werden (Bild 3.73).

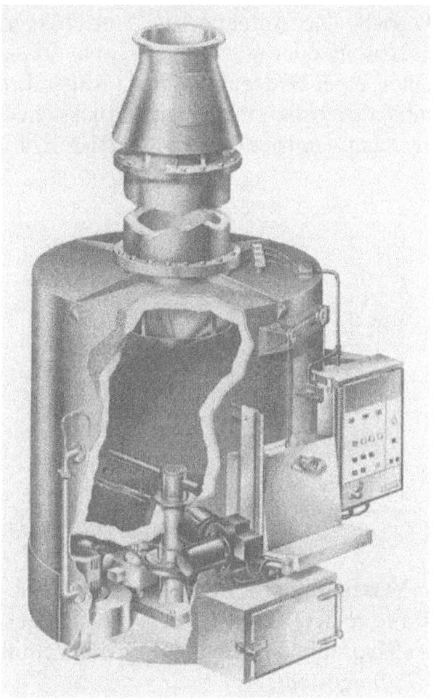

Bild 3.73. Hamworthy Neptune Verbrennungsanlage

Feste Abfälle. Es wird empfohlen, daß feste Abfälle in Standard-Plastik- oder Papiersäcken gesammelt werden. Die Anlage kann gleichzeitig mit bis zu drei vollen Säcken beschickt werden. Nach der Füllung wird ein Druckschalter für „Zu" betätigt, worauf der Verbrennungsprozeß automatisch abläuft. Nach gewöhnlich 5 bis 10 min ist eine Füllung verbrannt.

Der täglich durchschnittlich anfallende Abfall einer Mannschaft von 40 bis 50 Mann kann normalerweise in 30 min verbrannt werden.

Flüssige Abfälle. Die Ausmauerung ist nach Verbrennung der festen Abfälle heiß genug, um flüssigen Abfall zu verbrennen. Der Schlammbrenner kann eingeschaltet werden. Der Brennprozeß läuft wiederum automatisch ab und erfordert keinerlei besondere Beachtung.

Entaschung. Wenn alle Abfälle verbrannt sind und die Verbrennungsanlage abgekühlt ist, kann die Asche und das nichtbrennbare Material, das im Ofen verblieben ist, ganz einfach aus der Brennkammer entfernt werden, indem der Zugang zum Aschekasten geöffnet wird. Der Schürarm fegt dann automatisch alle Überreste durch diese Öffnung in einen Behälter unter dem Brennraum, in dem die Asche gesammelt wird.

3.12 Hydraulik und Pneumatik

3.12.1 Hydraulik

Die Hydraulik ist ein hervorragender Energieträger. Es lassen sich mit ihr ohne besondere Probleme selbst größte Leistungen übertragen. Ein wesentlicher Vorteil ist, daß sie ein vollwertiges Energieverteilungssystem ist, ähnlich dem der Elektrizität. Darüber hinaus ist sie in der Tankschiffahrt aus Gründen des Ex-Schutzes eine Alternative zum Dampf. Alle Winden können z.B. mit verschiedenen Lasten oder Leerlauf und verschiedenen Drehrichtungen ohne gegenseitige Beeinflussung betrieben werden. Weitere Verbraucher, z.B. Krane, Ladeölpumpen und -ventile, Lukenbedienungen u.ä., können ohne Schwierigkeiten an das Hydrauliksystem angeschlossen werden.

Jede Hydraulikanlage besteht mindestens aus dem Antrieb, der Verteilung und den Verbrauchern.

Antrieb. Die Aufgabe des Antriebsaggregates ist die Umwandlung anderer Energieformen, wie elektrische oder mechanische, in hydraulische Energie. Das Aggregat besteht aus dem Ölvorratsbehälter, einer Hydraulikpumpe (ausgeführt als Zahnrad-, Schraubenspindel- oder Axialkolbenpumpe mit Antriebsmotor), einem Drucksicherheitsventil, Manometern sowie einem Rücklauffilter, der Verschmutzungen entfernt. In Bild 3.74 ist ein Antriebsaggregat schematisch dargestellt.

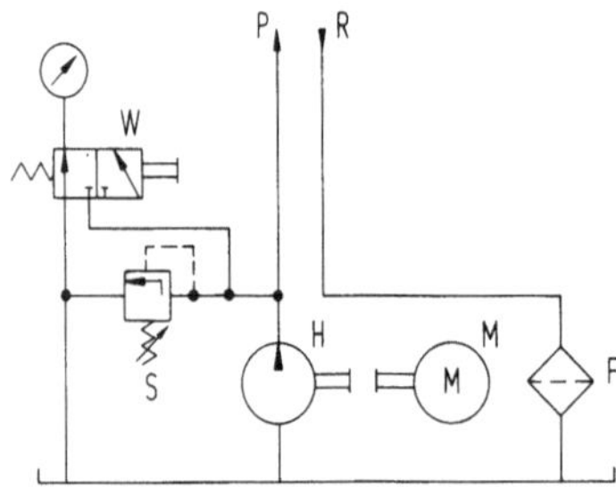

Bild 3.74. Das Antriebsaggregat.
W Wegeventil; S Sicherheitsventil; H Hydraulikpumpe; M Motor; F Filter; P Druckanschluß; R Rücklauf

Verteilung. Die hydraulische Energie wird durch Wegeventile verteilt, die die entsprechenden Rohre zu den Verbrauchern öffnen oder schließen, und durch Stromventile, die die Geschwindigkeit des Hydrauliköles regeln. Für die Ventilbauarten ist ein Sinnbild entsprechend DIN 24300 in Bild 3.75 dargestellt.

Verbraucher. Zum Bewegen von Winden, Kranen, Armaturen, Luken, Rampen, Liften usw. werden Hydraulikzylinder, auch Linearmotoren genannt, Schwenkmotoren und Axialkolbenmotoren eingesetzt.

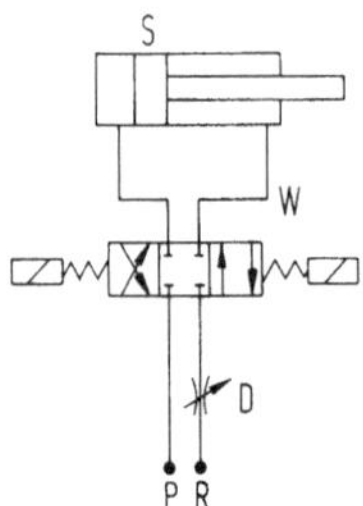

Bild 3.75. Geschwindigkeitssteuerung. Das Stromventil ist im Rücklauf hinter dem Wegeventil sekundär angeordnet, dadurch wird der Kolben zwischen Zulauf- und Staudruck eingespannt und somit ein gleichmäßiger Vorschub unabhängig von der Einbaulage erreicht. Es ist kein Voreilen gegenüber dem Förderstrom möglich.
S Stellzylinder; W Wegeventil; P Druckanschluß; R Rücklauf; D Drossel

3.12.2 Pneumatikanlagen

Pneumatikanlagen werden meistens aus dem Druckluftsystem mit getrockneter Arbeitsluft von 6 bis 8 bar gespeist. Durch die im Verhältnis zur Hydraulik niedrigen Drücke sind die Anwendungsmöglichkeiten in der Schiffahrt auf das Betätigen von Armaturen sowie von Motoren zum Bewegen von Gangways, Davits und Werkzeugen beschränkt. Die Verteilung zu den Verbrauchern geschieht wie bei den Hydrauliksystemen mit Strom- und Wegeventilen.

Der Lufttrockner. Meistens wird zur Erzeugung trockener Druckluft ein Lufttrockner installiert, da Wasser in der Druckluft zu Störungen führen kann. Das Wasser bildet sich durch Kondensation des Wasserdampfes bei der Expansion. Folgende Trocknersysteme werden verwendet:

Kältetrockner. Mit Hilfe einer Kältemaschine wird die vom Verdichter komprimierte Druckluft abgekühlt, wobei ein Teil des Wasserdampfes kondensiert und entfernt werden kann.

Absorptionstrockner. Er ist einfach im Aufbau. Das Trockenmittel NaCl, $CaCl_2$ oder KCl muß in regelmäßigen Abständen erneuert werden.

Wärmeregenerierte Adsorptionstrockner. Es wird ein Trockenmittel eingesetzt, welches Wasser binden kann. Zur Regeneration wird das Trockenmittel erhitzt, wobei es das gebundene Wasser freisetzt. Mit Hilfe einer kleinen Luftmenge wird das Wasser in die Atmosphäre geleitet.

Kaltregenerierte Adsorptionstrockner. Bei diesem Verfahren wird die Eigenschaft des Trockenmittels genutzt, mit der Umgebung in einen Wasserbeladungs-Gleichgewichtszustand zu kommen. Für die Regeneration des einen Trockners wird ein kleiner Teil der getrockneten Luft am Trockenluftaustritt des Trockners abgezweigt, auf atmosphärischen Druck entspannt und im Gegenstrom über das zu trocknende Trockenmittelbett des zweiten Trockners geleitet, bis dieser getrocknet ist. In Bild 3.76 ist der pneumatische Schaltplan für einen kaltregenerierten Adsorptionstrockner dargestellt.

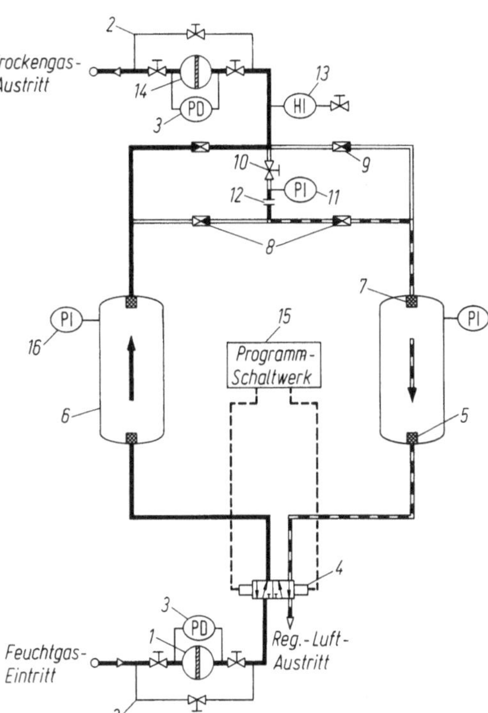

Bild 3.76. Kaltregenerierter Adsorptionstrockner der Firma Pall GmbH.
1 Ölabscheider mit Kondensatableiter; *2* Filter-Bypass; *3* Differenzdruckanzeiger; *4* 4/2-Wegeventil, vorgesteuert; *5* Diffuser; *6* Adsorberbehälter; *7* Siebkorbfilter; *8* Rückschlagventile für regenerierte Luft; *9* Rückschlagventile für Austritt; *10* Einstellventil für regenerierte Luft; *11* Luftmengenmesser für regenerierte Luft; *12* Lochscheibe; *13* optischer Feuchtigkeitsanzeiger; *14* Nachschaltfilter; *15* elektr. oder pneumat. Programmschaltwerk; *16* Adsorberbehältermanometer

3.13 Wirtschaftliche Schiffsgeschwindigkeit, größter Aktionsradius

Der Brennstoffverbrauch ist je nach der Geschwindigkeit, mit der gefahren wird, veränderlich. Jedoch verändert er sich nicht linear mit der Geschwindigkeit, sondern er steigt oder fällt etwa mit der 3. Potenz der Schiffsgeschwindigkeit. Dies hängt mit dem Widerstand bei der Schiffsbewegung zusammen.

Bezeichnet man den stündlichen Brennstoffverbrauch in Tonnen mit B und den Preis des Dieselöles je Tonne mit P, dann sind die Brennstoffkosten je Stunde für ein beliebiges Schiff zu erhalten aus

$$k_\mathrm{w} = B \cdot P \,(\mathrm{DM/h}).$$

Soll mit einer anderen Geschwindigkeit gefahren werden, so gilt die Beziehung

$$\frac{k_{\mathrm{w}_1}}{k_{\mathrm{w}_2}} = \left(\frac{v_1}{v_2}\right)^3.$$

Hierin ist v die Schiffsgeschwindigkeit. Damit sind die neuen Kosten

$$k_{\mathrm{w}_2} = k_{\mathrm{w}_1}\left(\frac{v_2}{v_1}\right)^3,$$

$$= \frac{k_{\mathrm{w}_1}}{v_1^3} \cdot v_2^3 \,(\mathrm{DM/h}).$$

Der Quotient k_{w_1}/v_1^3 ist für ein Schiff eine konstante Größe. Diese muß durch Messung einmal festgelegt werden und gilt dann für dieses Schiff unverändert. Für ein Motorschiff, dessen tägliche Brennstoffkosten z.B. 3600 DM betragen und das dabei 14 sm/h an Geschwindigkeit entwickelt, beträgt der Quotient

$$\frac{k_{\mathrm{w}_1}}{v_1^3} = 0{,}0546 \quad \left(\frac{\mathrm{DM} \cdot \mathrm{h}^2}{\mathrm{sm}^3}\right).$$

Dieser Quotient soll im folgenden mit b bezeichnet werden. Die Kosten für das Erreichen einer gewissen Schiffsgeschwindigkeit errechnen sich daher aus

$$k_\mathrm{w} = b \cdot v^3 \,(\mathrm{DM/h}).$$

Ferner entstehen einem Schiff feste Kosten, unabhängig davon, ob das Schiff im Hafen liegt oder ob es auf See ist. Solche festen Kosten, die nachfolgend mit k_f bezeichnet werden, sind:

Hafenkosten,
Ladungskosten,
Staumaterial,
Schiffsausrüstung, Reparaturen,
Heuern,
Verpflegung,
Versicherung,
sonstige Betriebskosten,
Kapitaldienst.

Dieser letztere kann bei der gegenwärtigen Schiffbausituation sich zu einer schweren Belastung für das Schiff auswachsen.

Rechnet man diese festen Kosten auf die Betriebszeit des Schiffes in Stunden um, so hat die Größe k_f ebenfalls die Benennung DM/h.

Bezieht man nun die Ausgaben $k_\mathrm{f} + k_\mathrm{w}$ auf die Schiffsgeschwindigkeit v, so erkennt man, wie die Kosten mit der Geschwindigkeit zusammenhängen:

$$K = \frac{k_\mathrm{f} + k_\mathrm{w}}{v} = \frac{k_\mathrm{f} + b \cdot v^3}{v} \quad \text{oder} \quad K = \frac{k_\mathrm{f}}{v} + b \cdot v^2 \quad (\mathrm{DM/sm}).$$

Die Betriebskosten je Seemeile sind somit zeichnerisch darstellbar durch Addition einer Hyperbel- und einer Parabel-Funktion. Diese hat im allgemeinen das Aussehen, wie sie mit Bild 3.77 für ein Motorschiff von 4750 BRT Größe gezeigt wird.

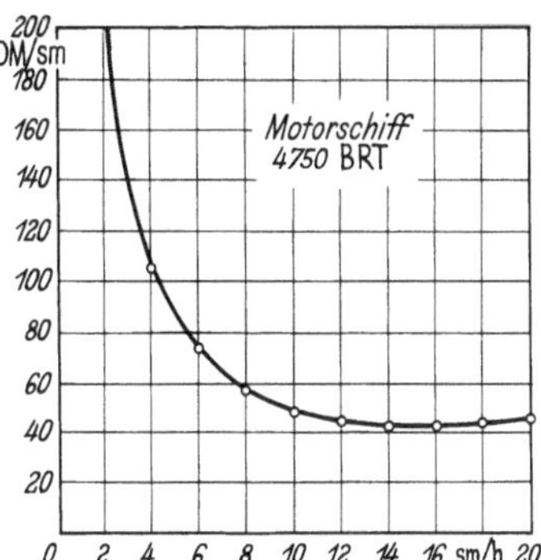

Bild 3.77

Durch Bilden des Differentialquotienten zur Funktion

$$K = \frac{k_f}{v} + b \cdot v^2$$

und nachfolgende Minimumbildung erhält man als Ergebnis, daß die Geschwindigkeit, die am wenigsten Kosten verursacht, zu erhalten ist aus

$$v = \sqrt[3]{\frac{k_f}{2b}} \quad \text{in} \quad \frac{\text{sm}}{\text{h}}.$$

Hohe feste Kosten erfordern also eine hohe Dienstgeschwindigkeit des Schiffes; hohe Brennstoffkosten dagegen setzen die wirtschaftliche Geschwindigkeit eines Schiffes herunter.

Ganz anders liegen jedoch die Verhältnisse, wenn aus irgendwelchen Gründen an Brennstoff für die Antriebsmaschinen gespart werden muß. Jetzt gilt es, mit möglichst geringem Brennstoffverbrauch den größtmöglichen Weg zurückzulegen. Zwei Größen bestimmen diesen Weg, den sogenannten größten Aktionsradius:

1. das Bunkerfassungsvermögen des Schiffes,
2. die Anzahl Seemeilen, die mit 1 t Brennstoff zurückgelegt werden können.

Diese letztere Größe kann nur mit Hilfe von Bordmessungen festgestellt werden. Ein Beispiel aus dem Bordbetrieb möge dieses zeigen:

Gemessen auf einem Motorschiff:

Geschwin- digkeit sm/h	3	4	5	6	7	8	9	10	11	12	13	14
Brenn- stoff- verbrauch t/h	0,071	0,087	0,105	0,124	0,148	0,182	0,225	0,294	0,386	0,500	0,703	1,040

Dividiert man die Werte der ersten Reihe durch die der zweiten, so erhält man als Ergebnis wiederum Zahlen, die die Benennung sm/t haben. Diese Zahlen sind in Abhängigkeit von der Schiffsgeschwindigkeit in Bild 3.78 aufgetragen worden. Man erkennt in der Darstellung, daß bei diesem Motorschiff der größte Aktionsradius mit einer Geschwindigkeit von 6 sm/h erreicht wird.

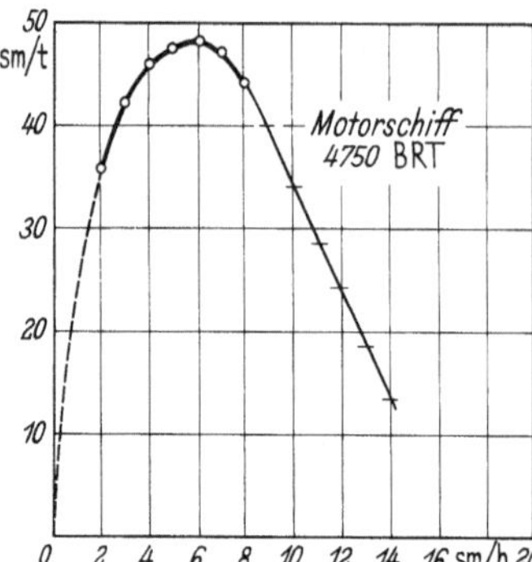

Bild 3.78

4 Funkwesen

Geschichtliches zur Seefunktechnik

Im Jahre 1888 gelang H. Hertz der experimentelle Nachweis der von Maxwell vorhergesagten elektromagnetischen Wellen. Nachfolgend wurden durch Braun, Slaby, Arco, Marconi, Popov u. a. erste brauchbare Apparate für die Nutzung dieser Wellen gebaut. Die Anwendung der Funkwellen beschränkte sich zunächst auf den reinen Telegrafiebetrieb, wie er schon an Land über Kabel üblich war.

Der Schwerpunkt der Entwicklung für den Seefunk lag in England, wo Marconi sein System weltweit ausbaute. Dazu gehörte die Vermietung von Schiffsstationen und durch die Gesellschaft ausgebildete „Marconi Operators" sowie die Errichtung und der Betrieb von Küstenfunkstationen. In Deutschland wurde nach der Jahrhundertwende von den Firmen Siemens, AEG (später Telefunken) eine Entwicklung betrieben, die 1910 zu einer Übernahme der Marconi-Stationen und, was wichtiger war, zu einer Freigabe des Verkehrsaustausches zwischen Funkstationen beider Systeme führte. Die zunächst nur für die Übermittlung von Telegrammen, Börsen-, Zeitungs- und Wettermeldungen benutzten Stationen der Fahrgastschiffe rückten durch Schiffskatastrophen wie „Titanic" und „Volturno" in den Blickpunkt der Schiffssicherheit. So folgte in der Weltnachrichtenkonferenz 1912 die Einführung fester Dienststunden. Im Jahre 1913 wurde nach der Schiffssicherheitskonferenz in London die Ausrüstungspflicht für Fahrgastschiffe und die Forderung einer Notsendeanlage Pflicht.

Zwischen den Weltkriegen folgte die Einführung der Röhre in Sender und Empfänger, die Entwicklung und der Einbau von Peilfunkanlagen und selbsttätigen Alarmsignalempfängern (Autoalarmgeräte). Weitere Schritte waren die Verwendung von Kurz- und Grenzwellen, der Einbau von Rettungsbootstationen und die Verwendung der Funktelefonie. Die Zeit nach dem Zweiten Weltkrieg brachte die Einführung des UKW-Funks, von Seenotfunkbojen, von Telex-, Faksimile und Satellitenanlagen sowie verschärfte Vorschriften für die Ausrüstungspflicht, Belegung der Frequenzbänder und der Betriebsabwicklung.

4.1 Gesetzliche Bestimmungen

Gesetze und Verordnungen

Um eine Seefunkstelle errichten und betreiben zu können, muß man eine Reihe von zwischenstaatlichen Verträgen, Vollzugsordnungen, Gesetze und Rechtsverordnungen beachten. Dazu kommen nationale Bestimmungen.

Internationaler Fernmeldevertrag (IFV) (z. Z. gültige Fassung Torremolinos 1973). Garantiert die Teilnahme am öffentlichen Fernmeldeverkehr, Vorschriften über Errichtung und Schutz von Fernmeldeanlagen, Maßnahmen zum Schutz des menschlichen Lebens, Verrechnungseinheiten usw.

Internationaler Schiffssicherheitsvertrag (SSV) (z. Z. gültige Fassung SOLAS London 1974). Wichtig für den Funkdienst sind die Kapitel IV und V. Sie enthalten Bestimmungen über Telegrafie- und Telefoniestationen, technische Anforderungen, Hörwachen, Peilfunkanlagen, Rettungsfunkgeräte, Notmeldungen u. a.

Vollzugsordnung Funk (VO-Funk) (z.Z. gültige Fassung Ausgabe 1968, berichtigte Fassung Stand 1976).

Inhalt: Technische und betriebliche Vorschriften für das Fernmeldewesen, Frequenzen, Personal, Wachdienst, Not-, Dringlichkeits- und Sicherheitsverkehr, Funktelegramme und -gespräche.

Es gibt noch andere Vollzugsordnungen, welche Vorschriften für Teilbereiche des Seefunks enthalten.

Diese internationalen Gesetze und Verordnungen wurden in der Bundesrepublik Deutschland ratifiziert und durch eine Reihe von Gesetzen und Rechtsverordnungen bestätigt, ergänzt und zum Teil mit verschärfenden Bestimmungen versehen.

Gesetz über Fernmeldeanlagen (FAG) (z.Z. gültige Fassung vom 2. März 1977). Fernmeldehoheit, Bestimmungen über die Errichtung und das Betreiben von Fernmeldeanlagen, Fernmeldegeheimnis, Strafbestimmungen u.a.

Verordnung über die Funkausrüstung und den Sicherheitsfunkwachdienst der Schiffe (Funksicherheitsverordnung vom 25. Mai 1980). Festlegung von Fahrtgrenzen, Verantwortlichkeit, technische Anforderungen, Zeugnisse, Hörwachen usw.

Weitere wichtige Bestimmungen für den Seefunkdienst sind enthalten im: Bundesaufgabengesetz, Grundgesetz, Strafgesetzbuch, Schiffssicherheitszeugnis, Schiffsbesetzungs- und Ausbildungsordnung, Bestimmungen über Zulassung, Einbau und Prüfung von Funkanlagen.

Einige dieser Gesetze und Verordnungen sind im „Handbuch Seefunk", welches als Dienstbehelf in deutschen Seefunkstellen mitgeführt wird, in der jeweils gültigen Fassung vollständig abgedruckt.

Genehmigungsurkunde und Sicherheitszeugnis. Die Errichtung und der Betrieb einer Seefunkstelle ist nach dem Fernmeldeanlagengesetz genehmigungspflichtig. Die Genehmigung wird vom Reeder beim Fernmeldeamt 6, Hamburg (früher Funkamt), beantragt. Die Genehmigungsurkunden für die Seefunkstelle und die Ortungsfunkanlage werden nach Prüfung und Abnahme durch einen Prüfbeamten der Bundespost ausgestellt. Sie müssen in verglasten Wechselrahmen in der Nähe der Geräte sichtbar angebracht sein. Beide Genehmigungsurkunden enthalten Angaben zum Schiff (Name, Rufzeichen, Heimathafen usw.), technische Angaben über die Geräte der Seefunkstelle oder Ortungsfunkanlage (Sender, Empfänger, Antennen, Hörwache, Rettungsbootfunkgeräte, Abrechnungsgesellschaft, Peilempfänger, Radargerät) sowie Auflagen (Haftung des Reeders, Prüfung durch Behörden) (vgl. Bd. 2, Kap. 10.1).

Das Telegrafiefunk-Sicherheitszeugnis oder das **Sprechfunk-Sicherheitszeugnis** wird von der SeeBG ausgestellt. Es hat eine Geltungsdauer von 12 Monaten und kann in Ausnahmefällen im Ausland durch einen deutschen Konsul um 5 Monate verlängert werden. In der Bundesrepublik Deutschland erfolgt die Prüfung durch Prüfbeamte der Bundespost. Dieses Zeugnis enthält folgende Angaben: Schiffsname, Rufzeichen, Heimathafen, BRT, Funkhörstunden, Anzahl der Funker, Hauptanlage, Notanlage, Autoalarmgerät, Peilfunkgerät. Es wird jeweils vermerkt, ob die tatsächliche Regelung der Regel des Schiffssicherheitsvertrages und der Funksicherheitsverordnung entspricht.

Die oben genannten Urkunden gehören zu den an Bord deutscher Seefunkstellen mitzuführenden Dienstdokumenten. Zu diesen gehören außerdem: Das Funktagebuch, das oder die Zeugnisse der Funker, das Peilfunkbuch, aufgenommene und abgegebene Telegramme, ein Doppel der Genehmigungsurkunde zur Teilnahme am einseitigen Funkverkehr (EV), die Erlaubnis zur Teilnahme am Pressefunkdienst (vgl. Bd. 2, Kap. 10.1).

Dienstbehelfe. Für den Dienst der Seefunkstelle gibt es eine Reihe von internationalen und nationalen Dienstbehelfen, welche an Bord mitgeführt werden müssen.

Internationale Dienstbehelfe: Manual for Use by the Maritime Mobile and Maritime Mobile Satellite-Services, List of Coast Stations, List of Ship Stations, Alphabetical List of Call Signs, List of Radiodetermination and Special Service Stations.

Nationale Dienstbehelfe: Handbuch Seefunk, Nautischer Funkdienst, Band I–III, Mitteilungen für Seefunkstellen, Merkblatt für den Sprechfunkverkehr auf Grenz-, Kurz- und Ultrakurzwellen, Internationales Signalbuch, Karte der Küstenfunkstellen, Gebührenübersichten für Telegramme und Gespräche, Telegrammformulare, Hinweistafel für den Notverkehr.

Funktagebuch. Das Funktagebuch ist eine Urkunde. Es wird mit Durchschrift geführt und nach jeder Reise abgeschlossen, vom Funker unterschrieben sowie vom Kapitän gegengezeichnet. Bei kürzeren Reisen geschieht der Abschluß monatlich, bei längeren Reisen spätestens alle 4 Monate. Die Weitergabe der Erstschriften an das Fernmeldeamt 6, Hamburg, wird durch die Reederei oder die Abrechnungsgesellschaft veranlaßt. Die Funktagebuchdurchschriften werden an Bord 12 Monate mit der für Geheimhaltung notwendigen Vorsicht aufbewahrt und danach vernichtet. Zu Beginn der Reise wird im Tagebuch vermerkt: Reederei, Kapitän, Funker, Zeugnis, Reiseweg, Zustand der Funkstation und die Wachzeiten. Während der Reise werden Angaben über den eigenen Funkverkehr, aufgenommene Warnungen, Wetterberichte, Sammelanrufe usw. eingetragen. Zu den täglichen Eintragungen gehören: Die Mittagsposition, das Ergebnis der Prüfung von Notanlage und Autoalarmgerät, Zeitzeichen. In Wochenabständen wird das Ergebnis der Prüfung der Rettungsbootfunkstation und die Aufladung der Notbatterie eingetragen. Auch der öffentliche Funkverkehr, d.h. Zeitpunkt und Frequenzen für Gespräche und Telegramme über die UKW-Anlage muß in das Funktagebuch eingetragen werden. Der nichtöffentliche Funkverkehr auf UKW, z.B. Revier- und Hafenfunkdienst, Schiffslenkungsfunkdienst usw. wird dagegen formlos abgewickelt und nicht in das Tagebuch eingetragen. Alle abgegebenen und aufgenommenen Meldungen, welche sich auf Seenotfälle beziehen, sind so vollständig wie möglich in das Tagebuch einzutragen. Wenn das Schiff im Seenotfall verlassen werden muß, soll versucht werden, das Funktagebuch zu retten.

Fernmeldegeheimnis. Die Wahrung des Fernmeldegeheimnisses wird von allen Personen verlangt, welche die Seefunkstelle betreiben und beaufsichtigen. Das bedeutet, daß eine Pflicht zur Wahrung des Fernmeldegeheimnisses gegenüber dem Kapitän nicht besteht. Eine Verletzung des Fernmeldegeheimnisses wird strafrechtlich verfolgt. Strafbestimmungen und Hinweise auf das Fernmeldegeheimnis findet man im Grundgesetz, im Internationalen Fernmeldevertrag, in der VO-Funk und in der Genehmigungsurkunde. Danach ist es unzulässig, Meldungen aufzunehmen, welche nicht für die Seefunkstelle bestimmt sind. Allerdings kann der Kapitän aus wichtigen Gründen für die Schiffsführung verlangen, daß Nachrichten, die nicht für die Seefunkstelle bestimmt sind, aufgenommen werden. Er kann sie auch Dritten mitteilen, wenn einem Fahrzeug oder Menschenleben Gefahr droht. Die im Fernmeldegeheimnis enthaltene Schweigepflicht erstreckt sich auch auf das Vorhandensein von Nachrichten und auf die Tatsache, zwischen welchen Personen Funkverkehr stattgefunden hat und auf die näheren Umstände dieses Verkehrs. Meldungen an alle Funkstellen (CQ) und Wettermeldungen, welche zum eigenen Gebrauch verwendet werden, sowie Seenotmeldungen unterliegen nicht dem Geheimnisschutz.

Prüfung der Seefunkstelle. Eine Prüfung der Seefunkstelle erfolgt nach dem Einbau, um die Genehmigungsurkunde ausstellen zu können. Weiter wird die Seefunkstelle im Auftrag der SeeBG regelmäßig alle 12 Monate geprüft, wenn die Gültigkeit des Funksicherheitszeugnisses abgelaufen ist. Abnahmebeamte sind in beiden Fällen Seefunk-Prüfbeamte der Bundespost. Zu unregelmäßigen Zeiten kann geprüft werden, ob die Seefunkstelle vorschriftsmäßig mit Funkpersonal besetzt ist, ob das Funktagebuch ordnungsgemäß geführt wird, ob das Fernmeldegeheimnis gewahrt ist und ob die Dienstbehelfe regelmäßig berichtigt werden. Auch nach dem Einbau neuer oder dem Umtausch vorhandener Geräte erfolgt eine Prüfung und eine Änderung der Genehmigungsurkunde. Eine Prüfung im Ausland erstreckt sich auf die Kontrolle, ob die Genehmigungsurkunde an Bord ist und ob der Funkoffizier das für seinen Dienst erforderliche Zeugnis besitzt.

Überwachung des Funkverkehrs, Verstoßmeldungen. Um Störungen des Funkverkehrs zu erkennen, haben die Mitglieder der Internationalen Fernmeldeunion vereinbart, Überwachungsfunkstellen einzurichten. Aber auch Seefunkstellen können der Bundespost Verstoßmeldungen zusenden. Grundsätzlich ist es allen Funkstellen untersagt, überflüssige Zeichen auszusenden und eine Aussendung ohne Kennung vorzunehmen. Sendeart und Leistung sollen so gewählt werden, daß Störungen auf ein Mindestmaß beschränkt werden. Dazu gehören auch Abstimmzeichen oder strahlende Sender während des Abstimmvorganges. Diese Bestimmungen gelten ganz besonders für Aussendungen auf den Notfrequenzen. Versuche mit Telegrafiefunk- oder Sprechfunkalarmzeichen sind verboten. Die Grenzen für die Benutzung der Sender der Seefunkstelle im Grenz-, Kurz- und Mittelwellenbereich liegen im Inlande bei Leer (Ems), Vegesack (Bremen), Schulau (Elbe) und Travemünde (Trave). Die UKW-Anlage kann nach dem Überfahren dieser Grenzen weiter benutzt werden. Für das Senden in fremden Hoheitsgewässern gelten besondere Vorschriften, welche zum Teil im Nautischen Funkdienst veröffentlicht sind.

4.2 Aufgabenbereich und Ausrüstung der Seefunkstelle

Stellung des Kapitäns. Der Kapitän hat die Oberaufsicht über den Funkdienst der Seefunkstelle. Das gleiche gilt für seinen Stellvertreter, solange dieser das Schiff tatsächlich führt.

Daraus ergeben sich folgende Verantwortlichkeiten: Der Kapitän darf auf seinem Schiff nicht die Stellung eines Funkers einnehmen, wenn das Schiff nach der Funksicherheitsverordnung mit einer Telegrafie- oder Telefoniestation ausgerüstet ist. Nach der gleichen Verordnung ist der Kapitän neben dem Reeder verantwortlich für die Funkausrüstung und die regelmäßige Nachprüfung der Funkanlage. Er ist verantwortlich für die Durchführung der Sicherheits- und Hörwachen, die Funkbeschickung und die Führung von Funktagebuch und Peilfunkbuch sowie für die Wirksamkeit und die Betriebssicherheit der an Bord mitgeführten Funkgeräte einschließlich der Zusatz- und Hilfsgeräte. Weiter ist er gehalten, klare Anweisungen für die Aussendung des Notzeichens zu geben, er legt nach Beratung durch den Funkoffizier die frei wählbaren Dienststunden der Seefunkstelle fest und er zeichnet das vom Funkoffizier nach der Reise abgeschlossene Funktagebuch ab. Ton- und Fernsehrundfunkempfänger dürfen an Bord nur mit Zustimmung des Kapitäns betrieben werden. Die Errichtung von Außenantennen, welche nicht zur festen Ausrüstung des Schiffes gehören, ist untersagt.

Pflichtausrüstung. Die Mindestausrüstung mit Funkanlagen von aurüstungspflichtigen Schiffen unter der Flagge der Bundesrepublik Deutschland wird in der Funksicherheitsverordnung zum Schiffssicherheitsvertrag festgelegt. Die zum Einbau kommenden Geräte müssen den internationalen und nationalen Bestimmungen entsprechen. Dies gilt für die Geräte der Pflichtausrüstung genauso wie für die freiwillig zusätzlich installierten. Sie benötigen eine Typenzulassung der Bundespost. Die Ortungsfunkanlage muß noch hinsichtlich der navigatorischen Eignung durch das DHI zugelassen sein.

Ausrüstungspflichtig mit einer **Telegrafiefunkanlage** sind: Fahrgastschiffe jeder Größe und Frachtschiffe ab 1600 RT, Fischereifahrzeuge ab 1600 RT, schwimmende Arbeitsgeräte mit eigenem Antrieb ab 1600 RT, Frachtschiffe von 300 bis 1599 RT mit dem Fahrtziel Indischer oder Pazifischer Ozean.

Ausrüstungspflichtig mit einer **Sprechfunkanlage** sind: Fischereifahrzeuge von 300 bis 1599 RT, schwimmende Arbeitsgeräte mit eigenem Antrieb bis 1599 RT, Fahrgastschiffe in der Nationalen Fahrt ab 400 RT, Frachtschiffe von 300 bis 1599 RT. Für die letztgenannte Gruppe gelten Sonderbestimmungen wie Mitführen eines Telegrafienotsenders, Funkboje usw.

Ausrüstungspflichtig mit einer **UKW-Sprechfunkanlage** sind: Fahrgastschiffe in der Nationalen Fahrt bis 399 RT, Sport- und Vergnügungsfahrzeuge ab 17,7 RT, auf denen Personen gegen Entgelt beschäftigt werden, schwimmende Arbeitsgeräte mit und ohne eigenen Antrieb.

Ausrüstungspflichtig mit einem **tragbaren Funkgerät für Rettungsboote und -flöße** sind alle Schiffe ab 500 RT. Ausnahme: Fahrgastschiffe, welche auf jeder Seite ein Motorrettungsboot mit einer fest eingebauten Telegrafiefunkstation haben. Ausrüstungspflichtig sind ferner Frachtschiffe von 300 bis 499 RT in der Mittleren und Großen Fahrt. Aufbewahrungsort des tragbaren Funkgerätes ist z. B. das Kartenhaus. Sonderregelung für Tankschiffe ab 3000 RT mit Rettungsbooten mittschiffs und achtern: Das Gerät muß in der Nähe des Rettungsbootes aufbewahrt werden, welches am weitesten vom Hauptsender des Schiffes entfernt ist.

Ausrüstungspflichtig mit einer **Seenotfunkboje (EPIRB,** siehe 4.8) mit mindestens der Frequenz 2182 kHz sind: Frachtschiffe von 300 bis 1599 RT in der Großen Fahrt, Fischereifahrzeuge ab 300 RT, schwimmende Arbeitsgeräte mit eigenem Antrieb (siehe auch 4.4).

Ausrüstungspflichtig mit einer **Peilfunkanlage** sind alle Schiffe ab 1600 RT.

Eine **Telegrafiefunkanlage** besteht aus der Haupt- und der davon elektrisch unabhängigen Notanlage. Jede dieser Anlagen besteht aus Sender, Empfänger und Stromquelle. Dazu kommt eine Haupt- und eine Notantennenanlage mit jeweils einer Sende- und einer Empfangsantenne. Die Anlage ist dazu bestimmt, mit der erforderlichen Leistung, Reichweite, Sendeart und Kapazität der Stromquellen den Seefunkdienst auf der Mittelwelle auch während eines Seenotfalles sicher durchführen zu können. Als Normalreichweite werden 150 bzw. 100 sm für Haupt- und Notsender gefordert.

Räumlich soll die Funkstation so hoch wie möglich im Schiff untergebracht werden, sie soll eine sichere Verständigungsmöglichkeit mit der Brücke haben, soll gegen Störgeräusche isoliert sein und muß abschließbar sein. Weiter werden gefordert: Funkraumuhr, Notbeleuchtung, Handfeuerlöscher, Autoalarmgerät, Werkzeug und Ersatzteile sowie ein Alarmzeichentastgerät. Die Notstromquelle muß die Notanlage unter normalen Betriebsbedingungen mindestens 6 h betreiben können. Eine tägliche Prüfung von Notstromquelle, Notsender sowie des Autoalarmgerätes ist vorgeschrieben. Fest in Motorrettungsboote eingebaute Telegrafiefunkstationen bestehen aus Sender, Empfänger, Alarmzeichengeber, Notbeleuchtung, Stromquelle und Antenne. Normalreichweite: 25 sm, Kapazität der Akkumulatorenbatterie: 4 h Normalbetrieb. Eine Ladung dieser Stromquelle muß mit einer Ladesteckdose aus dem Bordnetz oder mit einem Generator des Bootsmotors möglich sein. Die Rettungsbootanlage wird wöchentlich geprüft. Auch für das **tragbare Seenotfunkgerät** wird eine wöchentliche Prüfung gefordert. Da diese Anlage, wie jede Seenotfunkanlage, auch von ungeübten Personen bedient werden sollte, soll die Prüfung möglichst vielen Besatzungsmitgliedern erläutert werden.

Ein mit einer **Sprechfunkanlage** ausrüstungspflichtiges Schiff hat an Bord: Sender mit Alarmzeichengeber, Empfänger, Wachempfänger für die Sprechfunknotfrequenz und die Stromquelle. Die Normalreichweite beträgt 150 sm. Der Wachempfänger ist auf die Sprechfunknotfrequenz fest abgestimmt. Er kann auf Filterempfang geschaltet werden, wenn die Schiffsleitung befürchtet, daß eine Hörwache die sichere Führung des Schiffes beeinträchtigen würde. Die Filtervorrichtung läßt nur die Töne des Sprechfunkalarmzeichens passieren.

Ferner werden in der Sprechfunkstelle eine Uhr, eine Betriebsanweisung und eine Notbeleuchtung gefordert.

Freiwillige Zusatzausrüstung. Die im vorigen Abschnitt beschriebene Pflichtausrüstung wird nur unter großen Schwierigkeiten eine Teilnahme am weltweiten Nachrichtenverkehr ermöglichen. Aus diesem Grunde befinden sich weitere Geräte an Bord, welche in jedem Fall typgeprüft und auch auf der Genehmigungsurkunde vermerkt sind (siehe 4.8):

- Kurzwellensender für Telegrafie und Einseitenbandtelefonie; diese Sender umfassen oft den Grenzwellen- und manchmal den Mittelwellenbereich; Sendeleistung von 100 bis 1600 W.

– Empfänger mit zusätzlichem Bedienungskomfort und besonderen Vorrichtungen zur einfachen Abstimmung.
– Wetterkartenschreiber zur Aufnahme von Wetterkarten und sonstigen Fax-Sendungen.
– SITOR-Funktelexanlage zur Teilnahme am weltweiten Telexverkehr und zur sicheren Übermittlung von Nachrichten direkt zum Empfänger.
– UKW-Telefonieanlage zur Teilnahme am öffentlichen Fernmeldeverkehr, am Revier- und Hafenfunkdienst, Schiffslenkungsdienst und der drahtlosen Verständigung an Bord (on board communication).
– Selektivrufempfänger zur unmittelbaren Benachrichtigung der Seefunkstelle, wenn bei einer Küstenfunkstelle Nachrichten vorliegen.
– Seenotfunkboje (EPIRB), soweit das Schiff damit nicht ausrüstungspflichtig ist (s. o.).

Seefunkzeugnisse. Der Funkdienst an Bord von Schiffen, welche die Flagge der Bundesrepublik Deutschland führen, darf nur von Personen ausgeübt werden, welche im Besitz eines gültigen Seefunkzeugnisses sind. Dies ist ein von der Bundespost ausgestelltes deutsches Zeugnis oder ein von ihr anerkanntes Seefunkzeugnis. Für die Bedienung einer Telegrafiefunkstelle ist je nach Schiffsgröße und Fahrtgebiet mindestens ein Funkoffizier mit dem Allgemeinen Seefunkzeugnis oder dem Seefunkzeugnis 1. oder 2. Klasse notwendig. Ist neben der Telegrafieanlage noch eine außerhalb des Funkraumes befindliche UKW-Anlage vorhanden, darf diese vom Inhaber eines Allgemeinen Sprechfunkzeugnisses für den Seefunkdienst (Sprechfunkzeugnis) und beschränkt gültigem Sprechfunkzeugnis für UKW bedient werden. Funkzeugnisse sind an Bord mitzuführen und den deutschen oder ausländischen Prüfbeamten auf Verlangen vorzulegen. Wenn der Funkoffizier während der Reise ausfällt, kann der Funkdienst einem Aushilfsfunker übertragen werden. Sollte dieser kein ausreichendes oder gar kein Seefunkzeugnis besitzen, muß der Verkehr auf Not-, Dringlichkeits- und Sicherheitsverkehr sowie auf dringende Meldungen über die Fahrt des Schiffes beschränkt bleiben. In jedem Fall muß der Aushilfsfunker sobald wie möglich durch einen Inhaber eines ausreichenden Funkzeugnisses ersetzt werden.

Funkwachen. Man unterscheidet zwischen der von allen ausrüstungspflichtigen Schiffen ununterbrochen wahrzunehmenden Sicherheitsfunkwache und den Hörwachen. Die Sicherheitsfunkwache kann zeitweise durch ein selbsttätiges Alarmgerät durchgeführt werden. Dies gilt besonders für die Zeit außerhalb der Hörwache und während des Peilbetriebes. Die Hörwache beträgt je nach Art des Schiffes 8, 16 oder 24 h. Sie wird von einem bzw. von mehreren Funkoffizieren auf einem mit einer Telegrafiefunkanlage ausrüstungspflichtigen Schiff auf der Notfrequenz 500 kHz wahrgenommen. Dazu kommt noch eine ununterbrochene Wache auf der Sprechfunk-Notfrequenz 2182 kHz, die entweder durch ein selbsttätiges Alarmgerät oder mit einem Wachempfänger durchgeführt wird. Die Hörwache auf der Frequenz 500 kHz stimmt mit den Zeiten überein, welche von der Bundespost als Dienstzeit der Funkstation vorgeschrieben sind. Hörwachen sind im Funkraum durchzuführen. Für die große Gruppe der Schiffe, welche eine achtstündige Hörwache sicherstellen, liegt diese zeitlich: 08 bis 12 Uhr Bordzeit, zwei Stunden zusammenhängend zwischen 18 und 22 Uhr Bordzeit und zwei Stunden nach Wahl. Diese Zeiten sind von der Schiffsleitung vor Beginn der Reise festzusetzen und in das Funktagebuch einzutragen. In Ausnahmefällen kann eine Hörwache unterbrochen werden. In diesem Fall soll eine Beobachtung der Notfrequenz versucht werden. Die Zeiten der Funkstille sind aber unbedingt wahrzunehmen.

Reparatur- und Wartungsarbeiten während der Funkwache sind nur zulässig, wenn das Schiff mit einem Selektivrufdecoder ausgerüstet ist und der Funkoffizier die Befähigung für die technische Wartung besitzt.

Die mit einer Sprechfunkanlage ausrüstungspflichtigen Schiffe müssen mindestens einen Sprechfunker an Bord haben und eine ununterbrochene Wache auf der Sprechfunknotfrequenz sicherstellen. Das kann mit dem Wachempfänger oder mit einem selbsttätigen Alarmgerät geschehen. Nach Beendigung jeder Hörwache sind Sender und Empfänger auf die Notfrequenz zu schalten.

Funkwachen von Kriegsschiffen und Flugzeugen. Die Funksicherheitsverordnung und der Schiffssicherheitsvertrag gelten nicht für Schiffe der Bundeswehr. Die Kriegs- und Hilfsschiffe der Bundeswehr sind mit Sende- und Empfangsanlagen für die vom Seefunk der Handelsmarine benutzten Frequenzen und Sendearten ausgerüstet. Das Funkpersonal ist mit dem Betriebsverfahren des öffentlichen Seefunkdienstes vertraut. Eine Sicherheitsfunkwache auf der Notfrequenz beschränkt sich auf die Aufnahme von Notzeichen und kann aus taktischen Gründen unterbrochen werden. Die Schiffe hören aber regelmäßig die Sammelrufe ab und nehmen auch am einseitigen Funkverkehr teil.

Die Verkehrsflugzeuge sind empfangsbereit auf der Luftnotfrequenz 121,5 MHz. Diese Frequenz kann von den Geräten der Seefunkstellen weder empfangs- noch sendeseitig geschaltet werden. Dagegen sind die für SAR-Maßnahmen bestimmten Flugzeuge und Hubschrauber mit Geräten für die Sprechfunknotfrequenzen ausgerüstet.

4.3 Bedienung von Sprechfunkanlagen

Inhaber eines Sprechfunkzeugnisses sind mit der Bedienung von Seefunkanlagen vertraut gemacht worden und haben eine entsprechende Prüfung abgelegt. Außerdem sollte neben dem Merkblatt für den Funksprechverkehr in jeder Station eine kurze Bedienungsanleitung ausgehängt werden, die Anleitungen zum Betrieb der Funkanlage enthält.

Sprechfunkanlagen für Grenz- und Kurzwelle. Hierzu gehören Sender und Empfänger für die Frequenzbereiche 1,6 bis 4 MHz (Grenzwelle) und 4 bis 22 MHz (Kurzwelle). Vor der Inbetriebnahme prüfen, ob die Antenne an den Sender angeschaltet ist und außerhalb des Funkraumes frei hängt. Am Empfänger werden eingestellt: Frequenz der Gegenfunkstelle, Sendeart, Lautstärke. Die Frequenz der Gegenfunkstelle findet man im Nautischen Funkdienst oder im Merkblatt für den Sprechfunkverkehr. Bei manchen Empfängern muß vor der Feineinstellung noch eine Grobeinstellung vorgenommen werden. Beispiel: Norddeichradio, 1. Sprechweg 8 MHz, Rufzeichen DAJ, Frequenz 8770,8 kHz. Grobabstimmung 8,7 MHz, anschließend Feineinstellung 70,8 kH. Als Sendeart wird A3J oder A3H, bzw. SSB (single side band) oder USB (upper side band = oberes Seitenband) eingestellt. Falls mit dem Handhörer gearbeitet wird, muß der Lautsprecher abgeschaltet werden. Bevor die Gegenfunkstelle sendet, kann schon auf ein Rauschmaximum abgestimmt werden.

Moderne Sender bestehen aus Steuer- und Leistungsstufe. Die Schaltstellung „standby" schaltet zumeist nur die Steuerstufe ein. Jetzt wird die Frequenz durch Einschalten oder Einstecken des entsprechenden Quarzes oder mit einer Leuchtanzeige gewählt. Beispiel: Norddeich-Radio 1. Sprechweg Seefunkstelle 8236,4 kHz. Sendeart A3J. Manchmal zeigt ein kleines Instrument die Ausgangsspannung des Steuersenders an.

An der Leistungsstufe ist der Bandwahlschalter einzustellen (für das oben beschriebene Beispiel: 8 MHz). Die Werte für die Einstellung von Antennenkopplung und Anodenabstimmung sind der Abstimmtabelle am Sender zu entnehmen. Nach dem Einschalten der Senderendstufe (Schaltstellung transmit) ist es empfehlenswert, auf ein absolutes Maximum nachzustimmen. Der Abstimmvorgang (Schaltstellung tune) ist so schnell wie möglich zu beenden, weil der strahlende Sender andere Funkstellen stören kann.

Viele Sender lassen sich in den Betriebsarten Duplex und Simplex betreiben. Während beim Duplexbetrieb die Übertragung in beiden Richtungen gleichzeitig möglich ist, wird beim Simplexbetrieb die Sendeberechtigung wechselseitig erteilt. Für Duplexverbindungen sind also zwei Frequenzen notwendig, während Simplexbetrieb (zumeist Schiff/Schiff-Verkehr) auf einer Frequenz abgewickelt wird. Durch eine besondere Schaltungstechnik wird beim Simplexbetrieb der eigene Empfänger während der Sendephase stumm geschaltet (muting).

UKW-Sprechfunkanlagen. Diese Anlagen haben je nach Standort der Antennen eine Reichweite von 20 bis 40 sm. Der Vorteil liegt in der einfachen Bedienung. Durch die Einschaltung des Sprechweges bzw. Kanals (z. B. K 16 – Not, Sicherheit, Anruf oder K 8 – Schiff/Schiff) sind Sender und Empfänger bereits richtig eingestellt. Ein Abstimmvorgang entfällt. Der Lautsprecher wird bei der Abnahme des Handhörers abgeschaltet.

Tragbare Rettungsbootanlagen. Im abnehmbaren Deckel der normalerweise fest verschlossenen Station befindet sich eine für das Gerät zugeschnittene Bedienungsanleitung in deutscher und englischer Sprache. Generell gilt: Geräte, welche durch eine Handkurbel mit Strom versorgt werden, auf einem geeigneten Platz (Ducht) festsetzen und die Handkurbeln anschließen. Die Stabantenne durch Aneinanderstecken, Auseinanderziehen oder Auseinanderfalten auf die volle Länge bringen und aufrichten. Notfalls den Antennendraht am Bootsmast oder Riemen möglichst hoch und frei anbringen. Bei manchen Geräten kann man auch eine Ballon- oder Drachenantenne steigen lassen. Der Erdungsdraht wird am Gerät befestigt und das Senkblei ins Wasser gehängt.

Sende- und Empfangsfrequenz (500 kHz, 2182 kHz oder die Rettungsbootfrequenz 8364 kHz) kann man durch Schalter wählen. Die Senderabstimmung geschieht auf ein Glimmlampenmaximum oder einen Instrumentenausschlag. Jetzt kann der Alarmzeichengeber aufgezogen, das Alarmzeichen gesendet und die Notmeldung durch die Morsetaste oder das Mikrofon übermittelt werden. Falls notwendig, auf Empfang schalten. Manchmal besteht die Stromversorgung des Rettungsbootgerätes aus Batterien oder Sammlern. Die in der Betriebsanleitung für die volle Stromquelle garantierte Betriebsdauer ist zumeist auf der Basis 2 min Senden und 10 min Empfang errechnet. Auf der Notfrequenz sollte wegen der kleinen Leistung möglichst während der Seenotpause gesendet werden.

4.4   Seenotverkehr

Funkstille. Die Zeiten der Funkstille (SP = silence period) wurden eingeführt, um die Sicherheit des menschlichen Lebens auf und über See zu erhöhen. Es handelt sich um zwei 3-Minuten-Zeiträume pro Stunde. Während dieser Zeit müssen alle Aussendungen mit Ausnahme des Notverkehrs auf den Notfrequenzen 500 kHz und 2182 kHz eingestellt werden, und zwar während der folgenden Minutenzeiträume:

 500 kHz: 15 bis 18 sowie 45 bis 48.
2182 kHz: 00 bis 03 sowie 30 bis 33.

Diese Zeiten sind auf der Skala der Funkraumuhr besonders markiert. Auf der Notfrequenz des UKW-Bereiches (Kanal 16) gibt es keine Funkstille.

Notmeldung und Abwicklung des Notverkehrs

Die Notmeldung, welche nur auf Anordnung des Kapitäns ausgesendet werden darf, hat unbedingten Vorrang vor allem anderen Funkverkehr. Die in Not befindliche Funkstelle darf alle ihr zur Verfügung stehenden Mittel dazu benutzen, um Aufmerksamkeit zu erregen und Hilfe zu erlangen. Als Notfrequenz benutzen Telegrafiefunkstellen die Frequenz 500 kHz mit der Sendeart A2 oder A2H, Telefoniefunkstellen benutzen die

Frequenz 2182 kHz mit der Sendeart A3 oder A3H. Weiter steht die Not- und Sicherheitsfrequenz 156,8 MHz (Sprechweg 16) mit der Sendeart F3 im UKW-Bereich zur Verfügung. Funkstellen auf Rettungsbooten und -flößen benutzen die Frequenz 8364 kHz mit der Sendeart A2 oder A2H, sofern sie nicht eine der oben beschriebenen Frequenzen schalten.

Das Telegrafiefunknotzeichen besteht aus der Gruppe SOS, welche als ein Zeichen übermittelt wird, also ohne Pause zwischen den drei Buchstaben. Im Sprechfunk wird das Wort MAYDAY benutzt, welches wie der französische Ausdruck m'aider (mädeh) ausgesprochen wird. Generell wird von allen an einem Notfall beteiligten See- und Küstenfunkstellen langsam und deutlich gesprochen bzw. mit geringer Morsegeschwindigkeit gearbeitet.

Telegrafiefunk-Notverkehr[1]. Falls möglich und sinnvoll, wird vor dem Notanruf und der Notmeldung das **Alarmzeichen** gesendet. Es besteht aus 12 Strichen von je 4 s Dauer und Pausen von je 1 s Dauer. Dieses Zeichen löst die automatischen Alarmempfänger (Autoalarmgeräte) aus, welche im Funkraum, im Schlafraum des Funkoffiziers und auf der Brücke ein Dauerwarnzeichen auslösen. Das Warnzeichen kann nur am Gerät selbst ausgeschaltet werden. Dem Alarmzeichen folgt der **Notanruf:** 3mal SOS, 1mal de, 3mal das Rufzeichen des Schiffes in Seenot. Nach einer Pause von 2 Minuten wird der Notanruf wiederholt und die **Notmeldung** gesendet. Sie besteht aus dem Notzeichen, dem Namen des Havaristen, Angabe des Standortes, Art des Notfalles und der erbetenen Hilfe, 2 Peilstrichen von je 10 s Dauer und dem Rufzeichen des Havaristen.

Für die Beantwortung der Notmeldung durch andere Schiffe gilt: Befindet sich der Havarist in unmittelbarer Nähe, so wird die Notmeldung sofort bestätigt und danach sofort der Kapitän benachrichtigt. Befindet sich der Havarist in einer mittleren Entfernung oder im unmittelbaren Verkehrsbereich einer Küstenfunkstelle, so wird zunächst die Schiffsleitung benachrichtigt. Die Entscheidung, ob der Notruf beantwortet wird, trifft der Kapitän. Liegen zwischen dem Havaristen und dem Schiff, welches die Notmeldung empfängt, große Entfernungen, so wird eine Beantwortung zunächst zurückgestellt, um den einsetzenden Notverkehr nicht zu stören. Die Benachrichtigung des Kapitäns oder des Wachoffiziers darf jedoch nicht unterbleiben.

Wird die Notmeldung beantwortet, so soll auf Anordnung des Kapitäns dem Havaristen folgende Information gegeben werden: Name, Standort, Geschwindigkeit und voraussichtliche Ankunftszeit am Unfallort (ETA) sowie das Ergebnis der rechtweisenden Peilung. Die Seefunkstellen müssen alle abgegebenen und aufgenommenen Meldungen, die sich auf Notfälle beziehen, so vollständig wie möglich in das Funktagebuch eintragen. Diese Eintragungen werden bei der späteren seeamtlichen Untersuchung ausgewertet. Sie sind wertlos, wenn sie nur Allgemeines enthalten.

In vielen Fällen wird der Havarist den Notverkehr leiten, d. h., er wird bestimmte Schiffe auffordern, den Unfallort anzulaufen, oder andere Schiffe entlassen, Hubschrauber oder Flugzeuge anfordern, Peilsignale zum Zielanflug oder zur Zielfahrt geben, Informationen über Rettungsbojen, Zustand der Überlebenden usw. den Hilfeleistenden mitteilen. In anderen Fällen kann es zweckmäßig sein, daß der Notverkehr von der für das betreffende Seegebiet zuständigen Küstenfunkstelle geleitet wird. Die Koordinierung der Rettungsmaßnahmen wird dann durch das RCC (Rescue Coordination Center) bewirkt. Im Inland ist dies die Einsatzzentrale der Gesellschaft zur Rettung Schiffbrüchiger (DGzRS) in Bremen. Befindet sich der Unfallort jedoch weit vom Verkehrsgebiet einer Küstenfunkstelle entfernt und kann der Havarist die Leitungsaufgabe selbst nicht übernehmen, so wird das für diesen Zweck bestausgerüstete Schiff eingesetzt. Dies kann z.B. ein Kriegsschiff oder ein Rettungskeuzer sein. Die Rolle des Suchleiters wird mit OSC (On

---

1 Siehe auch Band 3A, Kap. 1.1.3.

Scene Commander) bezeichnet. Ist jedoch kein solches Spezialschiff (oder Flugzeug) verfügbar, so wird eines der Handelsschiffe die Aufgabe der Suchleitung, als CSS (Coordination Surface Search) übernehmen. Zweckmäßigerweise werden die Koordinierungsmaßnahmen über Sprechfunk, z.B. auf 2182 kHz oder Kanal 16, abgewickelt.

Wichtig ist jedoch, daß alle an der Suche oder Rettung Beteiligten mit den entsprechenden Geräten ausgerüstet sind. Aber auch bei Unfällen auf hoher See, welche umfangreiche Suchmaßnahmen erfordern, kann es sinnvoll sein, daß die Gesamtkoordination bei der für das betreffende Seegebiet zuständigen Leitfunkstellen (RCC) liegt.

Wenn der Notfall beendet ist, wird die Leitfunkstelle durch Aussendung einer Meldung an alle Funkstellen (CQ) bekanntgegeben, daß der normale Betrieb wieder aufgenommen werden kann. Die hierfür benutzte Q-Gruppe heißt QUM. Will die Leitfunkstelle jedoch erlauben, daß ein eingeschränkter Betrieb wieder aufgenommen wird, so sendet sie eine Meldung mit der Q-Gruppe QUZ.

Wenn der Havarist nicht mehr in der Lage ist, eine Notmeldung auszusenden, muß dies von einem anderen Schiff oder einer Küstenfunkstelle geschehen. Dies kann der Fall sein, wenn ein brennendes Schiff gesichtet wird oder wenn Zeichen von einer Seenotfunkboje (EPIRB) empfangen werden oder wenn eine Notmeldung nicht bestätigt wird und die beobachtende Funkstelle keine Hilfe leisten kann usw. Jetzt wird das für den Notfall oben beschriebene Verfahren angewendet. Zur Kennzeichnung dieser Situation wird jedoch im Notanruf einmal die Gruppe DDD vor der SOS-Gruppe gesetzt, und zwar wie das Notzeichen als ein einziges Zeichen. Die Gruppe DDD wird jedoch nur vor dem Notanruf verwendet, in dem darauffolgenden Notverkehr wird das Notzeichen ohne diesen Zusatz benutzt.

Sprechfunk-Notverkehr. Das für den Telegrafiefunk beschriebene Verfahren wird auch für den Seenotverkehr im Sprechfunk angewendet. Die hierbei verwendeten Ausdrücke sind nachfolgend beschrieben.

Sprechfunkalarmzeichen: Zusammenhängendes 2-Ton-Signal 2200 Hz/1300 Hz (falls dieses Signal nicht geschaltet werden kann, soll mit einer Pfeife einige Male das Notzeichen SOS gepfiffen werden). Die Aussendung des Tones 1300 Hz ca. 10 s lang nach dem Sprechfunk-Alarmzeichen zeigt an, daß die Aussendung von einer Küstenfunkstelle kommt.

Sprechfunknotzeichen: MAYDAY, ausgesprochen wie „mädeh". Eine Funkstelle, die nicht selbst in Not ist, sondern stellvertretend den Notanruf aussendet, benutzt den Ausdruck MAYDAY RELAY (ausgesprochen „mädeh reläh") im Notanruf.

Bestätigung einer Notmeldung: MAYDAY, 3mal Rufzeichen des Havaristen mit den Wörtern der Buchstabiertafel, dann z.B. „hier ist" oder „DELTA ECHO", 3mal das eigene Rufzeichen, „erhalten" oder „ROMEO ROMEO ROMEO MAYDAY".

Aufforderung zur Funkstille: Der Havarist verwendet den Ausdruck SILENCE MAYDAY (ausgesprochen „ßilaanß"), jede andere Funkstelle den Ausdruck SILENCE DETRESSE (ausgesprochen „dehtress").

Beendigung des Notverkehrs: SILENCE FINI (ausgesprochen „ßilaanß fineh"). Wiederaufnahme des eingeschränkten Funkverkehrs: PRUDENCE (ausgesprochen „prüdaanß").

Notverkehr mit Luftfahrzeugen. Bei Luftfahrzeugen unterscheidet man zwischen Verkehrsflugzeugen und speziell für SAR-Maßnahmen (SAR = Search and Rescue) ausgerüsteten Flugzeugen und Hubschraubern.

Zivile Verkehrsflugzeuge sind mit UKW-Funksprechgeräten für den Bereich 117,975 bis 136 MHz ausgerüstet. Die Modulationsart ist Amplitudenmodulation. Dieser Bereich wird von den Seefunk-UKW-Anlagen frequenz- und modulationsmäßig nicht erreicht. Ferner ist ein automatischer Peilfunkempfänger an Bord, der manchmal nur für den

Frequenzbereich 200 bis 490 kHz ausgerüstet ist. Somit ist ein Zielanflug auf der Notfrequenz nicht möglich, wohl aber auf der Peilfrequenz 410 kHz. Verständigungsmöglichkeiten gibt es also nur über den Weg Schiff – Küstenfunkstelle – Landtelefonnetz – Luftkontrollfunkstelle – Flugzeug und umgekehrt.

Die internationale Luft-Notfrequenz ist 121,5 MHz, Sendeart A3, Seenotsender der Schlauchboote senden auf 500 kHz, A2.

Notsignale des Flugzeuges sind die telegrafische oder funktelefonische Aussendung des Notzeichens, rote Raketen oder Leuchtfallschirme mit roten Lichtern.

Die **SAR-Luftfahrzeuge** sind dagegen so ausgerüstet, daß eine Sprechfunkverbindung mit Seefunkstellen möglich ist. Zur Verbindungsaufnahme werden UKW (Kanal 16 und 6), Grenzwelle (2182 kHz oder 3023 kHz) oder Kurzwelle (5680 kHz) benutzt. Weiter besteht die Möglichkeit eines Zielanfluges auf den Frequenzen des Mittel- und Grenzwellenbereiches des Seefunkdienstes. Zur ersten Verbindungsaufnahme wird der Anruf „Rescue Airplane" oder „Rescue Helicopter" bzw. „Rescue" mit der Seitennummer des Hubschraubers empfohlen.

Sprachen und Buchstabiertafel. Im Hinblick auf rasche Verständigung, sichere Übermittlung und rationelle Ausnutzung der Frequenzen sind eine klare, deutliche Sprache, die richtige Betonung und die deutliche Silbentrennung besonders wichtig. Hilfsmittel sind die Verwendung von Ausdrücken des IMCO-Englisch (s. Kap. 6), der Gruppen des Signalbuches (s. Kap. 6) oder Q- und sonstige Abkürzungen. Bei Verständigungsschwierigkeiten soll mit Hilfe der Buchstabiertafel gearbeitet werden (siehe 5.2.2). Bevor ein Ausdruck buchstabiert wird, sagt man „ich buchstabiere" (I spell it, j'epelle) oder „in Ziffern" (in figures, en chiffres) bzw. „in Buchstaben" (in letters, en toutes lettres). Die Buchstabiertafel findet man auch auf der Seite 1 des Merkblattes für den Sprechfunkverkehr sowie im Handbuch Seefunk und im Internationalen Signalbuch.

Seenotfunkbojen (EPIRB). Um die Position einer Unfallstelle oder eines Rettungsmittels auch nach dem Ausfall der Funkanlage zu kennzeichnen und einen Zielanflug oder eine Zielfahrt zu ermöglichen, wurden Seenotfunkbojen entwickelt. Diese Bojen werden EPIRB (Emergency Position Indicating Radio Beacon) genannt. Sie senden nach dem Aufschwimmen selbsttätig Alarm- und Peilsignale. Die für die Seefahrt verwendeten Bojen senden mindestens auf der Frequenz 2182 kHz, die für die Luftfahrt auf den Frequenzen 121,5 MHz oder 243 MHz. Auf Schiffen, welche in der Bundesrepublik Deutschland beheimatet sind, wird vorzugsweise ein Typ eingesetzt, welcher eine Folge von gleichlangen Strichen und Pausen sendet. Die Strichlänge beträgt 1 bis 5 s, die Modulationsfrequenz 1300 Hz. Die Sendeleistung wird so beschrieben, daß in einer Entfernung von 30 sm eine Feldstärke von 2,5 bis 10 µV/m gemessen werden kann. Eine andere Seenotfunkboje sendet das Sprechfunkalarmzeichen (2-Ton-Signal mit den Modulationsfrequenzen 1300 und 2200 Hz), den Morsebuchstaben B und das Rufzeichen des Schiffes, zu dem die Boje gehört. Es gibt auch japanische Bojen, welche im Frequenzbereich zwischen 2089,5 und 2092,5 Notzeichen und Kennungen senden. Bojen, welche auf den für den Satellitenfunkverkehr benutzten Frequenzen senden, werden z. Z. erprobt (siehe auch 4.2 und 4.8).

4.5 Dringlichkeitsverkehr

Mit dem Dringlichkeitszeichen werden Meldungen eingeleitet, welche die Sicherheit eines Schiffes oder Flugzeuges oder einer Person betreffen. Dieses Zeichen, welches nur mit der Genehmigung des Kapitäns ausgesendet werden darf, besteht im Telegrafiefunk aus der Gruppe XXX und im Sprechfunk aus der dreimal zu sprechenden Gruppe PANPAN (ausgesprochen „pann pann"). Dringlichkeitsmeldungen haben Vorrang vor jedem anderen Funkverkehr mit Ausnahme des Notverkehrs. Sie werden auf den internationalen Notfrequenzen 500 kHz, 2102 kHz und 156,8 MHz ausgesendet oder angekündigt. War die Dringlichkeitsmeldung an alle Funkstellen (CQ) gerichtet, muß sie, wenn die Hilfsmaßnahmen nicht mehr erforderlich sind, widerrufen werden.

Beispiele für eine Dringlichkeitsmeldung: Mann über Bord, dringende funkärztliche Beratung, Schäden am Schiff usw.

4.6   Sicherheitsverkehr

Wichtige nautische Warnungen oder wichtige Wetterwarnungen werden mit dem Sicherheitszeichen angekündigt. Es besteht im Telegrafiefunk aus der Gruppe TTT, die dreimal gesendet wird. Im Sprechfunk wird dreimal das Wort SECURITÉ (ausgesprochen „ßehküriteh") verwendet. Sicherheitsmeldungen, welche an alle Funkstellen (CQ) oder an eine Küstenfunkstelle gerichtet sind, werden auf den Notfrequenzen angekündigt und auf einer Arbeitsfrequenz übermittelt. Zweckmäßig wird die Meldung nach der nächsten Funkstille und/oder nach der ersten Funkstille der nächsten Funkwachzeit wiederholt. Sicherheitsverkehr hat Vorrang vor allem anderen Verkehr mit Ausnahme der Not- und Dringlichkeitssendungen.

Bei den nautischen Warnnachrichten der Küstenfunkstellen auf den Sprechfunkfrequenzen unterscheidet man zwischen „vitalen" nautischen Warnnachrichten (Nachrichten von überragender Bedeutung) und wichtigen nautischen Warnnachrichten. Vor dem Sicherheitszeichen vitaler nautischer Warnnachrichten wird auf den Sprechfunkfrequenzen das nautische Warnzeichen ausgesendet. Es kann auch wahrgenommen werden, wenn der Wachempfänger auf Filterempfang umgeschaltet ist. Bei diesem Warnzeichen handelt es sich um eine 15 s dauernde Aussendung von kurzen 2200-Hz-Tönen mit gleichlanger Pause.

4.7   Verkehrsabwicklung der Seefunkstelle

Telegramme, Gespräche. Neben einer erheblichen Zunahme von Seefunkgesprächen wird ein großer Teil des Nachrichtenaustausches zwischen Schiffen und Landteilnehmern noch mit Seefunktelegrammen abgewickelt.

Für beide Dienste sind Gebühren, welche sich aus Bordgebühr, Küstengebühr und Landgebühr zusammensetzen, zu zahlen. Für bestimmte Telegramme werden keine oder ermäßigte Bordgebühren, für andere keine Küstengebühren erhoben. Gebührenübersichten sind an Bord vorhanden. Seefunkbriefe (SLT) und Seefunkfesttagstelegramme (SF) sind Telegramme mit ermäßigter Gebühr. Seefunkbriefe sind über deutsche Küstenfunkstellen nur in Richtung See/Land zugelassen. Wetterfunktelegramme werden an die Telegrammkurzanschrift „Meteo Hamburg" geschickt. Die Küsten- und Landgebühr für diesen Dienst werden vom Empfänger bezahlt. Die gleiche Gebührenregelung gilt für AMVER-Telegramme (siehe Bd. 3, Kap. 1.1.3). Funktelegramme mit einem Sammelrufzeichen werden im einseitigen Funkverkehr der deutschen Küstenfunkstellen dreimal ausgesendet. Sie richten sich an den mit dem Rufzeichen bezeichneten Teilnehmerkreis und dürfen nur von diesem aufgenommen werden. So handelt es sich bei dem Rufzeichen DAAA um ein Telegramm an alle deutschen Seefunkstellen. Weiter bezeichnen die folgenden Sammelrufzeichen:

DAAD   Funkdienstliche Mitteilungen von Küstenfunkstellen an alle deutschen Seefunkstellen;
DAAG   Telegramme und Anrufe an alle deutschen Fischereifahrzeuge;

DAAY   Telegramme und Anrufe an alle deutschen Handelsschiffe, Absender: DHI, Hamburg;
DAAZ   Telegramme an alle deutschen Handelsschiffe, Absender BVM, Bonn;
DAAK   Telegramme und Anrufe an alle Seefahrzeuge des Verbandes deutscher Küstenschiffs-
eigner.

Folgenden Reedereien und Betriebsgesellschaften sind z. Z. die nachstehenden Sammelrufzeichen zugeteilt:

DAAC Debeg Hamburg;	DAAS Deutsche Shell Hamburg;
DAAB Bugsier Hamburg;	DAAF Hagenuk Kiel;
DAAH Hansa Bremen;	DAAE Esso Hamburg;
DAAQ Hapag Lloyd Hamburg;	DAAL Deutsche Atlantik-Linien Hamburg;
DAAU Union Bremen;	DAAP Hamburg-Süd Hamburg.

Funktelegramme für besondere Angelegenheiten werden mit dem Sammelrufzeichen DAAZ mit einem Schrägstrich und einer vierstelligen Zahl angekündigt. Bei der Aufnahme eines solchen Sammelrufzeichens ist der Kapitän oder sein Stellvertreter zu unterrichten und nach seiner Weisung zu verfahren.

Für Funkgespräche werden an Bord Gesprächszettel ausgefüllt, welche mit den Telegrammunterlagen aufbewahrt werden. Zeit und Frequenz von Gesprächsanmeldung und Gespräch werden im Funktagebuch vermerkt. Die Gebühren sind abhängig von dem benutzten Frequenzbereich (Kurzwelle, Grenzwelle, Ultrakurzwelle), für UKW-Gespräche von der Entfernung des Landteilnehmers von der Küstenfunkstelle und den verlangten Sonderdiensten. Gebührenübersichten befinden sich an Bord.

Funk-Telexverbindungen. Die mit einer Funk-Telexanlage ausgerüsteten Seefunkstellen können durch Vermittlung einer Küstenfunkstelle mit Fernschreibanschlüssen des weltweiten Telexnetzes in direktem Wechselverkehr arbeiten. Das zur Überbrückung des Funkweges benutzte Betriebsverfahren wird SITOR (Simplex Telex over Radio) genannt. Es handelt sich dabei um ein Verfahren, welches sich durch eine gewisse Abhörsicherheit und eine Fehlererkennung auszeichnet. Die Abhörsicherheit beruht darauf, daß bei der Verbindungsaufnahme die Telexkennnummer der Gegenfunkstelle am eigenen SITOR-Gerät eingestellt werden muß. Die Gegenfunkstelle kann nur einphasen, wenn die empfangene Kennungsnummer mit der fest verdrahteten eigenen Nummer identisch ist. Eine Fehlererkennung erreicht man durch die Verwendung eines besonderen Telegrafenalphabetes. Die jeweils sendende Funkstelle sendet den Text in Blöcken zu drei Buchstaben aus. Diese werden bei der Empfangsfunkstelle geprüft. Ist keines der drei Zeichen verstümmelt, fordert sie mit einem kurzen Funksignal einen neuen Dreierblock an. Wurde aber auf dem Funkwege ein oder mehrere Buchstaben des Dreierblocks verstümmelt, so wird die fragliche Dreiergruppe so lange wiederholt, bis sie einwandfrei empfangen und abgedruckt werden kann. Durch die Verwendung von Speichern wird bei nur wenigen Nachfragen ein stetiger Nachrichtenfluß ermöglicht. Die Sendeberechtigung wird durch die Zeichen + ? gewechselt. Deshalb darf diese Zeichenkombination im Text eines Funk-Fernschreibens nicht vorkommen. Diese Kombination entspricht also dem „over" einer normalen Simplex-Telefonieverbindung. Zur Verbindungsaufnahme kann man die Küstenfunkstellen auf bestimmten Frequenzen direkt anschreiben oder eine Verabredung mit Funktelefonie oder Funktelegrafie treffen.

Sammelanrufe, Selektivruf. Küstenfunkstellen kündigen neue Telegramme oder Gespräche einmal auf der Anruffrequenz an und fassen sie dann zu Sammelanrufen zusammen. Diese werden zu bestimmten Zeiten in alphabetischer Rufzeichenfolge auf den Arbeitsfrequenzen der Küstenfunkstellen gesendet. Die Seefunkstellen sollten die Sammelanrufe der für sie zuständigen Küstenfunkstellen auf See und im Hafen so oft wie möglich abhören. Ein Anruf kann auch durch einen Selektivruf ausgestrahlt werden. Dabei wird auf bestimmten Frequenzen des UKW-, des Grenzwellen- und des Kurzwellenbereiches eine Ziffernfolge ausgestrahlt. Diese kann in einem Spezialgerät an Bord des adressierten Schiffes gespeichert und angezeigt werden. Die Seefunkstelle kann so erkennen, welche Küstenfunkstelle Nachrichten vorliegen hat. Ein Nachteil dieses Verfahrens ist es, daß einer der Empfänger für diesen Dienst benötigt wird und daß nicht zu erkennen ist, ob es sich um wichtige Nachrichten für das Schiff handelt.

Einseitiger Funkverkehr. Die Küstenfunkstellen Kiel-Radio (Ostsee) und Norddeich-Radio (übrige Seegebiete) senden auf Antrag Telegramme im einseitigen Funkverkehr (EV). Der Antrag ist von der Reederei an das Fernmeldeamt 6 in Hamburg zu stellen. In diesem Dienst werden auch Telegramme mit Sammelrufzeichen ausgestrahlt. Schiffe mit Kurzwellensendern fordern diesen Dienst z. B. vor längeren Hafenliegezeiten oder beim Eintritt in ein Seegebiet, in dem eine Verbindungsaufnahme schwierig ist oder beim Ausfall des Kurzwellensenders (Vermittlung anderer Seefunkstellen) durch einen Dienstspruch an. Es muß sichergestellt werden, daß dann die Sendungen regelmäßig abgehört werden. Eine Blindfunkaussendung erfolgt dreimal. Die Empfangsbestätigung kann entweder durch Vermittlung über eine andere Seefunkstelle, durch Luftpost oder durch die eigene Sendeanlage gegeben werden. Der einseitige Funkverkehr wird als Sprechfunkaussendung auf der Grenzwelle und als Telegrafieaussendung auf Kurzwellen durchgeführt. Nähere Angaben enthält das Handbuch Seefunk.

Revier- und Hafenfunkdienst, Schiffslenkungsfunkdienst. Diese Funkdienste werden vornehmlich auf den Frequenzen des UKW-Bereiches abgewickelt. Der Nachrichtenaustausch beim Revier- und Hafenfunkdienst bezieht sich auf Führung, Fahrt oder Sicherheit von Schiffen oder, in dringenden Fällen, den Schutz von Personen. Beispiele: Zielhafen, Schiffsgröße, Tiefgang, Kurs, Geschwindigkeit, Lotseneinsatz und Hafenabfertigung, ärztliche Freigabe usw.

Betreffen die Meldungen ausschließlich die Fahrt des Schiffes, so spricht man vom Schiffslenkungsfunkdienst. Nachrichten des öffentlichen Nachrichtenaustausches sind in beiden Diensten nicht zugelassen. Im Gegensatz zum öffentlichen Funkverkehr wird dieser Dienst formlos abgewickelt, d. h., es werden keine Gesprächsnachweise geführt und keine Eintragungen in das Funktagebuch gemacht. Der Kapitän ist neben dem Inhaber der Genehmigung dafür verantwortlich, daß die für einen ordnungsgemäßen Funkverkehr geltenden Vorschriften eingehalten werden. Die Küstenfunkstellen für den Revier- und Hafenfunkdienst tragen hinter dem geografischen Namen die Bezeichnung Port-Radio, Pilot-Radio, Radar-Radio, Revier-Radio, Kanal-Radio, Lock-Radio usw.

Interner Funkverkehr. Hierunter versteht man den drahtlosen Fernmeldeverkehr des Schiffes mit Stationen auf Bug und Heck, Rettungsbooten, mit geschleppten Einheiten, mit Schleppern, Festmachern usw. Hierfür stehen im UHF-Bereich (bei ca. 450 MHz) 6 Frequenzen und die Sprechwege 15 und 17 der UKW-Anlage zur Verfügung. Die Aussendung darf nur kleine Leistung haben.

AMVER-Dienst. Der AMVER (Automated Mutual-Assistance Vessel Rescue System) -Dienst der US-Coast-Guard ist das bekannteste Standortmeldesystem für Such- und Rettungsmaßnahmen bei Seenotfällen. Andere Meldedienste sind das Grönland-Meldesystem, das Australien-, Neuseeland-, Brasilien- und Kenia-Meldesystem. Schiffe, die am AMVER-Dienst teilnehmen, setzen ihre Meldungen an die zuständige Bereichsküstenfunkstelle ab. Anschrift via Norddeich-Radio: AMVER Frankfurt/Main, oder AMVER … (Name der Funkstelle, über die eine Meldung abgesetzt wird, AMVER New York, AMVER Halifax usw. Man unterscheidet verschiedene Meldungen, die mit Form 1 bis 3 und Form D bezeichnet werden. Die Meldung nach Form 1 ist die Auslaufmeldung und enthält die Angaben über die geplante Route. Angegeben werden Schiffsname,

Rufzeichen, Standort, Datum, Uhrzeit, Reiseweg, Geschwindigkeit, nächster Anlaufhafen mit ETA, das Rufzeichen der Küstenfunkstelle, über die das Schiff zu erreichen ist und die Angabe, ob während der Reise ein Arzt an Bord ist. Die anderen Meldungen sind Positionsmeldungen, Meldungen über Abweichungen vom Reiseplan und Einlaufmeldungen. AMVER-Meldungen werden von den Küstenfunkstellen der Vereinigten Staaten von Amerika, Kanadas, der Bundesrepublik Deutschland und vielen europäischen und außereuropäischen Staaten entgegegenommen. Im Seenotfall kann der Zentralrechner Angaben über alle in einem Seegebiet befindlichen Schiffe machen. Diese können dann vom Havaristen, der Seenotleitfunkstelle oder einer Küstenfunkstelle angerufen und eingesetzt werden.

Faksimileaussendungen. Viele Küstenfunkstellen und Wetterfunkstellen strahlen zu bestimmten Zeiten Faksimilesendungen für die Schiffahrt aus. Es handelt sich dabei zumeist um Wetterkarten, Bodenanalysen, Stationskarten, Vorhersagekarten, Seegangskarten, Eiskarten, Sturmwarnungen, Wellenvorhersagekarten, Satellitenbilder und ähnliche Bilddarstellungen. Aber auch Presseaussendungen und sonstige Textvorlagen können übermittelt werden. Zur Aufnahme dieser Karten ist ein Spezialempfänger oder ein Demodulationsgerät für den Funkempfänger der Seefunkstelle notwendig. Damit gewinnt man die für das Schreibgerät notwendigen Schwarz- und Weiß-Informationen. Die Schreiber arbeiten mit Tinte oder elektrisch leitfähigem Papier und erfordern regelmäßige Pflege und Wartung.

DAAD-Perioden. Um Seefunkstellen, welche nicht mit Kurzwellenanlagen ausgerüstet sind, oder deren Kurzwellengeräte ausgefallen sind, die Verbindungsaufnahme mit anderen deutschen Seefunkstellen zu erleichtern, sind die DAAD-Perioden eingeführt worden.
Während dieser Perioden kann eine Vermittlung von Telegrammen über eine geeignete Seefunkstelle eingeleitet werden. Nähere Angaben findet man im Handbuch Seefunk. Zusätzlich werden von deutschen Seefunkstellen Kurzwellen-Telefonie-Perioden abgehört. Während dieser Perioden treffen sich Seefunkstellen einer Reederei oder eines Fahrtgebietes, um Erfahrungen auszutauschen, Telegramme zu vermitteln oder technische Beratung zu erhalten. Zeiten und Frequenzen dieser Treffen werden durch die Reedereien mitgeteilt.

Peilfunk. Ortungsfunkstellen, welche auf Ersuchen und gegen Gebühren Peilungen durchführen, tragen den Zusatz Gonio. Gepeilt werden die Peilsignale der Seefunkstelle auf der Frequenz 410 kHz. Das Ergebnis wird als Schiffsort oder rechtweisende Peilung von der Peilfunkstelle aus angegeben. Manchmal wird dem Ergebnis ein Buchstabe angehängt, welcher die Güteklasse der Peilung kennzeichnet. Beispiel: A bedeutet, daß das Peilergebnis auf $\pm 2°$ bzw. 5 sm genau ist. Die Hauptaufgabe dieser Peilfunkstellen ist die Peilung von Havaristen bei Seenotfällen.

Zeitzeichenfunk. Die Aussendung von Zeitzeichen wird benötigt, um die Abweichung von Schiffschronometern festzustellen und um die Funkraumuhr zu korrigieren. Es gibt eine Reihe von Zeitsignalen. Die wichtigsten sind das neue internationale Zeitsignal, das englische Sekundensignal und das US-Zeitsignal. Diese Zeitzeichen werden zu bestimmten Zeiten ausgestrahlt (Nautischer Funkdienst Band I). Davon abweichend strahlen die Normalfrequenzsender Fort Collins (WWV) und Kekaha (WWVH) 24 h lang Zeitsignale aus. Diese Sendungen enthalten auch Angaben über Ausbreitungsbedingungen auf Kurzwellen, Omega-Informationen, Hinweise auf Sturm- oder Hurrikangefahr u. a.

Ölfverschmutzung. Schiffe, welche Ölverschmutzungen im Bereich der Küstengewässer der Bundesrepublik Deutschland melden, senden Funktelegramme an „Seewarn Cuxhaven" und benutzen das Kennwort „Oelunfall". Die Gebühren trägt der Empfänger. Die Meldung soll neben Datum und Position auch Angaben über Windrichtung, Windgeschwindigkeit, Seegang, Ausmaß des Ölfeldes, Maßnahmen gegen den Ölaustritt usw. enthalten (siehe Bd. 2, Kap. 3.8).

Quarantänefunk. Quarantänemeldungen werden im allgemeinen 12 bis 5 h vor dem Einlaufen abgegeben. Die Meldung kann in offener Sprache oder nach dem Code des Internationalen Signalbuchs abgefaßt werden. Anschrift: Hafenarzt, Sanitary Authority, Sanidad, Porthealth, Medical Officer o. ä. Genauere Angaben findet man im Nautischen Funkdienst, Band I.

Ärztlicher Beratungsdienst. Zur Anforderung ärztlicher Ratschläge können Seefunkstellen funktelegrafisch oder funktelefonisch eine Küstenfunkstelle anrufen. Telegrammadresse: „Funkarzt..." (Name der Küstenfunkstelle) bzw. „Radiomedical..." (Name der ausländischen Küstenfunkstelle.) Falls es erforderlich ist, kann das Dringlichkeitszeichen benutzt werden, um Vorrang zu erhalten. Funkärztliche Anfragen sind vom Kapitän zu unterzeichnen. Soll ermittelt werden, ob ein Schiff mit einem Arzt an Bord in der Nähe ist, wird die Gruppe QSQ? (Haben Sie einen Arzt an Bord?) benutzt. Auch in diesem Fall kann vor den allgemeinen Anruf an alle Funkstellen (CQ) das Dringlichkeitszeichen gesetzt werden. In der Bundesrepublik Deutschland werden für Funkarzt-Telegramme keine Bord- und Küstengebühren erhoben. Die Diagnose des Funkarztes kann wesentlich erleichtert werden, wenn an Bord der Beratungsbogen „Funkärztliche Beratung" verwendet wird. Dieser ist in Zusammenarbeit zwischen Funkärzten und der SeeBG entwickelt worden. Ist dieser Beratungsbogen nicht an Bord, so soll immer mitgeteilt werden, welchen Arzneischrank das Schiff besitzt. Weitere Angaben enthält das Internationale Signalbuch und der Nautische Funkdienst, Band I. Der Internationale Gesundheitsdienst kann direkt über die Funkstelle „Centre Internationale Radio-Médical" (CIRM) mit dem Rufzeichen IRM, über Roma Radio oder durch Vermittlung der Funkstellen der US-Coast Guard erreicht werden. Anschrift: CIRM Roma, Dienstvermerk MEDRAD, Sprache Englisch oder Italienisch.

Weltweit koordiniertes Warnfunksystem. Seit 1977 gibt es ein durch IMCO und IHO (International Hydrographic Organization) eingeführtes weltweit koordiniertes Warnfunksystem. Die Seegebiete der Erde sind in 16 Großgebiete (Navareas) eingeteilt. Für jedes dieser Gebiete gibt es einen Area-Coordinator. Die dazu gehörende Küstenfunkstelle strahlt neue nautische Warnnachrichten zu bestimmten Zeiten aus und sendet an anderen Tagen eine Zusammenfassung aller noch gültigen Warnnachrichten. Zusätzlich dazu verbreitet jedes Land Warnnachrichten für die Küstengewässer durch regionale Küstenfunkstellen auf Mittel- und Grenzwellen. Die Schiffsleitungen melden beobachtete Gefahren für die Navigation (Eis, Wracks, Hindernisse usw.) an die zuständige Küstenfunkstelle und lassen sie, falls erforderlich, durch die Funkstation ausstrahlen. Heuschreckenschwärme werden an die englische Küstenfunkstelle Portishead-Radio gemeldet. Anschrift: Telex 24 364 = Antilocust London. Nähere Angaben: Nautischer Funkdienst.

Wetterfunkdienst. Die im Nautischen Funkdienst, Band I, veröffentlichten Gebietskarten zeigen Regionen, in denen Schiffs-Wettertelegramme von bestimmten Küstenfunkstellen gebührenfrei angenommen werden. Es handelt sich dabei um Telegramme, welche nur Wettermeldungen enthalten und an eine Wetterdienststelle gerichtet sind. Im internationalen Dienst enthalten solche Telegramme den Dienstvermerk = OBS =. Im Verkehr über Küstenfunkstellen der Deutschen Bundespost ist dieser Dienstvermerk nicht zugelassen. Wetterfunktelegramme werden wie normale Telegramme an die Kurzanschrift „Meteo Hamburg" geschickt, genießen aber Vorrang vor normalem Funkverkehr. Wettervorhersagen, Analysen und Wetterwarnungen werden von Küstenfunkstellen zu bestimmten Zeiten ausgestrahlt. Diese Meldungen sind mit wenigen Ausnahmen in englischer Sprache abgefaßt. Gegen Zahlung einer Gebühr kann bei manchen Küstenfunkstellen eine Wiederholung angefragt werden.

Beschädigung von Seekabeln. Jede Beschädigung von Seekabeln muß sofort gemeldet werden. In der Deutschen Bucht, der südwestlichen Nordsee und im Westteil der Ostsee nehmen die deutschen Küstenfunkstellen solche Meldungen entgegen. Dies kann als Telegramm oder Gespräch geschehen; die Meldungen sind gebührenfrei.

TR-Meldungen. Eine Seefunkstelle sollte beim Eintritt in das Verkehrsgebiet einer Küstenfunkstelle unaufgefordert eine TR-Meldung abgeben. Diese enthält: Schiffsname, Standort, Reiseweg und den nächsten Anlaufhafen. Weiter wird die Seefunkstelle sich beim Ein- bzw. Auslaufen bei der nächsten Küstenfunkstelle ab- bzw. anmelden.

Amateurfunkstellen, Rundfunkgeräte. Für das Errichten und Betreiben einer Amateurfunkstelle auf ausrüstungspflichtigen Schiffen ist eine besondere Genehmigung der Bundespost erforderlich. Das Deutsche Hydrographische Institut und die Bundespost prüfen vor Erteilung einer Genehmigung, ob Beeinträchtigungen der Seefunk- und Ortungsfunkanlage zu erwarten sind. Ton- und Fernsehrundfunkempfänger dürfen an Gemeinschaftsantennenanlagen nur mit Zustimmung des Schiffsführers errichtet und betrieben werden. Die Errichtung von Außenantennen ist untersagt.

4.8 Technischer Anhang

Wellenbereiche, Sendearten, Ausbreitung. Dem Seefunk stehen im Bereich der elektromagnetischen Wellen bestimmte Bereiche oder Einzelfrequenzen zur Verfügung. Die Aussendungen auf den einer Seefunkstelle zugeteilten Frequenzen dürfen nur mit der Modulationsart erfolgen, welche in der Genehmigungsurkunde bezeichnet ist.
Beispiel: A3J. Dabei bedeutet der erste Buchstabe die Modulationsart (A = Amplitudenmodulation, F = Frequenzmodulation). Die Zahl kennzeichnet die Übertragungsart (1 = tonlose Telegrafie, 2 = tongetastete Telegrafie, 3 = Telefonie). Der Buchstabe nach der Zahl gibt zusätzliche Merkmale an. Wichtig für den Seefunk sind die Buchstaben A, H und J. Diese kennzeichnen eine Einseitenbandaussendung. Als solche bezeichnet man Sendearten, bei denen das untere der beiden Seitenbänder nicht ausgesendet und die Trägerschwingung unterdrückt (J), vermindert abgestrahlt (A) oder voll abgestrahlt (H) wird. Für den Empfang von Einseitenbandaussendungen sind besondere Empfänger notwendig. Das Gesamtspektrum der elektromagnetischen Wellen wird wie folgt unterteilt:

Frequenz	Bezeichnung	Verwendung
3–30 kHz	Myriameterwellen Längstwellen VLF	Ortungssysteme Normalfrequenzdienst
30–300 kHz	Kilometerwellen Langwellen LF	Feste Funkdienste Navigationsfunkdienst
300–3000 kHz	Hektometerwellen Mittel- und Grenz- wellen MF	Seefunk auf nahe und mittlere Entfernungen, Flugnavigation, Rundfunk

Frequenz	Bezeichnung	Verwendung
3–30 MHz	Dekameterwellen Kurzwellen HF	Seefunk auf große Entfernungen, Flugfunk, Rundfunk, Amateurfunk
30–300 MHz	Meterwellen Ultrakurzwellen VHF	Hafenfunk, Flugfunk, Rundfunk, Fernsehen
300–3000 MHz	Dezimeterwellen UHF	Rundfunk, Fernsehen, Radar, Funknavigation, Satellitenfunk, Flugfunk
3–30 GHz	Zentimeterwellen SHF	Rundfunk, Fernsehen, Radar, Funknavigation, Satellitenfunk, Flugfunk
30–300 GHz	Millimeterwellen EHF	Rundfunk, Fernsehen, Radar, Funknavigation, Satellitenfunk, Flugfunk
300–3000 GHz	Dezimillimeter- wellen	noch im Versuchsstadium

Die Maßeinheit für die Frequenz ist das Hertz (Schwingungen pro Sekunde) oder Vielfache davon. Beispiele: kHz = Kilohertz = 10^3 Hz, MHz = Megahertz = 10^6 Hz, GHz = Gigahertz = 10^9 Hz.

Seefunkstellen und Küstenfunkstellen senden auf zugeteilten Frequenzen des Lang-, Mittel-, Grenz-, Kurz- und Ultrakurzwellenbereiches. Dazu kommen noch Frequenzen im Mikrowellenbereich für die Verkehrsabwicklung mit Satelliten. Die Sendungen in den einzelnen Wellenbereichen unterscheiden sich wesentlich durch ihre Ausbreitungseigenschaften. Mikrowellen und Ultrakurzwellen breiten sich ähnlich wie das Licht (quasioptisch) aus. Im Bereich der Kurzwellen spielt die in einer Höhe von ca. 100 bis 400 km befindliche Ionosphäre eine wesentliche Rolle. Diese Schichtenfolge entsteht durch Ionenbildung, d. h. Trennung von Elektronen und positiv geladenen Atomrümpfen als Folge energiereicher Sonnenstrahlung. Diese ist aber nicht konstant und die Ionisierung ist außerdem von der Lage der Erdoberfläche zur Sonne abhängig. Generell bewirkt aber die Ionosphäre eine Reflexion und Beugung von Kurzwellen. Durch flache Abstrahlung und durch mehrfache Umlenkung an Ionosphäre und Erdoberfläche können große Entfernungen überbrückt werden. Nachteilig sind die große Dämpfung und die Ausbreitung über verschiedene Wege sowie durch verschiedene Reflexionshöhen. Dies führt zu zeitweisen Auslöschungserscheinungen (fading). Die Bodenwelle spielt bei dieser Ausbreitungsart keine Rolle. Die Ausbreitung der Grenzwellen erfolgt tagsüber durch die Bodenwelle mit Reichweiten von einigen hundert Seemeilen. Nachts können durch die reflektierte Raumwelle größere Entfernungen überbrückt werden. Nachteil ist der hohe atmosphärische Störpegel dieses Bereiches.

Im Bereich der Mittelwellen folgt die Bodenwelle etwas der Erdkrümmung und ermöglicht Reichweiten von einigen hundert Seemeilen am Tage. Diese Reichweite kann in der Dämmerung und nachts durch zusätzliche Einstrahlung der Raumwelle erheblich erweitert werden. Am Empfangsort beobachtet man fading und ungenaue Peilungen. Lang- und Längstwellen zeichnen sich durch gute Ausbreitungserscheinungen der Bodenwelle aus. Einflüsse der Sonnenaktivität werden für die Navigationsverfahren in Korrekturtafeln berücksichtigt. Allgemein sind Ausbreitungsbedingungen von vielen Kriterien abhängig, welche nur grob vorausgesagt werden können.

Antennenanlage. Diese besteht aus der im Schiffssicherheitsvertrag geforderten Haupt- und Notsendeantenne und der Haupt- und Notempfangsantenne. Dazu kommen Antennen für besondere Kurzwellensender, Empfangsantennen für Navigationsgeräte sowie Rundfunk- und Fernseh-Gemeinschaftsantennenanlagen. Nach der Bauart unterscheidet man Langdraht- und selbsttragende Stabantennen. Für den Mittelwellenbereich werden Stabantennen mit Verlängerungsspulen versehen, um die für diesen Bereich notwendige Mindestreichweite zu gewährleisten. Abgesetzte Empfangsantennen im Vorschiff ermöglichen bessere Telefonieverbindungen, weil Sende- und Empfangsantennen nicht unmittelbar nebeneinander angeordnet werden müssen. Aktive Empfangsantennen zeichnen sich durch gute Empfangseigenschaften aus und benötigen nur wenig Platz. Das zwischen Antenne und Empfänger benötigte Koaxialkabel wird gleichzeitig für die Spannungsversorgung des im Antennenfußpunkt integrierten Verstärkers genutzt. Die Antennenanlagen müssen vor dem Auslaufen und bis unmittelbar vor dem Anlegen betriebsklar gehalten werden.

Funksender. Neben kombinierten Kurz-, Mittel- und Grenzwellensendern für Telegrafie und Telefonie befindet sich noch ein aus einer Batterie gespeister Mittelwellensender an Bord. Mit

Ausnahme der Endstufen leistungsstarker Sender benutzt man volltransistorisierte Geräte. Ein Sender besteht aus der Steuer- und Leistungsstufe. Dazu kommt ein Stromversorgungsteil. In der Steuerstufe, welche auch Exiter genannt wird, wird das Sendesignal mit der erforderlichen Modulation (Tastung oder Einseitenbandmodulation) sehr frequenzkonstant aufbereitet. Die Frequenzkonstanz ist für die Einseitenbandtechnik und die rationelle Nutzung des Frequenzbandes notwendig. Die Küstenfunkstellen suchen im Bereich der Kurzwelle nicht mehr die Anrufbänder ab, sondern sind mit fest eingestellten Empfängern auf bestimmten Frequenzen hörbereit. Man erreicht die geforderte Frequenzkonstanz durch Ableitung von Einzelfrequenzen aus der Schwingung eines Mutterquarzes hoher Präzision. Dabei kann jede gewünschte Frequenz mit einem Segmentschalter eingestellt werden. Solche Generatoren nennt man Synthesizer. Die Leistungsstufe ist ein Linearverstärker, der auf das gewünschte Frequenzband eingestellt wird und für eine maximale Ausgangsleistung abgestimmt wird.

Funkempfänger. Seefunkempfänger arbeiten nach dem Doppelsuperprinzip. Hierunter versteht man die zweifache Anwendung des Überlagerungsprinzips. Die empfangene Frequenz wird zweimal mit einer Oszillatorfrequenz gemischt und in zwei verschiedene Zwischenfrequenzlagen umgesetzt. Durch geschickte Wahl dieser Zwischenfrequenzen erzielt man eine hohe Spiegelfrequenzsicherheit und Trennschärfe. Zum Bedienungskomfort gehören Eichgeneratoren, umschaltbare Bandbreite, digitale Frequenzeinstellung, umschaltbare Regelspannung usw. Einfache Empfänger, wie der Notempfänger oder der Wachempfänger, arbeiten nach dem Einfachüberlagerungsprinzip.

Autoalarmgeräte. Man unterscheidet zwischen selbsttätigen Telegrafiefunkalarmgeräten und selbsttätigen Sprechfunkalarmgeräten. Es handelt sich um Empfänger für die jeweilige Notfrequenz 500 kHz und 2182 kHz. Das Telegrafiefunkalarmgerät soll spätestens nach dem vierten Strich des Alarmsignals auslösen. Das Gerät muß mit einem eingebauten Generator prüfbar sein. Die täglich vorgenommene Funktionskontrolle wird ins Funktagebuch eingetragen. Das Sprechfunkalarmgerät soll auf das Sprechfunkalarmzeichen innerhalb von 4 bis 6 s ansprechen.

Funkfernschreibanlage. Die Funkfernschreibanlage ist eine Zusatzausrüstung zur vorhandenen Einseitenbandanlage des Schiffes. Sie besteht aus der Fernschreibmaschine, dem SITOR-Gerät und einem Bedienungspult. Die Fernschreibmaschine entspricht den im Landtelexnetz üblichen Geräten moderner Bauart. Sie besitzt automatische Umschaltung von Ziffern und Buchstaben sowie einen Streifenstanzer und -leser. Damit können längere Texte an Bord vor der Übermittlung gestanzt, geprüft und korrigiert werden, bevor man sie auf dem Funkwege aussendet.

Das SITOR-Gerät setzt empfangene und zu sendende Zeichen um, speichert sie kurzfristig und bewirkt die selbsttätige Umschaltung der Senderichtung während einer Textübermittlung. An diesem Gerät wird auch die Kennummer der Gegenfunkstelle eingestellt. Die Anlage kann im ARQ- (automatic repetition request) und im BC- (Broadcast) Betrieb arbeiten. Während im ARQ-Betrieb zwei Funkstellen miteinander arbeiten, können im Broadcastbetrieb Nachrichten an alle Funkstellen, welche mit einem solchen Gerät ausgerüstet sind, gesendet werden. Durch die zweifache Aussendung eines jeden Zeichens kann das Gerät der Empfangsstelle prüfen, welches der beiden richtig empfangen wurde, und es dann abdrucken. Werden beide Zeichen als falsch erkannt, wird die Leertaste ausgelöst. Die Aufnahme normaler ungeschützter Fernschreibsendungen ist ebenfalls möglich.

Selektivrufgerät. Eine Küstenfunkstelle sendet auf Frequenzen, die durch einen oder mehrere Empfänger von Seefunkstellen überwacht werden, eine Tonfolge von fünf und vier Tonfrequenzen aus. Dabei stellen die ersten 5 Töne die Adresse dar (Kennummer der Seefunkstelle). Die folgenden 4 Töne enthalten Informationen, welche Küstenfunkstelle ruft. Außerdem sind Informationen über den Anrufkanal möglich. Auf der Empfängerseite gibt es einfache Geräte, welche lediglich anzeigen, daß ein Anruf vorliegt. In diesen wird die Adressentonfolge über ein Vergleichsschaltsystem als die eigene Kennummer erkannt und ein Alarmsignal ausgelöst. Aufwendige Geräte zeigen auf einem Leuchtschirm an, welche Küstenfunkstelle gerufen hat. Sie haben zusätzlich die Möglichkeit, mit Hilfe eines Speichers mehrere hintereinander gesendete Selektivrufe aufzunehmen. Ferner können mit mehreren Empfängern verschiedene Anruffrequenzen überwacht werden. Die Anzeige an Bord enthält keine Information über die Art der Nachricht (MSG-Telegramm, Seefunkfesttagstelegramm usw.). Ein kontinuierliches Durchwobbeln aller für dieses Rufsystem benutzten Tonfrequenzen stellt den Anruf an alle Funkstellen (CQ) dar. Das Gerät kann mit einem eingebauten Prüfgenerator in seiner Funktion überprüft werden.

Funkbojen. Seefunkbojen, EPIRB (Emergency Position Indicating Radio Beacon) genannt, senden das Sprechfunkalarmzeichen oder ein getastetes, mit der Frequenz 1300 Hz moduliertes Signal mindestens auf der Sprechfunknotfrequenz 2182 kHz. Die Bojen enthalten in einem seewasserfesten und aufrecht schwimmfähigen Gehäuse eine Stromversorgung, einen Sender und eine Stabantenne. Die Stromversorgung besteht aus aneinander geschweißten Trockenbatterien oder aus aufladbaren Elementen. Sie muß so bemessen sein, daß nach 48stündigem Dauerbetrieb noch mindestens 20 % der ursprünglichen Sendeenergie zur Verfügung steht. Der Sender wird mit einem Schwimmerschalter eingeschaltet. Er sendet mit der Sendeart A2H. Die Ausgangsleistung beträgt 1 bis 2 W, die Reichweite beträgt 30 sm. Die Sendeantenne befindet sich im oberen schlanken Teil des Schwimmkörpers. Eine Abstimmautomatik bewirkt eine optimale Anpassung der Antenne an den Sender in jeder Umgebung. Die Boje darf nicht angestrichen werden, weil sich damit die Abstrahlungsverhältnisse verschlechtern würden. Die Boje soll im Seenotfall an der Leeseite ins Wasser geworfen werden oder soll bei sinkendem oder kenterndem Schiff automatisch aufschwimmen. Die Pflege beschränkt sich auf regelmäßige Säuberung und pünktlichen Wechsel der Stromquelle (siehe auch 4.2 und 4.4).

Satellitenfunkgeräte. Dieser Dienst, an dem z.Z. nur wenige Schiffe teilnehmen, wird über geostationäre Satelliten abgewickelt. Der Übermittlungsweg kann für Telefonie, Funktelex und Datenübertragung benutzt werden. Auf dem Schiff wird die Sende-, Empfangs- und Antenneneinheit auf einer stabilisierten Plattform montiert. Die Nachführung der Antenne auf den Satelliten geschieht automatisch durch eine Steuereinheit, nachdem eine Grobausrichtung durch Dateneingabe eingeleitet worden ist. Das Funktelefon und die Tastatur des Telexschreibers befinden sich an einer schrankartigen Station im Funkraum. Für die Verbindungsaufnahme werden Telex- oder Telefonnummer des Landteilnehmers und der eigene Standort eingetastet. Durch einen Knopfdruck wird dann ein freier Übermittlungskanal angefordert. Einkommende Telexnachrichten können automatisch abgedruckt werden. Eine besondere Schaltstufe ist für die Übermittlung von Seenotsignalen vorgesehen. In dieser Betriebsart erhält die Seefunkstelle Vorrang bei der Zuweisung eines freien Übermittlungskanals. Eine Alarmierung aller in einem Seegebiet befindlichen Schiffe ist allerdings erst nach einer generellen Ausrüstungspflicht möglich. AMVER-Meldungen werden allerdings schon heute übermittelt. Die Sende- und Empfangsfrequenzen liegen bei ca. 1,6 GHz. In diesem Bereich werden die Funkwellen nicht durch die Ionosphäre beeinflußt. Vorteile des Satellitenfunks sind die gute Übertragungsqualität und die schnelle Nachrichtenübermittlung. Als Nachteil werden die hohen Kosten für Geräte und übermittelte Nachrichten sowie die Abhängigkeit eines ganzen Kommunikationssystems von einem einzigen Satelliten pro Seegebiet genannt.

Wetterkartenschreiber. Diese Geräte zeichnen, wenn sie an Spezialempfänger angeschlossen werden, automatisch Wetterkarten auf. Die Kartenaussendung erfolgt in der Sendeart F1, d. h., es werden 2 Frequenzen abwechselnd getastet. Diese entsprechen den Informationen schwarz oder weiß und es kann, wenn die Papiervorschubgeschwindigkeit und die Relativgeschwindigkeit des Schreibsystems mit dem in der Sendestelle abgetasteten Original übereinstimmt, eine Kopie an Bord aufgezeichnet werden. Deshalb müssen bei der Seefunkstelle neben der Kenntnis der genauen Sendefrequenz des Wetterkartensenders auch die Umdrehungsgeschwindigkeit (60, 90, 120 mm/s), der Modul (288, 576) und der Hub ($\pm$ 150 Hz Langwelle, $\pm$ 400 Hz Kurzwelle) bekannt sein und eingestellt werden. Die Wetterkartenschreiber sind mit einer Auswahlautomatik ausgerüstet. Diese wertet die einer Sendung vorausgehenden Synchronisationssignale aus und bewirkt automatisch Start, Modul- und Vorschubgeschwindigkeitseinstellung. Am Ende einer Sendung sorgen Stopimpulse für eine Abschaltung des Gerätes. Bei Störungen dieser Automatik und für den Fall, daß Start- oder Stopimpulse fehlen, ist es sinnvoll, die Übermittlungszeiten genau zu überwachen. Die Karte wird mit Tinte auf normales Papier aufgezeichnet oder in die Oberfläche eines elektrisch leitfähigen Papiers eingebrannt. Bis auf die Schreibsysteme arbeiten die Geräte weitgehend wartungsfrei.

5 Signalwesen und Lichtmorsen

Ausrüstung mit optischen Signalmitteln. Nach den UVV der SeeBG muß jedes deutsche Schiff die Bundesflagge, das Unterscheidungssignal, ein Internationales Signalbuch mit den Nachträgen nebst neuestem Anhang (Amtliche Liste der Seeschiffe) und der dazugehörigen Signalflaggen sowie eine Morsesignallampe an Bord haben. Schiffe bis zu 250 BRT sind für Fahrten innerhalb der kleinen Fahrt von der Mitführung des Signalbuchs und der Signalflaggen entbunden.

Außerdem muß jedes Schiff ab 50 BRT in der Auslandsfahrt mit einer Tagsignallampe (Morsescheinwerfer) ausgerüstet sein.

Jedes Schiff muß zur Abgabe von Notsignalen mindestens 12 Raketen mit Stöcken und 6 Fallschirmsignale, zur Abgabe von Lotsensignalen 12 Blaulichter oder Flackerfeuer an Bord haben. An Stelle der Raketen mit Stöcken können Pistolen mit Leucht- bzw. Blitzknallmunition verwendet werden.

5.1 Das Internationale Signalbuch

Das erste Signalbuch wurde 1857 vom britischen Board of Trade herausgegeben. Eine internationale Fassung erschien 1897 auf Betreiben der Schiffahrtskonferenz Washingtons 1889. Die Erfahrungen im Ersten Weltkrieg und die Entwicklung des Funkverkehrs veranlaßte die Ausgabe 1931 in 2 umfangreichen Bänden (Band I Signalbuch, Band II Funkverkehrsbuch). Seit 1959 ist die IMCO für das Internationale Signalbuch zuständig. Die neue Fassung, die am 1. April 1969 in Kraft trat, ist sehr vereinfacht und beschränkt sich in einem Bande auf Signale, betreffend die Sicherheit von Schiffahrt und Personen.

5.1.1 Einteilung des Signalbuchs

1. Einleitung und 5 Tafeln

2. Übermittlungsverfahren

    I   Erläuterung und allgemeine Bemerkungen,
    II   Definitionen,
   III Signalverfahren,
   IV Allgemeine Anweisungen,
    V Flaggensignalisieren,
   VI Lichtmorsen,
  VII Schallsignalisieren,
 VIII Sprechfunk,
   IX Signalisieren mit Handflaggen oder Armen,
    X Morsezeichen — Codewörter für Buchstaben und Zahlen — Verfahrenssignale, Einflaggensignale, Einflaggensignale mit Zusätzen, Eisbrechersignale.

3. Allgemeine Signale nach Sachgebieten
   I   Seenot,
   II   Seeunfälle,
   III Navigation,
   IV   Manöver,
   V   Verschiedenes,
   VI   Wetter,
   VII Verfahrenssignale,
   VIII Quarantäne,
Tafeln für Zusätze,
Alphabetisches Sachverzeichnis.

4. Medizinische Signale
mit Tafeln für Zusätze (Körperteile, Krankheiten, Medikamente) und alphabetischem Sachverzeichnis.

5.1.2 Gebrauch des Signalbuchs

Allgemeines. Die Signale des Signalbuchs können nicht nur für das Signalisieren mit Flaggen, sondern bei Sprachschwierigkeiten auch optisch (beim Lichtmorsen oder mit Handflaggen), akustisch (beim Tonmorsen oder mit Lautsprecher) und im Funkverkehr (Telegrafie- oder Sprechfunk) verwendet werden.

Anruf und Bestätigung beim Flaggensignalisieren. Im allgemeinen ist ein geheißtes Signal für das bzw. für die in Sicht befindlichen Schiffe bestimmt. Andernfalls muß das internationale Rufzeichen des betreffenden Schiffes gesetzt werden. Das Signal *YP* mit einer bestimmten Zusatzzahl kündigt an, daß man mit dem Schiff in einem bestimmten Signalverfahren Verbindung aufnehmen will. Beispiel: *YP9* = „Ich möchte mit Ihnen auf dem UKW-Kanal 16 sprechen."

Das empfangende Schiff setzt den Antwortwimpel in halber Höhe, wenn ein Signal abgelesen, und heißt ihn vor, wenn es verstanden ist. Sobald der Geber das Signal wiederholt, ist der Antwortwimpel wieder auf halbe Höhe zu holen, und so fort, bis der Geber als Abschluß des Signalisierens seinen Antwortwimpel kurz setzt.

Gebrauch der Hilfsstander. Diese ermöglichen die mehrmalige Wiedergabe einer Flagge oder eines Wimpels in einer Flaggengruppe bei nur einem Satz Flaggen. Der I. Hilfsstander wiederholt die erste Flagge oder den ersten Wimpel in dem betreffenden Signal, der II. Hilfsstander die zweite Flagge oder den zweiten Wimpel, der III. Hilfsstander die dritte Flagge oder den dritten Wimpel. Enthält ein Signal gleichzeitig Flaggen und Wimpel, so wiederholt der Hilfsstander stets diejenige Flaggenart, der er unmittelbar folgt. So ist bei dem Signal *L2123* zu heißen: *L, 2, 1,* Hilfsstander I, *3.*

Weitere Hinweise, z.B. zur Kennzeichnung von Zahlen innerhalb eines Signals (Peilung, Kurs, Datum, Zeit usw.), finden sich im Signalbuch in ausführlicher Form. Ebenso sind dort die Signalflaggen abgedruckt (siehe auch 5.1.4).

5.1.3 Signale

Lotsensignale („Ich benötige einen Lotsen")

Flagge: *G*	*G* durch Blinksignal. Blaufeuer, die alle 15 min abgebrannt werden
Deutsche Lotsenflagge	Ein unmittelbar über der Reling in kurzen Zwischenräumen gezeigtes, helles, weißes Licht, das jedesmal ungefähr 1 min sichtbar ist

Weitere Signale betr. Lotsen siehe Bd. 2, Kap. 2.5.4

Notsignale („Ich bin in Not und benötige sofortige Hilfe")

Schall- signale	Kanonenschüsse oder andere Knallsignale, die in Zwischenräumen von etwa 1 min abgefeuert werden	
	Anhaltendes Ertönen irgendeines Nebelsignalgerätes	
Sicht- signale	Flaggen: *NC*	Flammensignale, z.B. brennende Teertonnen, Öltonnen oder dergl.
	Fernsignal: Viereckige Flagge über oder unter einem Ball	Raketen oder Leuchtkugeln mit roten Sternen, die einzeln in kurzen Zwischenräumen abzufeuern sind
		Fallschirmleuchtrakete mit rotem Licht oder Hand-Rotlicht
	Orange-farbiges Rauchsignal	
	Langsames seit- liches Heben und Senken beider Arme	
Funk- signale	Siehe 4.4	

Quarantänesignale

An Bord ist alles wohl, ich bitte um freie Verkehrserlaubnis	Flagge: *Q*
Ich benötige Quarantäne-Klarierung Nachts Ein rotes Licht senkrecht über einem weißen Licht mit einem Abstand von 2 m über den ganzen Horizont sichtbar. Darf nur innerhalb der Hafengrenzen gesetzt werden	Flaggen: *Q* über dem I. Hilfsstander

Weitere Quarantänesignale s. Abschn. VIII der Allgemeinen Signale des Signalbuchs. Signale: *ZS–ZZ*

Dringende und wichtige Signale mit einer Flagge

A Ich habe einen Taucher zu Wasser. Halten Sie gut frei mit langsamer Fahrt!
B[1] Ich lade oder entlade oder habe gefährliche Güter an Bord.
D[1] Halten Sie frei von mir, ich manövriere unter Schwierigkeiten!
F Ich bin manövrierunfähig. Nehmen Sie Verbindung mit mir auf!
G Ich benötige einen Lotsen.
H[1] Ich habe einen Lotsen an Bord.
J Ich habe Feuer und gefährliche Güter an Bord. Halten Sie gut frei von mir!
K Ich möchte mit Ihnen Verbindung aufnehmen.
L Bringen Sie Ihr Schiff sofort zum Stehen!
M Mein Schiff ist gestoppt und macht keine Fahrt durch das Wasser.
O Mann über Bord.

---

1 Diese Signale dürfen als Schallsignale nur nach den Regeln der Seestraßenordnung verwendet werden.

P   Im Hafen (Blauer Peter): Alle Mann an Bord zurückkehren, da das Schiff in See
       gehen will!
Q   An Bord ist alles wohl, ich bitte um freie Verkehrserlaubnis.
U   Sie begeben sich in Gefahr!
V   Ich benötige Hilfe.
W   Ich benötige ärztliche Hilfe.
Y   Ich treibe vor Anker.
Z   Ich benötige einen Schlepper.

Andere häufige Signale
OQ   Ich bestimme Funkbeschickung bzw. kompensiere Kompasse.
YW 7 Ich möchte mit Ihnen funktelegrafisch auf 500 kHz Verbindung aufnehmen.
UW   Ich wünsche Ihnen gute Reise!
UW 1 Ich danke für gute Zusammenarbeit und wünsche Ihnen gute Reise!

Schleppsignale. Diese stehen im Signalbuch in dem allgemeinen Teil (KF–LJ). Es
empfiehlt sich, die Benutzung dieser Signale mittels Flaggen bzw. Scheinwerfer, bei
Sprachschwierigkeiten auch im Funkverkehr vor Beginn der Schleppreise zu vereinbaren.

5.1.4 Die Flaggen und Wimpel des Internationalen Signalbuchs

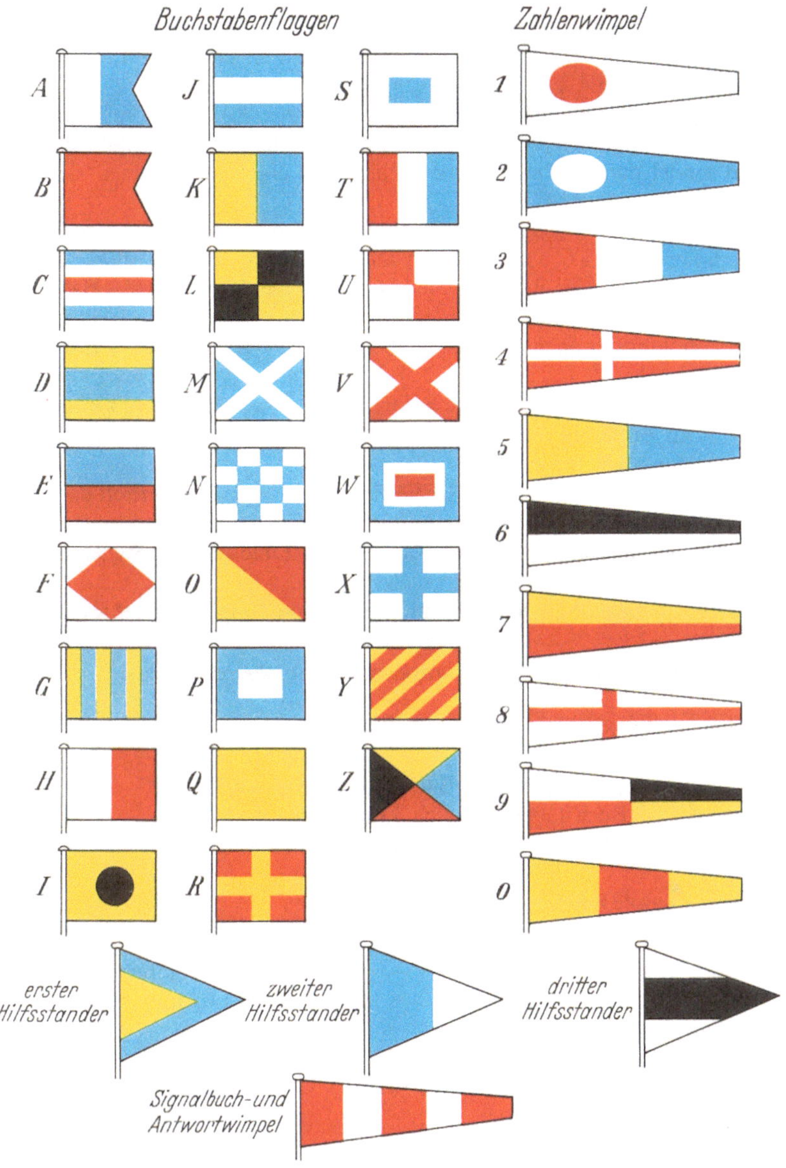

5.2 Lichtmorsen

5.2.1 Verfahren (siehe Signalbuch Kapitel 6)

Anruf. Der Morsespruch beginnt mit dem Anruf. Dieser besteht aus dem wiederholt gegebenen Rufnamen des Angerufenen. Ist der Angerufene nicht bekannt, erfolgt der Anruf mit den Buchstaben $AAA = \cdot - \cdot - \cdot -$.

Der Angerufene antwortet mit dem Klarzeichen $TTTT = - - - -$. Darauf sendet der Geber das Wort DE und seinen Rufnamen. Der Empfänger wiederholt dies als Bestätigung und sendet darauf, wenn erforderlich, seinen eigenen Rufnamen, der vom Geber wiederholt wird.

Text. Wenn dieser nicht in offener Sprache, sondern in Codegruppen des Signalbuchs gesendet wird, muß er durch YU oder das Wort $INTERCO$ eingeleitet werden.

Der Empfänger bestätigt jedes Wort bzw. jede Codegruppe durch $T = -$. Hat er das Wort bzw. die Codegruppe nicht verstanden, so gibt er $RPT = \cdot - \cdot - - \cdot -$.

Spezielle Wiederholungsgruppen, die anschließend an RPT gegeben werden können, sind:

AA = Repeat all after, AB = Repeat all before, WA = Repeat word or group after, WB = Repeat word or group before, BN = Repeat all between ... and ... Die Wiederholung wird durch OK bestätigt.

Hat sich der Geber geirrt, so gibt er $EEEEEEEE = \cdot\cdot\cdot\cdot\cdot\cdot\cdot\cdot$, wiederholt das letzte richtige Wort bzw. Codegruppe und fährt dann fort.

Weitere Verfahrensabkürzungen sind dem Kapitel 6 der Einleitung des Signalbuchs zu entnehmen.

Der gesamte Morsespruch wird vom Geber mit AR und vom Empfänger mit R beendet.

5.2.2 Im internationalen Verkehr amtlich zugelassene Morsezeichen[2]

Abstand und Länge der Zeichen:
1. Ein Strich ist gleich 3 Punkten.
2. Der Raum zwischen den Zeichen eines Buchstabens ist gleich 1 Punkt.
3. Der Raum zwischen 2 Buchstaben ist gleich 3 Punkten.
4. Der Raum zwischen 2 Wörtern ist gleich 7 Punkten.

Buchstaben und internationale Buchstabierworte[3]

a	$\cdot -$	A	Alfa	m	$- -$	M	Mike
b	$- \cdot \cdot \cdot$	B	Bravo	n	$- \cdot$	N	November
c	$- \cdot - \cdot$	C	Charlie	o	$- - -$	O	Oskar
d	$- \cdot \cdot$	D	Delta	p	$\cdot - - \cdot$	P	Papa
e	$\cdot$	E	Echo	q	$- - \cdot -$	Q	Quebec
f	$\cdot \cdot - \cdot$	F	Foxtrot	r	$\cdot - \cdot$	R	Romeo
g	$- - \cdot$	G	Golf	s	$\cdot \cdot \cdot$	S	Sierra
h	$\cdot \cdot \cdot \cdot$	H	Hotel	t	$-$	T	Tango
i	$\cdot \cdot$	I	India	u	$\cdot \cdot -$	U	Uniform
j	$\cdot - - -$	J	Juliet	v	$\cdot \cdot \cdot -$	V	Victor
k	$- \cdot -$	K	Kilo	w	$\cdot - -$	W	Whisky
l	$\cdot - \cdot \cdot$	L	Lima	x	$- \cdot \cdot -$	X	Xray

---

2 So genannt nach dem amerikanischen Prof. Samuel Morse (1791 bis 1872), der 1820 dieses Strich-Punkt-ABC zuerst vorschlug.

3 Die Buchstabierworte sind englisch auszusprechen.

y	— · — —	Y Yankee	4	· · · —	Kartefour
z	— — · ·	Z Zulu	5	· · · · ·	Pantafive
			6	— · · · ·	Soxisix
Ziffern[3]			7	— — · · ·	Setteseven
			8	— — — · ·	Oktoeight
1	· — — — —	Unaone	9	— — — — ·	Novenine
2	· · — — —	Bissotwo	0	— — — — —	Nadazero
3	· · · — —	Terrathree			

Satz- und andere Zeichen

Punkt	[.]	· — · — · —
Komma	[,]	— — · · — —
Doppelpunkt	[:]	— — — · · ·
Fragezeichen	[?]	· · — — · ·
Auslassungszeichen[4]	[']	· — — — — ·
Bindestrich und Trennungszeichen (bei gemischten Zahlen)	[—]	— · · · · —
Bruchstrich	[/]	— · · — ·
Klammer vor den Wörtern	[(]	— · — — ·
Klammer nach den Wörtern	[)]	— · — — · —
Anführungszeichen vor und nach den Wörtern	[„"]	· — · · — ·
Doppelstrich	[=]	— · · · —
Verstanden		· · · — ·
Irrung		· · · · · · · ·
Anfangszeichen		— · — · —
Aufforderung zum Geben		— · —
Warten		· — · · ·
Aufgearbeitet		· · · — · —
Schlußzeichen bzw. +	[+]	· — · — ·

---

4 Das Auslassungszeichen wird als Sekundenzeichen einmal gegeben, als Minutenzeichen verwendet zweimal gegeben.

6 IMCO*-Englisch

6.1 Allgemeines

Englisch ist die internationale Verkehrssprache der Seeschiffahrt. Dieser Grundsatz wird allgemein von allen Beteiligten anerkannt. Dennoch zeigt es sich in der Praxis, daß die Sprachkenntnisse vieler in der Schiffahrt Tätiger — und das betrifft nicht nur das fahrende Personal — den Anforderungen nicht gerecht werden. Das liegt in der Regel daran, daß die Englischkenntnisse zu dürftig sind (schlechte Aussprache und der für die besondere Situation unzureichende Wortschatz des „Schulenglischen"), es kann aber auch bedeuten, daß ein gut Englisch Sprechender nicht in der Lage ist, sich auf einen Kommunikationspartner mit geringen Sprachkenntnissen einzustellen. Letzteres trifft häufig für englische Muttersprachler zu. Unzureichende Sprachkenntnisse können zu katastrophalen Folgen für Schiff und Besatzung führen, wenn durch sie die Verständigung zwischen Schiffen bzw. zwischen Schiff und Land nicht gelingt oder beeinträchtigt wird.

Ein schweres Schiffsunglück in der Nordsee im Jahr 1965, das unmittelbar damit zusammenhing, daß sich das betroffene Schiff und die nächstgelegene Küstenfunkstelle mangels einer gemeinsamen Sprache nicht verständigen konnten, veranlaßte die IMCO zur Entwicklung eines Seefahrtstandardvokabulars (Standard Marine Navigational Vocabulary). Dieses kurz als IMCO-Englisch bezeichnete Vokabular liegt seit 1976 in verbindlicher Form vor. Es umfaßt alle wesentlichen Ausdrücke und Redewendungen, die für den Sprechfunkverkehr der Seeschiffahrt von Bedeutung sind.

Seine Vorteile sind

- der begrenzte Umfang (die nur wenigen hundert Ausdrücke sind sprachlich so einfach, daß sie auch der Anfänger gut behalten kann);
- die besondere Berücksichtigung der Bedingungen des Sprechfunkverkehrs (Schlüsselbegriffe werden möglichst nicht in einsilbigen Wörtern ausgedrückt, damit auch unter schwierigen akustischen Bedingungen eine bessere Verständlichkeit zu erzielen ist);
- die Klarheit und Übersichtlichkeit der verwendeten Sprache (alle Mitteilungen werden in kurzen, übersichtlichen Sätzen und mit einfachen grammatischen Mitteln dargestellt; die im Englischen sonst üblichen bildhaften Ausdrücke (Idioms) entfallen zugunsten sachlich eindeutiger Ausdrücke; das Zusammenziehen von Wörtern, wie in der Umgangssprache, unterbleibt).

Das IMCO-Englisch unterscheidet sich in Wortwahl, Idiomatik und Stilistik deutlich von der in den englischsprachigen Ländern anzutreffenden Umgangssprache und kann insofern als Kunstsprache bezeichnet werden, ähnlich wie das in der Internationalen Luftfahrt verwendete Englisch. Das „Seefahrtstandardvokabular" muß auf allen Fahrzeugen, auf die der Schiffsicherheitsvertrag Anwendung findet, vorhanden sein. Allerdings ist die Verwendung derzeit (noch) nicht bindend vorgeschrieben, „es soll vielmehr durch ständigen Gebrauch in Seefahrt und Landausbildung zur allgemein üblichen Fachsprache

---

* Intergovernmental Maritime Consultative Organization.

des Seemannes werden". Inwieweit ein solcher „ständiger Gebrauch" aufgrund einer Empfehlung erreicht werden kann, wird sich erweisen, doch gibt es bereits heute zahlreiche Stimmen, die unter Hinweis auf die Luftfahrt die Einführung bindender Vorschriften fordern. Es ist dabei zu berücksichtigen, daß voraussichtlich nur auf diesem Wege zu erreichen sein wird, daß auch seitens englischsprachiger Schiffe und Landstellen IMCO-Englisch konsequent verwendet wird.

IMCO-Englisch ist in einer Broschüre, die auch die deutschen Entsprechungen enthält („Seefahrtstandardvokabular"), vom Deutschen Hydrographischen Institut Hamburg zu beziehen. Die folgenden Hinweise und Auszüge aus der Broschüre haben nur Beispielcharakter, sie sind keine Zusammenfassung; vielmehr ist eine perfekte, geradezu automatische Beherrschung aller Sätze und Begriffe des Vokabulars für jeden am Nachrichtenaustausch in der Seefahrt Beteiligten unerläßlich.

6.2 Einige Grundsätze des IMCO-Englisch

Viele Mitteilungen im UKW-Verkehr können in Form von Standardmeldungen übermittelt werden, für andere lassen sich Formulierungen aus dem IMCO-Englisch ableiten. Für die am häufigsten vorkommenden Meldungen werden Standardmeldungen aufgeführt, deren einzelne Punkte immer in der angegebenen Reihenfolge übermittelt werden sollen, z. B.:

- Lotsenanforderungen: Empfänger – Schiffsname – Bestimmungshafen – ETA – Hinweis auf den Abschnitt im Vokabular für eventuelle zusätzliche Mitteilungen oder Fragen – „requests pilot".
- Verkehrserlaubnis: Empfänger – Schiffsname – Position – Bestimmungshafen – beabsichtigte Route – „requests clearance".

Fragen und Nachrichten selbst sind nach Möglichkeit mit Standardverben einzuleiten. Ein Fragesatz sollte durch Voransetzen des Wortes „question" angekündigt werden. Aufforderungen sollten klar und ohne Höflichkeitsumschreibungen ausgesprochen werden, zum Beipiel: You must … Sie müssen…, und nicht: you have to, oder: you should, you had better, you ought to usw.!

Von Wichtigkeit ist dabei auch die korrekte Aussprache:

nicht:	I don't	sondern:	I do not
	I'll		I will
	I' can't		I cannot
	usw.		usw.

Antworten werden, soweit möglich, mit „yes" oder „no" eingeleitet, danach wird der entsprechende Satz in vollem Wortlaut wiederholt.

Wiederholungen: Soll eine Meldung von der anderen Stelle wiederholt werden, weil man selbst nicht verstanden hat, so lautet die Meldung: „say again". Wiederholt man selbst, um sicherzustellen, daß der andere versteht, wichtige Teile der Meldung, so benutzt man: „repeat".

Zahlen werden auf folgende Weise wiedergegeben:

one-five-zero für: 150
two-point-five für: 2.5

Beispiele:

You are running into danger	submerged wreck ahead of you
Für Sie besteht Gefahr	versunkenes Wrack voraus

There has been a collision in position … stand by to give assistance
Auf Position … hat sich eine Kollision ereignet, Stand-by für Hilfeleistung

Your navigation lights are not visible
Ihre Positionslichter sind nicht zu sehen
I need help. I am aground
Ich brauche Hilfe. Ich sitze auf Grund
What is your position/the position of the vessel in distress?
Welches ist Ihre Position/die Position des Schiffes in Seenot?
I am coming to your assistance
Ich komme Ihnen zu Hilfe
Are you dragging anchor?
Treiben Sie vor Anker?
What is your destination?
Welchen Bestimmungsort haben Sie?
You must get underway
Sie müssen in Fahrt gehen
Advise you keep your present course
Ich empfehle, Ihren gegenwärtigen Kurs beizubehalten
You are in the centre of the fairway
Sie sind in der Mitte des Fahrwassers
You must close up on vessel ahead of you
Sie müssen zu dem vor Ihnen fahrenden Fahrzeug aufschließen
Keep well clear of me
Halten Sie sich gut frei von mir
Advise you pass astern of me
Ich empfehle Ihnen, hinter mir zu passieren
Is the pilot boat on station?
Ist das Lotsenschiff auf Station?
Pilot boat is approaching your vessel
Das Lotsenschiff steuert Ihr Schiff an
What is the course to reach you?
Auf welchem Kurs erreiche ich Sie?
I have lost radar contact
Ich habe den Radarkontakt verloren
Vessel on opposite course passing your port/starboard side
Der Gegenkommer passiert Sie an Steuerbord-/Backbordseite
There are pipelaying/cable-laying operations in position ...
Rohrlegearbeiten/Kabellegearbeiten auf ... (Position)
Radio beacon service ... has been discontinued
Funkfeuer ... Betrieb unterbrochen
You are not complying with traffic regulations
Sie halten sich nicht an die Verkehrsvorschriften
What is your present/full speed?
Wie ist Ihre augenblickliche/volle Geschwindigkeit?
You must increase speed
Sie müssen Ihre Geschwindigkeit erhöhen
Tide is (... metres/feet) above/below prediction
Die Tide ist (... Meter/Fuß) über/unter der Vorhersage eingetreten
What is the atmospheric pressure (and its change) (at position/your position)?
Wie hoch ist der Luftdruck (und seine Änderung) (auf Position/an Ihrem Schiffsort)?

Where will tug(s) meet me?
Wo erwartet mich der/erwarten mich die Schlepper?

Is the wind expected to change?
Wird Windänderung erwartet?

Are sea conditions expected to change within the next ... hours?
Sind in den nächsten ... Stunden Seegangsänderungen zu erwarten?

There are nets with buoys in this area
In diesem Gebiet liegen Netze mit Bojen aus

Identify yourself (by method indicated)
Geben Sie sich zu erkennen (auf die angegebene Weise)

7 Proviant und Verpflegung

Allgemeines. Für die Ausrüstung des Schiffes mit gutem und ausreichendem Proviant ist der Kapitän verantwortlich. Er ist auch verpflichtet, die Art und Zubereitung der Verpflegung zu überwachen, Beschwerden nachzugehen und für Abhilfe zu sorgen. Die fachgerechte Verwaltung, Lagerung und Pflege des Proviants obliegt dem Koch. Häufig wird mit der Proviantverwaltung und Buchführung auch einer der jüngeren Schiffsoffiziere betraut. In den Zuständigkeitsbereich der Schiffsleitung gehört außerdem die Überwachung des Arbeitsplatzes Küche/Proviantraum bezüglich Unfallschutz und Hygiene.

Seemanns-
gesetz:
§ 113
§ 118
§ 119

Die Verpflegungssätze an Bord sind durch eine amtlich festgesetzte Speiserolle geregelt. In der derzeitigen Fassung vom 1. Juli 1951 entspricht sie jedoch nicht mehr den neueren Erkenntnissen der Ernährungslehre, den Bedürfnissen der Besatzung und den modernen Möglichkeiten der Proviantlagerung. In der Praxis wird heute weniger kalorienreich, dafür aber mit hochwertigerem Proviant verpflegt. Die Lebensmittel, die zur Krankenpflege an Bord sein müssen, sind in der „Anleitung zur Gesundheitspflege auf Kauffahrteischiffen" angegeben.

Verpflegungsräume. Küche, Proviantlagerräume und Kühlräume sind stets sauber zu halten. Bei der Auswahl von chemisch wirkenden Reinigungsmitteln ist auf deren Unbedenklichkeit für den Einsatz in Lebensmittelnähe zu achten. Es sollten nur geprüfte und empfohlene Reinigungs- und Desinfektionsmittel verwendet werden. Bedenklich für die Hygiene sind vor allem schmutzige Handtücher, Spül- und Putzlappen sowie die kaum sichtbaren, angetrockneten Lebensmittelreste in den Fugen von Arbeitsflächen sowie schlechte Drainage der Fußböden infolge Verstopfung oder ungünstiger Lage des Schiffes.

Die technischen Einrichtungen von Küche und Bäckerei sind ebenfalls sauber und funktionsfähig zu halten und periodisch auf technische Sicherheit prüfen zu lassen. Besonderes Augenmerk ist auf die Proviantkühlanlage zu richten (siehe 3.10.7), da ein Ausfall die Schiffsleitung vor eine schwierige Situation stellen kann. Keinesfalls darf bei Ausfall der Proviantkühlanlage Trockeneis (CO_2 bei $-60\,°C$) verwendet werden, da durch freiwerdendes Kohlendioxid der Luftsauerstoff verdrängt wird und Erstickungsgefahr im Kühlraum besteht.

Ernährung an Bord[1]. Der tägliche Grundenergiebedarf eines Erwachsenen beträgt ca. 7100 kJ (1700 kcal). Bei leichter Tätigkeit kommen $^1/_3$, bei mittelschwerer Tätigkeit $^2/_3$ und bei schwerer Arbeit $^3/_3$ hinzu. Die menschliche Nahrung besteht aus den Bau- und Brennstoffen Eiweiß, Fett und Kohlehydraten sowie aus Mineralstoffen, Spurenelementen, essentiellen organischen Säuren und Vitaminen. Da kein Grundnahrungsmittel alle

---

1 Siehe Strothmann, H.: Ernährung und Proviant an Bord von Seeschiffen, Nr. 14 Weiterbildungsreihe „Up to Date"; Sozialwerk für Seeleute e.V. 1978.

Speiserolle für die deutsche Seeschiffahrt einschließlich Seefischerei. Gültig ab 1. Juli 1951

Wochenration pro Besatzungsmitglied

	Küche	Messe	Insgesamt	Bemerkungen
1. Fleisch	2800 g	—	2800 g	Die Fleischmahlzeiten sollen abwechslungsreich sein, wobei 400 g Rind- bzw. Hammel- bzw. Kalbfleisch = 325 g Schweinefleisch = 225 g Speck = 200 g Dosenfleisch als Tagesration gerechnet werden
2. Fette	200 g	500 g	700 g	Von der Messeration müssen mindestens 250 g Butter sein. Schmalz rechnet im Verhältnis zu Fett 80:100
3. Fisch	500 g Frischfisch oder 300 g Räucherfisch oder Marinaden	—	500 g bzw. 300 g	Kann einmal wöchentlich als Hauptmahlzeit an Stelle von 400 g Fleisch gegeben werden (gilt nicht für die Hochseefischerei)
4. Brot	—	3500 g	3500 g	
5. Mehl	1050 g	—	1050 g	davon 30 % Weizenmehl 500 g = 350 g Mehl
6. Zucker	200 g	150 g	350 g	
7. Marmelade bzw. Kunsthonig	—	500 g	500 g	
8. Aufschnitt	—	250 g	250 g	
9. Käse	—	250 g	250 g	Fettgehalt nicht unter 30 %
10. Eier		2 Eier	2 Eier	gegebenenfalls 25 g Trockenvolleipulver
11. Kartoffeln	8000 g	—	8000 g	
12. Hülsenfrüchte	500 g	—	500 g	
13. Nährmittel	500 g	—	500 g	
14. Gemüse, frisch	3000 g	—	3000 g	oder 300 g Trockengemüse oder 2 Dosen Gemüsekonserven
15. Essiggemüse, Sauerkraut, rote Beete und Gewürzgurken	nach Küchenbedarf; Sauerkraut ersetzt eine Gemüsemahlzeit			
16. Früchte, frisch oder in Dosen	—	500 g	500 g	
oder Trockenobst	250 g	—	250 g	
17. Bohnenkaffee	—	50 g	50 g	
Kaffee-Ersatz	—	150 g	150 g	
18. Tee	—	30 g	30 g	
19. Dosenmilch	170 g	85 g	255 g	
20. Fruchtsaft	0,1 l	—	0,1 l	
21. Zwiebeln und Küchengewürze verschiedenster Art nach Bedarf				

Der frische Proviant und das Essen sollen möglichst dem Klima und den Jahreszeiten angepaßt werden.

Für das Maschinenpersonal ist während der Wache nach Bedarf Hafer- oder Gerstengrütze in Wasser als Getränk zu geben.

notwendigen Stoffe in der erforderlichen Zusammensetzung enthält, muß die Ernährung vielseitig und abwechslungsreich gestaltet werden. Hinzu kommt, daß ein ausgewogener und abwechslungsreicher Speiseplan sehr zur Schaffung eines ausgeglichenen Betriebsklimas und zur Zufriedenheit der Menschen an Bord beiträgt.

Da die Arbeit an Bord heutiger Schiffe mit wenigen Ausnahmen als leicht bis mittelschwer zu bezeichnen ist, sollte die tägliche Kalorienzufuhr bei ca. 10500 kJ (2500 kcal) liegen.

Davon sollten abgedeckt werden:
- 1250 kJ in Form von 70 g Eiweiß, zur Hälfte tierischen (Fleisch) und zur Hälfte pflanzlichen Ursprungs (Hülsenfrüchte, Brot, Kartoffeln);
- 3350 kJ in Form von 90 g Fett, das etwa zur Hälfte im Fleisch enthalten ist und zur anderen Hälfte als Koch- und Streichfett gegeben wird;
- 5900 kJ in Form von ca. 350 g Kohlehydraten (Kartoffeln, Brot, Zucker, Gemüse).

Diese Nahrungsmengen ergänzen sich durch Wasser und nicht verdauliche Ballaststoffe (z.B. Zellulose) zu einer täglichen Nahrungsmenge von ca. 2 kg. In Anlehnung an die früher mit Recht schwerere Kost auf Seeschiffen wird auch heute an Bord noch gelegentlich zu fett gegessen. Zu beachten ist in diesem Zusammenhang, daß auch ein Überschuß an Kohlehydraten vom menschliche Körper in Fett umgewandelt wird und zu Übergewicht führen kann.

Die Versorgung mit den übrigen Stoffen (Spurenelementen, Vitaminen etc.) ist vor allem dann sichergestellt, wenn neben den Grundnahrungsmitteln auch ausreichend Frischgemüse und Obst gereicht wird. Vitamin- und Mineralstoff-Mangelerscheinungen leichterer Art machen sich durch allgemeine Mattigkeit und durch erhöhte Anfälligkeit gegen verschiedenste Infektionskrankheiten bemerkbar.

Bei den Mineralstoffen unterscheidet man saure und basische. Überschuß an Säuren enthalten u.a. alle Fleischsorten, Eier, Käse, Butter, Margarine, Palmin, Erbsen, Kakao und grobes Vollkornbrot. Überschuß an Basen haben u.a. Kartoffeln, fast alle Gemüsearten, Zwiebeln, Tomaten, Kopfsalat, Schnittlauch und Rohrzucker. Einseitiger Genuß von säurehaltigen oder von basenhaltigen Nahrungsmitteln ist schädlich.

Der Wasserbedarf des Menschen richtet sich nach Wärme und Feuchte der ihn umgebenden Luft, der Schwere seiner Arbeit und der damit verbundenen Schweißabsonderung. Er beträgt ca. 2 l pro Tag bei Ruhe und ausgeglichenem Klima und kann in extremen Fällen (schwere Arbeit bei Hitze, Fieber, Durchfall) bis 12 l pro Tag steigen. Akuter Wassermangel läßt sich an deutlichem Gewichtsverlust (bis 10%) erkennen und kann zu ernsten gesundheitlichen Schäden führen. Ein Wasserverlust von 20 bis 35% führt unausweichlich zum Tode. Der Wasserbedarf soll nicht mit alkoholischen Getränken und im Seenotfall unter gar keinen Umständen mit Seewasser gedeckt werden. Seewassertrinken erhöht den Wasserverlust (siehe Merkblatt der SeeBG vom 15. Juli 1960). In Subtropen und Tropen sollte für die Besatzung schwachgesüßter, kalter Tee mit Zitrone bereitgestellt werden. Der durch Schwitzen hervorgerufene Salzverlust ist durch stärkeres Salzen der Speisen oder durch Salztabletten auszugleichen. Vor übermäßigem Trinken bei starker Hitze muß jedoch gewarnt werden, da hierdurch der Kreislauf zu stark belastet werden kann (siehe 8.7).

Zubereitung der Speisen. Nährnutzen und Verdaulichkeit einer Nahrung hängen in hohem Maße ab von der Sorgfalt, die auf ihre Zubereitung verwandt wird, von ihrer Temperatur, ihrer Reichhaltigkeit und der Art der Beikost. So wird z.B. durch zu langes Kochen ein Teil der Vitamine zerstört. Ein anderer Teil der Vitamine ist wasserlöslich. Deshalb sollte man Wasser, in dem Gemüse gekocht wurde, nicht weggießen, sondern es bei der Herstellung von Suppen, Tunken und dergl. verwenden.

Ein wesentliches Problem für den Koch ist die Bemessung der Speisenmenge, die pro Mahlzeit zubereitet werden soll. Da mit steigendem Lebensstandard zunehmend eine größere Auswahl an Gerichten bzw. Beigerichten zu jeder Mahlzeit erwartet und auch angeboten wird, kann die bereitzuhaltende Menge noch schwerer abgeschätzt werden. Nur ein guter Koch schafft es unter diesen Bedingungen, trotz reichhaltigen Angebots die Reste gering zu halten und diese möglichst weitgehend unter Berücksichtigung der jeweiligen Haltbarkeit zu verwerten.

Die Schiffsleitung sollte bei der übrigen Besatzung um Verständnis für diese Problematik werben, andererseits aber darauf achten, daß die Resteverwertung in angemessenen Grenzen bleibt und keinerlei Beeinträchtigung der Genießbarkeit auftreten kann. So dürfen gebratene oder gekochte Speisen, die bei einer Mahlzeit in der Küche übrig bleiben, nur einmal eingefroren werden. Bleibt bei Wiederverwendung erneut ein Rest, so muß dieser vernichtet werden. In diesem Zusammenhang muß dringend davor gewarnt werden, Speiseeis auf Milchbasis, mayonnaisehaltige Salate, Pilzgerichte und Speisen mit hohem Fischeiweißgehalt (Krabben, Muscheln) aufzubewahren. Auch unter günstigen Bedingungen muß man mit Verderb, d. h. explosionsartiger Vermehrung von Bakterien in diesen leicht verderblichen Nahrungsmitteln rechnen. Eine noch weitverbreitete Gepflogenheit in Schiffsküchen ist der permanente Fettkessel auf dem Herd, dessen Inhalt zum Ansetzen der täglichen Soßen dient. Nach neueren Erkenntnissen wird Fett nach längerem Erhitzen ungenießbar und kann sogar krebserregende Substanzen enthalten. Dies gilt auch für die Spezialfette, die man in Friteusen verwendet.

An Bord eines jeden Schiffes sollte sich ein praktisches Kochbuch befinden.

Provianteinkauf. In der Linienfahrt erhalten Schiffe meist im Heimathafen eine Grundausstattung mit Proviant, so daß im Ausland nur Frischgemüse, Obst und evtl. landesübliche, preisgünstige Spezialitäten (z. B. Shrimps, Frischfisch, Speiseeis) dazugekauft werden sollte. In der Trampfahrt wickelt der Kapitän oft die Gesamtverproviantierung ab und kann, wenn Aufzeichnungen über Preise und Qualität einzelner Nahrungsmittel in verschiedenen Ländern und Häfen an Bord vorliegen, gute Ware preisgünstig einkaufen.

Fleisch wird meist tiefgefroren angeliefert. Ein Zertifikat über Alter und Herkunft ist zu verlangen. Schweinefleisch sollte bei Anlieferung nicht älter als 3 Monate, Rindfleisch nicht älter als 6 Monate sein und darf unter keinen Umständen oberflächlich angetaut erscheinen. Die Pulptemperatur soll mindestens $-16\,°C$ betragen. Auf Trichinenfreiheit ist zu achten (Zertifikat).

Fische dürfen nicht riechen, die Kiemen müssen rot, die Augen klar, das Fleisch muß fest sein.

Kartoffeln müssen sauber und trocken angeliefert werden und sollten aus der neuesten Ernte stammen.

Eier sollten stichprobenweise auf Frische untersucht werden. Dazu legt man ein Ei in eine Lösung aus 30 g Kochsalz und $^{1}/_{4}$ l Wasser; sinkt das Ei unter, so ist es frisch. Dieser Versuch ist mit mehreren Eiern zu machen. Oder: Man öffnet zur Probe ein Ei auf einen Teller. Wenn es frisch ist, läuft das Eiweiß nicht auseinander, und das Eigelb hat eine hohe Wölbung.

Konserven dürfen nicht in rostigen oder aufgetriebenen Dosen akzeptiert werden.

Brot soll trocken und kühl sein. Brot kann eingefroren werden und schimmelt dann nicht. Schimmel ist nach neueren Erkenntnissen sehr gefährlich.

Gemüse ist wegen der Kopfdüngung mit Naturdünger (im Ausland) oft äußerlich mit Krankheitserregern (Ruhr, Typhus, Paratyphus, Cholera, Würmern) infiziert und zudem oft mit Schädlingsbekämpfungsmitteln behandelt worden, obwohl hierfür Wartezeiten vor der Ernte vorgeschrieben sind. Vor der Verarbeitung muß es daher gründlich gewaschen werden, wobei für Rohkost (Salate) eine schwach gefärbte Kaliumpermanganatlösung verwendet werden kann (mit reinem Wasser nachspülen).

Proviantlagerung. Seeschiffe sind heute mit Tiefkühlräumen oder zumindest mit Tiefkühltruhen ausgerüstet, in denen Fleisch in handlichen Portionen, abgepacktes Frischgemüse, Wurstwaren, Fische und Fette für viele Monate haltbar bleiben. Das Auftauen vor Verbrauch sollte in einem Vorraum bei $+6$ bis $+8\,°C$ vonstatten gehen.

Kartoffeln, Frischgemüse, Eier und Obst werden im sogenannten Plus-Kühlraum bei ca. +6 bis +8 °C trocken und luftig gelagert.

Die Vielzahl der heutigen Trockenproviantarten (Dosenkonserven, Dehydrokost, Halbfertig- und Fertigprodukte) können problemlos in einem ungekühlten Proviantraum über lange Zeit gelagert werden, da sie luftdicht und meist auch wasserdampfdicht verpackt sind.

Die Schiffsleitung sollte sich in regelmäßigen Zeitabständen von Sauberkeit und Ordnung in den Proviantlagerräumen überzeugen. Das gilt auch für die sichere Verwahrung gefährlicher Substanzen (z.B. Essigessenz, konzentrierte Reinigungs- und Desinfektionsmittel).

Trinkwasser. Moderne Schiffe sind heute weitgehend mit leistungsfähigen Seewasserverdampfern und Trinkwasseraufbereitungsanlagen ausgerüstet (siehe 3.11). Trotzdem muß ein gewisser Vorrat an Trinkwasser in Tanks mitgeführt werden. Diese Tanks sind auf älteren Schiffen mit Zementmilch, auf neueren Schiffen mit Epoxiharzen beschichtet. Trinkwassertanks sind regelmäßig (mind. einmal pro Jahr) zu reinigen. Jede Reinigung sollte im Schiffstagebuch vermerkt werden. Das Reinigen besteht in manuellem Aufsprühen einer Desinfektionslösung und in gründlichem Nachspülen mit sauberem Frischwasser.

Bei der Frischwasserübernahme von Land ist darauf zu achten, daß nur saubere Schläuche benutzt werden, die ausschließlich für diesen Zweck bestimmt sind. Ein erfahrener Kapitän weiß im allgemeinen, in welchen Häfen die Trinkwasserqualität gut oder weniger gut ist. Kontrollen, d.h. bakteriologische Untersuchungen, sind an Bord nicht möglich. Im Zweifelsfall kann aber eine solche Kontrolle veranlaßt werden. Zuständig ist im allgemeinen der örtliche hafenärztliche Dienst.

8 Gesundheitspflege an Bord

8.1 Vorschriften

Nach den UVV muß jedes Schiff (Ausnahme: Wattfahrt und Küstenfischerei) ein Exemplar der „Anleitung zur Gesundheitspflege auf Kauffahrteischiffen" an Bord haben. Das Werk soll Kapitäne und Schiffsoffiziere befähigen, bei Krankheitsfällen alle notwendigen Maßnahmen zu treffen, um folgenschwere Mißgriffe zu vermeiden.

Weiter orientiert es über die wichtigsten deutschen Gesetze und Verordnungen sowie über internationale Übereinkommen, soweit sie die Gesundheitspflege an Bord und die Hafenhygiene betreffen.

Es sind dies:

- Die Verordnung über die Krankenfürsorge auf Kauffahrteischiffen.
- Das Seemannsgesetz.
- Das Bundesseuchengesetz.
- Das Gesetz zur Bekämpfung der Geschlechtskrankheiten.
- Die Vereinbarung über die den Seeleuten der Handelsmarine für die Behandlung von Geschlechtskrankheiten zu gewährenden Erleichterungen („Brüsseler Abkommen").
- Die Reichsversicherungsordnung.
- Die Internationalen Gesundheitsvorschriften der World Health Organization (WHO).
- Das Internationale Signalbuch (Ärztlicher Teil).

Zu den Gesetzen und Verordnungen:

Die **Verordnung über die Krankenfürsorge auf Kauffahrteischiffen** enthält Vorschriften über: Ausrüstung der Schiffe und Rettungsboote mit Arznei- und anderen Hilfsmitteln der Krankenfürsorge, deren Aufbewahrung, Beschriftung und Prüfung; Ausstattung der Krankenräume, Besetzung mit einem Schiffsarzt, Führung des Krankenbuches, des Gesundheitstagebuches und des Betäubungsmittelbuches; Pflichten von Reeder, Kapitän und Schiffsarzt. Sie enthält ferner Verzeichnisse über die Ausrüstung mit Arznei- und Hilfsmitteln der Krankenfürsorge. Nach welchem Verzeichnis das jeweilige Schiff auszurüsten ist, richtet sich nach Fahrtgebiet und Zahl der an Bord befindlichen Personen. Eine Gruppe bestimmter Arzneimittel muß in einem gesonderten Giftschrank aufbewahrt werden, den der Kapitän unter Verschluß zu halten hat.

Betäubungsmittel sind von der anliefernden Apotheke in das Betäubungsmittelbuch einzutragen. Bei Anwendung muß Art und Menge, Name des Kranken, die Art der Erkrankung sowie Tag und Stunde der Entnahme eingetragen werden; die Eintragung muß der Kapitän oder der Schiffsarzt unterzeichnen.

Vor Antritt jeder Reise von mehr als vierwöchiger Dauer ist die Ausrüstung der Schiffe vom Kapitän auf Sauberkeit, Vollständigkeit, Verschluß und Beschriftung der Behälter, sowie Zustand der Instrumente zu überprüfen. Das Ergebnis ist in das Schiffstagebuch einzutragen.

Bei Indienststellung des Schiffes, später mindestens alle 12 Monate, müssen Ausrüstung und Krankenräume behördlich geprüft werden. Die Bescheinigung darüber ist aufzubewahren, eine entsprechende Eintragung in das Schiffstagebuch vorzunehmen.

Das Krankenbuch hat der mit der Krankenbehandlung beauftragte Offizier nach vorgeschriebenem Muster zu führen; Fieberkurven sind beizufügen. Am Ende jeder Reise ist das Krankenbuch vom Kapitän zu unterzeichnen.

Schiffe mit mehr als 75 Personen in der Mittleren und Großen Fahrt müssen mit einem Schiffsarzt besetzt sein. Der Schiffsarzt hat das Krankenbuch, das Gesundheitstagebuch und das Betäubungsmittelbuch zu führen, im übrigen den Kapitän laufend über den Gesundheitszustand an Bord zu unterrichten.

Das **Seemannsgesetz** (s. Bd. 2, Kap. 7.4) regelt in §§ 42 bis 52 sowie in §§ 80, 118, 143/VI und 147/I die Krankenfürsorge an Bord, ihre Kostenübernahme durch Reeder oder Versicherungsträger und die Besonderheiten bei der Krankenfürsorge in den heimischen Häfen und im Ausland.

Das **Bundesseuchengesetz** soll im Bereich der Bundesrepublik Deutschland die Ausbreitung von übertragbaren Krankheiten verhindern. Es erfaßt auch alle Schiffe in einem inländischen Hafen.

Infektionskranke Personen, deren Erkrankung nach dem Bundesseuchengesetz der Meldepflicht unterliegen (die meldepflichtigen Infektionskrankheiten sind im Gesetz aufgeführt), müssen der Gesundheitsbehörde gemeldet werden. Je nach Art der Erkrankung und Lage des Falles ist die Behörde ermächtigt, Maßnahmen zu treffen, die zur Verhütung einer Weiterverbreitung der Erkrankung notwendig sind. So können Isolierung, Krankenhausaufnahme, Umgebungsuntersuchungen, Impfungen und Desinfektionen angeordnet und gegebenenfalls mit polizeilicher Hilfe erzwungen werden. Auf Verstöße gegen die behördlichen Anordnungen stehen hohe Strafen.

Personen, die in Küchen, Kantinen usw. mit der Zubereitung von Speisen und Getränken beschäftigt sind, dürfen nur mit einem amtsärztlichen Zeugnis eingestellt werden (§ 18). Das Gesundheitszeugnis darf nicht älter als ein Jahr sein. Der Gesetzgeber hat die entsprechende Untersuchung des Küchen- und Verpflegungspersonals von Seeschiffen den Vertrauensärzten der SeeBG übertragen.

Das Gesundheitszeugnis verhindert, daß Infektionskranke oder Bakterienausscheider in der Küche Dienst tun. Es wird nur dann ausgestellt, wenn der Untersuchte mit Sicherheit frei ist von Typhus-, Paratyphus-, Salmonellen-, Ruhr- und Tuberkuloseerregern.

Wenn aufgrund des Untersuchungsbefundes das Gesundheitszeugnis verweigert wird, besteht gleichzeitig Beschäftigungsverbot bis zur Ausheilung.

Nach dem **Gesetz zur Bekämpfung der Geschlechtskrankheiten** vom 23. 7. 1953 darf ein Geschlechtskranker (oder jemand, der annehmen muß, geschlechtskrank zu sein) nur durch einen in der Bundesrepublik Deutschland zugelassenen Arzt behandelt werden. Eine namentliche Meldepflicht an die Gesundheitsbehörde besteht dann, wenn der Patient die vom Arzt verordnete Behandlung verweigert, sie ohne triftigen Grund unterbricht oder sich der Nachuntersuchung entzieht. Zwangsbehandlung (Einweisung in eine geschlossene Abteilung) ist in solchen Fällen möglich. Der Arzt hat den Kranken über die Art seiner Krankheit, seine Pflichten (z. B. Verbot des Geschlechtsverkehrs) anhand eines überreichten amtlichen Merkblattes zu unterrichten.

Da der geschlechtskranke Seemann an Bord und im Ausland nicht entsprechend dem Wortlaut des Gesetzes behandelt werden kann, muß die vorgeschriebene Vorstellung und Nachuntersuchung durch einen deutschen Arzt unbedingt im ersten Heimathafen nachgeholt werden!

Die **Vereinbarung über die den Seeleuten der Handelsmarine für die Behandlung von Geschlechtskrankheiten zu gewährenden Erleichterungen** (Brüsseler Abkommen) gibt Seeleuten der Signatarmächte das Recht, sich kostenfrei im Ausland behandeln zu lassen.

Damit hat der geschlechtskranke Seemann in den meisten Häfen der Welt Anspruch auf kostenfreie Untersuchung und Behandlung, weiterhin auf unentgeltliche Unterbringung in einem Krankenhaus, wenn der Arzt der Dienststelle dies für notwendig erachtet.

Die **Internationalen Gesundheitsvorschriften der World-Health-Organization** sollen die Einschleppung von gemeingefährlichen Krankheiten aus einem örtlichen Infektionsgebiet in andere Länder verhindern. Die Vorschriften sehen daher in internationaler Zusammenarbeit eine Gesundheitsüberwachung des See- und Luftverkehrs vor.

Als gemeingefährliche und quarantänepflichtige Erkrankungen gelten: Pest, Cholera, Gelbfieber, Pocken.

Nach Art. 36 der internationalen Verordnung (§ 1/II der deutschen Verordnung vom 28.4.1961) unterliegt ein Schiff bei der Ankunft einer ärztlichen Kontrolle, wenn eine der Fragen in der Gesundheitserklärung für die Seeschiffahrt bejaht wird, oder wenn das Schiff innerhalb einer Frist von 28 Tagen aus einem örtlichen Infektionsgebiet eintrifft. Bis zur Freigabe ist dieses Schiff für den öffentlichen Verkehr gesperrt. Über die Zulassung zum freien Verkehr wird dem Kapitän eine Bescheinigung ausgestellt. Ein Schiff kann bereits vor seiner Ankunft im Hafen vorläufig zum freien Verkehr zugelassen werden, wenn anzunehmen ist, daß durch seine Landung keine quarantänepflichtige Krankheit eingeschleppt oder verbreitet wird.

Über die Tag- und Nachtsignale des Schiffes zur Anzeige des Gesundheitszustandes siehe Internationales Signalbuch.

Weiter wird im internationalen, besonders im interkontinentalen Verkehr verlangt, daß Besatzungsangehörige und Passagiere sich bestimmten Impfungen unterzogen haben. Impfausweis ist der gelbe „Internationale Impfpaß".

Fast überall muß der Nachweis einer Pockenschutzimpfung erbracht werden, einer Cholera- oder Gelbfieberimpfung je nach Fahrtgebiet. Die Gültigkeitsdauer der Impfungen beträgt bei Pockenimpfung 3 Jahre; Choleraimpfung 6 Monate; Gelbfieberimpfung 10 Jahre.

Nur der gelbe „Internationale Impfpaß" wird als Impfausweis anerkannt! Die Impfung muß vor Reiseantritt durch einen Amtsarzt oder einen besonders ermächtigten Impfarzt vorgenommen und gesiegelt sein. Man achte auf korrekte Ausfüllung der Impfpässe, am besten mit Druckschrift oder Schreibmaschine. Eigenhändige Unterschrift des Inhabers auf jeder Seite des Impfpasses ist Vorschrift.

Jede Abänderung, Radierung oder unvollständige Ausfüllung kann Ungültigkeit des Passes zur Folge haben.

8.2 Entrattung

Pest wird fast ausschließlich durch Flöhe, die auf den Ratten leben, verbreitet; Pestepidemien und ihr Übergreifen von Kontinent zu Kontinent lassen sich nur durch konsequente Rattenbekämpfung vermeiden. Im übrigen verbreiten Ratten außer der Pest noch eine Reihe weiterer gefährlicher Infektionskrankheiten.

Nach Art. 52 der Internationalen Gesundheitsvorschriften ist jedes Schiff „regelmäßig zu entratten und ständig in einem solchen Zustand zu halten, daß die Zahl der Nagetiere an Bord geringfügig bleibt". Entrattungsbescheinigungen können nur dafür besonders ermächtigte Hafengesundheitsbehörden ausgeben. Geltungsdauer der Bescheinigung: 6 Monate; Verlängerung ist um einen Monat möglich, wenn in einem anderen Hafen die Besichtigung besser durchgeführt werden kann.

Ein Schiff gilt als seuchenverdächtig, wenn eine ungewöhnlich hohe Sterblichkeit unter den Nagetieren festgestellt wird; es gilt als verseucht, wenn ein pestinfiziertes Tier gefunden wird.

Das Gesetz überläßt es der Hafenbehörde, das Verfahren der Vertilgung zu bestimmen. Da die Bekämpfung der Tiere durch Giftköder aber unzuverlässig ist und die Flöhe als eigentliche Krankheitsüberträger nicht trifft, wird fast stets die Entrattung der Schiffsräume durch Begasung mit Zyklon B, einem Blausäurepräparat, angeordnet. Die Begasung nimmt eine amtlich zugelassene Firma unter Aufsicht und Nachkontrolle der Hafenbehörde vor.

Wegen der hohen Giftigkeit des angewandten Gases sind die Anordnungen der aufsichtsführenden Personen strikt einzuhalten. Im übrigen s. Merkblatt der SeeBG über „Ausgasung von Schiffsräumen".

8.3 Das Internationale Signalbuch

Das Internationale Signalbuch enthält einen neuen ausführlichen Spezialcode für ärztliche Hilfeleistung auf See. Er wird von der IMCO und der WHO in den wichtigsten Sprachen herausgegeben. Seine Anwendung erleichtert die Zusammenarbeit zwischen dem hilfeerbittenden Schiff und beratenden Arzt, sei er an Land oder auf einem anderen Schiff. Der Code zwingt die Gesprächspartner zu präzisen Fragen und Antworten, kürzt damit das Funkgespräch ab und schließt Verständigungsschwierigkeiten bei Beschreibung des Krankheitsbildes aus.

Schiffe auf See erhalten über Funkstellen fast aller Länder bei Krankheits- und Unglücksfällen unentgeltlich funktelegrafische ärztliche Beratung (auch von Schiffsärzten benachbarter Schiffe).

Deutsche Schiffe sollten zunächst stets versuchen, mit den Küstenfunkstellen Norddeich, Kiel oder Rügen Radioverbindung aufzunehmen. Hingewiesen sei auch auf das AMVER-System der USA-Coast-Guard mit seinen vielfachen Möglichkeiten zur Hilfeleistung (siehe 4.7).

Alle Anfragen werden an den diensthabenden Arzt weitergeleitet, im Funksprechverkehr kann die Schiffsleitung unmittelbar mit ihm verbunden werden. Die Anfrage soll kurz, klar und vollständig den Funkarzt über Vorgeschichte, Merkmale und Begleitumstände der Krankheit informieren. Weiterhin muß wegen des Behandlungsvorschlages angegeben werden, nach welchem Verzeichnis das Schiff ausgerüstet ist.

In dringenden Fällen erhalten funkärztliche Anfragen durch das Dringlichkeitszeichen XXX Vorrang vor jedem anderen Verkehr (mit Ausnahme des SOS-Verkehrs). Auch für die Abgabe drahtloser Quarantänemeldungen sind im Signalbuch Codegruppen enthalten.

8.4 Desinfektion an Bord

Als Desinfektionsmittel werden an Bord angewandt:
1. Grob-(Scheuer-)Desinfektionsmittel, z.B. Chloramin, Gevisol, zur Reinigung von Fußböden, Toiletten, Waschräumen u. ä.
2. Fein-Desinfektionsmittel (Sagrotan, Baktol u. a.) zur Reinigung von Händen, Instrumenten.
3. Spray-Desinfizienten für Kissen, Polster, Decken usw.

Sonstige Desinfektionsmethoden:
1. Auskochen: Gegenstände kalt in Wasser mit etwas Sodazusatz legen, anwärmen, mindestens 30 min sieden.
2. Trockene Hitze: Feuerfeste Gegenstände können durch Einlegen in Feuer entkeimt werden.

Bücher, wertvolle Kleider, Pelze, Uniformen, Ledersachen können durch Heißluft 75 bis 85 °C bei 48stündiger Einwirkungsdauer entkeimt werden.

3. Verbrennung: Es empfiehlt sich, brennbare Gegenstände von geringem Wert, die mit Infektionskranken in Berührung kamen, zu verbrennen.

Chirurgische Instrumente u. ä. lassen sich zuverlässig im Backofen bei 170 °C trocken sterilisieren. Unangebracht ist diese Methode bei Gegenständen, die mit infektiös Erkrankten in Berührung gekommen sind (Einbringen von Krankheitskeimen in die Küche).

Ungeziefer aller Art, wie Läuse, Wanzen, Kakerlaken, Schaben, Moskitos, Mücken, Flöhe, werden mit verschiedenen DDT- oder HCH-haltigen Mitteln vertilgt, die für den Menschen nur in größeren Mengen schädlich sind. Die Mittel werden als Pulver oder Flüssigkeit zerstäubt.

8.5 Sorge für den Gesundheitszustand der Besatzung

Die Schiffsleitung kann viel dazu beitragen, daß der Gesundheitszustand an Bord gut ist. Schon bei der Anmusterung achte man darauf, daß möglichst nur gesunde Leute angemustert werden. Alkoholiker und psychisch abwegige Personen gefährden den Bordfrieden, besonders bei Tropenfahrt. Sorge bereiten unterwegs die Zahnkranken. Leute mit offenbaren Zahndefekten veranlasse man in ihrem eigenen Interesse, sich vor Antritt der Reise zahnärztlich behandeln zu lassen.

Manche Besatzungsangehörige sind zur Erhaltung ihrer Gesundheit auf spezielle, an Bord nicht vorhandene Medikamente angewiesen, so z. B. Leute mit Magensäuremangel, Alterszucker, Blutdruckschwankungen und Ekzemanfällige, weiter auch weibliche Besatzungsmitglieder. Sie müssen sich unbedingt vor Reiseantritt ihr Medikament selbst in ausreichender Menge beschaffen; nur selten ist das gewohnte Mittel in ausländischen Apotheken erhältlich.

Besondere Aufmerksamkeit widme man der Sauberkeit von Gemeinschaftsräumen, Wohnräumen, Aborten, Waschanlagen. Häufige Durchlüftung! Auch das Kojenzeug soll häufig gelüftet, gereinigt und gegebenenfalls desinfiziert werden.

Die Stimmung an Bord ist zum Großteil von der Qualität der Verpflegung abhängig. So muß besonders bei längeren Reisen auf Abwechslung im Speiseplan geachtet werden, ferner auf appetitliches Aussehen und Anrichten der Portionen, Sauberkeit von Speiseraum, Anrichte und Küche.

Wenn sich Unzufriedenheit und Kritik unter der Besatzung verbreitet, muß die Schiffsleitung der Ursache nachgehen. Sie soll ein Ohr für jeden einzelnen Mann und seine Sorgen haben, dabei stets das Ziel verfolgen, gegenseitiges Verständnis und Kameradschaft unter der Besatzung zu fördern.

Ein besonderes Vertrauensverhältnis muß zwischen dem Offizier, der die Krankenbehandlung übernimmt, und dem kranken Besatzungsangehörigen bestehen. Sei es der Jugendliche, der zum ersten Mal ohne Elternbetreuung und hausärztliche Behandlung krank in der Koje liegt, sei es ein Mann mit der Befürchtung, geschlechtskrank zu sein: Jeder Patient muß wissen, daß er sich vertrauensvoll mit seinen Beschwerden an den behandelnden Offizier wenden kann.

Obgleich die Rechtsstellung des Kapitäns bzw. behandelnden Offiziers hinsichtlich seiner Schweigepflicht (§ 300 StGB) noch nicht gesichert ist, sollte strikte Diskretion über alles, was ihm in seiner Eigenschaft als Vertreter des Hausarztes von dem Kranken zur Kenntnis gelangt, eine Selbstverständlichkeit sein. Entsprechend ist auch der Einblick Unbefugter in das Krankenbuch zu verhindern.

Wenn Besatzungsmitglieder einen Arzt im ausländischen Hafen aufsuchen, begleitet sie zweckmäßigerweise der Offizier, der die Krankenbehandlung an Bord übernimmt. Man vermeidet damit Verständigungsschwierigkeiten, der verantwortliche Offizier ist über die Diagnose und weitere Behandlung im Bilde und hat überdies eine Gelegenheit, seine medizinischen Kenntnisse zu erweitern. Oft ist der handschriftlich mitgegebene Medical-Report des ausländischen Arztes für uns schlecht leserlich. Man bitte ihn daher, nach Möglichkeit die Schreibmaschine zu verwenden.

Ganz besondere Sorgfalt ist der Beschaffung von gutem Trinkwasser zu schenken. Das Wasser ist immer aus der besten Bezugsquelle, die beim Konsul zu erfragen ist, zu nehmen. In Häfen, in denen Cholera, Ruhr oder Typhus herrscht, soll, wenn irgend möglich, Wasser nicht genommen werden. Nur in großen Hafenplätzen mit guten, staatlich beaufsichtigten, zentralen Wasserleitungen kann man eine Ausnahme machen, wenn von zuverlässiger und sachverständiger Seite (Konsul, Hafenbehörde) das Wasser für unverdächtig erklärt wird und wenn es unmittelbar aus der Wasserleitung in die Wassertanks gepumpt werden kann oder in reingehaltenen, gut verschlossenen eisernen Wasserprähmen längsseits gebracht wird. Muß in verseuchten Häfen, in denen solches Trinkwasser nicht zu erhalten ist, dennoch Trinkwasser genommen werden, so ist es vor dem Gebrauch abzukochen. Filter an Bord geben keine Sicherheit, verschlechtern vielmehr häufig das Wasser! Längeres Abkochen (über eine halbe Stunde!) ist noch immer die einfachste und zuverlässigste Methode, schlechtes oder verdächtiges Wasser unschädlich zu machen.

8.6 Gesundheitsfürsorge in kalten Gebieten

In kalten Gegenden müssen die Besatzungsangehörigen vor allgemeiner Unterkühlung und örtlichen Frostschäden geschützt werden.

Schutzmaßnahmen sind besonders bei feuchter Kälte angezeigt. So achte man darauf, daß sich vor allem Jugendliche, schlanke und grazile Personen durch dicke, wollene Kleidung und Ölzeug gegen Unterkühlung und Nässe schützen. Es ist ein altbewährtes Schutzmittel gegen Kälteeinwirkung an Füßen und Unterschenkeln, Papier zwischen Doppelstrümpfe einzulegen. Ausguck häufiger ablösen!

Örtlichen Kälteschäden und Erfrierungen kann man durch dickes Einfetten der Haut von Händen, Füßen, Nase und Ohren vorbeugen (wasserfreie Salbe, z. B. Lanolin). Bärte sind kurz zu tragen. Bei tiefen Temperaturen keine Metallteile mit der bloßen Hand berühren!

Getränke: Heißer Kaffee oder Tee. Alkohol ist bei Kälteexponierung gefährlich!

Meerwasser gefriert erst bei $-3\,^{\circ}$C und ist noch flüssig, wenn Süßwasser bereits fest gefroren ist. Eintauchen der Hände in unterkühltes Meerwasser kann schwere Kälteschäden zur Folge haben!

Behandlung von Kälteschäden. Unterkühlte Personen sind schnell in ein warmes Bad zu bringen, dessen Temperatur man durch Zugießen von heißem Wasser bis auf etwa $38\,^{\circ}$C steigert. Arme und Beine zunächst außerhalb des Badewassers lassen! Kreislaufmittel! Bei Bewußtsein gesüßter Kaffee, gesüßter Tee mit Alkoholbeigabe.

Erfrorene Glieder sind sehr langsam aufzutauen. Örtliche Gewebsschäden entsprechen Verbrennungen und werden dementsprechend behandelt.

8.7 Tropenhygiene

An sich bereiten tropische Verhältnisse dem Seemann, der an Bord seinen heimatlichen Lebensstil mitbringt, weniger Schwierigkeiten als dem an Land lebenden Europäer.

Andererseits muß er sich bei jeder Reise neu akklimatisieren, zudem verbietet der Borddienst eine Tageseinteilung zwischen Arbeit–Ruhe–Essen–Freizeit, wie sie der tropische Tagesklimaablauf eigentlich fordert.

Allgemeine Richtlinien für Tropenfahrt. Keine schwereren körperlichen Arbeiten während der heißesten Tagesstunden. Einschalten von Ruhepausen! Nach Sonnenuntergang mäßige Bewegung an Deck (Tischtennis, leichte Gymnastik).

Besonders bei hochstehender Sonne und klarem Himmel Kopf und Nacken durch entsprechende Kopfbedeckung schützen.

Brückenpersonal und Ausguck sollen bei Fahrtrichtung gegen die Sonne Sonnenbrillen tragen. Schonung des Auges vor starker Helligkeit am Tage erleichtert die Dunkelanpassung nachts.

Alkoholgenuß während der Hitze oder in größeren Mengen stört die Durchblutung der Haut und damit ihre Abkühlungsfunktion. Alkoholische Getränke bewirken während des Dienstes Müdigkeit, während der Freizeit Schlafstörungen durch Überhitzung und starkes Schwitzen. Im übrigen kann starker Alkoholkonsum eine krankhafte Überempfindlichkeit der Haut gegen Sonnenstrahlen mit schweren Verbrennungen verursachen.

Wenigstens acht Stunden Schlaf täglich mit abgelegter Kleidung. Körperliche und geistige Entspannung (kein Radio u.ä.). Nie in durchschwitzter Unterwäsche, nie ganz unbedeckt liegen, nie den Ventilator direkt auf die Koje richten! Gerade in den Tropen neigt der Körper zu rheumatischen Beschwerden. Schlafen an Deck nur unter Windschutz und wenn keine Malaria- oder Gelbfieberküste in der Nähe ist.

Bei **Klimaeinrichtungen** soll die Innentemperatur nicht tiefer als etwa 6 °C unter der Außentemperatur liegen. Ausschlaggebend für das Behaglichkeitsklima ist die Senkung der Luftfeuchtigkeit.

Bei nicht klimatisierten Schiffen müssen Penicilline und andere Antibiotika sowie das Starrkrampfserum unbedingt im Kühlraum ($+2°$ bis $+6$ °C) gelagert werden. Auch Zäpfchen, Salben, Pflaster verderben leicht bei Hitze.

Insektenbekämpfung. Insekten verbreiten zahlreiche Tropenkrankheiten. Besonders auf Schiffen für Tropenfahrt sollten Küchen- und Toilettenräume nicht benachbart sein. In den Häfen Abfälle abdecken. Helle Unterkünfte lassen Insekten leichter erkennen. Luftzug (Ventilatoren) vertreiben sie und verhindern nebenbei Schimmelbildung. Schränke durchlüften. Drahtnetz vor Türen und Bullaugen halten die Insekten fern, leider beeinträchtigen sie die Luftumwälzung des Raumes.

Hautpflege und Sauberkeit. Die Haut ist das Organ der Wärmeregulierung. Die dauernd feuchte Haut neigt zu Ekzemen, Entzündungen und Hautpilzbefall. Häufiges Duschen, gründliches Waschen, besonders der Körperfalten. Gerade von der Achselhöhle und Gesäßspalte gehen die unangenehmsten Hautentzündungen aus. Einpudern der Stellen, wo sich Haut an Haut reibt.

Nach dem Stuhlgang ist die alleinige Säuberung mit Toilettenpapier in einem Hautbezirk, der feucht durchschwitzt ist, unhygienisch- Man soll daher grundsätzlich vor dem Duschen und Abseifen die Toilette aufsuchen. Regelmäßig müssen die Zehenzwischenräume auf Pilzinfektion kontrolliert werden. Bei Neigung zu diesem Leiden prophylaktische Anwendung von Spezialpuder. In Anbetracht der zunehmenden Verbreitung der Fußpilzerkrankung ist es rücksichtslos, wenn Fußpilzerkrankte barfuß gehen, die Pilzkeime am Fußboden der Unterkünfte verbreiten und andere Besatzungsmitglieder infizieren. Holzgrätings und Matten in den Duschräumen sollten regelmäßig mit Antipilzmitteln behandelt werden.

Die Ernährung sei leicht, fettarm, ausreichend gewürzt und gesalzen. Ihre Zusammensetzung soll die Neigung zur Verstopfung berücksichtigen. Grundsätzlich sind schwere

Mahlzeiten während der heißen Tageszeit unbekömmlich. Im allgemeinen ist die Eßlust in den Tropen herabgesetzt, eine entsprechende Gewichtsabnahme normal. Ursache: Abwehrinstinkt des Körpers gegen reichhaltige Kalorienaufnahme, die die Wärmeregulation stört. Weiter ist, besonders bei Älteren, die Magensäureproduktion herabgesetzt.

Es ist Kunst des Kochs, durch Abwechslung des Speiseplans, aromatische Zubereitung und geschmackvolles Anrichten der Speise einer Kritik und Nörgelei am Essen entgegenzuwirken (siehe Kap. 7).

Als Getränk ist Tee — auch kalt — oft bekömmlicher als Kaffee. Eisgekühlte Getränke verursachen auf die Dauer chronische Magenleiden. Die Möglichkeit zur reichlichen Flüssigkeitsaufnahme (etwa 4 l täglich) muß immer geboten werden — Einschränkung der Flüssigkeitszufuhr fördert die Entstehung von Nierensteinen.

Zusätzliche Salzbeigabe zum Essen und Einnehmen von Salztabletten (4 bis 8 Stück täglich) gleicht die Salzverarmung des Körpers durch Schweißverlust aus (besonders wichtig für Maschinen- und Küchenpersonal).

Wenn jemand aus Diätgründen sonst salzfrei lebt, muß er diese Diät in den Tropen lockern.

Dringende Warnung vor Alkoholexzessen!

Gegenüber allen an Land bezogenen Lebensmitteln sei man mißtrauisch. Sie sind stets verdächtig, Infektionsträger zu sein oder Eier und Larven gefährlicher Wurmkrankheiten zu beherbergen. Am geeignetsten für Schiffsbedarf sind Obstarten, deren Schalen entfernt werden (Bananen, Citrusfrüchte, Papayas u. ä.). Gemüse nur gekocht verabreichen, bei Salaten und anderen Rohvegetabilien größte Vorsicht, auch das empfohlene Eintauchen oder Übergießen mit kochendem Wasser vor dem Anrichten ist kein sicherer Schutz. Im übrigen bedenke man, daß aufbewahrte und angewärmte Speisen verdorben sein können, bevor sich dieses durch eine Geschmacksveränderung bemerkbar macht.

Angeschimmelte Lebensmittel sind unbedingt zu vernichten, es gibt in den Tropen Schimmelarten, die ein schweres Lebergift beherbergen.

Plötzlich („explosivartig") an Bord auftretende Magen-Darm-Erkrankungen mit Erbrechen und Durchfall sind so gut wie ausschließlich auf Nahrungsmittelinfektion — meist durch Salate oder Obst — zurückzuführen!

Die Kleidung soll hell, leicht, luftdurchlässig, schweißaufsaugend sein und soll eine Ventilation am Körper ermöglichen. Es empfiehlt sich: Hemd mit kurzen Ärmeln und offenem Kragen; wenn Shorts, diese nicht zu kurz; lange Hosen sollen weit sein. Hosen mit Hosenträgern bieten eine gute Luftzirkulation, die Träger können aber auf feuchte Hemdfalten über der Schulter drücken und dort unangenehme Hautentzündungen verursachen. Ein Gürtel zum Hosenhalten eignet sich nicht für jede Körperform und stört die Luftzirkulation. Nach dem Zuschnitt der Hose soll der Gürtel auf dem Beckenkamm aufliegen. Die Unterwäsche muß schweißaufsaugend sein (Netzhemd und Netzunterhose). Faltenbildungen der Unterwäsche sind zu vermeiden.

Kopfbedeckung. Leichte Leinenmütze, evtl. Nackenschutz. (Der Tropenhelm ist veraltet und gehört der Vergangenheit an.) Strümpfe: Kochfeste, weiche Baumwollsocken (Tennissocken) sind zweckmäßig, besonders bei Neigung zu Hautpilzerkrankungen (Desinfektion durch Kochen möglich); Perlon- und Nylonsocken weniger empfehlenswert.

Schuhwerk. Sandalen, Segeltuchschuhe o. ä. luftdurchlässiges Schuhwerk. Feste Lederschuhe für den Landgang usw. dürfen nicht zu eng sein wegen der Neigung der Füße, in den Tropen anzuschwellen. Beim Kauf daher immer eine halbe Nummer größer wählen! Kontrolle der Schuhe auf Schimmelbildung! Leibbinde: Die Leibbinde mag angebracht sein in Gegenden mit hohen Tag-Nacht-Temperaturdifferenzen und für Magen-Darm-Empfindliche. Bei ausgeglichenen Tag-Nacht-Temperaturen ist sie nicht notwendig, verzärtelt eher.

Beim Landgang, vor allem bei Ausflügen ins innere Land, ist es immer ratsam, Belehrungen und Warnungen Einheimischer bzw. dort ansässiger Europäer zu beachten. Grundsätzlich Vorsicht vor allen offen servierten Getränken, in Flaschen gereichte Getränke sind hygienisch meist unbedenklicher. Häufig haben Eisstücke, die den Getränken im Glas zugefügt werden, einen nicht unbedenklichen Bakteriengehalt. Vorsicht auch vor allen rohen Lebensmitteln und Gerichten, Salaten, Früchten, Austern, Fischen. In den meisten Ländern gibt es keine Fleischbeschau; jedes nicht genügend gekochte oder gebratene Fleisch kann trichinös sein.

Baden in Binnengewässern. Infektionsmöglichkeit durch die Überträger des Blasenwurmes (Bilharzosis), bestimmter Gelbsuchtarten u. a. Infektionen. Baden in der See: Gefahr durch Haie, Barracudas, Wasserschlangen, Quallen, Stichverletzungen durch giftige Fischstacheln.

Zurückhaltung bei Alkohol. Gerade unter Einwirkung der ungewohnten einheimischen, berauschenden Getränke fallen Selbstkontrolle und letzte Hemmungen. So finden die meisten Infektionen mit Geschlechtskrankheiten unter Alkoholeinfluß statt. Von der Schiffsleitung (mit der Seemannsmission) organisierte Landausflüge und Besichtigungen können erfahrungsgemäß manchen Seemann von den Hafenvierteln und von alkoholischen Exzessen und ihren Folgen fernhalten.

8.8 Hitzeschäden, Tropenkrankheiten

Sonnenstich. Ursache: Intensive Sonnenstrahleneinwirkung auf den ungeschützten Kopf. Krankheitsbild: Heftiger Kopfschmerz, Erbrechen, Flimmern vor den Augen, Bewußtlosigkeit, beschleunigter Puls und Atmung. Behandlung: Lagerung im Schatten, kalte Kompressen über den Kopf, Kreislaufmittel.

Hitzekollaps und Hitzschlag. Ursache: Wärmestauung im Körper bei feuchtheißer Luft. Salz- und Flüssigkeitsverarmung von Blut und Gewebe. Krankheitsbild: Zunehmende Schwäche, Schlappwerden, Kollaps, Ohnmachten bei starkem Schweißausbruch. Hitzschlag entsteht durch Versagen der Regulation für den Körperwärmehaushalt bei starker Hitze. Krankheitsbild: Nachlassen des Schwitzens, Angstzustände, Fieber, verlangsamte Atmung, Krämpfe, Bewußtlosigkeit. Behandlung: Lagerung im Schatten, Kleider öffnen, Flüssigkeitszufuhr in vielen kleinen Portionen. Kochsalzzufuhr in Form von Salzwasser. Ruhe.

Roter Hund ist ein juckender Hautausschlag durch Entzündung der Schweißdrüsen. Vorbeugung und Behandlung: Gründliches Abtrocknen nach dem Baden, Süßwasserdusche nach Seewasserbad, Puder, Borsalbe, Mitigalsalbe.

Tropisches Geschwür. In den Tropen neigt auch die kleinste Hautverletzung dazu, sich zu entzünden und zu einem chronischen Geschwür zu werden. Daher grundsätzlich auch Bagatellwunden schulmäßig versorgen (Sepsotinktur, Gelsalbe, Wundpflaster).

Hautpilzerkrankungen entstehen zunächst in den Hautfalten (zwischen Zehen, Achselhöhle, Gesäßspalte), wo eine feuchte Haut den Pilzen einen günstigen Nährboden bietet. Auch der „Ringwurm" ist eine Pilzerkrankung, die sich von ihrem Ausgangsort kreisförmig weiterverbreitet.

Verhütung von Pilzinfektion: Gutes Abtrocknen, Pudern der anfälligen Stellen. Tragen von luftigem Schuhwerk, Vermeiden von Kunststoffstrümpfen und Kunststoffschuhen. Auskochen oder heißes Bügeln der Strümpfe. Vermeiden von Barfußgehen. Behandlung: Spezialspray, -salben und -puder.

Fieberhafte Tropeninfektionen. Die meisten infektiösen Tropenkranheiten finden sich im Landesinneren, weniger in den Häfen; für den Seemann besteht daher eine erheblich geringere Infektionsgefahr als für den Einheimischen. So sind es in der Praxis fast nur noch Malaria und Amöbenruhr, die als Tropenkrankheiten den Seemann gefährden.

Beide (so verschiedene) Erkrankungen haben die heimtückische Eigenschaft, oft ganz untypisch unter dem Anschein einer schweren Grippe oder Darmverstimmung zu beginnen. So wird nicht selten zunächst die gezielte Behandlung unterlassen, und der Patient gerät unversehens in einen lebensbedrohenden Zustand.

Die an Bord für Malaria und Amöbenruhr vorgesehenen Medikamente sind zuverlässig, bewährt und ohne nachteilige Nebenwirkungen. Auf jeden Fall soll man lieber zu oft als einmal zu spät den Kranken unter der Vermutungsdiagnose „Malaria" oder „Amöbenruhr" behandeln. Schon mancher tragische Krankheitsausgang hätte sich bei diesem Vorgehen vermeiden lassen!

Malaria wird durch bestimmte Mücken übertragen. Die Malariaprophylaxe und -bekämpfung basiert daher stets auf Mückenbekämpfung. Es gibt drei Malariaarten, benannt nach dem Rhythmus der Fieberanfälle: Das Dreitage-Fieber (M. tertiana), Viertage-Fieber (M. quartana) und die lebensgefährliche „tropische Malaria" mit täglichen Fieberanfällen.

Medikamentöse Vorbeugung gegen Malaria. Beginn einige Tage vor Anlaufen eines Malariahafens mit der Einnahme von vier Tabletten Resochin an einem Tage. Anschließend jede Woche am gleichen Wochentage zwei Tabletten. Die Resochin-Prophylaxe muß noch mehrere Wochen nach Verlassen der Malariagegend weitergeführt werden. Behandlung der Malaria: Dreimal täglich zwei Tabletten Resochin (6 Tbl. täglich). Reichliche Flüssigkeitszufuhr. Behandlungsdauer: Etwa drei bis vier Tage. Funkärztliche Beratung in Anspruch nehmen! Siehe auch „Merkblatt über Malaria" der SeeBG.

Amöbenruhr. Schleichender Beginn mit Durchfällen, die schleimig-blutig werden. Allgemeiner körperlicher Verfall. Fieberanfälle. Schmerzattacken nach Art des Blinddarm- oder Gallenblasenschmerzes. Unterlassen der gezielten Behandlung hat schwere, unmittelbar lebensbedrohende Zustände zur Folge, wie Leberabszesse, Darmabszesse.

Behandlung: Resotren comp.-Tabletten, dreimal eine Tablette täglich, Durchfalldiät. Dauer der Behandlung: Wenigstens sieben Tage. Eine eigentliche Prophylaxe gegenüber der Amöbenruhr gibt es noch nicht.

Wichtig: Alle Tropenkrankheiten des Seemannes gelten als Berufskrankheiten im Sinne der RVO. Jeder Verdachtsfall, jede Erkrankung muß auf dem vorgesehenen grünen Vordruck in zweifacher Ausführung an die SeeBG gemeldet werden. Unterlassen der Meldung kann schwere Nachteile für den Erkrankten zur Folge haben.

Auf Schiffen, die in malariagefährdete Gebiete fahren, müssen ausreichend Malaria-Medikamente und die Utensilien zur Herstellung von Blutpräparaten an Bord sein.

Während des Fieberanfalls, auf jeden Fall vor der Verabreichung von Resochin, ist ein Blutpräparat anzufertigen und an die SeeBG Hamburg zu senden, die die Untersuchung veranlaßt.

In gleicher Weise muß bei jedem Todesfall, der nach einer fieberhaften Erkrankung eingetreten ist, ein Blutpräparat gemacht und eingesandt werden, es sei denn, daß eine andere Todesursache einwandfrei festgestellt ist.

Holzkästchen für 2 Objektträger zum sachgemäßen Versand der Präparate werden von der SeeBG verausgabt.

Für die sachgemäße Behandlung und Prüfung eingetretener Erkrankungsfälle ist erforderlich, daß mit der Krankheitsanzeige an die SeeBG ein eingehender Bericht der Schiffsleitung verbunden wird, aus dem hervorgeht, wann auf der fraglichen Reise mit der

Abgabe prophylaktischer Mittel begonnen, was täglich verabreicht, wie die Einnahme kontrolliert und wie lange die Prophylaxe durchgeführt wurde. Sind in irgendwelchen Häfen oder Küstenstrichen größere Malariaepidemien beobachtet worden, so ist dieses gleichfalls zu bemerken.

Nach Rückkehr des Schiffes in den deutschen Hafen muß eine vertrauensärztliche Nachuntersuchung auch der geheilten Malariakranken erfolgen.

Anweisung zur Entnahme eines Bluttropfens zwecks späterer Untersuchung auf Malaria

1. Man reinige mit einem kleinen, in Alkohol getränkten Wattebausch das Ohrläppchen und die Nadel und lasse beides gut trocknen.
2. Man steche in die Kante des Ohrläppchens in seinem tiefsten Punkte ein.
3. Man drücke von der Seite zwischen zwei Fingern das Ohrläppchen, bis ein dicker Blutstropfen hervortritt.
4. Auf den hervorquellenden Blutstropfen drücke man sanft den vorher gut gereinigten Objektträger und reibe ihn dabei ein wenig hin und her, damit das Blut auf dem Objektträger festgehalten und ein wenig auseinander gerieben wird; je 2 Tropfen auf 2 Objektträger.
5. Dann lege man die Objektträger, Blutseite nach oben, auf den Tisch zum Trocknen (Dauer 1 bis 2 h, vor Fliegen schützen!).
6. Wenn der Blutstropfen lufttrocken geworden ist, wickele man den Objektträger in weißes Schreibpapier ein und schreibe sogleich auf die Außenseite Namen, Geburtsdatum und Dienstgrad des Erkrankten sowie Schiffsnamen und Datum der Entnahme.
7. Die lufttrockenen Objektträger mit Klebezettel versehen, die Namen, Geburtsdatum, Dienstgrad, ferner Ort und Tag der Blutentnahme enthalten. Blutstropfen dabei nicht verdecken, auch nicht von der Rückseite.
8. Objektträger in die Schlitze des Kästchens hineinschieben und dieses verschließen.

8.9 Verabreichung von Spritzen

Die an Bord vorhandenen Spritzmittel werden unter die Haut (subkutan) oder in den Muskel (intramuskulär) gespritzt.

Spritztechnik. Hals der Ampulle absägen, Medikament mittels sorgfältig sterilisierter Spritze und fest aufgesetzter Nadel einsaugen. Spritze mit Nadel nach oben halten und durch Vorschieben des Kolbens Luft entfernen. An der Injektionsstelle Haut durch Abreiben mit Wundbenzin oder Alkohol desinfizieren. Vermeide Stellen, wo Adern oder Knochen getroffen werden können. Spritze mit Daumen und Mittelfinger der rechten Hand fassen, dann bei subkutaner Injektion mit Daumen und Zeigefinger der linken Hand eine Hautfalte aufheben und Nadel mit kurzem Stoß etwa 2 cm tief einstechen. Die Nadel soll dabei der Hautunterlage annähernd parallel liegen. Dann mit Zeigefinger der rechten Hand Kolben langsam vorschieben. Darauf Nadel mit kurzem Ruck herausziehen. Injektionsstelle mit leichtem Druck abreiben.

Während unter die Haut fast überall am Körper gespritzt werden kann, wird in den Muskel am besten in den äußeren oberen Quadranten der Gesäßbacken injiziert. Hierbei wird eine etwas größere Nadel 4 bis 5 cm tief senkrecht durch die Haut in den Muskel gestoßen. Ziehe dann den Kolben etwas zurück, um zu prüfen, ob nicht zufällig ein Blutgefäß getroffen ist, was sich dabei durch Ansaugen von Blut in der Spritze bemerkbar macht. In diesem Falle Nadel etwas zurückziehen, Prüfung wiederholen und erst injizieren, wenn kein Blut mehr angesaugt wird.

Besonders für Penicillininjektionen sind auch „Spritzampullen" im Handel. Sie bieten den Vorteil, steril und sofort gebrauchsfähig zu sein. Weiter haben sich „Einwegspritzen" eingebürgert, Kunststoffspritzen, die wie die zugehörige Kanüle gebrauchsfähig steril verpackt sind. Es empfiehlt sich, für den Gebrauch von Notfällen einige dieser „Einwegspritzen" in der Hospitalausrüstung mitzuführen. Kunststoffspritzen können nur einmal benutzt werden. Ihre Kanülen lassen sich mit den üblichen Spritzen weiter verwenden.

8.10   Allgemeine Vorkehrungen für Notfälle

Der Zutritt zum Schiffshospital muß jederzeit — besonders auch im Hafen — möglich sein. Neben dem Hospitaleingang soll daher in einem verglasten Kasten ein zweiter Hospitalschlüssel hängen, der im Notfall nach Einschlagen der Scheibe zur Verfügung steht.

Auch die Transporthängematte muß stets greifbar sein. Es empfiehlt sich, die Transporthängematte regelmäßig bei einem der routinemäßigen Bootsmanöver einsatzklar an Deck zu legen, um ihre Gebrauchsfähigkeit zu kontrollieren und die Besatzung mit ihrer Handhabung vertraut zu machen.

Nie darf bei einem akuten Notfall kostbare Zeit durch Suchen nach dem notwendigen Medikament vergeudet werden. Gerade Behandlungsmittel für akut-bedrohliche Zustände wie Kreislaufmittel, Spritzen, Verbandstoff, Tuben für Mund-zu-Mund-Beatmung, müssen übersichtlich und griffbereit in der Schiffsapotheke liegen.

Besteht aufgrund einer besonderen Situation (Brandbekämpfung, Hilfeleistung bei einem Seenotfall) die Möglichkeit von Verletzungen, Vergiftungen, Unterkühlungsfällen und ähnlichen Körperschäden, so sind alle voraussichtlich benötigten Medikamente und Instrumente früh genug, d.h. vor einem etwaigen Unfallereignis, gebrauchsfertig bereitzulegen und das Hospital zur Aufnahme von Kranken klarzumachen; dazu gehört auch die Bereitstellung der Transporthängematte und Vorbereitung des Wannenbades für Unterkühlungsbehandlung.

Wiederbelebung bei Atemstillstand. Ist jemand nach Rettung aus dem Wasser, Ersticken, Gasvergiftung, elektrischem Schlag bewußtlos, von blaugrauem Aussehen und ohne Puls und Atmung bei geweiteten Pupillen, so müssen unverzüglich Wiederbelebungsversuche vorgenommen werden. Beim scheinbar Ertrunkenen sind vorher die Atemwege freizumachen: Der Bewußtlose wird auf den Bauch gelegt, an den Hüften hochgezogen, so daß Wasser, Schlamm usw. aus dem Munde abfließen können. Anschließend etwaige Fremdkörper aus dem Mund entfernen (Zahnprothesen, Kaugummi usw.). Diese Maßnahmen dürfen nicht mehr als 30 s beanspruchen!

Neben der künstlichen Atmung soll möglichst auch äußere Herzmassage vorgenommen werden. Für die künstliche Atmung haben sich drei Systeme bewährt: 1. die Atemspende (Mund-zu-Mund- bzw. Mund-Tubus-Mund-Beatmung), 2. die Methode nach Holger Nielsen in Bauchlage, 3. die Wipp-Methode nach Eve.

Die Holger-Nielsen-Atmung verlangt vom Helfer Schulung und Übung. Die Wipp-Methode ist an gewisse technische Voraussetzungen geknüpft. So seien hier nur die Atemspende (Mund-zu-Mund- bzw. Mund-zu-Tubus-Methode) sowie die Technik der Herzmassage beschrieben.

Erste Hilfe. Patient in Rückenlage, harte Unterlage. Kopf in den Nacken überstreckt.

Beine hochhalten zur Förderung des Blutrückflusses zum Herzen.

Atemspende und äußere Herzmassage müssen spätestens innerhalb der ersten 3 min begonnen und bis zur Wiederkehr von Atmung und Herztätigkeit fortgesetzt werden.

Keine Zeit mit anderen unwirksamen Methoden versäumen!

Zunächst 3 bis 5 Atemstöße (Mund-zu-Mund oder Mund-zu-Nase), wenn dann Puls fühlbar, weiterbeatmen, bis selbständige Atmung eintritt.

Wenn Puls (Carotis) nicht fühlbar, äußere Herzmassage (12- bis 15mal kurzer kräftiger Druck auf das untere Brustbein) im Wechsel mit Beatmung (3 bis 5 Atemstöße).

Wenn zwei Helfer vorhanden, macht einer Herzmassage (4 Kompressionen), der andere Atemspende (1 Stoß) in rhythmischem Wechsel. Während der Atemstöße darf kein Druck auf den Brustkorb ausgeübt werden.

Ausführung der Beatmung. Der Beatmer steht oder kniet in Kopfhöhe neben dem Patienten und in einem Winkel von 90° zu diesem. Er zieht den Unterkiefer mit einer Hand am Kiefernwinkel nach oben. Bei der Mund-zu-Mund-Beatmung drücken Daumen und Zeigefinger der anderen Hand die Nase zu, der Retter preßt seinen Mund auf den Mund des Patienten und atmet in diesen. Zum Schutze des Beatmers kann ein luftdurchlässiges Tuch über seinen Mund gelegt werden. Falls ein Tubus vorhanden ist, benutze man diesen. Bei der Mund-zu-Nase-Beatmung wird mit dem Zeigefinger einer Hand der Mund zugehalten und in die Nase geatmet. Das notwendige Atemvolumen ist erreicht, wenn der Beatmer den Widerstand der ausgedehnten Lungen und des Brustkorbs spürt. Er geht dann mit dem Kopf zurück und gibt die Ausatmung für den Patienten frei.

Einatmungszeit (für den Patienten): 2 s.

Ausatmungszeit: 3 s, etwa 12 bis 15 Atemstöße pro Minute.

Äußere Herzmassage. Handballen der einen Hand auf das untere Brustbein legen, Handballen der zweiten Hand auf den Handrücken der ersten. In einer Frequenz von 70- bis 80mal in der Minute wird je ein kurzer kräftiger Druck auf das Brustbein ausgeübt, der dieses der Wirbelsäule um etwa 4 bis 6 cm nähert. Dabei soll der Helfer eine Stellung einnehmen, die es ihm erlaubt, beim Druck sein Körpergewicht mitwirken zu lassen.

Die Wiederbelebungsversuche sind mindestens zwei Stunden durchzuführen!

8.11 Vergiftung

Chemikalien spielen in der Ladung eine zunehmende Rolle; auch im Schiffsbetrieb werden vermehrt chemische Mittel angewandt. Oft sind diese Stoffe hochgiftig und eine Gefahrenquelle für die Besatzung.

Daher bei jedem unklaren Krankheitsfall, besonders mit akutem und fieberlosem Beginn, an die Möglichkeit einer Vergiftung denken!

Gifte gelangen in den Körper durch Verschlucken, Einatmen oder durch die Haut.

Maßnahmen bei Vergiftung

1. Art des Giftes feststellen. Sofort funkärztliche Beratung unter „dringend" anfordern.

2. Ursache der Vergiftung beseitigen. Dabei Schutz des Retters beachten (Atemgerät, Anseilen, Explosionsgefahr).

Bei Gas- und Hautvergiftung Kleidung des Patienten entfernen. Vorsicht: Kleidungsstücke des Patienten können gifthaltig sein!

Evtl. Sicherung von Giftproben für spätere Untersuchung!

3. Gift aus dem Körper entfernen (Giftaufnahme durch Verschlucken). Grundsätzlich: Es gibt kein Allerwelts-Gegengift! Dringende Warnung vor Einflößen von Milch, Rizinus, Alkohol. Die meisten Gifte treten so nur noch schneller vom Magen in das Blut über.

Ist der Patient bei Bewußtsein und liegt keine Vergiftung durch Säuren, Laugen, Strychnin oder organische Lösungsmittel wie Benzin u.ä. vor: Entleerung des Magens durch Erbrechen.

(a) Salzwasser-Methode.

Man läßt $^3/_4$ bis 1 l warmes Salzwasser (1 bis 2 Eßl. Kochsalz auf 1 Glas Wasser) schnell trinken,

(b) Injektion von 1 bis 2 Amp. Apomorphin, gleichzeitig Kreislaufmittel spritzen.

Vergiftung über die Atemwege (Giftgase). Zufuhr von Sauerstoff, künstliche Atmung, Kreislaufmittel; Unterkühlung vermeiden.

Giftaufnahme durch die Haut: Laugen- und Säureverätzung. Völlige Entkleidung des Patienten, sorgfältiges Waschen aller betroffenen Stellen mit reichlich warmem Wasser und Seife.

4. Neutralisation des Giftes. Nach Entleerung des Magens große Mengen Tierkohle (Carbo medicinalis) zuführen.

Niemals Milch, Rizinus oder Alkohol als „Gegengift" verabreichen!

Nur nach Verschlucken von Säuren und Laugen gebe man schnellstens Milch mit rohen Eiern.

5. Funkärztliche Weisung abwarten. Inzwischen Kreislauf und Atmung überwachen.

Im übrigen beachte man die Anweisungen, die von den Herstellerfirmen dem chemischen Ladungsgut mitgegeben werden.

8.12 Wundbehandlung

Jede Verletzung ist sofort dem Kapitän oder dem Wachoffizier zu melden. Auch die kleinste Wunde muß sofort versorgt werden (UVV § 12).

Kleine Wunden. Bei blutenden Wunden jede Reinigung der Wunde unterlassen. Bei grober Verschmutzung nur die Wundumgebung mit Wasserstoffsuperoxyd oder Alkohol reinigen. Verschmutzte Wunden mit antibiotischem Wundpuder bestreuen. Anschließend Bedeckung mit keimfreiem Mull, darüber Verbandwatte und Fixieren der Kompresse mit Mullbinden oder Heftpflaster. Kein zu häufiger Verbandwechsel! Oberflächliche Wunden (Hautabschürfungen u.ä.) mit einer Wund-Gelsalbe und Pflasterverband versorgen.

Große Wunden. Vorsichtige „Wundtoilette", Entfernen oberflächlich liegender Fremdkörper und Schmutzteile mit steriler Pinzette. Einstreuen von antibiotischem Puder. Naht nur, wenn Infektion der Wunde nicht zu erwarten ist, und wenn keine stärkere Blutung besteht.

Stichwunden (Fischgräten, Schlagmesser, Knochensplitter, Nägel):

Abdecken der Einstichstelle mit Pflasterverband, „prophylaktische" Gaben von Penicillin und Sulfonamiden für die nächsten Tage, da Stichwunden immer zur Abszeßbildung neigen. Bei Wunden, die mit Erde oder Fäkalien verschmutzt sind, Starrkrampfserum spritzen.

Vor Eingriffen ist folgendes zu beachten:

Zuerst überlegen, welche Instrumente und Geräte man benötigt; alles vorher übersichtlich zurechtlegen. Instrumente (Messer, Scheren, Pinzetten, Nadelhalter und Nadeln, Spritzen mit herausgenommenem Kolben usw.) 10 min lang kochen und auf ein keimfreies großes Stück Mull oder ein mitgekochtes sauberes Leinentuch auslegen. Dazu eine Pinzette, die in desinfizierender Lösung (Zephirol, Sagrotan) stand, verwenden, keinesfalls Instrumente anfassen oder sie sonst mit irgendwelchen Gegenständen in Berührung kommen lassen. Der Ort des Eingriffs wird dann frei gemacht und der Patient bequem gelagert. Die Umgebung der Wunde oder der Ort des Eingriffs wird mit Jodtinktur eingepinselt und die Wundumgebung mit keimfreiem Mull abgedeckt. Eine Berührung der desinfizierten Stelle ist peinlich zu vermeiden.

Der Behandelnde bürstet seine Hände und Unterarme 10 min lang mit heißem Wasser und Seife und läßt eine ebensolange Waschung in 60proz. Alkohol folgen. Nunmehr kann der Eingriff erfolgen. Mit den desinfizierten Händen darf man nun die Instrumente und, soweit notwendig, die Wundumgebung anfassen, jedoch auf keinen Fall die Wunde selbst oder andere nicht keimfrei gemachte Gegenstände berühren.

8.13 Winke für die Behandlung einiger Krankheiten und Unfälle

Bakterielle Infektionen. Ganz allgemein Behandlung mit antibiotischen Mitteln.

Blutstillung. Gewöhnlich genügt ein Druckverband oberhalb der Wunde (zwischen Wunde und Herz). Hochlagerung des verletzten Gliedes! Blutkreislauf nicht zu lange unterbrechen.

Durchfall. Fieberkontrolle, Diät. Tannalbin oder Mexaform S; Opium nur bei Schwächung des Patienten durch zu häufigen Stuhldrang. Bei Verdacht auf Ruhr, Cholera, Typhus Absonderung des Kranken und Stuhldesinfektion. Funkarzt.

Entzündungen. Ruhigstellen. Feuchtwarme Umschläge von Leinsamen, Kartoffelbrei und ähnlichem. Falls entzündete Stelle (besonders an den Fingern) sich elastisch-teigig anfühlt, nicht zu kleinen Entlastungsschnitt an der Stelle des größten Berührungsschmerzes machen. Eiternde Wunden nicht ausquetschen. Vorsicht, daß kein Eiter verschmiert wird! Hände immer gründlich waschen! Verband mit Ichthyolsalbe. Bei Fieber und weiterem Umsichgreifen von Rötung und Schwellung: reichlich antibiotische Mittel.

Gallenkolik. Krampfartige, unerträgliche, in den Rücken ausstrahlende Schmerzen im rechten Oberbauch. Bettruhe, Wärme, Dolantin- oder Morphiuminjektionen.

Gehirnerschütterung. Pulsverlangsamung, Erbrechen. Rückenlagerung, absolute Ruhe! Eisblase auf den Kopf. Diät und Stuhlregelung.

Harnverhaltung. Einführung eines Gummikatheters, warme Umschläge.

Hitzschlag. Entsteht durch Wärmestauung, unabhängig von direkter Sonnenstrahlung (siehe 8.8).

Infektionen bakterieller Art: Antibiotische Mittel.

Knochenbrüche. Glied ruhig und zweckmäßig lagern. Bruchstelle zweckentsprechend schienen. Bei komplizierten Brüchen Funkarzt.

Krämpfe. Weiche Unterlage unter Kopf und Körper. Entfernung aller Gegenstände aus der Umgebung, an denen sich der Kranke verletzen kann. Eventuell Knebel in den Mund. Wenn Zunge zwischen den Zähnen eingeklemmt, flachen Gegenstand zwischen die Zähne schieben und Zunge bis hinter die Zahnreihe zurückdrängen.

Kreislaufschwäche. Flach lagern, beengende Kleidung entfernen. Warm halten. Bohnenkaffee oder starker, heißer Tee. Feuchte Kompressen auf Herzgegend. Kreislaufmittel. In schweren Fällen Funkarzt.

Lungenbluten. Es wird schaumiges Blut ausgehustet. Sitzende Stellung einnehmen. Nicht sprechen, Kleidung lockern. Einen Eßlöffel Kochsalz in einem Glas kalter Milch langsam trinken. Blutstillungsmittel; bei stärkerem Husten Codein oder Dicodid in mäßigen Mengen.

Lungenentzündung. Hohes Fieber, Kurzatmigkeit, Stiche in der Brust, braunrötlicher Auswurf. Täglich 1 Million E. Penicillin, bis Fieber vorbei ist; Hustenmittel. Bei schwachem Puls Kreislaufmittel.

Magenbluten. Kaffeesatzartiges Blut wird ausgebrochen. Bequeme Lagerung bei erhöhtem Oberkörper, Kleidung lockern. Eis auf Magengegend. Als einziges Nahrungsmittel eiskalte Milch.

Mandelentzündung. Feuchte Umschläge, Gurgeln mit Kamillentee, bei Fieber und gelben Belägen Penicillin.

Nasenbluten. Patient setzen, nicht hinlegen. Kopf hoch lagern. Halskragen lockern. Nase eine Zeitlang fest zusammendrücken. Keimfreien Mull in das blutende Nasenloch stopfen oder Wundwatte, die vorher mit Essigwasser getränkt und wieder gut ausgedrückt wurde. Ruhe bewahren!

Nierenkolik. Unerträgliche krampfartige Schmerzen in der Nierengegend, in die Blasengegend ausstrahlend. Behandlung wie Gallenkolik.

Ohnmacht. Gesicht blaß, Puls und Atmung schwach. Rückenlage, Kopf tief. Öffnen der Kleider. Starker Kaffee, Tee, aber erst, wenn bei vollem Bewußtsein. Bei Erbrechen Kopf seitwärts lagern.

Quetschung. Ruhigstellung des betroffenen Körperteils. Kühlende Umschläge. Arm in Tragbinde. Bein hoch lagern, Kniekehlen gut unterstützen. Bei Brustquetschung sitzende Stellung. Bei Bauchquetschung halb sitzende Stellung, Beine an den Leib ziehen. Vorsicht mit Erfrischungsmitteln. Alle einengenden Kleidungsstücke lockern.

Schlagaderblutung. Hellrotes Blut spritzt stoßweise oder im Strahl hervor. Glied oberhalb der Wunde abschnüren bzw. Druckverband. Abschnürung nie über der Kleidung vornehmen. Schnürverband darf höchstens zwei Stunden liegenbleiben.

Schlaganfall. Blaurotes, gedunsenes Gesicht, voller, langsamer Puls, schnarchende Atmung. Teilweise Lähmung. Hochlagerung des Oberkörpers. Öffnen der Kleidung. Kälte auf den Kopf.

Schock oder Wundschock. Blasse, kalte Haut, aussetzender Puls, Brechneigung, Rückenlage, Kopf tief. Lockern der Kleider. Eventuell künstliche Atmung. Bei starken Schmerzen Dolantin, kein Morphium. Kreislaufmittel.

Unterleibsbruch. Kranken mit erhöhtem Becken und an den Leib angezogenen Beinen lagern. Bei eingeklemmtem Bruch warmes Bad und versuchen, Bruchinhalt mit sanftem Druck in die Bauchhöhle zurückzuschieben. Möglichst bald Arzt hinzuziehen.

Verbrennung. Zeug entfernen, Vorsicht, wenn mit Haut verklebt. Abdecken der Brandwunden mit Gelsalbe, fertigen Brand-Salbenkompressen oder Metalline-Kompressen. Fixierender Verband, Schmerzmittel, wenn notwendig Kreislaufmittel.

Verätzung durch Ätzkalk oder Säuren. Sorgfältiges Entfernen der Reste des Ätzmittels durch reichliches Begießen mit Wasser und Abtupfen. Bei Verätzung durch Laugen Umschläge mit stark verdünnten Säuren (Essig, Zitronensaft); bei Verbrennen mit Säuren Umschläge mit Kalkwasser, Seifenwasser, Sodawasser.

Verstauchung. Ruhigstellen des verletzten Gliedes. Kalter Umschlag. Arm im Tragtuch. Beim Hochlagern Kniekehle gut unterstützen. Kalte Wickel.

8.14 Bestattung nach Seemannsbrauch

Für den an Bord oder im Auslande verstorbenen Schiffsmann schreibt das SeemG vor (s. Bd. 2, 7.4.6), daß der Kapitän für die Bestattung zu sorgen und die Leiche auf Kosten des Reeders an Land beerdigen lassen muß, sofern das Schiff innerhalb der nächsten 24 Stunden zumutbarerweise einen Hafen erreichen kann. Von dieser zwingenden Vorschrift kann der Kapitän nur abgehen, wenn dem gesundheitliche Bedenken oder ein für den betreffenden Hafen bestehendes Leichenlandungsverbot entgegenstehen. Sofern das Schiff einen Hafen in der festgelegten Frist nicht anlaufen kann, muß die Leiche des Seemanns nach Seemannsbrauch in würdiger Form bestattet werden.

Auf größeren Fahrgastschiffen wird für Verstorbene, deren Angehörige die Kosten der Konservierung der Leiche und des Leichentransportes tragen können, ein Zinksarg mitgeführt, um den eine Holzkiste gebaut werden muß, die nicht die Form eines Sarges haben darf. Diese Kiste darf nicht in Räumen verstaut werden, in denen gleichzeitig Nahrungs- und Genußmittel untergebracht sind.

Auf Schiffen, auf denen sich ein Arzt befindet und die mit Zinksärgen ausgerüstet sind, ist es angebracht, daß der Kapitän bei einem Todesfall eines Fahrgastes oder Besatzungsmitgliedes telegraphisch bei seiner Reederei anfragt, ob der Verstorbene auf See beigesetzt oder einbalsamiert und in einem Zinksarg mitgenommen werden soll, damit so den Wünschen der Angehörigen des Verstorbenen entsprochen werden kann.

Leichen von Personen, die während der Reise an Cholera, Fleckfieber, Pest oder Pocken verstorben sind, dürfen an Bord nicht weiterbefördert werden.

Sachverzeichnis

Müller/Krauss

Handbuch für die Schiffsführung

Fortgeführt von
M. Berger, W. Helmers,
K. Terheyden

8., neubearbeitete und
erweiterte Auflage
In 3 Bänden

Band 3

Seemannschaft und Schiffstechnik

Teil A:
Schiffssicherheit, Ladungswesen, Tankschiffahrt

Herausgeber: W. Helmers
Unter Mitarbeit von R. Amersdorffer, D. Ebert,
J. Froese, W. Huth, H. Jacobi, H. Kaps, H.-J. Schaade

1980. 83 Abbildungen. XIV, 280 Seiten
Gebunden DM 88,–
ISBN 3-540-09883-6

Inhaltsübersicht: Schiffssicherheit: Sicherheit in einem Notfall. Arbeitssicherheit und Unfallschutz. Aufgaben des Wachoffiziers. Anker, Ankerketten und Verholleinen. Ladegeschirre. Instandhaltung des Schiffes. Schiffssicherung und Bergungsarbeiten. – Ladungswesen: Allgemeines. Grundsätze der Beladungsplanung. Ladungen auf Stückgutschiffen. Ro/Ro-Verschiffung. Container. Schwergutladung. Einige Ladungen organischen Ursprungs. Transport gefährlicher Güter mit Seeschiffen. Kühlladungen. Schüttladungen. Laderaummeteorologie. Stauraumangaben. – Tankschiffahrt: Wichtiges über Tankereinrichtung und- ausrüstung. Chemikalientankfahrt. Gastankfahrt. – Einiges aus der Chemie für Nautiker. – Sachverzeichnis.

Seit dem Erscheinen der 7. Auflage dieses Standardwerkes sind viele für die Schiffsführung im weitesten Sinne wesentliche Sachgebiete neu geregelt worden, andere hinzugekommen. Das Fortschreiten der Technik führte ebenfalls zu umfangreichen und einschneidenden Veränderungen. Bei der Neuauflage wurde dadurch eine weitgehende Überarbeitung und Neufassung des Handbuches erforderlich, das infolge des erweiterten Umfangs stärker aufgeteilt werden mußte als bisher. Band 3 **Seemannschaft und Schiffstechnik** erscheint in zwei Teilen, von denen Teil A die Sachgebiete Schiffssicherheit und Seemannschaft – Ladungswesen (einschließlich Beförderung gefährlicher Güter) – Tankschiffahrt – einiges aus der Chemie für Nautiker umfaßt. Die einzelnen Kapitel wurden von kompetenten Fachleuten verfaßt und entsprechen dem heutigen Stand der Gesetzgebung und der Technik. Eines der neu aufgenommenen Kapitel befaßt sich mit der Tankschiffahrt und enthält eine ausführliche Beschreibung der technischen Einrichtungen sowie einer Ladungs- und Ballastreise eines Großtankers.

Springer-Verlag
Berlin
Heidelberg
New York

Müller/Krauss

Handbuch für die Schiffsführung

Fortgeführt von
M. Berger, W. Helmers,
K. Terheyden

8., neubearbeitete und
erweiterte Auflage
In 3 Bänden

Band 2

Schiffahrtsrecht und Manövrieren

Herausgeber: M. Berger, W. Helmers

Unter Mitarbeit von R. Amersdorffer, F. van Dieken,
J. Froese, W. Huth

1979. 70 Abbildungen, 22 Tabellen. XV, 365 Seiten
Gebunden DM 88,–
ISBN 3-540-08820-2

Inhaltsübersicht: Schiffahrtsrecht: Zur Seestraßenordnung (SeeStrO). Wichtiges zur Seeschiffahrtsstrassenordnung (SeeSchStrO). Umweltschutz. Sicherung der Seefahrt. Zum Recht auf Hoher See und Anhalten. Untersuchung von Seeunfällen. Besatzungsangelegenheiten. Fahrgastangelegenheiten. Schiffstagebuch und Nebengebiete. Papiere, Gesetze und Bücher an Bord. Zollvorschriften. Behörden, Gerichte, Organisationen. Verklarung und Seeprotest. Seefrachtgeschäft. Havarie. Schiffsrat. Zusammenstoß. Bergung und Hilfeleistung. Schiffsgläubigerrechte, Verjährung und Sicherung von Forderungen. Haftungsbeschränkung des Reeders im In- und Ausland. Seeversicherung. Schleppbedingungen. Werftbedingungen. Geschäftliche Angelegenheiten. – Manövrieren: Wirkungsweise der Manöviereinrichtungen. Wichtige Manöviereigenschaften. Manöver in verschiedenen Situationen. Handhabung des Schiffes in schwerem Wetter.

Für die 8. Auflage wurde das bewährte **Handbuch für die Schiffsführung** völlig neu bearbeitet und auf den neuesten Stand gebracht. Infolge des erheblich erweiterten Umfangs wird das Werk in drei Bänden erscheinen.

Der zuerst erscheinende Band II behandelt das öffentliche und private Schiffahrtsrecht, wobei bereits auf die zu erwartenden Änderungen im Seefrachtrecht eingegangen wird. Zudem enthält der Band das "Manövrieren", das bei der Anwendung des Seeverkehrsrechts eine erhebliche Rolle spielt.

Springer-Verlag
Berlin
Heidelberg
New York